utb 5553

Eine Arbeitsgemeinschaft der Verlage

Böhlau Verlag · Wien · Köln · Weimar
Verlag Barbara Budrich · Opladen · Toronto
facultas · Wien
Wilhelm Fink · Paderborn
Narr Francke Attempto Verlag / expert verlag · Tübingen
Haupt Verlag · Bern
Verlag Julius Klinkhardt · Bad Heilbrunn
Mohr Siebeck · Tübingen
Ernst Reinhardt Verlag · München
Ferdinand Schöningh · Paderborn
transcript Verlag · Bielefeld
Eugen Ulmer Verlag · Stuttgart
UVK Verlag · München
Vandenhoeck & Ruprecht · Göttingen
Waxmann · Münster · New York
wbv Publikation · Bielefeld

Dr. phil. Egon Freitag ist wissenschaftlicher Autor und befasst sich mit Kreativitätsforschung und literarischer Kreativität. Von ihm erschien im expert verlag das „Lexikon der Kreativität“.

Egon Freitag

Kreativitätstechniken

So finden Sie das richtige Werkzeug für Ihr Problem

expert verlag · Tübingen

Umschlagabbildung: © iStock.com/Pobytov

Bibliografische Information der Deutschen Nationalbibliothek
Die Deutsche Nationalbibliothek verzeichnet diese Publikation in der Deutschen Nationalbibliografie; detaillierte bibliografische Daten sind im Internet über http://dnb.dnb.de abrufbar.

Dischingerweg 5 · D-72070 Tübingen

Internet: www.expertverlag.de
eMail: info@expert.verlag

CPI books GmbH, Leck

utb-Nr. 5553
ISBN 978-3-8252-5553-4 (Print)
ISBN 978-3-8385-5553-9 (ePDF)
ISBN 978-3-8463-5553-4 (ePub)

Inhalt

Vorwort

»Alles Leben ist Problemlösen.«[1]
Karl Raimund Popper (1902–1994)

Kreativitätstechniken sind methodische Arbeitsinstrumente und Verfahren zur Anregung und Verbesserung der Ideenfindung, mit dem Ziel, möglichst zahlreiche spontane Einfälle und Vorschläge zu einem Projekt oder zu einem Problem zu erzeugen, um daraus die bestmögliche Lösung zu finden. Sie sollen den Prozess des Problemlösens unterstützen, Kreativitätsblockaden überwinden, verkrustete Strukturen, Denkschablonen sowie eingeschliffene Antworten vermeiden, um der Fantasie freien Raum zu gewähren und das kreative Denken und die Ideenfindung zu unterstützen. Hierbei kommt es meist auf das unbefangene Generieren vieler Ideen an, so abwegig sie auch zunächst erscheinen mögen, um daraus neuartige, originelle Lösungsmöglichkeiten zu gewinnen. Für die Entfaltung schöpferischer Leistungen sind auch spielerische Elemente von großer Bedeutung.

Die psychologische Forschung hat nachgewiesen, dass kreative Leistungen auch erfolgreich erworben werden können. Jeder verfügt über mehr oder weniger unerschlossene kreative Möglichkeiten, Begabungs- und Kreativitätsreserven. Es gibt zahlreiche Trainingsprogramme, in denen Techniken zur Ideenfindung, zum kreativen Denken und Problemlösen vermittelt werden, mit dem Ziel, die kreativen Fähigkeiten zu fördern. Die kreativen Mitarbeiterinnen und Mitarbeiter sind die wichtigste Ressource eines Unternehmens, das Human Capital. Sie benötigen jedoch ein innovationsförderndes Betriebsklima, Bedingungen, unter denen sie ihre optimale Kreativität entfalten können. Dazu zählen individuelle Freiräume, der kreative Gedankenaustausch, eine motivationspsychologische Arbeits- und Arbeitsplatzgestaltung sowie kreativitätsfördernde Maßnahmen. Dabei ist es wichtig, die Mitarbeiterinnen und Mitarbeiter zu qualifizieren, um ihre Anlagen, Begabungen, Talente, Fähigkeiten und Fertigkeiten zu steigern und in den Innovationsprozess zu integrieren. Damit wird gleichzeitig die Teamkreativität gefördert. Hohe kreative Leistungen sind vor allem dann

---

1 Popper, Karl R.: Alles Leben ist Problemlösen. Über Erkenntnis, Geschichte und Politik. München 1994.

zu erwarten, wenn die Lösung einer Aufgabe bzw. eines Problems auch den eigenen Interessen, Neigungen und Bedürfnissen der Beschäftigten entspricht. Die Aufgabenmotivation treibt den Problemlösungsprozess an. Sie entscheidet darüber, ob sich eine Mitarbeiterin oder ein Mitarbeiter bei der Lösung eines Problems besonders engagiert oder nicht.

Die hier vorgestellten Kreativitätstechniken und Problemlösungsmethoden können individuell oder in der Teamarbeit genutzt werden. Manche Kreativitätstechniken sind auch miteinander kombinierbar. Unterschiedliche Probleme verlangen auch differenzierte Vorgehensweisen bei der Lösungsfindung. Die eigene Kreativität zu entdecken, weiterzuentwickeln und zur vollen Geltung zu bringen, zum eigenen Nutzen und zum Vorteil des Unternehmens, lässt uns an den Aufgaben wachsen. Der Mensch darf sich nicht mit dem Erreichten begnügen, sondern muss über das bisher Erreichte hinausstreben, wenn er kreativ bleiben will. Bereits Johann Gottfried Herder (1744–1803) erklärte: „Der Mensch muss nach etwas Höherem streben, damit er nicht unter sich sinke."[2] Er betonte auch bereits das Leistungsprinzip und war der Auffassung: „Wem viel gegeben ist, der hat auch viel zu leisten."[3] Die kreative Persönlichkeit lädt sich selbst fast übermenschliche Anstrengungen auf. Aber gerade das zeichnet sie vor allen anderen aus, dass sie sich nicht scheut, das Äußerste zu wagen und dabei auch mitunter große Risiken einzugehen.

Aus der Vielzahl klassischer und aktueller Kreativitätstechniken enthält dieser Band eine repräsentative Auswahl, wobei die wichtigsten Problemlösungsmethoden ausführlicher dargestellt werden. Sie können die gesuchte Kreativitätstechnik schnell nachschlagen und sich bei den wichtigsten Methoden über die Durchführung, die Vor- und Nachteile sowie über die Einsatzmöglichkeiten informieren. Auf Varianten und ähnliche Methoden der Problemlösung, die unter einem eigenen Stichwort zu finden sind, wird ausdrücklich [→] hingewiesen. Alle Kreativitätstechniken sind der entsprechenden Fachliteratur entnommen, wobei der neueste Forschungsstand berücksichtigt wird. Bei den Beschreibungen beziehen sich die Bezeichnungen

---

2 Herder, Johann Gottfried: Briefe zu Beförderung der Humanität, 2. Sammlung, 24. Brief. In: Herders Sämtliche Werke, hg. von Bernhard Suphan. 33 Bände. Berlin 1877–1913, 17. Bd., S. 114.

3 Herder, Johann Gottfried: Auch eine Philosophie der Geschichte zur Bildung der Menschheit. In: Ebenda, 5. Bd., S. 561; vgl. dazu: Freitag, Egon: Johann Gottfried Herder. »Licht – Liebe – Leben« – Biografien für Liebhaber. Warendorf 2014.

»Teilnehmer« bzw. »Gruppenteilnehmer«, »Mitglieder« oder »Gruppenmitglieder« sowohl auf weibliche als auch auf männliche Personen.

Die Publikation wendet sich an Führungskräfte, Projektleiter, an Trainer, die Kreativitätsseminare durchführen, an Ingenieure, Techniker, Designer, Architekten, Marketing- und Werbefachleute, an freiberuflich Tätige, an die Vordenker der Kreativwirtschaft sowie an alle, die an Erfolg und Karriere interessiert sind.

Dem Vorsitzenden der Deutschen Gesellschaft für Kreativität, Herrn Prof. Dr. Jörg Mehlhorn, danke ich sehr herzlich für wertvolle Informationen und Novitäten, die er mir stets per E-Mail zusendet. Er ist auch der Initiator des »Day of Creativity«, der jeweils am 5. September begangen wird, im Gedenken an den US-amerikanischen Psychologen Joy Paul Guilford (1897–1987). Als ihm die Präsidentschaft der »American Psychological Association« übertragen wurde, wählte er für seine Antrittsrede das Thema »Creativity«. Diese berühmt gewordene Rede hielt er am 5. September 1950 am Pennsylvania State College, womit er die moderne Kreativitätsforschung ins Leben rief.

Last but not least danke ich meiner Frau, unseren Töchtern Katja und Stefanie sowie André und Colleen sehr herzlich, dass sie meinen zahlreichen Nachtschichten, in denen ich zur Kreativitätsforschung arbeite, so viel Verständnis entgegenbringen. Bei Stefanie bedanke ich mich, dass sie mich bei technischen Problemen und bei den Internet-Recherchen unterstützt. Einen herzlichen Dank möchte ich Viia Ottenbacher für ihre sachdienlichen Auskünfte übermitteln.

Weimar, im Dezember 2019 Dr. Egon Freitag

Zur Geschichte und Klassifizierung der Kreativitätstechniken

Die ersten methodischen Verfahren zur kreativen Ideenfindung entstanden in den USA. Der US-amerikanische Werbepsychologe Alex F. Osborn (1888–1966) gilt als Begründer der angewandten Kreativitätsforschung, die speziell die „Entwicklung von Methoden zur Hervorbringung von wissenschaftlichen Entdeckungen, technischen Erfindungen und anderen Innovationen zum Inhalt hat."[1] Unter seiner Leitung wurden seit 1949 an der State University of New York in Buffalo kreative Problemlösungskurse (Problem-solving-courses) durchgeführt, an denen Studierende aller Studienrichtungen teilnehmen konnten. Bereits seit 1938 hatte Osborn das »Brainstorming« konzipiert, das als Vorbild für zahlreiche Varianten von Kreativitätstechniken und Problemlösungsmethoden dient. 1962 entwarf Osborn eine Checkliste für neue Ideen, die »Osborn-Checkliste«. Gemeinsam mit Sidney J. Parnes (1922–2013) entwickelte er den kreativen Problemlösungsprozess (Creative Problem Solving: CPS), eine strukturierte Methode zur Lösungsfindung von Problemen. Der US-amerikanische Erfinder und Psychologe William J. J. Gordon (1919–2003) schuf 1944 auf der Grundlage intensiver Studien über Denk- und Problemlöseprozesse die Kreativitätstechnik „synectics" (Synektik). Weitere innovative Techniken wurden von Edward de Bono (*1933) entwickelt, der auch den Begriff „Lateral thinking" (laterales Denken) prägte. Das bekannte und weitverbreitete Mind-Mapping wurde von Tony Buzan (*1942) eingeführt.

Zwei bewährte Methoden des erfinderischen Problemlösens, TRIZ und ARIZ, wurden von dem russischen Wissenschaftler Genrich Soulovich Altschuller (1926–1998) erarbeitet.

Bekannte Kreativitätstechniken aus Japan sind die Lotusblüten-Technik von Yasuo Matsumura, die KJ-Methode von Jiro Kawakita (1920–2009), die NM-Technik, eine Methode der systematischen Problemspezifizierung, von Masakazu Nakayama, die NHK-Technik von Hiroshi Takahashi, und

1 Pimmer, Hans: Kreativitätsforschung und Joy Paul Guilford (1897–1987). München 1995, S. 29.

das Ishikawa-Diagramm von dem japanischen Chemiker Kaoru Ishikawa (1915–1989).

Im deutschsprachigen Raum entstanden die ersten Kreativitätstechniken seit Ende der 1960er Jahre am Battelle-Institut in Frankfurt am Main. Dieses wurde nach dem US-amerikanischen Industriellen Gordon Battelle (1883–1923) benannt. Dort widmeten sich vor allem Horst Geschka (*1938), Helmut Schlicksupp (1943–2010) und Götz Schaude (*1943) der Entwicklung neuer innovativer Methoden sowie der Kreativitätsförderung in den Unternehmen. Dazu erarbeiteten sie eine grundlegende experimentelle Studie, das Multiklientenprojekt „Methoden und Organisation der Ideenfindung in der Industrie". Im Rahmen dieses Projekts erfassten sie weltweit 47 Kreativitätstechniken und führten rund 170 experimentelle Sitzungen mit den verschiedenen Kreativitätstechniken durch. Auf Grund der gewonnenen Erkenntnisse entwarfen sie selbst zahlreiche Problemlösungsmethoden und Kreativitätstechniken, die auf ihre Praxistauglichkeit getestet, weiterentwickelt und zum Teil noch heute angewandt werden. Allerdings besteht bei zahlreichen Führungskräften und Mitarbeitern immer noch „ein mangelhaftes Wissen in Bezug auf Kreativitätstechniken."[2] Die beliebtesten Kreativitätstechniken, die in den Unternehmen tatsächlich genutzt werden, sind:

Brainstorming
Mind Mapping
Brainwriting
Walt-Disney-Strategie
Morphologischer Kasten
Storyboarding
Hutwechsel-Methode
Methode 6-3-5[3]

Neuere Techniken zur Ideenfindung, zum kreativen Denken und Problemlösen sowie für die praktische Unternehmensführung, vor allem im Rahmen des Innovationsmanagements, stammen von Kurt Nagel, Annette Blumenschein, Ingrid Ute Ehlers, Michael Luther u. a. Dabei werden auch bewährte Management-Methoden, wie Benchmarking, Portfolio-Analyse, Strategie-Analyse, SWOT-Analyse, Szenario-Technik, Wertanalyse, Wettbewerbsanalyse, Zielgruppen-Analyse u. a. zu den Kreativitätstechniken ge-

2 Gawlak, Monika: Kreativitätstechniken im Innovationsprozess. Von den klassischen Kreativitätstechniken hin zu webbasierten kreativen Netzwerken. Hamburg 2014, S. 51.

3 Ebenda.

zählt. Im britischen und US-amerikanischen Entrepreneurship sowie in der entsprechenden Managementliteratur spricht man nicht nur von „Creativity Techniques“, sondern auch von »The Creative Tool Kit«, vom kreativen Werkzeugkasten.[4]

Die Umsetzung und Nutzung einer Idee ist eine Marketing-Aufgabe. Der Einsatz von Kreativitätstechniken kann erheblich zum Erfolg eines Unternehmens beitragen. Kreative Persönlichkeiten arbeiten oft an mehreren Projekten gleichzeitig und nutzen dabei unterschiedliche Methoden. Dies verhindert, dass sie sich langweilen oder abstumpfen und beugt auch Ermüdungserscheinungen vor. Stellt sich beim Recherchieren oder bei der Lösung eines Problems eine Kreativitätsblockade ein, wechseln sie das Aufgabengebiet und arbeiten an einem anderen Vorhaben weiter. Diese Veränderung und Vielseitigkeit „erzeugt unerwartete Querverbindungen, die zu fruchtbaren Ideen führen.“[5]

Zwischen 1960 und 1990 erfolgte eine „große Flut“ an kreativen Arbeitstechniken. Inzwischen sind weit mehr als 500 Kreativitätstechniken bekannt, die der Problemklärung, Ideenfindung, Ideenentwicklung, Ideenauswahl und Ideenumsetzung dienen, wozu auch Bewertungstechniken sowie Methoden des Projektmanagements u. a. gehören. Dabei werden alle Phasen des kreativen Prozesses einbezogen. Eine von Werner Hürlimann ermittelte Aufstellung umfasst sogar über 3000 Problemlösungsmethoden und Techniken zur Unterstützung geistiger Tätigkeiten.[6] Dabei gehören jedoch die meisten dieser Methoden nicht zu den Kreativitätstechniken im engeren Sinne. Es gibt zahlreiche Varianten, die sich nur geringfügig voneinander unterscheiden. Um die Übersicht zu erleichtern und eine Klassifizierung vorzunehmen, entwarf der Kreativitätsforscher und Ideencoach Michael Luther (*1958) ein „Periodensystem der Kreativitätstechniken“ sowie ein „Periodensystem der Ideenfindungs-Techniken“ (PIT). Aus der großen Anzahl der Problemlösungsmethoden hebt er 32 „Leittechniken“ hervor.[7] Sie

4 Vgl. Newman, Jodie: Introducing Business Creativity: A practical guide. London 2013, pp. 5, 113–158.

5 Csikszentmihalyi, Mihaly: Kreativität. Wie Sie das Unmögliche schaffen und Ihre Grenzen überwinden, 6. Aufl., Stuttgart 2003, S. 385.

6 Hürlimann, Werner: Methodenkatalog. Ein systematisches Inventar von über 3000 Problemlösungsmethoden (Schriftenreihe der Fritz-Zwicky-Stiftung, Bd. 2), Bern, Frankfurt am Main, Las Vegas 1981.

7 Luther,Michael: Das große Handbuch der Kreativitätsmethoden. Wie Sie in vier Schritten mit Pfiff und Methode Ihre Problemlösungskompetenz entwickeln und zum Ideen-Profi werden. Bonn 2013, S. 106–111.

bieten einen systematischen Überblick und eine zielgerichtete Auswahl der geeigneten Techniken. Alle Techniken sind in Gruppen geordnet, die dem Prozess der Problemlösung entsprechen.

Trotz berechtigter Zweifel und Einwände gegenüber zu großen Erwartungen hat sich die Anwendung von Kreativitätstechniken im Prozess der Ideenfindung und des Problemlösens vielfach bewährt. So können z. B. durch Umstrukturierung mögliche Alternativen aufgezeigt werden, um das einseitige konvergente Denken zu überwinden. Auch bewährte, selbstverständliche Sachverhalte sollten in Frage gestellt werden, um zu überprüfen, ob sie unter den neuen gegebenen Umständen noch berechtigt sind. Oft erweist es sich als hilfreich, vorhandene Probleme oder Fragestellungen in einzelne Elemente zu zerlegen, um daraus neue Verbindungen zu assoziieren. Sehr wirksam ist die Suche nach Analogien aus anderen Bereichen, z. B. aus der Natur, um eine Lösung für technische Probleme zu finden (⟶ Bionik).

Evelyn Boos unterscheidet drei Arten von Kreativitätstechniken, die intuitiven, die diskursiven und die Kombimethoden, die sowohl intuitive als auch diskursive Elemente enthalten.

1. Zu den intuitiven Techniken zählen: Brainstorming und seine zahlreichen Varianten: Anonymes Brainstorming, Destruktiv-konstruktives Brainstorming, Didaktisches Brainstorming, I-G-I-Brainstorming, Imaginäres Brainstorming, Inverses Brainstorming, SIL-Methode, Solo-Brainstorming, Visuelles Brainstorming, Brainwriting, Phillips-66-Methode, And-also-Methode, Creative Collaboration Technique, Bionik, Bisoziation, Kartenumlauftechnik, Collective Notebook, Kopfstand-Technik, Galerie-Methode, Methode 6-3-5, klassische Synektik, Mind Mapping, Reizwortanalyse und semantische Intuition.
2. Zu den diskursiven Kreativitätstechniken gehören: Funktionsanalyse, Morphologischer Kasten, Morphologische Matrix, Osborn-Checkliste, Progressive Abstraktion, Relevanzbaum, SCAMPER-Technik, Ursache-Wirkungs-Diagramm.
3. Kombimethoden sind: Hutwechsel-Methode, TRIZ, Walt-Disney-Strategie, Zukunftswerkstatt.[8]

8 Boos, Evelyn: Das große Buch der Kreativitätstechniken. München 2007, S. 26–28.

Anwendung von Kreativitätstechniken

Für die praktische Anwendung ist es entscheidend, dass wir bei Problemen und konkreten Fragestellungen eine geeignete Kreativitätstechnik zur Verfügung haben, die wir gezielt einsetzen können, um uns bei der Lösungssuche zu unterstützen, denn mit der richtigen Technik kann die Ideenfindung und Problemlösung effektiver gelingen. Die meisten Kreativitätstechniken beruhen auf bestimmten Grundprinzipien. Um die unterschiedliche Herangehensweise zu systematisieren, werden sie in Gruppen eingeteilt:

1. Techniken der freien Assoziation (techniques of free association): Durch freies Assoziieren sollen die Teilnehmer ermutigt werden, ihre Ideen und Vorschläge frei und unzensiert zu äußern und daraus Ideenkombinationen abzuleiten. Dazu gehören Brainstorming, Brainfloating, Brainwriting, Mind Mapping, Kartenumlauftechnik, Methode 6-3-5 (Ringtauschtechnik).
2. Techniken der strukturierten Assoziation (techniques of structured association): Die Ideenentwicklung verläuft innerhalb einer vorgegebenen Struktur, d. h., die Lösungsmöglichkeiten werden nach bestimmten Denkrichtungen systematisiert. Das Problem wird somit systematisch aus verschiedenen Perspektiven betrachtet. Zu diesen Techniken gehören: Walt-Disney-Strategie, Hutwechsel-Methode, semantische Intuition.
3. Konfigurationstechniken (configuration techniques); auch Kombinationstechniken genannt (combination techniques): Das Gesamtproblem wird in Teilprobleme aufgeteilt (Dekomposition), für die Einzellösungen gesucht werden. Die Teillösungen werden zu einer neuen Gesamtlösung zusammengeführt (Komposition). Dazu gehören: Morphologischer Kasten, Morphologische Matrix, Attribute Listing, systematisches erfinderisches Denken (Systematic Inventive Thinking (SIT).
4. Konfrontationstechniken (confrontation techniques): Die Teilnehmer werden mit Bildern, Begriffen oder Orten konfrontiert, die sie zu kreativen Ideen und Lösungen anregen sollen. Der Gruppe werden z. B. einige Fotos gezeigt. Danach sollen die Teilnehmer die Bilder beschreiben. Anschließend kehren sie zu ihrer eigentlichen Aufgaben-

stellung zurück. Dadurch sollen sie sich von ihrer mitunter festgefahrenen Denkweise lösen, die Motive auf den gezeigten Bildern mit dem Problem verbinden und dadurch auf neue Einfälle und Ideen kommen. Anstelle von Fotos werden auch bestimmte Reizworte eingesetzt. Zu dieser Gruppe der Techniken gehören: Reizwortanalyse, Synektik, Visuelle Konfrontation, Bildkarten-Brainwriting, Provokationstechniken, TRIZ, ARIZ u. a. technische Lösungsprinzipien, Lösungsprinzipien der Natur (Bionik).

5. Imaginationstechniken (imagination techniques): Diese Techniken sollen das visuelle Vorstellungsvermögen stärken und unbewusste Erfahrungen mit in die Lösungsfindung einbeziehen. Die Anwendung erfolgt in der Gruppe. Dazu gehören z. B. Take a picture of the problem (Mach dir ein Bild von dem Problem), Try to become the problem (Versuche, das Problem zu werden), die geleitete Phantasiereise (guided fantasy journey). Der Moderator animiert die Teilnehmer bei einer Phantasiereise, gedanklich Bilder, Erlebnisse und Geschichten aneinanderzureihen. Diese Methode soll helfen, Stress abzubauen, sowie Offenheit und Kreativität zu fördern.

Der Psychotherapeut und Kreativitätsforscher Rainer M. Holm-Hadulla (*1951) weist darauf hin: „Die Kreativitätstechniken sind aber nur wirksam, wenn sie die individuelle Situation der Teilnehmer, ihre Begabungsschwerpunkte, Motivation und Persönlichkeit berücksichtigen. Der kreative Prozess ist viel zu verschlungen und individuell, um durch flüchtige Ratschläge und oberflächliche Motivationstrainings nachhaltig gefördert zu werden." Von den Moderatoren, Beratern und Coaches werden hohe Kompetenzen bei der Lösung folgender Aufgaben verlangt:

1. „Einschätzung individueller Begabungsprofile
2. Anregung von Neugier und Interesse
3. Verstärkung von Selbstvertrauen und Frustrationstoleranz,
4. Entwicklung von Kooperationsfähigkeit und
5. Realisierung kreativitätsfördernder Rahmenbedingungen"[1]

Aber nicht alle Kreativitätstechniken sind dazu geeignet, die schöpferischen Kräfte zu aktivieren. Die meisten dieser Methoden beeinflussen zunächst nur das Denken, und tragen dazu bei, nicht nur in gewohnten Bahnen zu

1 Holm-Hadulla, Rainer M.: Kreativität. Konzept und Lebensstil. Göttingen 2005, S. 117 f.

denken und Nahe-beieinander-Liegendes zu verknüpfen, sondern auch entferntere und ungewohnte Vorstellungen miteinander zu verbinden. Welche Kreativitätstechnik im konkreten Fall anzuwenden ist, hängt immer von der Zielsetzung und von der Spezifik des zu lösenden Problems ab. Die Schwierigkeit besteht im Erkennen der Problemstrukturen. Ohne eine gründliche Problemanalyse ist eine befriedigende Lösung kaum möglich. Ein weiterer Ansatz, um die geeignete Technik zu ermitteln, ist die Klassifizierung des Problems. In der Praxis werden meist fünf Problemgruppen unterschieden:

1. **Analyseprobleme**
   Ein Analyseproblem setzt große Sachkenntnis voraus. Die Schwierigkeit besteht im Erkennen der Problem-Strukturen. Diese sind sichtbar zu machen und die Zusammenhänge aufzuzeigen. Ohne gründliche Problemanalyse ist eine befriedigende Lösung kaum möglich.
2. **Suchprobleme**
   Suchprobleme zielen auf das Suchen von alternativen Lösungen, wobei Analogien, Assoziationen und Bisoziationen von großer Bedeutung sind. Um ein Suchproblem handelt es sich auch, wenn die Schwierigkeit darin besteht, bestimmte Lösungen aus einem bereits existierenden Lösungsspektrum zu selektieren. Mit Hilfe von Suchkriterien, die durch die Definition des Problems vorgegeben sind, wird der Suchvorgang durchgeführt. Die Wahrscheinlichkeit, neue Lösungen zu finden, wird dadurch erhöht. Suchkriterien (auch Suchregeln genannt) sind:
   a. Die Zerlegung von Problemen in ihre Bestandteile, um eine systematische Strukturierung zu erreichen.
   b. Abstrahierung vom Ursprungsproblem. In diesem Stadium kommt es vor, dass das Problem nicht mehr bewusst durchdacht, aber unbewusst weiterbearbeitet wird, also die unbewusste Kombination von Gedanken und Informationen erfolgt. Das vorübergehende Außerachtlassen des Ursprungsproblems lenkt den Blick auf das kreative Umfeld.
   c. Bildung von Analogien, um die Ähnlichkeit oder Entsprechung von Gegenständen, Ideen, Sachverhalten oder Problemstellungen aus anderen Bereichen zu prüfen, denn auch in anderen Wissensbereichen können Lösungen für ein Problem liegen.

   d. Anknüpfung und Assoziation, mit dem Ziel, möglichst zahlreiche verwertbare Ideen durch einen ungehinderten Gedankenfluss zu erreichen.
   e. Bildliches Denken: Gut visualisierte Probleme sind anschaulicher und lassen sich dadurch einfacher lösen. Damit wird gleichzeitig die rechte Gehirnhälfte genutzt.
3. **Konstellationsprobleme**
   Bei Konstellationsproblemen geht es um die Anwendung vorhandenen Wissens an neue Gegebenheiten.
4. **Konsequenzprobleme**
   Bei Konsequenzproblemen wird durch die Befolgung erkannter Gesetzmäßigkeiten das Problem bzw. die Aufgabe gelöst.
5. **Auswahlprobleme**
   Bei einem Auswahlproblem werden Alternativen nach bestimmten Kriterien auf ihren Nutzen für ein vorgegeben Ziel hin untersucht.[2]

Es wird auch zwischen gut- und schlechtstrukturierten Problemen unterschieden. Bei schlechtstrukturierten Problemen sind nicht alle Bestandteile eines Problems bekannt und Zusammenhänge nur begrenzt erkennbar. Dies erfordert eher eine intuitive, ungerichtete Suche nach Lösungsmöglichkeiten.

Der Problemlösungsprozess ist ein Vorgang aktiver Informationsaufnahme und -verarbeitung bei der Bewältigung eines Problems. Er wird auch als Prozess der Strukturerkennung und Umstrukturierung gekennzeichnet. Die Problemlösung erfolgt, ähnlich dem kreativen Prozess in mehreren Phasen.

Das Vier-Phasen-Modell lautet:

1. Problemanalyse
2. Ideenfindungsphase
3. Bewertungsphase
4. Umsetzungsphase

Der Kreativitätsforscher Helmut Schlicksupp (1943–2010) gliedert den kreativen Problemlösungsprozess in neun Phasen:

---

2 Vgl. Freitag, Egon: Lexikon der Kreativität. Grundlagen – Methoden – Begriffe. Renningen 2018, S. 208 f.

1. Auseinandersetzung der Person mit ihrer Umwelt: Dabei werden Unzulänglichkeiten bzw. Probleme erkannt, die nach einer Lösung verlangen und damit kreatives Denken und Handeln auslösen. Völlige Zufriedenheit mit der vorhandenen Situation wirkt sich dagegen kreativitätshemmend aus.
2. Problemanalyse: Dabei werden die Größe und Bedeutung des Problems für die eigenen Interessen, Absichten und Ziele eingeschätzt. Danach erfolgt die Visualisierung des Problems, z. B. durch Ablaufanalyse, durch Pfeil- oder Blockdiagramm oder durch → Mind Mapping®; anschließend Zerlegung komplexer Probleme in Teilprobleme, die in eine sinnfällige Reihenfolge der Bearbeitung gebracht werden.
3. Problemdefinition
4. Informationssammlung zur Lösungsvorbereitung
5. Erste Lösungsansätze und Absinken des Problems in das Unterbewusstsein (Inkubation)
6. Plötzliche Erleuchtung (Geistesblitz)
7. Überprüfung und Ausarbeitung der Ideen
8. Präsentation der ausgewählten Idee
9. Realisierung der Lösung[3]

Bei mehreren Kreativitätstechniken sind die Einsatzmöglichkeiten jedoch nicht eng begrenzt, so dass auch Mehrfachnutzungen möglich sind. Daneben gibt es Kombitechniken, die miteinander verknüpft werden können. Bei allen Kreativitätstechniken ist die Ideenfindung von der Ideenbewertung strikt zu trennen. Um die Ideenfindung nicht vorzeitig zu beenden, wird das Stretching empfohlen. Der Moderator kann neue Aspekte zur Diskussion stellen, die bereits vorgeschlagenen Anregungen und Lösungsansätze wiederholen und die Teilnehmer auffordern, über weitere Ideen nachzudenken. Eine Kreativsitzung, bei der nur eine Methode zur Anwendung kommt, kann je nach der ausgewählten Technik und der Komplexität der Aufgabenstellung etwa ein bis zwei Stunden dauern. Für die eigentliche Phase der Ideenfindung werden etwa 20 bis 40 Minuten eingeplant. Die restliche Zeit dient der Einführung, Problemklärung, Bewertung und Auswahl der Lösungsvorschläge. Für komplexe Aufgaben werden auch Kreativ-Workshops empfohlen, die ein oder mehrere Tage dauern können, wozu öfters auch Experten aus anderen Bereichen eingeladen werden.[4]

---

3 Vgl. Schlicksupp, Helmut: 30 Minuten für mehr Kreativität. Offenbach 1999, S. 27–31.

4 Vgl. Geschka, Horst/Zirm, Andrea: Kreativitätstechniken. In: Albers, Sönke/Gassmann, Oliver (Hrsg.): Handbuch Technologie- und Innovationsmanagement. Wiesbaden ²2011, S. 300 f.

Eine Kreativitätstechnik ist erst dann „erfolgreich, wenn die Kreativität der Nutzer sehr hoch und ungehemmt fließen kann und dadurch viele Ideen entstehen."[5] Kreativsitzungen sollten nicht spontan stattfinden, sondern mindestens eine Woche vorher angekündigt werden. Da die Teilnehmer durch termingebundene Aufgaben meist sehr ausgelastet sind, ist eine längere Vorlaufzeit empfehlenswert. In der Einladung ist das Thema der Sitzung bekannt zu geben. Eine spezielle Vorbereitung darauf ist nicht erforderlich.

Die Teamarbeit wird empfohlen für:

- Arbeits- und Organisationsabläufe
- Produktionsabläufe
- Verbesserung von Produkten und Dienstleistungen
- Verkaufsfördernde Maßnahmen
- Fragen der Qualitätssicherung
- Fragen der Kooperation und Kommunikation zwischen Arbeitsgruppen und Abteilungen
- Sicherheit am Arbeitsplatz

Vorteile der Teamarbeit sind:

- Synergieeffekte
- Lerneffekte
- Motivation und Identifikation
- Qualität und Akzeptanz der Entscheidungen

Nachteile der Teamarbeit sind:

- Hierarchie- und Konkurrenzdenken (Gruppenkonflikte, Angst vor Vorgesetzten)
- Fehlende Risikobereitschaft
- Killerphrasen
- Mangelnde Sachbezogenheit
- Mängel in der Organisation
- Zeitaufwand

Die optimale Gruppengröße für die Kreativsitzungen beträgt zwischen fünf und sieben Teilnehmern. Bei der Auswahl der einzuladenden Mitar-

5 Gawlak, Monika: Kreativitätstechniken im Innovationsprozess, a. a. O., S. 13.

beiter sind diejenigen zu bevorzugen, die mit dem Thema vertraut sind, aber aus verschiedenen Abteilungen kommen, um das Thema aus unterschiedlichen Perspektiven zu diskutieren. So können z. B. für anstehende Innovationskonzepte oder technische Verbesserungen Vertreter aus der Produktentwicklung, der Vorentwicklung, der Fertigungsplanung, der Unternehmensentwicklung sowie aus dem Marketingbereich zu einer Kreativsitzung zusammenkommen, aber auch Auftraggeber und Verbraucher, an die sich das Produkt richtet, sollten vertreten sein. Die Zusammensetzung des Teams bestimmt das Kreativitätspotenzial. Die Gruppenmitglieder treten in einen Ideenaustausch, ergänzen sich und verknüpfen ihr Fachwissen und ihre Denkstrategien, um in Problem zu lösen. Somit kann im Team auch das kreative Potenzial des Einzelnen gefördert werden.

Als Hilfsmittel zur Ideenpräsentation dienen Flipcharts, Pinnwände, Beamer, Moderationskarten, vorbereitete Workshop-Blätter, Papier, Stifte, Klebeband und andere Arbeitsmittel. Für die Vervielfältigung der Formblätter und der angefertigten Protokolle für die Teilnehmer sollten Kopierer zur Verfügung stehen. Zunehmend kommen auch digitale Medien zum Einsatz (Präsentationssoftware, Powerpoint-Präsentation, Snapshot, digitale Folien, Animationen, Fotoshow u. ä.). Neben den klassischen Kreativitätstechniken gibt es auch webbasierte Methoden, die mit Hilfe einer speziellen Software durchgeführt werden.

Kreativitätstechniken nach ihren Einsatzgebieten

Kreativitätstechniken zur Ideenfindung und Problemerkennung:

Analogie-Techniken
Attribute Listing
Brainstorming
Brainwalking
Brainwriting
Brainwriting-Pool
CATWOE
Clickingliste
Funktionsanalyse
Ishikawa-Diagramm
Kipling-Fragen
Kopfstand-Technik
Kombitechniken
Kraftfeldanalyse
Methode 6-3-5
Mindmapping
Morphologischet Kasten
Morphologische Matrix
Osborn-Checkliste
Problemlösungsbaum
Random Input-Technik
Semantische Intuition
Synektik

Kreativitätstechniken zur Ideenfindung und Produktentwicklung im Dienstleistungs- und Marketingbereich:

And-also-Methode
Anonymes Brainstorming
Brainstorming
Brainwalking
Brainwriting
Creative Collaboration Technique
Didaktisches Brainstorming

I-G-I-Brainstorming
Imaginäres Brainstorming
Inverses Brainstorming
Kartenumlauftechnik
Methode 6-3-5
Morphologischer Kasten
Phillips-66-Methode
Schwachstellen-Brainstorming
SIL-Methode
Solo-Brainstorming
Visuelles Brainstorming

Kreativitätstechniken zur Produktentwicklung oder zur Verbesserung bestehender Produkte/Dienstleistungen:

Bionik
Brainstorming
Hutwechsel-Methode
Kartenmlauftechnik
Morphologischer Kasten
Morphologische Matrix
Osborn-Checkliste
SCAMPER
Sequentielle Morphologie
TILMAG
Walt-Disney-Strategie

Kreativitätstechniken zur Ideenbewertung und Ideenauswahl:

Hutwechsel-Methode
Kriterienmatrix
PMI (Plus – Minus – Interessantes)
Relevanzbaum
Walt-Disney-Strategie

Kreativitätstechniken zur Umsetzung von Ideen:

Scribbeln
UV-Checkliste (Umsetzen und Verändern)
Virtueller Ideenspeicher

Kreativitätstechniken für die Werbung, für Marketing/Verkaufsförderung, für die Suche nach Produktnamen bzw. Firmenlogos:

Brainstorming
Kartenumlauftechnik
Methode 6-3-5
Reizbildanalyse
Reizwortanalyse
Semantische Intuition
Synektik

Kreativitätstechniken für komplexe Problemlösungen, zur Planung und Entwicklung:

CATWOE
Collective Notebook
Hutwechsel-Methode
Methode 6-3-5
Relevanzbaum
Sequentielle Morphologie
Synektik

Kreativitätstechniken für Erfindungen, Innovationen, Produktentwicklungen:

ARIZ
Bionik
Bisoziation
Methode 6-3-5
Morphologischer Kasten
Morphologische Matrix
TRIZ
Widerspruchsorientierte Innovationsstrategie (WOIS)

Kreativitätstechniken zur Qualitäts- und Produktverbesserung, Ursachenermittlung von Qualitäts-, Organisations- und Ablaufproblemen:

Ishikawa-Diagramm
Schwachstellen-Brainstorming

Techniken zur Ideenfindung im Change-Management, zum Anforderungsprofil für ein neues Produkt:

Kraftfeldanalyse
Progressive Abstraktion
UV-Checkliste
Wunderfrage

Kreativitätstechniken zur Kosteneinsparung in der Verwaltung/Produktion:

Brainstorming
Funktionsanalyse
Methode 6-3-5
Morphologischer Kasten
Osborn-Checkliste
Wertanalyse

Techniken zur Organisation von Veranstaltungen:

Brainstorming
Kartenumlauftechnik
Open Space
Reizbildanalyse

Kreativitätstechniken zur Voraussage technischer Veränderungen und Innovationen, für Visionen und Perspektiven, künftige Kundenbedürfnisse, neue Geschäftsfelder:

Delphi-Methode
Gruppen-Delphi
Ideen-Delphi
Zukunftswerkstatt

Kreativitätstechniken für die individuelle Durchführung:

Ablaufanalyse
ALPEN-Methode
Anonymes Brainstorming
Ausfallschritt-Technik
Bionik
Brainfloating
Consensual Assessment Technique (CAT)
DANTE
Elocutio

Fast Writing
Free Writing
Fruchtwechsel-Methode
Heuristik
Ideales Endresultat (IER)
Ideen-Delphi
kreatives Schreiben
Mentale Modelle
Mind Mapping
Monitoring
Morphologischer Kasten
Morphologische Matrix
NIE-Technik
Osborn-Checkliste
Problemlösungsbaum
Reizbild-Analyse
Reizwort-Analyse
Sequentielle Morphologie
Solo-Brainstorming (Individuelles Brainstorming)
Suchfeldauflockerung
Trittstein-Methode
Zufallsmethode

Kreativitätstechniken für die Teamarbeit:

Advocatus Diaboli
Analogie-Technik
And-also-Methode
Anonymes Brainstorming
ARIZ
Ausdeutungstechnik
Ausfallschritt-Technik
Battelle-Bildmappen-Brainwriting
Belebte-Bühnen-Bild-Technik©
Benchmarking
Bewertungskriterien
Bewertungsmatrix
Brainstorming
Brainstorming 2.0

Brainwalking
Brainwriting
Brainwriting-Pool
Card-Brainstorming
CATWOE
Collective Notebook
Creative Collaboration Technique
Delphi-Methode
Didaktisches Brainstorming
Diffusionsmodell
Epistemologische Analyse
Erweiterte Nutzwertanalyse
Exkursionssynektik
Force-Fit
Forced Relationship
Funktionsanalyse
Galerie-Methode
Gruppen-Delphi
Hutwechsel-Methode
Hypothesen-Matrix
Idea Engineering
Ideen-Delphi
Imaginäres Brainstorming
Inverses Brainstorming
Kaizen
Kartenumlauftechnik
KCP-Methode
Kick-off
KJ-Methode
klassische Synektik
Kombinationstechniken
komplexe Problemlösungsprozesse
Konfrontationstechniken
Kopfstand-Technik
Little-Technik
Lotusblüten-Technik
Meilensteinplan
Meilenstein-Technik

Metaplan-Technik®
Methode 6-3-5
Mitsubishi-Brainstorming (MBS)
Nebenfeldintegration
Netzwerkorientierte Funktionsanalyse
NHK-Brainstorming
NM-Methode
Nominal Group Technique (NGT)
Nutzwertanalyse
Offenes Problemlösungsmodell (OPM)
Open Innovation
Perspektivwechsel
Phillips-66-Methode
Planspielmethode
PMI-Methode
PO-Methode
Portfolio-Analyse
Prognosetechniken
Progressives Brainstorming
Prototyping
Pro-und-Contra-Liste
Provokationstechnik
Quality Function Deployment (QFD)
Quint-Essenz©
Random Input-Technik
Rapid Product Development (RPD):
Rapid Prototyping
Reduktionstechnik
Reizbildanalyse
Reizwortanalyse
Relevanzbaum
Rhizom-Modell
Risikoanalyse
Roadmapping
Sandwich-Brainstorming
SCAMPER-Technik
Schwachstellen-Brainstorming
Semantische Intuition

SIL-Methode
STAR-Technik
Storyboarding
Storytelling
Strategie-Analyse
Stufen-Brainstorming
Synapse
Synektische Konferenz
Szenario-Technik
Take a picture of the problem
Think tank
TILMAG-Methode
TrendScouting
Trigger-Technik
Virtual Prototyping
Visualisierungstechniken
Visuelles Brainstorming
Visuelle Synektik
Walt-Disney-Strategie
Wertanalyse
Wettbewerbsanalyse
Wunderfrage
Zielgruppen-Analyse
Zielsetzung

Kreativitätstechniken für Gruppen und Großgruppen:
BarCamp
Crawford-Slip-Methode
Creative Button Colors-Methode
Cross-Industry-Prinzip
Edison-Prinzip
Marktplatz-Methode
Open Space Technology
RTSC-Konferenz
Zukunftswerkstatt

Kreativitätstechniken für die Einzel- und Teamarbeit:
ABC-Analyse
ABC-Wortliste

Ablaufanalyse
8 x 1 der Ideenfindung©
AGO
Analogie-Technik
Anonymes Brainstorming (Bei dieser Kreativitätstechnik findet ein Wechsel zwischen Einzel- und Teamarbeit statt.)
Attribute Listing
BAF
Bionik
Bisoziationstechnik
Checkliste
Clustering
Creative Collaboration Technique
Crowdsourcing
C & S (Consequences & Sequels)
Design Thinking
Eisenhower-Prinzip
Erkenntnismatrix
Geleitete Phantasiereise
Gift-und-Gegengift-Technik©
Idealog-Modell
Ideen-Exposé©
Ideen-Management
Identifikation
Imaginäres Brainstorming
Innovations-Checkliste
Ishikawa-Diagramm
Kepner-Tregoe-Methode
Kipling-Fragen
klassische Synektik
Kraftfeldanalyse (Bei dieser Kreativitätstechnik findet ein Wechsel zwischen Einzel- und Teamarbeit statt.)
kreative Herausforderung
kreatives Problemlösen
kreativer Problemlösungsprozess
kreative Verfahren
LOBIM©
Majaro-Matrix

Morphologischer Kasten
Morphologische Matrix
MorphoTRIZ
Napoleon-Technik
Nebenfeldintegration
NetScouting
NM-Methode
Osborn-Checkliste
Pareto-Prinzip
Problemanalyse
Problemgruppen
Problemlösungsbaum
Problemsensitivität
Produktlebenszyklus
Progressive Abstraktion
Random Word-Technik
Reizwortanalyse
SCORE
Scribbeln
Semantische Intuition
Sequentielle Morphologie
SIL-Methode
SMART-Methode
Suchfeldauflockerung
Suchfeldbestimmung
Superposition
SWOT-Analyse
Trial-and-error-Methode
Trittstein-Methode
TRIZ
Try to become the problem
UV-Checkliste
Verbundmatrix
Vulkantechnik
W-Fragen
Wachstumsspirale©
WEPT-Methode
Widerspruchsorientierte Innovationsstrategie (WOIS)

A

ABC-Analyse (ABC analysis): auch ABC-Matrix. Sie wurde 1951 von dem US-amerikanischen Manager Henry Ford Dickie in der »General Electric Company« entwickelt, speziell für den Einsatz in der Materialwirtschaft. Sie hat sich vor allem bei der Optimierung von Planungsprozessen und bei der Reduzierung von Lager- und Verwaltungskosten bewährt. Bei der ABC-Analyse handelt es sich um eine Entscheidungshilfe, um die Wichtigkeit und Dringlichkeit einer Idee in Bezug auf die Lösung eines Problems bzw. auf das Erreichen eines angestrebten Ziels zu bestimmen. Mit Hilfe dieser Methode können Aufgaben, Objekte und Produkte sowie große Datenmengen nach ihrer Bedeutung klassifiziert und in A-, B- und C-Bereiche eingeteilt werden, wobei die Aufgaben, Probleme o. ä. der Klasse A vorrangig zu erledigen sind. Erst dann folgen die Kategorien B und C.

Durchführung:

1. Die Vorschläge und Ideen werden in Excel-Tabellen oder herkömmlich auf sogenannten Moderationskarten eingetragen und in drei Kategorien (A, B und C) eingeteilt. Dabei wird ermittelt, welchen Stellenwert die jeweiligen Ideen für das Ziel besitzen. An der Dringlichkeit orientiert sich auch die zeitliche Reihenfolge der Umsetzung. Dadurch kann festgestellt werden, welche Idee zuerst realisiert werden sollte.
2. Alle anstehenden Aufgaben werden in einem Aktionsplan erfasst. Um diese nach ihrer Priorität zu ordnen, eignet sich eine Matrix, also ein rechteckig angeordnetes Schema mit Zeilen und Spalten, in das zusammengehörende Einzelfaktoren eingetragen werden. Dies kann auf einer Pinnwand erfolgen, um sie ständig im Blickfeld zu haben. Die Moderationskarten mit den notierten Ideen werden in das entsprechende Feld eingefügt.
3. Die Dringlichkeit und der Bearbeitungsstand werden mit einer Zeitskala erfasst (nach Tagen, Wochen, Monaten oder mit einer Jahresskala). Die Wichtigkeit kann in Prozenten oder in den Kategorien „hoch", „mittel" und „niedrig" angegeben werden. (vgl. Mencke, 2006, S. 170–173; Mencke, 2012, S. 105–108)

Vorteile:
Diese Methode ist leicht verständlich und kann gut visualisiert und präsentiert werden, z. B. in einer Matrix, durch Grafiken oder Wertetabellen. Durch die ABC-Analyse können eine Vielzahl von Ideen, Aufgaben, Probleme sowie größere Datenmengen nach ihrer Wichtigkeit und Dringlichkeit klassifiziert und bewertet werden.

Nachteile:
Die ABC-Analyse verfolgt nur quantitative Einflussgrößen. Qualitätsprobleme oder komplexe Hintergründe werden damit nicht erfasst.

Einsatzmöglichkeiten:
Neben ihrem Einsatzbereich in der Materialwirtschaft, z. B. zur Reduzierung der Lagerkosten, wird die ABC-Analyse auch im Personal- und Projektmanagement, in der Organisationsanalyse und Aufgabenpriorisierung sowie im Innovationsmanagement verwendet. Sie kann zur Verbesserung von Planungsprozessen beitragen und zur Verringerung der Verwaltungskosten. (vgl. Aerssen/Buchholz, 2018, S. 90)

Diese Kreativitätstechnik eignet sich für Einzel- und Teamarbeit.

Lit.: Aerssen, B. v./Buchholz, Ch. (Hrsg.): Das große Handbuch Innovation. 555 Methoden und Instrumente für mehr Kreativität und Innovation im Unternehmen. München 2018; Dickie, H. F.: ABC Inventory Analysis Shoots for Dollars, not Pennies. In: Factory Management and Maintenance, July 1951, Vol. 109, pp. 92–94; Mencke, M.: 99 Tipps für Kreativitätstechniken. Ideenschöpfung und Problemlösung bei Innovationsprozessen und Produktentwicklung. (Das professionelle 1 x 1). Berlin 2006; Ders.: Kreativitätstechniken – Kreative Problemlösung und Entscheidungsfindung. Berlin 2012.

ABC-Wortliste (ABC word list): auch als ABC-Kreativ-Technik bezeichnet, von der Management-Trainerin und Sachbuchautorin Vera F. Birkenbihl (*1946–2011) entwickelt. Auf der Suche nach kreativen Problemlösungen empfiehlt sie, eine alphabetische Liste zu erstellen, um durch zufällig ausgewählte Begriffe über ein Thema nachzudenken.

Die Technik besteht aus drei Denk-Tools:

1. frei-assoziatives Nachdenken über einen Begriff, um Assoziationen zu einem Thema zu finden;
2. der Stadt-Land-Fluss-Effekt, d. h. die Nutzung des bereits vorhandenen Wissens-Rasters im Kopf;

3. Anwendung der Reizwort- bzw. Wortfindungstechnik, z. B. ein Lexikon an einer beliebigen Stelle aufschlagen. Das aufgeschlagene Reizwort kann zu assoziativen oder bisoziativen Zufallsverknüpfungen führen, dadurch Denkblockaden lösen, wodurch überraschende Lösungsansätze aufgezeigt werden können.

Durchführung:

1. Zu einer vorgegebenen Aufgabenstellung wird eine vorbereitete Blanko-Alphabetliste von jedem Teilnehmer ausgefüllt. Dazu notieren sie Stichwörter, Vorschläge, Geistesblitze u. a. Dafür sind 90 Sekunden vorgesehen. Hierbei kommt es vor allem auf Quantität, nicht auf Qualität an.
2. Anschließend können die Listen dazu genutzt werden, um von den Teilnehmern Begriffe und Einfälle nachzutragen. Die Listen können aber auch sichtbar für alle Beteiligten an der Wand oder auf Flipcharts angebracht werden. Die Mitwirkenden „wandern" ohne festgelegte Reihenfolge zu den einzelnen Papierbogen und notieren stichwortartig ihre spontanen Einfälle und Ideen zu den einzelnen Aufgabenstellungen (→ Brainwalking).

Die ABC-Wortliste wird meist individuell durchgeführt und ergibt einen Ideen-Pool. Diese Kreativitätstechnik kann durch ein → Brainstorming oder ein → Brainwriting ergänzt werden. (vgl. Luther, 2013, S. 199)

Vorteile:
Durch die ABC-Wortliste werden Ideen und Lösungsansätze erzeugt. Dadurch kann die Lösungssuche erleichtert und vorstrukturiert werden. Diese Technik fördert die Spontaneität der Team-Mitglieder.

Nachteile:
Bei dieser Kreativitätstechnik wird die Blanko-Alphabetliste unter restriktiver Zeitvorgabe, in 90 Sekunden ausgefüllt, so dass keine Zeit zum Nachdenken bleibt. Allerdings besteht die Möglichkeit, Einfälle, Ideen oder Begriffe anschließend nachzutragen.

Einsatzmöglichkeiten:
Diese Kreativitätstechnik dient der Ideenfindung und Problemanalyse. Sie eignet sich sehr gut als Feedback-Methode in der Evaluierungsphase einer Idee.

Diese Technik kann sowohl von Gruppen als auch von Einzelpersonen durchgeführt werden.

Lit.: Birkenbihl, V. F.: ABC-Kreativ. Techniken zur kreativen Problem-Lösung. München 2004; Luther, M.: Das große Handbuch der Kreativitätsmethoden. Wie Sie in vier Schritten mit Pfiff und Methode Ihre Problemlösungskompetenz entwickeln und zum Ideen-Profi werden. Bonn 2013.

Ablaufanalyse (procedural analysis) auch Ablaufschema (work schedule), Ablaufdiagramm, Flussdiagramm: die Durchführung des kreativen Problemlösungsprozesses; die Darstellung der Verfahrens- und Handlungsabläufe und des Informationsflusses. Der kreative Problemlösungsprozess erfolgt in mehreren Stufen. Bei einer schwierigen Aufgabe stellt sich zunächst die Frage nach der Problemfindung. Aus einer vagen Problemsituation heraus muss das eigentliche Problem erst definiert werden, damit eine optimale Lösung ermöglicht wird. Es kommt darauf an, die richtigen Fragen zu stellen und das Problem so zu formulieren, dass sich eine oder mehrere Lösungsmöglichkeiten daraus ableiten lassen. Die Denk- und Problemlösungsstrategien beinhalten die Informationssuche, Informationsselektion, Risikofestlegung, die überschaubare Begrenzung des Problemgebietes und das Auffinden eines vorher nicht bekannten Lösungsweges, mit dessen Hilfe man von einem gegebenen Anfangszustand zu einer gewünschten Zielstellung gelangen kann. Die Lösung eines Problems erfordert die Erfassung des Kerns eines Problems, die Fähigkeit, für die Bearbeitung eines Problems den optimalen Ansatz zu finden, und die Fähigkeit, sich richtig zu entscheiden.

Durchführung:
Die meisten Kreativitätstechniken haben folgendes Ablaufschema:

1. Einführung in die ausgewählte Technik und Bekanntmachung mit den Regeln
2. Problemformulierung: Problemstellung, Problemerklärung, Neuformulierung des Problems und Erarbeitung erster spontaner Lösungsideen
3. Durchführung der Technik
4. Bewertung (vgl. Pohl, 2012, S. 84).

Ein erweitertes Verfahren zur Problemlösung nennt Marco Mencke:

1. Problemsammlung
2. Problemauswahl

3. Problemdefinition
4. Problemanalyse, Ursachenanalyse
5. Zielsetzung
6. Entwicklung möglicher Lösungen
7. Bewertung und Entscheidungsfindung
8. Aktionsplanung
9. Umsetzung
10. Erfolgskontrolle (Mencke, 2012, S. 46 f.)

Vorteile:
Durch die systematische Vergegenwärtigung der einzelnen Phasen und durch das Aufzeigen ihrer Beziehungen untereinander werden die Probleminhalte erschlossen. Die Ablaufanalyse dient dem Ziel, Schwachstellen zu erkennen und zu beseitigen. Sie erleichtert damit die Lösungsfindung.

Nachteile:
Die Schwierigkeit besteht darin, dass das eigentliche Problem erst definiert werden muss, um Lösungsvorschläge zu erarbeiten. Aus einer ungenauen Problemsituation heraus ist keine optimale Lösung möglich.

Einsatzmöglichkeiten
Die Ablaufanalyse eignet sich für Analyseprobleme und zur Problemformulierung, indem das Problem verlaufsartig dargestellt wird. Dadurch kann ein Prozess von A-Z visualisiert werden. Alle Handlungs- und Verfahrensabläufe sowie die Informationsflüsse werden innerhalb dieses Prozesses hervorgehoben.

Diese Technik kann sowohl von Gruppen als auch von Einzelpersonen durchgeführt werden.

Lit.: Mencke, M.: Kreativitätstechniken – Kreative Problemlösung und Entscheidungsfindung. Berlin 2012; Pohl, M.: Kreative Kompetenz. Kreativität entwickeln – Ideen finden – Probleme lösen. Berlin 2012.

8 x 1 der Ideenfindung© (8 x 1 of idea finding): ein strukturiertes Vorgehen bei der Gewinnung neuer Ideen und Vorschläge, das auf den Grundregeln des → Brainstormings beruht. Diese Technik wurde von Annette Blumenschein und Ingrid Ute Ehlers entwickelt.

Durchführung:

1. Zusammensetzung einer Arbeitsgruppe, die gleichberechtigt Anregungen, Ideen und Vorschläge zum gestellten Problem entwickelt (ca. 5–10 Teilnehmer).
2. Festlegung des vorgesehenen Zeitrahmens (etwa 40–60 Minuten)
3. Arbeitsbedingungen (räumliche Anordnung, Störungen vermeiden, Mobiltelefone ausschalten) und Bereitstellung notwendiger Materialien (Flipchart, Pinnwand, Stifte, dicke Filzschreiber u. ä.)
4. Ziel der Arbeitsgruppe festlegen: die systematische Entwicklung von möglichst vielen Ideen. Auch unausgereifte, abwegig erscheinende Vorschläge zulassen.
5. Die vorgeschlagenen Ideen den anderen Teilnehmern mitteilen und deren Anregungen aufgreifen und weiterentwickeln.
6. Jegliche Form von Kritik an den vorgestellten Ideen ist zu unterlassen. Schaffung einer „kritikfreien Zone". Dies betrifft z. B.: verbale Kritik (Getuschel, Gemurmel, Zwischenrufe, Killerphrasen), akustische Kritik (Geraschel, Klopfen, Kugelschreiberdrücken), mimische Kritik (Grinsen, schadenfroh lächeln, feixen), gestische Kritik (abfällige Gebärden).
7. Der Moderator leitet die Diskussion, ist neutral und steuert selbst keine Ideen bei. Er bündelt die Beiträge und achtet auf die Einhaltung der Rahmenbedingungen. Er stellt die von den Gruppenteilnehmern entwickelten Ideen für alle sichtbar in den Raum (auf einer Pinnwand oder Flipchart).
8. Es ist verbindlich zu klären, von wem die entwickelten Vorschläge, Ideen und Lösungsansätze genutzt werden dürfen. Dies sollte möglichst vor der Anwendung dieser Ideenfindungstechnik erfolgen. (vgl. Blumenschein/Ehlers, 2007, S. 80 f.)

Bei dieser Technik geht es darum, herkömmliche Denk- und Verhaltensmuster zu überwinden und neue Lösungsansätze zu finden. Die Regeln sollten allen Teilnehmern ausgehändigt und im Beratungsraum sichtbar angebracht werden. Bei Regelverstoß ist daran zu erinnern, „dass kreative Freiräume Schutzräume sind, ... damit sich neue Ideen ungehindert in einem kritikfreien Rahmen entfalten können" (Blumenschein/Ehlers, 2007, S. 79 f.).

Einsatzmöglichkeiten:
Diese Technik eignet sich für ein strukturiertes Vorgehen bei der Gewinnung neuer Ideen und Vorschläge und kann sowohl im Team als auch individuell durchgeführt werden.

Lit.: Blumenschein, A./Ehlers, I. U.: Ideen managen. Eine verlässliche Navigation im Kreativprozess. Leonberg 2007.

Advocatus Diaboli (Devil's Advocate): »Anwalt des Teufels«; eine Provokationstechnik. Sie beruht auf dem Prinzip, einem an sich für gut befundenen Vorschlag für die Lösung eines Problems etwas Nachteiliges nachzuweisen. Ein Teilnehmer übernimmt die Rolle des Kritikers, vertritt mit scharfen Argumenten die Gegenseite (als „des Teufels Advokat“) und stellt provokante Thesen auf. Dazu sollen von den Teilnehmern Gegenthesen entwickelt werden, um die Vorwürfe abzuwehren und die eigenen Ideen und Lösungsansätze zu verteidigen. (vgl. Luther, 2013, S. 269)

Durchführung:

1. Um kritische und gegenteilige Argumente in der Diskussion vorzubringen, ist die Auswahl der Teilnehmer ganz entscheidend. Der Erfolg dieser Kreativitätstechnik hängt auch entscheidend vom Moderator ab, der zwischen den Parteien vermitteln muss, damit das Betriebsklima nicht außer Kontrolle gerät.
2. Ein Teilnehmer oder mehrere Team-Mitglieder starten die kontroverse Diskussion mit einer Advocatus Diaboli-Haltung.
3. Es erfolgt die Feststellung, welche Einsichten und Erkenntnisse aus der kontroversen Diskussion gewonnen werden können.
4. Der Moderator stellt sicher, dass sich alle Teilnehmer verstanden fühlen, bevor eine Entscheidung über die Idee bzw. über den Lösungsvorschlag angenommen wird und bevor die Sitzung beendet wird.
5. Alle wichtigen Einsichten und Erkenntnisse werden in einer kurzen Zusammenfassung dokumentiert. Das Protokoll kann auch anderen Teams zur Verfügung gestellt werden, damit sie davon profitieren können. (vgl. Aerssen/Buchholz, 2018, S. 106)

Vorteile:
Advocatus Diaboli ist eine hilfreiche Methode zur Entscheidungs- und Bewertungsfindung von spontanen Einfällen, Ideen und Geistesblitzen, wenn im Team gegensätzliche Lösungsvorschläge vorgebracht werden.

Diese Kreativitätstechnik regt den Ideenfluss an und fördert das kontroverse Denken.

Nachteile:
Da die Teilnehmer bei dieser Kreativitätstechnik nur eine Rolle spielen, ist diese Offenheit im Unternehmen nicht alltäglich und mitunter sogar unerwünscht.

Einsatzmöglichkeiten:
Advocatus Diaboli fördert offene Diskussionen sowie den kontroversen Meinungsaustausch von Ideen und Lösungsvorschlägen innerhalb eines Teams. Diese Kreativitätstechnik kann aber auch abteilungsübergreifend und interdisziplinär angewandt werden.

Lit.: Aerssen, B. v./Buchholz, Ch. (Hrsg.): Das große Handbuch Innovation. 555 Methoden und Instrumente für mehr Kreativität und Innovation im Unternehmen. München 2018; Luther, M.: Das große Handbuch der Kreativitätsmethoden. Wie Sie in vier Schritten mit Pfiff und Methode Ihre Problemlösungskompetenz entwickeln und zum Ideen-Profi werden. Bonn 2013.

AGO: Aims, Goals, Objectives: Ziele, Zwecke, Zielsetzungen; auch unter der Bezeichnung ZZ (Ziele und Zwecke) bekannt. All diese Begriffe stehen für das Ziel; eine Denktechnik, die zur exakten Zielbestimmung eingesetzt wird. Sie wurde von dem britischen Psychologen und Kreativitätsforscher Edward de Bono (*1933) entwickelt.

Durchführung:
Die Aufgabe besteht darin, sich Ziele zu setzen bzw. das richtige Ziel zu finden. Ein Ziel kann nah oder fern, klein oder groß sein. „Wir müssen auch das Ziel planen oder wechseln, damit wir es besser erreichen“ (de Bono, 2014, S. 179). Bei der Produktplanung ist es z. B. unerlässlich, vorher Marktforschung zu betreiben, um nach neuen Absatznischen zu suchen und Marktlücken zu nutzen. Die Zielstellung der Aufgabe bzw. des Problems wird konkret hinterfragt und detailliert aufbereitet, um für die Bearbeitung und Lösung die Richtung festzulegen.

Einsatzmöglichkeiten:
Die Technik eignet sich für Einzel- und Gruppenarbeit und kann auch in Kombination mit anderen Denktechniken angewandt werden (z. B. mit der → Hutwechsel-Methode). → DATT → Zielsetzung

Lit.: De Bono, E.: De Bonos neue Denkschule. Kreativer denken, effektiver arbeiten, mehr erreichen, 6. Aufl., München 2014; Luther, M.: Das große Handbuch der Kreativitätsmethoden. Wie Sie in vier Schritten mit Pfiff und Methode Ihre Problemlösungskompetenz entwickeln und zum Ideen-Profi werden. Bonn 2013.

Algorithmus zum Lösen erfinderischer Aufgaben → ARIZ

ALPEN-Methode (ALPEN-method): eine Zeitmanagement-Technik, die aus fünf Planungsphasen besteht. Sie wurde von dem Manager Lothar J. Seiwert (*1952) entwickelt und eignet sich für die Planung kurzfristiger Zeiteinheiten, aber auch für längerfristige Projekte. Die Bezeichnung ALPEN ist ein Akronym und setzt sich aus den Initialen folgender Begriffe zusammen:

A: Aufgaben
L: Länge der Tätigkeiten
P: Pufferzeiten
E: Entscheidungen über Prioritäten
N: Nachkontrolle

Durchführung:
Die Bezeichnung der Methode weist zugleich auf die einzelnen Phasen ihrer Vorgehensweise hin:

A: Aufgaben, Aktivitäten und Termine festlegen;
L: Länge der Tätigkeiten, die Zeitdauer einschätzen;
P: Pufferzeiten für Unvorhergesehenes reservieren;
E: Entscheidungen über Prioritäten treffen, auch eventuelle Kürzungen und Delegationsmöglichkeiten beschließen;
N: Nachkontrolle; dabei sind die bisher unerledigten Aufgaben in den Plan für den nächsten Tag zu übernehmen. (vgl. Nagel, 2001, S. 16)

Vorteile:
Die ALPEN-Methode unterstützt das tägliche Zeitmanagement bei Projekten. Es genügen oft wenige Minuten pro Tag zur Erstellung eines schriftlichen Tagesplans. Diese Methode verhindert blinden Aktionismus.

Nachteile:
Wenn die Zeitplanung von vornherein unrealistisch ist, wird die Liste der unerledigten Aufgaben von Tag zu Tag länger.

Einsatzmöglichkeiten:
Diese Methode eignet sich für die Planung und Kontrolle des Tagesablaufs, um mehr Zeit für die wichtigsten Aufgaben zu gewinnen. Sie ist besonders für die Einzelarbeit und für das Selbstmanagement sehr effektiv. (vgl. Luther, 2013, S. 320; vgl. Aerssen/Buchholz, 2018, S. 98 f.)

Lit.: Aerssen, B. v./Buchholz, Ch. (Hrsg.): Das große Handbuch Innovation. 555 Methoden und Instrumente für mehr Kreativität und Innovation im Unternehmen. München 2018; Luther, M.: Das große Handbuch der Kreativitätsmethoden. Wie Sie in vier Schritten mit Pfiff und Methode Ihre Problemlösungskompetenz entwickeln und zum Ideen-Profi werden. Bonn 2013; Nagel, K.: Erfolg. Effizientes Arbeiten, Entscheiden, Vermitteln und Lernen, 9. Aufl., München/Wien 2001; Ders.: Kreativitätstechniken in Unternehmen. Das Radar-System. München 2009; Seiwert, L. J./Tracy, B.: Life-Leadership. So bekommen Sie Ihr Leben in Balance. Offenbach 2001.

Analogie-Technik (analogy technique; von griech. analogos: übereinstimmend, eigtl. der Vernunft entsprechend; lat. analogia: gleiches Verhältnis): eine Kreativitätstechnik, die die Ähnlichkeit oder Entsprechung von Gegenständen, Ideen, Sachverhalten oder Problemstellungen aus anderen Bereichen zum Vorbild nimmt, um sie auf neue Aufgabenstellungen zu übertragen. Alle diesbezüglichen Übereinstimmungen oder Ähnlichkeiten werden ermittelt und ausgewertet. Die Suche nach Analogien aus anderen Bereichen fördert das divergente, assoziative Denken und erleichtert die Hypothesenbildung. Die Analogie bezieht sich z. B. auf strukturelle Ähnlichkeit, auf Aussehen, Funktionalität, auf Kommunikations- oder Verhaltensweisen, jedoch nicht oder nur bedingt auf inhaltliche Ähnlichkeit. Im Prozess der Analogiebildung wird also vorhandenes Wissen auf Grund einer Ähnlichkeitsbeziehung auf neue Situationen übertragen (Wissenstransfer). Dadurch lassen sich häufig brauchbare und originelle Lösungsansätze erzielen. So hält die Natur eine Fülle von Problemlösungen bereit, die man sich in der → Bionik durch analoge Übertragungen zunutze macht. Drei verschiedene Analogie-Formen werden unterschieden: die direkte, die persönliche und die symbolische Analogie.

Direkte Analogien sind Anleihen in der Natur (Bionik), Technik und Wissenschaft, wo es bereits adäquate Lösungen für zahlreiche Probleme gibt, die häufig als *direkte* Vorlage dienen können.

Persönliche Analogie: Hierbei wird versucht, sich in eine Problemursache oder Lösung emotional hineinzuversetzen, um aus dieser ungewohnten Perspektive neue Ideen zu erhalten.

Symbolische Analogie: auch als verfremdete Analogie bezeichnet, weil das Problem dabei verfremdet wird, um aus einer ungewohnten Perspektive neue Lösungsmöglichkeiten zu erhalten. Für die Problemdefinition wird nach Metaphern, Bildern und Gleichnissen gesucht, zu denen Assoziationen gebildet werden. Auch abwegige, paradox klingende Umschreibungen können mitunter zu überraschenden Lösungen führen.

Durchführung:
Diese Analogie-Technik setzt sich aus folgenden Lösungsschritten zusammen:

1. Zusammenfassung der Problemdefinition;
2. Suche nach direkten Analogien in der Natur, in der Technik und in verschiedenen Wissenschaftsbereichen;
3. der Moderator stellt die gefundenen Beispiele in der Gruppe vor und fragt nach der möglichen Anwendung auf das Ausgangsproblem. Es wird geprüft, ob die gefundenen Analogien übertragbar sind. Für jedes Beispiel werden möglichst viele Vorschläge und Ideen gesammelt.
4. Phase der Anwendung der gefundenen Beispiele auf die gestellte Aufgabe. Entwicklung von Lösungen durch Transfer einer oder mehrerer Analogien in der Entwicklung des Unternehmens, mit Kooperationspartnern oder über Outsourcing.

In der Praxis ist es oft erforderlich, dass eine Phase wiederholt wird oder dass es zu Rückkopplungsschleifen kommt, z. B. wenn die Suche nach Analogien nicht erfolgreich war. In diesem Fall muss die Problemdefinition verbessert werden. (vgl. Herstatt, 2010, S. 373)

Vorteile:
Analogien sind bei der Entwicklung innovativer Produkte von großer Bedeutung. In den frühen Phasen der Produktentwicklung bietet die systematische Suche nach Analogien „eine gute Chance, hochgradig innovative Lösungen zu finden“ (Herstatt, 2010, S. 373). Bei allen Entwicklungsvorhaben ist deshalb frühzeitig zu recherchieren, ob es zur Aufgabenstellung möglicherweise interessante Analogien in anderen Bereichen gibt, z. B. in der Natur. (Bionik)

Unterschiedliches Wissen und wertvolle Erfahrungen der Teilnehmer sind die Basis für einen großen Analogie-Suchraum. Wenn das Wissen der Projektmitglieder nicht ausreicht, um zu neuen Analogien zu gelangen, kann die erweiterte Suche über externe Sachverständige mit spezifischem Domänenwissen erfolgen. Auch eine Suchanfrage in den entsprechenden Datenbanken und Suchmaschinen des Internets ist meist erfolgreich.

Nachteile:
Ein zentrales Hindernis beim Aufspüren von Analogien ist das fehlende Wissen. Schwer zugänglich sind dabei Analogien aus problemfremden Bereichen, weil sie auf den ersten Blick keine Ähnlichkeiten mit dem gesuchten Problem aufweisen, doch bei genauerer Untersuchung mitunter gemeinsame Strukturen haben. Bei weit entfernten Analogien ist deshalb eine stärkere Abstraktion des Problems erforderlich. (vgl. Herstatt, 2010, S. 368)

Die Suche im Internet kann auch sehr aufwendig sein, weil viele nicht geeignete Treffer erscheinen, die aussortiert werden müssen. „Außerdem enthalten Datenbanken nur explizites Wissen. Im Gegensatz dazu erfordert eine effektive Suche über Personen eine offene Kultur des Wissensaustausches" (Herstatt, 2010, S. 372).

Einsatzmöglichkeiten:
Diese Kreativitätstechnik dient der Ideenfindung und unterstützt die Anwender bei der Suche nach völlig neuen Lösungsansätzen. Sie wirkt inspirierend und fördert innovatives Denkverhalten. Die Analogie-Technik wird vor allem in der → klassischen und → visuellen Synektik sowie in der → Bisoziation verwendet, jedoch ist die Analogiebildung in fast allen Kreativitätstechniken von zentraler oder ergänzender Bedeutung, denn durch Analogieschlüsse wurden bereits zahlreiche Probleme erfolgreich gelöst. Die Lösung eines Problems soll mit Hilfe einer bekannten Lösung eines ähnlichen Problems gefunden werden. Eine Analogie kann auf verschiedenen Ebenen transferiert werden:

1. direkter Transfer einer bestehenden Technologie in einen neuen Kontext
2. Transfer struktureller Merkmale
3. teilweise Übertragung von Funktionsprinzipien
4. die Nutzung einer Analogie zur Ideenanregung (vgl. Herstatt, 2010, S. 373).

Bei der Suche nach Analogien können auch spezielle Knowledge brokers (Wissensmakler) beauftragt werden, die mit mehreren Branchen oder Industrie-Unternehmen vertraut sind, die sonst kaum Kontakt zueinander haben. Sie können den Transfer von Ideen und Lösungen aus einem Bereich in andere Bereiche unterstützen und fördern. Ein Knowledge broker ist z. B. das US-amerikanische Design-Unternehmen IDEO. (vgl. Herstatt, 2010, S. 371, 374; Kelley, 2001: Kelley/Littman, 2002.)

Diese Kreativitätstechnik eignet sich besonders für die Teamarbeit, kann aber auch individuell durchgeführt werden.

Lit.: Arbinger, R.: Psychologie des Problemlösens. Eine anwendungsorientierte Einführung. Darmstadt 1997; Hargadon, A.: How breakthroughs happen: the surprising truth about how companies innovate. Harvard Business School Press, Boston, Massachusetts 2003; Herstatt, C.: Analogien für die Produktinnovation systematisch nutzen. In: Harland, P. E./Schwarz-Geschka, M. (Hrsg.): Immer eine Idee voraus. Wie innovative Unternehmen Kreativität systematisch nutzen. Lichtenberg (Odw.) 2010, S. 365–374; Kelley, T., with J. Littman: The art of innovation: Lessons in creativity from IDEO, America's leading design firm. New York et al. 2001; Kelley, T./Littman, J.: Das IDEO Innovationsbuch. Wie Unternehmen auf neue Ideen kommen. München 2002; Leonard, D./Rayport, J. F.: Spark innovation through empathic design. In: Harvard Business Review on Breakthrough Thinking. (A Harvard business review paperback). Boston, MA 1999, pp. 29–55; Reeves, L. M./Weisberg, R. W.: The role of content and abstract information in analogical transfer. In: Psychological Bulletin, Vol. 115, 3, 1994, pp. 381–400; Roth, S.: Kreativitätstechniken. Ideen produzieren, Probleme lösen – allein oder im Team. Praxis-Wissen kompakt, Bd. 7, Bonn 2011; Schildt, K./Herstatt, C./Lüthje, C.: How to use analogies for breakthrough innovations. Technische Universität Hamburg-Harburg. Arbeitsbereich Technologie- und Innovationsmanagement. Hamburg 2004; Vohle, F.: Analogietraining. In: Reinmann, G./Mandl, H. (Hrsg.): Psychologie des Wissensmanagements. Perspektiven, Theorien und Methoden. Göttingen, Bern, Toronto, Seattle, Oxford, Prag 2004, S. 341–350.

And-also-Methode (and-also-method): eine Variante des klassischen → Brainstormings. Diese Kreativitätstechnik sieht vor, dass man nur dann eine eigene Idee einbringen darf, wenn man an der Idee des Vorgängers wenigstens einen Vorzug hervorgehoben hat.

Durchführung:
Jeder Lösungsvorschlag muss erst in der Gruppe ausdiskutiert werden, bevor ein neuer genannt wird. Durch den intensiven Gedankenaustausch wird die Teilnehmerzahl auf vier bis sieben Personen begrenzt. Zur Veranschaulichung der vorgetragenen Ideen eignen sich Pinnwand, Flipchart oder Tafel. Der Zeitbedarf für diese Kreativitätstechnik wird mit einer Stunde angegeben. Ein Moderator ist notwendig.

Vorteile:
Diese Methode zwingt zum genauen Zuhören und bringt die positiven Gedanken und Vorschläge der einzelnen Teilnehmer allen Gruppenmitgliedern ins Bewusstsein. Das hat den Vorteil, diese mit eigenen Gedanken zu verknüpfen.

Nachteile:
Die Anwendung dieser Methode wird jedoch nur bedingt empfohlen, denn durch die sofortige Bewertung und Kritik werden die Mitarbeiter kaum außergewöhnliche Ideen, spontane Einfälle und Vorschläge zu einem Projekt bzw. zu einem Problem unbefangen äußern, aus Furcht, sich zu blamieren. Diese Methode widerspricht damit den wichtigsten Regeln des klassischen Brainstormings.

Einsatzmöglichkeiten:
Diese Technik eignet sich zur Lösungsfindung für einfache bis mittelschwere Analyse- und Konstellationsprobleme (→ Problemgruppen). (Mehrmann, 1994, S. 34) Die Durchführung erfolgt im Team.

Lit.: Mehrmann, E.: Schnell zum Ziel. Kreativitäts- und Problemlösungstechniken (Reihe Arbeitstechniken im Unternehmen). Düsseldorf und Wien 1994; Schlicksupp, H.: Führung zu kreativer Leistung. So fördert man die schöpferischen Fähigkeiten seiner Mitarbeiter (Praxiswissen Wirtschaft; 20), Renningen-Malmsheim 1995.

Anonymes Brainstorming (anonymous brainstorming): Im Unterschied zum klassischen → Brainstorming wird den Teilnehmern bereits vor der Sitzung das zu lösende Problem mitgeteilt. Sie notieren individuell ihre Lösungsansätze auf Zettel oder Karteikarten und reichen sie bereits vor der Sitzung ein.

Durchführung:

1. Die Teilnehmer erhalten vor der Sitzung die Aufgabenstellung und eine Problembeschreibung.
2. Die Mitwirkenden sollen zunächst individuell nach neuen und originellen Ideen suchen. Dazu können sie Arbeitsblätter, Moderationskarten oder eine Textbearbeitungs-Software verwenden.
3. Die vorbereiteten Notizen mit den Ideen und Lösungsvorschlägen werden einer Vertrauensperson übergeben oder anonym in einen Briefkasten gesteckt.
4. Während der Ideen-Beratung verliest der Moderator die einzelnen Vorschläge. Die Beteiligten versuchen wiederum, die eingereichten Ideen weiterzuentwickeln.

Die Anzahl der Teilnehmer wird mit vier bis sieben angegeben. Diese Methode ist aber auch für größere Gruppen geeignet.

Vorteile:
Die Vorteile des anonymen Brainstormings sind: Die Teilnehmer hatten genügend Zeit, sich auf die Sitzung vorzubereiten. Ihnen wird die Befangenheit genommen, ihre Einfälle und Lösungsvorschläge vor der Gruppe frei zu äußern. Damit schwindet die Angst, sich zu blamieren. Auch brisante Themen, originelle und ungewöhnliche Ideen können angesprochen werden, weil die Anonymität gewahrt bleibt. Dabei findet ein Wechsel zwischen Einzel- und Gruppenarbeit statt. Für die Lösungsfindung stehen sowohl die individuellen Vorschläge als auch die Anregungen der Gruppe zur Verfügung.

Nachteile:
Der wesentliche Nachteil besteht darin, dass die Teilnehmer bereits zu Beginn der Gruppenarbeit auf ihre eigenen Lösungsansätze festgelegt sind. (vgl. Schröder, 2005, S. 157–159)

Einsatzmöglichkeiten:
Diese Technik empfiehlt sich dann, wenn die Teilnehmer ihre persönlichen Ideen und Lösungsvorschläge nicht gern in der Gruppe äußern oder wenn in einer Gruppe mit Konflikten zu rechnen ist. Auch in schwierigen Situationen sollen die Mitarbeiter frei und ungezwungen neue Ideen und Vorschläge hervorbringen. Mit dieser Methode können sie anonym bleiben, ohne eventuelle Nachteile zu befürchten.

Bei dieser Kreativitätstechnik findet ein Wechsel zwischen Einzel- und Gruppenarbeit statt.

Lit.: Knieß, M.: Kreatives Arbeiten. Methoden und Übungen zur Kreativitätssteigerung (Beck-Wirtschaftsberater), München 1995; Mehrmann, E.: Schnell zum Ziel. Kreativitäts- und Problemlösungstechniken (Reihe Arbeitstechniken im Unternehmen). Düsseldorf und Wien 1994; Schröder, M.: Heureka, ich hab's gefunden! Kreativitätstechniken, Problemlösung und Ideenfindung. Herdecke/Bochum 2005.

ARIZ: Abk. von russ. Algoritm Reshenija Izobretatjelskich Zadacz: Algorithmus zum Lösen erfinderischer Aufgaben (algorithm of the solution of inventive tasks); auch unter der Bezeichnung ARIS bekannt; ein Verfahren zur Lösung von Erfindungsproblemen und eine komplexe Problemlösungsmethode. Sie wurde von dem russischen Wissenschaftler Genrich Soulovich Altschuller (1926–1998) entwickelt. Zwischen 1956 und 1985 entwarf er dazu elf Versionen.

Durchführung:
Die wichtigsten Arbeitsschritte der Fassung ARIZ 68 lauten:

1. Wahl der Aufgabe
2. Präzisierung der Bedingungen der Aufgabe
3. Analytisches Stadium
4. Operatives Stadium
5. Synthetisches Stadium (vgl. Zobel, 2007, S. 45–47; Zobel, 2009, S. 88 f.; Zobel, 2011, S. 26–29)

Die letzte Fassung von Altschuller besteht aus drei Phasen, die jeweils mehrere Stufen enthalten:

1. Restrukturierung des Originalproblems
   - Analyse des Systems
   - Analyse der Ressourcen
   - Formulierung des idealen Endresultats und des physikalischen Widerspruchs
2. Auflösung des physikalischen Widerspruchs
   - Lösen des physikalischen Widerspruchs
   - Anwenden von physikalischen Effekten, Standardlösungen und Lösungsprinzipien
   - Änderung der Problemstellung

3. Analyse der Lösung
   - kritische Durchsicht der Lösung (review) und Analyse der Auflösung des physikalischen Widerspruchs
   - Maximieren der Verwendbarkeit der Lösung
   - Rückblick aller Schritte der ARIZ-Methode (vgl. Hentschel/Gundlach/Nähler, 2010, S. 122 f.)

Die Lösung des Problems wird erreicht, indem folgende Schritte durchlaufen werden, hier in einer vereinfachten Darstellung:

1. Problemanalyse
2. Analyse des Problemmodells
3. Formulierung des → Idealen Endresultats (IER) und des physikalischen Widerspruchs
4. Einsatz von Stoff-Feld-Ressourcen
5. Anwendung der Wissensbasis
6. Modifikation der Problemstellung
7. Überprüfung der Widerspruchslösung
8. Maximierung der Verwendbarkeit der Lösungen
9. Analyse des Problemlösungsprozesses (vgl. Harmeier, 2009, S. 126)

Dabei können auch einzelne Schritte wiederholt werden, oder es kommt zu sogenannten Rückkopplungsschleifen.

Vorteile:
ARIZ ist ein schrittweiser Prozess, um eine komplexe Problemsituation über die Formulierung des technischen bzw. physikalischen Widerspruchs in ein exakt definiertes Problemmodell zu transferieren. Alle zur Verfügung stehenden Ressourcen werden mobilisiert und Lösungswege erarbeitet, die auf das → Ideale Endresultat (IER) gerichtet sind.

Nachteile:
Die Ideen und Lösungswege sind sehr komplex und erfolgen auf hohem erfinderischem Niveau. Die Strategien führen zu Lösungen aus anderen Gebieten, deren Übertragung und Anpassung auf das eigene Problem die eigentliche kreative Leistung darstellen. Diese Kreativitätstechnik ist für unerfahrene Trainer weniger geeignet. Auch der Zeitaufwand für die Vorbereitung und Durchführung ist verhältnismäßig hoch und dauert etwa zwei Tage.

Einsatzmöglichkeiten:
Die Kreativitätstechnik ARIZ dient der Lösung von Erfindungsproblemen und komplexen Problemsituationen und eignet sich für die Teamarbeit.

Lit.: Altschuller, G. S.: Erfinden – (K)ein Problem? Anleitung für Neuerer und Erfinder. Berlin 1973; Ders.: Creativity as an exact science. The theory of the solution of inventive problems. Gordon and Breeach Science Publishers. New York 1984; Ders.: Erfinden. Wege zur Lösung technischer Probleme. Berlin 1984; Altschuller, G. S./Seljuzki, A.: Flügel für Ikarus. Über die moderne Technik des Erfindens. Leipzig, Jena, Berlin 1983; Altshuller, G. S./Shulyak, L.: And suddenly the inventor appeared. TRIZ, the theory of inventive problem solving. Worcester 2004; Harmeier, J.: Originelle Kreativitätstechniken. Kissing 2009; Hentschel, C./Gundlach, C./Nähler, H. Th.: TRIZ – Innovation mit System. München 2010; Klein, B.: TRIZ – Tipps. Methodik des erfinderischen Problemlösens. München 2007; Luther, M.: Das große Handbuch der Kreativitätsmethoden. Wie Sie in vier Schritten mit Pfiff und Methode Ihre Problemlösungskompetenz entwickeln und zum Ideen-Profi werden. Bonn 2013; Zobel, D.: Kreatives Arbeiten. Methoden – Erfahrungen – Beispiele. Renningen 2007; Zobel, D.: Systematisches Erfinden. Methoden und Beispiele für den Praktiker. 5. Aufl., Renningen 2009; Zobel, D.: TRIZ für Alle – Der systematische Weg zur Problemlösung. 4. Aufl., Renningen 2018.

Arthur-D.-Little-Technik ⟶ Little-Technik

Assoziationstechniken (techniques of association): auch als ⟶ Brain-Techniken bezeichnet.

Diese beruhen auf der Verknüpfung von gedanklichen Vorstellungen, Begriffen, Informationen oder Aussagen, also von bestimmten Bewusstseinsinhalten, wobei eine Vorstellung gleichzeitig eine oder mehrere andere nach sich zieht. Dadurch entstehen Assoziationsketten, die als Grundlage der Gedächtnisleistung gelten, wie z. B. für das produktive Denken. Die Entstehung einer Assoziation erfolgt auf Grund einer Ähnlichkeit oder Gegensätzlichkeit, eines räumlichen Zusammenhangs oder der zeitlichen Aufeinanderfolge bzw. weiterer Voraussetzungen, wie z. B. der Dauer und Lebhaftigkeit des Eindrucks. Auch emotionale Faktoren (Bedürfnisse, Interessen) sind für die Bildung einer Assoziation maßgebend. Die Assoziationstheorie beinhaltet die Lösung eines neuen Problems aus dem Assoziationstransfer von alten Situationen auf die neue Situation, d. h. die Übertragung der im Zusammenhang mit einer bestimmten Aufgabe erlernten Vorgänge und gedanklichen Vorstellungen auf eine neue Aufgabe.

Die moderne Assoziationspsychologie beurteilt den kreativen Prozess als eine Umwandlung der Beziehungen zwischen Bewusstseinsinhalten zu neuen Gedankenverbindungen bzw. zu neuartigen Lösungsansätzen. Dabei können auch Analogien sowie ungewöhnliche, zunächst abwegig erscheinende Assoziationen wichtig sein. Die assoziative Informationsverarbeitung kann auch im Traum erfolgen. Unbewusste Assoziationen treten besonders in der Inkubationsphase des kreativen Prozesses auf. Die Überwindung von Kreativitätsblockaden und die Freisetzung von unbewussten Erinnerungen sowie das freie, unbewusste Gedankenspiel können neuartige Assoziationen ermöglichen.

Der bekannteste Vertreter der assoziationspsychologischen Kreativitätstheorie ist der US-amerikanische Psychologe und Kreativitätsforscher Sarnoff A. Mednick (1928–2015). Er definiert Kreativität als eine Umformung assoziativer Elemente, d. h. erkenntnismäßiger Einheiten, die Bezug zu anderen Einheiten haben, zu neuen Verknüpfungen, die spezifischen Anforderungen entsprechen oder auf irgendeine Weise nützlich oder angemessen sind. Je entfernter die Elemente der neuen Kombinationen voneinander sind, desto kreativer ist der Prozess oder die Lösung. Nach Mednicks Auffassung bildet die geistige Beweglichkeit die Basis für kreative Leistungen. Auch das Denken versteht er als Bildung von Assoziationsketten.

Wir unterscheiden zwei Kategorien von Assoziationstechniken:

1. Techniken der freien Assoziation: Durch freies Assoziieren sollen die Teilnehmer ermutigt werden, ihre Ideen und Vorschläge frei und unzensiert zu äußern und daraus Ideenkombinationen abzuleiten. Dazu gehören Brainstorming, Brainfloating, Brainwriting, Mind Mapping, Kartenumlauftechnik, Methode 6-3-5 (Ringtauschtechnik), TILMAG.
2. Techniken der strukturierten Assoziation: Die Ideenentwicklung verläuft innerhalb einer vorgegebenen Struktur, d. h., die Lösungsmöglichkeiten werden nach bestimmten Denkrichtungen systematisiert. Das Problem wird somit systematisch aus verschiedenen Perspektiven betrachtet. Zu diesen Techniken gehören: Walt-Disney-Strategie, Hutwechsel-Methode, Semantische Intuition.

Je größer die Anzahl von Assoziationen ist, die eine Person zu den erforderlichen Elementen eines Problems entwickelt, desto größer ist auch die Wahrscheinlichkeit, dass es zu einer kreativen Lösung kommt.

Lit.: Mednick, S. A.: The associative basis of the creative process. In: Psychological Review, 69, 1962, pp. 220–232; dt. Übers.: Die assoziative Basis des kreativen Prozesses. In: Ulmann, G. (Hrsg.): Kreativitätsforschung. Köln 1973, S. 287–304; Mednick, S. A./Mednick, M. T.: An associative interpretation of the creative process. In: Taylor, C. W. (Ed.): Widening horizons in creativity. The proceedings of the fifth Utah creativity research conference. New York, London, Sydney 1964, pp. 54–68; Dies.: Manual: remote associates test. Form 1. Boston 1966.

Attribute Listing: auch Attribute Listing Technik (attribute listing technique): eine Eigenschaftsliste, in der ein Objekt mit möglichst vielen Merkmalen beschrieben wird, z. B. Eigenschaft, Funktion, Handhabung usw.; das Auflisten aller wesentlichen Merkmale (Attribute) eines Problems, Produkts oder einer Situation. Michael Knieß (*1960) bezeichnet diese Methode als „Produkt-Ideenfindungstechnik" (Knieß, 1995, S. 119). Sie wurde von dem US-amerikanischen Kreativitätsforscher Robert Platt Crawford (1893–1970) entwickelt, der bereits 1931 ein erstes Training zu dieser Methode durchführte. (vgl. Sikora, 2001, S. 7) Diese Methode besteht aus zwei Anwendungsmöglichkeiten:

1. „Man wählt ein Produkt, bestimmt eines seiner Attribute und versucht, dieses Attribut mit einem anderen Gegenstand in Verbindung zu bringen."
2. „Man nimmt ein Produkt, zergliedert es in seine unterschiedlichen Attribute und versucht, jedes Attribut auf jede erdenkliche Art zu verändern" (Hoffmann, 1996, S. 221 f.).

Durchführung:
Die Durchführung erfolgt in vier Schritten:

1. „Zergliederung eines Produktes, eines Verfahrens oder einer Dienstleistung in seine besonderen Einzelteile, Eigenschaften, Merkmale und Charakteristika (Attribute).
2. Die Beschreibung dieser Merkmale, um den Ist-Zustand des Untersuchungsobjektes zu definieren.

3. Das Bestreben, jedes dieser Merkmale und Eigenschaften auf jede erdenkliche Art zu verändern, d. h. eine systematische Suche nach Variationsmöglichkeiten eines jeden Attributes.
4. Die nun veränderten Eigenschaften auf ihre praktische Brauchbarkeit und Anwendungsmöglichkeit hin prüfen, d. h. Auswahl und Verwendung interessanter Variationen." (Hoffmann, 1996, S. 226 f.).

Vorteile:
Das Aufzählen und Finden von zahlreichen Eigenschaften und Verwendungsmöglichkeiten sensibilisiert gegenüber der Umwelt und stimuliert zur produktiven Beschäftigung mit dem Problem, woraus sich Innovationen ergeben können. Sie ist eine Variante des → Morphologischen Kastens.

Nachteile:
Diese Kreativitätstechnik ist für anspruchsvolle komplexe Problembereiche nicht geeignet.

Einsatzmöglichkeiten:
Die Attribute Listing Technik kann zum Einsatz kommen, wenn ein bereits bestehendes Produkt oder Verfahren verbessert bzw. weiterentwickelt werden soll. Dabei werden die Merkmale einzeln auf mögliche Verbesserungen überprüft. Die Technik dient der Analyse der Ist- und Soll-Merkmale eines Produkts und dem Aufspüren möglicher Variationen und neuer Gestaltungslösungen. Diese Kreativitätstechnik kann sowohl einzeln als auch in der Gruppe angewandt werden.

Lit.: Crawford, R. P.: Think for yourself. New York 1937; Ders.: How to get ideas. An essential and fundamental course in creative thinking. Lincoln, Nebraska: University Associates 1950; Ders.: The techniques of creative thinking. How to use your ideas to achieve success. New York: Hawthorn 1954; Ders.: Direct creativity, with attribute listing: Fundamental course including the famous points and exercises. New York: Fraser Pub. Co. 1964; Hoffmann, H.: Kreativität. Die Herausforderung an Geist und Kompetenz. Damit Sie auch in Zukunft Spitze bleiben. München 1996; Knieß, M.: Kreatives Arbeiten. Methoden und Übungen zur Kreativitätssteigerung (Beck-Wirtschaftsberater), München 1995; Sikora, J.: Handbuch der Kreativ-Methoden. Bad Honnef [2]2001.

Ausdeutungstechnik (interpretation technique): Sie wurde um 1975 von den Zukunftsforschern Robert Jungk (1913–1994) und Norbert R. Müllert entwickelt.

Durchführung:
Sie erfolgt in vier Stufen:

1. Ideen, Assoziationen, Phantasien werden zu einer positiv formulierten Fragestellung aufgelistet.
2. Daraus wird eine zündende Idee ausgewählt und interpretiert. Dazu werden entsprechende Synonyme gesucht und beschrieben.
3. Eine Interpretation wird ausgewählt und mit dem Problem verknüpft;
4. Erste Entwürfe und Lösungsansätze werden entwickelt.

Bei dieser Technik nehmen die Teilnehmer unterschiedliche Perspektiven ein. Diese tragen dazu bei, die Aufgabenstellung einzukreisen und die ausgewählten Faktoren zu deuten, was dahintersteckt und wie auf dieser Basis Neues gefunden werden kann.

Der Moderator hat die Aufgabe, bei den Teilnehmern Assoziationen zu erzeugen und Deutungen herauszufordern. Dabei sollte nicht auf Bekanntes und Althergebrachtes zurückgegriffen werden, sondern ungewöhnliche, originelle und provozierende Ideen und Lösungsvorschläge sind gefragt. Die ausgewählten Deutungen werden auf das Ausgangsproblem übertragen. Lösungsvorschläge werden weiterentwickelt und in der Gesamtgruppe vorgestellt. Schließlich wird daraus die beste Lösung ausgewählt. Diese wird in einem Projektumriss konkretisiert.

Der gesamte Zeitbedarf vom Beginn der Sitzung bis zur Erarbeitung eines Projektumrisses wird mit 3½ bis 4 Stunden angegeben. Die Teilnehmerzahl beträgt etwa 12 Personen. Dabei werden Kleingruppen von 3–5 Personen gebildet. (vgl. Mauer/Müllert, 2007, S. 22 f.)

Einsatzmöglichkeiten:
Diese Technik trägt dazu bei, ungewöhnliche, originelle und provozierende Ideen und Lösungsvorschläge zu entwickeln sowie neue Fragestellungen und Themen für die Zukunft zu finden. Sie eignet sich für die Arbeit im Team.

Lit.: Mauer, H./Müllert, N. R.: Moderationsfibel – Soziale Kreativitätsmethoden von A bis Z: nachschlagen – verstehen – einsetzen. Das Praxisbuch zu Problemlösungsverfahren mit Gruppen. Neu-Ulm 2007.

Ausfallschritt-Technik (lunge technique; big step technique): eine Methode, die das kreative Denken durch provokative Reizaussagen aktivieren soll, um „dem eingefahrenen Gleis der Selbstverständlichkeit zu entkommen, daher der Name Ausfallschritt-Technik“ (de Bono, 1996, S. 158). Sie wurde von dem britischen Psychologen und Kreativitätsforscher Edward de Bono (*1933) entwickelt. Eine Provokation enthält eine Reizaussage, die Bewährtes und Selbstverständliches in Frage stellt, ausschließt oder ablehnt, „oder mit einem Ausfallschritt aus dieser Denkschiene“ ausschert, um eingefahrene Denkweisen zu verlassen. (de Bono, 1996, S. 158) Um eine mentale Provokation anzukündigen, verwendet de Bono die Silbe „PO“, die für Provokative Operation steht (abgeleitet von den Begriffen Hy-po-these, Sup-po-sition, Po-tenzial, Po-esie). Selbstverständliche Situationen oder Abläufe werden durch Reiz-Aussagen verfremdet, so dass sie zum Widerspruch herausfordern, um aus alten Denkstrukturen auszubrechen. Dabei können diese provokativen Reizaussagen auch absurd oder unrealistisch sein.

Durchführung:

1. Bei der Ausfallschritt-Technik werden zunächst alle selbstverständlichen Aspekte eines Problems, eines Produkts oder eines Prozesses zusammengetragen und aufgelistet.
2. Daraus wird ein Aspekt ausgewählt und in sein Gegenteil verkehrt. Dies erfolgt mit dem Hilfswort PO aus der → Provokationstechnik von Edward de Bono.
3. Die als selbstverständlich angesehenen Aspekte werden durch einen symbolischen Ausfallschritt überprüft. Damit sollen festgefahrene Ansichten und Denkstrukturen überwunden werden.

Vorteile:
Diese Kreativitätstechnik dient dazu, festgefahrene Methoden, Verfahren oder Systeme zu verlassen, um die Probleme aus einer völlig neuen Perspektive zu betrachten und Verbesserungen oder Veränderungen herbeizuführen.

Nachteile:
Diese Methode ist für ungeübte Teilnehmer zunächst gewöhnungsbedürftig. Für komplexe Probleme ist die Ausfallschritt-Technik weniger geeignet.

Einsatzmöglichkeiten:
Die Ausfallschritt-Technik dient als Training zur Verbesserung der kreativen Kompetenz und trägt dazu bei, Ideen und Lösungsvorschläge zu generieren. Sie fördert kreative Denkweisen (Mindsets), innovative Ideen und Sichtweisen. Diese Kreativitätstechnik eignet sich besonders für die Teamarbeit.

Lit.: Aerssen, B. v./Buchholz, Ch. (Hrsg.): Das große Handbuch Innovation. 555 Methoden und Instrumente für mehr Kreativität und Innovation im Unternehmen. München 2018; Brunner, A.: Kreativer denken. Konzepte und Methoden von A-Z. Lehr- und Studienbuchreihe Schlüsselkompetenzen. München 2008; de Bono, E.: Serious creativity. Using the power of lateral thinking to create new ideas. New York: HarperCollins 1992; dt. Ausg.: Serious creativity. Die Entwicklung neuer Ideen durch die Kraft lateralen Denkens. Stuttgart 1996.

B

BAF: Berücksichtige alle Faktoren (CAF: Consider All Factors): Diese Kreativitätstechnik wurde von dem britischen Psychologen und Kreativitätsforscher Edward de Bono (*1933) entwickelt. Er nutzt das von ihm begründete laterale Denken, damit sich der Anwender dieser Methode von den gewohnten, eingefahrenen Sichtweisen lösen kann. Das bedeutet, alle wichtigen mitwirkenden und bestimmenden Ursachen, Aspekte, Sachverhalte und Begleitumstände zu berücksichtigen, die bei einer Aufgabenstellung, bei einem Projekt bzw. in einer konkreten Situation berücksichtigt werden müssen. Dazu kann eine Liste angelegt werden, die nach Prioritäten geordnet wird. „Wenn wir auf bestimmte Punkte aufmerksam werden, lohnt es sich, sie gesondert anzuführen. Allgemeine Überschriften schließen zwar viele Faktoren ein, aber sie lenken die Aufmerksamkeit nicht auf jeden dieser Faktoren“ (de Bono, 2014, S. 105). Bei dieser Kreativitätstechnik liegt also der Schwerpunkt in der Fragestellung „Was habe ich übersehen?“ und „Was muss ich sonst noch berücksichtigen?“

Durchführung:
Die Vorgehensweise erfolgt in drei Schritten:

1. Es wird eine Liste von Informationen angelegt, die alle Faktoren enthält, die zu der Aufgabenstellung gehören.
2. Danach erfolgt die kritische Durchsicht der Liste und die Überprüfung, ob ein Detail oder ein Sachverhalt vergessen wurde.
3. Abschließen werden alle Faktoren überprüft, ob sie detailliert beschrieben wurden.

Vorteile:
Mit Hilfe dieser Kreativitätstechnik können alle Einflussfaktoren berücksichtigt werden, die bei der Analyse einer Aufgabenstellung notwendig sind, um ein vollständiges Bild zu erhalten. Die Sicht auf das Problem wird gründlicher und umfassender, um kein Detail außer Acht zu lassen. Die Schwachstellen und möglichen Fehlerquellen werden dadurch leichter erkannt und können beseitigt werden.

Nachteile:
Vom Schwierigkeitsgrad her eignet sich diese Kreativitätstechnik eher für Fortgeschrittene.

Einsatzmöglichkeiten:
Die Anwendung dieser Technik empfiehlt sich besonders bei komplexen Aufgabern, z. B. in der Projektarbeit. Diese Kreativitätstechnik kann sowohl von Gruppen als auch von Einzelpersonen durchgeführt werden.

Lit.: Aerssen, B. v./Buchholz, Ch. (Hrsg.): Das große Handbuch Innovation. 555 Methoden und Instrumente für mehr Kreativität und Innovation im Unternehmen. München 2018; de Bono, E.: De Bonos neue Denkschule. Kreativer denken, effektiver arbeiten, mehr erreichen, 6. Aufl., München 2014.

BAR (Brainstorming, Aber Richtig) → Brainstorming 2.0

Barcamp: auch als »Unkonferenz«, »Ad-hoc-Nicht-Konferenz« oder »FOO-Camp« bezeichnet, abgeleitet von Friends Of O'Reilly, benannt nach dem irischen Software-Entwickler Tim O'Reilly (*1954), der dieses Großgruppenverfahren für offene Tagungen und Meetings 2005 entwickelt hat. Es werden Workshops veranstaltet, deren Durchführung und deren Inhalte von den Teilnehmern selbst gestaltet werden. Das Leitmotiv dieser Veranstaltungen lautet: Wissen teilen, um Wissen zu vermehren! Die Treffen dienen dem Austausch von Erfahrungen und Ideen und können ein bis drei Tage dauern. Diese Kreativitätstechnik eignet sich für Gruppen und Großgruppen. (vgl. Luther, 2013, S. 402f.) → Marktplatz-Methode, → Open Space Technology

Lit.: Luther, M.: Das große Handbuch der Kreativitätsmethoden. Wie Sie in vier Schritten mit Pfiff und Methode Ihre Problemlösungskompetenz entwickeln und zum Ideen-Profi werden. Bonn 2013.

Battelle-Bildmappen-Brainwriting – BBB-Methode (Battelle-picture portfolio- brainwriting): auch Bildkarten-Brainwriting: eine Kreativitätstechnik der visuellen Konfrontation, die eine Variante des → Brainwritings darstellt und diese mit Elementen der → Synektik verbindet. Diese Technik wurde am Battelle-Institut in Frankfurt am Main entwickelt, das nach dem US-amerikanischen Industriellen Gordon Battelle (1883–1923) benannt ist.

Sie beruht auf der Erkenntnis, dass durch die Konfrontation mit problemfremden Aspekten auch Anregungen für das eigene Problem möglich sind.

Durchführung:

1. Zur Anregung für neue Lösungsideen werden Bildkarten oder Fotos aus Zeitschriften, Kalendermotive, Landschaftsbilder u. a verwendet. Jeder Teilnehmer erhält eine Bildmappe.
2. Daraus wertet er sieben bis acht Bildkarten aus und notiert seine Einfälle und Vorschläge auf Karteikarten o. ä.
3. Nach etwa 20 Minuten erhält jeder Teilnehmer die Bildmappe eines anderen. Er arbeitet sie individuell durch und notiert sich alle Ideen, die ihm beim Betrachten der Bilder einfallen. Diese individuelle Ideenfindung sollte etwa 20–25 Minuten dauern.
4. Anschließend trägt jeder Teilnehmer seine Ideen vor, die von den übrigen aufgegriffen und weiterentwickelt werden können. Die Ideen werden strukturiert und ausgewertet. Dazu wird ein gemeinsames Ideen-Protokoll erstellt. (vgl. Schlicksupp, 1999, S. 58; vgl. Geschka/ Zirm, 2011, S. 296)

Vorteile:
Durch visuelle Anreize sollen die Ideenfindung und Lösungssuche erleichtert werden, auch wenn diese Stimuli mit dem zu lösenden Problem nicht in direktem Zusammenhang stehen. Diese Technik führt zu einer großen Auswahl, um Ideen aus problemfremden Bereichen zu entwickeln, so dass originelle Anregungen entstehen können. Bei dieser individuellen Arbeitsweise entfallen auch eventuelle Störungen, wie sie beim → Brainstorming möglich sind.

Nachteile:
Bei dieser Technik entstehen keine Anregungen durch die Gruppe, weil die Bildmappen individuell durchgearbeitet werden. Wenn das Bildmaterial wenig geeignet ist, können auch keine neuen Ideen daraus entwickelt werden. Es können Doppelnennungen auftreten.

Einsatzmöglichkeiten:
Diese Technik wird bei Problemen empfohlen, für deren Lösung zahlreiche, unterschiedliche und originelle Ideen erwartet werden. Diese Kreativitätstechnik eignet sich für die Teamarbeit. → Visuelle Synektik; → Reizbildanalyse

Lit.: Battelle-Institut e. V. (Hrsg.): Battelle-Marketing-Compendium. Probleme und Methoden des Marketing in der Produktions- und Investitionsgüterindustrie.

Bericht über ein Gruppenprojekt. Battelle-Institut Frankfurt/M. 1974; Dass.: Bildmappen zur Ideenfindung. Frankfurt/M. 1980; Dass.: Die Battelle-Studie. Frankfurt/M. 1993; Geschka, H.: Kreativität in Projekten. In: Gassmann, O. (Hrsg.): Praxiswissen Projektmanagement. Bausteine, Instrumente, Checklisten. München [2]2006, S. 153–181; Geschka, H./Reibnitz, U. v.: Vademecum der Ideenfindung. Battelle-Institut, 4. Aufl., Frankfurt am Main 1980; Geschka, H./Zirm, A.: Kreativitätstechniken. In: Albers, S./Gassmann, O. (Hrsg.): Handbuch Technologie- und Innovationsmanagement. Wiesbaden [2]2011, S. 279–302; Schlicksupp, H.: 30 Minuten für mehr Kreativität (30-Minuten-Reihe). Offenbach 1999.

BBB-Methode → Battelle-Bildmappen-Brainwriting

Belebte-Bühnen-Bild-Technik© (living stage setting technique): Sie wurde von Annette Blumenschein und Ingrid Ute Ehlers entwickelt. Die Technik »Belebtes-Bühnen-Bild©« arbeitet nach dem Prinzip der Verfremdung. Dadurch wird es möglich, gedanklich in andere Welten einzutauchen. Das trägt dazu bei, um außergewöhnliche Lösungsansätze zu finden. Besonders wirksam ist dabei der Einsatz der → Funktionsanalyse. Damit „lassen sich Erlebniswelten finden, die sehr weit entfernt sind von dem tatsächlichen Anlass. Durch die Verfremdung werden die gewohnten Denkweisen verlassen. Die projektierten „Erlebniswelten werden gedanklich wie ein Bühnenbild ausgestaltet. Das Besondere besteht darin, dass Veranstaltungen oder Erlebnisräume nicht nur über den rein visuellen Kanal geplant werden, wie sonst üblich (Architekturzeichnungen, Power-Point-Präsentationen, Imagebroschüren, Flyer), sondern dass die anderen vier Sinne ebenfalls gezielt angesprochen werden“ (Blumenschein/Ehlers, 2007, S. 106 f).

Durchführung:
Zu einer Aufgabe oder zu einer Fragestellung werden ca. 4 bis 8 unterschiedliche virtuelle Bühnenbilder entworfen. Die Anwendung erfolgt in drei Schritten:

1. Funktionsanalyse des Erlebnisraumes mit der Konkretisierung von Bühnenbildern
2. Erarbeiten der wirkungsvollen Komponenten eines Erlebnisraumes
3. Konzipieren und „Einrichten“ der Erlebniswelten durch sinnesbezogene Schlüsselfragen (vgl. Blumenschein/Ehlers, 2007, S. 107)

Für jedes Bühnenbild wird ein Motto als Oberbegriff vorgeschlagen. Zur Auswertung werden diese nebeneinandergestellt. Sie sollen dazu dienen, den Blickwinkel zu erweitern und bestimmte Ideen und Assoziationen konsequent zu Ende zu denken. Die Darstellungen können von den Teilnehmern in eine bestimmte Rangfolge gebracht werden. Die Bühnenbilder mit der höchsten Überzeugungskraft können anschließend wieder miteinander kombiniert werden. Bei dieser Technik sind alle Sinne beteiligt. Es werden imaginäre Szenarien erstellt, d. h. die Bühnenbilder werden detailliert beschrieben und anschaulich belebt, z. B. durch Musik, Geräusche, durch Fühlen, Tasten u. a. Die weitere Bearbeitung erfolgt in einer anschließenden Ideen-Realisierungsphase. Durch die Vielfalt der aufgezeigten Lösungsvorschläge werden neue Ideen generiert.

Vorteile:
Der Vorteil dieser Technik besteht in der Vernetzung von Sprache und bildlicher Vorstellungskraft, so dass ganzheitliche Lösungen erzeugt werden können. Die Technik verbindet die klare Strukturiertheit, wie z. B. beim → Morphologischen Kasten mit dem freien Assoziieren, wie beim → Brainstorming. (vgl. Blumenschein/Ehlers, 2002, S. 141–146)

Nachteile:
Für das Definieren der Erlebniswelten mit Hilfe der Funktionsanalyse ist ein hohes Abstraktionsvermögen gefragt. Dazu wird eine erfahrene und methodensichere Moderation benötigt.

Einsatzmöglichkeiten:
„Diese Technik eignet sich hervorragend zur Konzeption und Entwicklung von Erlebniswelten, speziell für Aufgaben, die sich mit tatsächlichen Räumen bzw. Gebäuden oder Events beschäftigen, wie z. B. Tag der offenen Tür, Messestand, Sommerfest“ (Blumenschein/Ehlers, 2007, S. 111). Sie soll dazu dienen, den Blickwinkel zu erweitern und bestimmte Ideen und Assoziationen konsequent zu Ende zu denken. Durch die Vielfalt der aufgezeigten Lösungsvorschläge werden neue Ideen generiert. „Durch das alle Sinne fordernde und fördernde Beleben eines Bühnenbildes lassen sich nachvollziehbare und überzeugende Erlebniswelten erdenken. Die Teilnehmenden an der Ideen-Findung werden so zur Regisseurin oder zum Regisseur und übernehmen dadurch auch die gedankliche Verantwortung für die gesamte Atmosphäre“ (Blumenschein/Ehlers, 2007, S. 107). Diese Kreativitätstechnik eignet sich für die Arbeit im Team.

Lit.: Blumenschein, A./Ehlers, I. U.: Ideen-Management. Wege zur strukturierten Kreativität. München 2002; Dies.: Ideen managen. Eine verlässliche Navigation im Kreativprozess. Leonberg 2007.

Benchmarking: auch „Best Practice", „Best in Class", Wettbewerbs-Benchmarking; Leistungsvergleich; ein als Vergleichsmaßstab dienender Marktführer; Instrument des strategischen Controllings, mit dem Wertschöpfungsprozesse, Managementpraktiken, Produkte oder Dienstleistungen zwischen Unternehmen oder zwischen Geschäftseinheiten eines Unternehmens (internes Benchmarking) verglichen werden; entspricht etwa dem japanischen Begriff „dantotsu", d. h. „der Beste der Besten zu sein" (Camp, 1994, S. 3). Das Ziel besteht in der Aufdeckung von Schwachstellen und Leistungsdefiziten. Benchmarking ist „die Kunst herauszufinden, ob und wie einige Unternehmen bestimmte Aufgaben viel besser erfüllen können als andere Unternehmen" (Kotler/Bliemel, 1995, S. 372). Benchmarks sind „Bestleistungen als Eckwerte" (Camp, 1994, S. 9). Es werden drei Arten von Benchmarking unterschieden:

1. der Vergleich mit direkten Konkurrenten;
2. der Vergleich mit Unternehmen aus der gleichen Branche;
3. der Vergleich mit einer best in class-Organisation aus anderen Branchen, die hervorragende Leistungen in einem bestimmten Prozess erbringen. (vgl. Geldern, 2017, S. 28)

Es wird auch zwischen produktorientiertem und prozessorientiertem Benchmarking unterschieden:

1. Im ersten Fall werden die Produkte des Konkurrenten analysiert, um Verbesserungspotenziale an den eigenen Erzeugnissen zu erkennen.
2. Der zweite Bereich umfasst die Herstellungsprozesse des Konkurrenzprodukts, um die Produktionsvorgänge im eigenen Unternehmen zu verbessern.

Als erfolgreichste Benchmarking-Methode hat sich in den letzten Jahren → PRINCE2® bewährt. (vgl. Kaiser/Simschek, 2018)

Durchführung:
Das Benchmarking lässt sich in sechs Phasen gliedern:

1. Bestimmung des Benchmarking-Objekts
2. Interne Analyse zur Bestimmung der eigenen Praxis

3. Bestimmung von Benchmarking-Partnern
4. Analyse der Benchmarking-Partner
5. Bewertung der Ergebnisse
6. Aktionsplanung, Realisierung und Perfektionierung (vgl. Pieske, 1994; Gomez/Probst, 1999, S. 184).

Vorteile:
Benchmarking dient der Gewinnung von Marktanteilen, wodurch Konkurrenzvorteile erzielt werden. Der Wettbewerb der Wirtschaft auf den regionalen, nationalen und globalen Märkten verlangt von den Managern eine kontinuierliche Innovationsfähigkeit und kreative Strategien, um die vorhandenen Potenziale in ihren Unternehmen optimal zu entwickeln. Benchmarking soll dazu dienen, sich an den Besten zu messen und so viel wie möglich von ihnen zu lernen.

Nachteile:
Der Benchmarking-Vergleich hat auch seine Grenzen, wenn er nicht der eigenen Innovation dient, sondern nur der Bestätigung eigener Ideen. Wenn die präzise Marktstellung des Konkurrenten nicht genau bekannt ist, besteht die Gefahr der Überbewertung und Legendenbildung der Konkurrenz, wodurch eigene kreative Anstrengungen nicht realistisch eingeschätzt werden. Gottlieb Guntern warnt vor „skewed benchmarking“, dem allzu bescheidenen, schrägen oder falschen Vergleich mit einer Beziehungsgröße, denn dies bedeutet Selbstbetrug. (Guntern, 1994, S. 9) Jede Bestlösung taugt als Benchmark nur mit knappem Verfallsdatum, bis sie von neuen, besseren Lösungen ersetzt wird.

Einsatzmöglichkeiten:
Es gilt, die Erkenntnisse aus der Markt-, Konkurrenz- und Unternehmensanalyse mit den aktuellen und zukünftigen Strategien der Konkurrenten im weitesten Sinne zu vergleichen und zu messen. Es werden „nicht nur Produkte und Dienstleistungen verglichen, sondern auch Methoden und Prozesse“ (Gomez/Probst, 1999, S. 182). Dazu gehören u. a. die Konkurrenzmarktforschung, die Informationsgewinnung über das Marketing-Instrumentarium der Konkurrenz (Testkäufe, Analysen von Preislisten, Beobachtung der Distributionsorgane, Auswertung der Werbematerialien der Konkurrenz, deren Konditionen, Sonderaktionen und Werbeslogans u. a. Der regelmäßige Vergleich interner Prozesse und Leistungsindikatoren mit Konkurrenzunternehmen; die Analyse der Stärken und Schwächen im

Vergleich zu den jeweils stärksten Konkurrenten; die eigene Unternehmenstätigkeit und ein Vergleich der Strategien mit verschiedenen Konkurrenten (Benchmarking der strategischen Ausrichtung).

Meist vergleicht sich eine Firma oder ein Konzern mit seinem schärfsten Konkurrenten derselben Branche, aber Benchmarking kann auch zwischen Unternehmen unterschiedlicher Branchen erfolgen, wenn die Prozesse oder Strukturen ähnlich sind. Wird die Ideensuche auf problemfremde Bereiche ausgedehnt, kann dies zu neuen Verknüpfungen und damit zu Innovationen führen. Diese Kreativitätstechnik eignet sich vorwiegend für die Arbeit im Team.

Lit.: Camp, R.: Benchmarking. München/Wien 1994; Füser, K.: Modernes Management. Business Reengineering, Benchmarking, Wertorientiertes Management und viele andere Methoden. (Beck-Wirtschaftsberater im dtv), 4. Aufl., München 2007; Geldern, H.: Management, 360 Grundbegriffe kurz erklärt. Konstanz und München 2017; Gomez, P./Probst, G.: Die Praxis des ganzheitlichen Problemlösens. Vernetzt denken, unternehmerisch handeln, persönlich überzeugen. Bern/Stuttgart/Wien [3]1999; Guntern, G.: Sieben goldene Regeln der Kreativitätsförderung. Zürich/Berlin/New York 1994; Kairies, P.: So analysieren Sie Ihre Konkurrenz. Konkurrenzanalyse und Benchmarking in der Praxis, 10. Aufl., Renningen 2017; Kaiser, F./Simschek, R.: PRINCE2®. Die Erfolgsmethode einfach erklärt. München 2018; Kotler, Ph./Bliemel, F.: Marketing-Management, 8. Aufl., Stuttgart 1995; Leibfried, K./McNair, C. J.: Benchmarking. New York 1992; Pieske, R.: Benchmarking: das Lernen von anderen und seine Begrenzung. In: Management-Zeitschrift io 63 (1994), S. 6, 19 ff.; Schuler, H./Görlich, Y.: Kreativität. Ursachen, Messung, Förderung und Umsetzung in Innovation. (Praxis der Personalpsychologie. Human Resource Management kompakt, hg. von Heinz Schuler, Rüdiger Hossiep, Martin Kleinmann und Werner Sarges, Bd. 13). Göttingen, Bern, Wien, Toronto, Seattle, Oxford, Prag 2007; Sousa, F./Monteiro, I.: A benchmarking study on organizational creativity practices in high technology industries. In: Mesquita, A. (Ed.): Technology for creativity and innovation: Tools, techniques and applications. Information science reference, Hershey/Pennsylvania, New York 2011, pp. 1–25; Wehrlin, U. (Hrsg.): Benchmarking. Leistungssteigerung und Stärkung der strategischen Wettbewerbsposition durch Best Practices: Vergleichen mit Marktumfeld – Lernen – Gestaltung der Organisations- und Lernkultur – Verbessern – Prozessoptimierung – Innovation. (Future Management; Bd. 17). München 2012.

Best Practice → Benchmarking

Bewertungskriterien (evaluation criteria; assessment criteria): eine Bewertungstechnik. Sie dient dazu, die gefundenen Einfälle, Ideen und Vorschläge zu prüfen und eine Lösung zu finden, um die festgelegten Ziele zu erreichen. Die wichtigsten Bewertungskriterien sind:

Wichtigkeit
Dringlichkeit
schnelle Umsetzbarkeit
Vereinbarkeit mit der Unternehmensphilosophie und den Unternehmenszielen
Durchsetzbarkeit
Wirksamkeit
Originalität
Kosten
Nutzen
erforderliche Ressourcen (personell und materiell)
Erfolgswahrscheinlichkeit, Marktchancen (vgl. Schröder, 2005, S. 102 f.)

Durchführung:

1. Zunächst erfolgt eine erste Grobauswahl: Welche Ideen sind für die gestellten Ziele verwertbar? Die eingereichten Ideen und Lösungsvorschläge können auch zuerst anonym bewertet werden. Dadurch ist eine Beeinflussung durch andere Gruppenteilnehmer ausgeschlossen.
2. Daraufhin wird jede einzelne Idee geprüft. Die besten Anregungen und Vorschläge werden markiert, bewertet und ausgewählt.

Vorteile:
Die Bewertungskriterien helfen bei der Auswahl der Ideen und Lösungsvorschläge und verhindern vorschnelles Urteilen und einseitige Entscheidungen.

Nachteile:
„Fachlich wenig kompetente Mitglieder könnten Ideen bevorzugen, die sich letztlich als doch nicht realisierbar erweisen. Denn unabdingbar für eine zielsichere Bewertung von Innovationsansätzen ist grundsätzlich das fachliche Know-how der Entscheider. Außerdem besteht die Gefahr, dass sich einzelne Kreative nur schwer von den eigenen Ideen lösen können“ (Roth, 2011, S. 88).

Meist werden die unbrauchbaren Vorschläge aus dem Ideenprotokoll entfernt. Ungewöhnliche, originelle Ideen, deren Nutzen nicht sofort erkennbar ist, sollten aber nicht vorschnell aussortiert werden, weil sonst möglicherweise kreative Lösungsbeiträge verloren gehen. Der Urheber des Vorschlags sollte die Gelegenheit erhalten, zu erklären, wie sein Vorschlag zur Lösung des Problems beitragen kann. (vgl. Schröder, 2005, S. 102 f.)

Einsatzmöglichkeiten:
Im kreativen Problemlösungsprozess sind die Bewertungskriterien von entscheidender Bedeutung, um die besten Ideen herauszufiltern. Diese Technik ist für eine optimale Ideenauswahl und -bewertung geeignet, denn „innovative Vorhaben sind nur dann erfolgreich, wenn auf die kreative Phase ein gut durchdachter Prozess der Realisierung erfolgt. Der beginnt bei der Bewertung der erarbeiteten Ideen“ (Roth, 2011, S. 88). Diese Kreativitätstechnik eignet sich für die Arbeit im Team. Zu den Bewertungstechniken gehören auch die ⟶ Nutzwertanalyse, ganzheitliche Vergleiche, Methoden des Multi Criteria Decision Making u. a. (vgl. Möhrle, 2010, S. 360) ⟶ Bewertungsmatrix.

Lit.: Möhrle, M. G.: Gelenkte Kreativität mit MorphoTRIZ – Verschmelzung von morphologischem und widerspruchsorientiertem Problemlösen (TRIZ). In: Harland, P. E./Schwarz-Geschka, M. (Hrsg.): Immer eine Idee voraus. Wie innovative Unternehmen Kreativität systematisch nutzen. Lichtenberg (Odw.) 2010, S. 343–364; Roth, S.: Kreativitätstechniken. Ideen produzieren, Probleme lösen – allein oder im Team. Praxis-Wissen kompakt, Bd. 7, Bonn 2011; Schröder, M.: Heureka, ich hab’s gefunden! Kreativitätstechniken, Problemlösung und Ideenfindung. Herdecke/Bochum 2005.

Bewertungsmatrix (evaluation matrix; assessment matrix): Sie dient der Bewertung alternativer Möglichkeiten zur Entscheidungsfindung. Negativ bewertete Alternativen werden von vornherein ausgeschlossen zugunsten einer positiv formulierten Aussage. Zum Beispiel werden künftige Gewinne als weniger wertvoll eingestuft als unmittelbare Gewinne. Der wahrgenommene Wert ist von der rhetorischen Umschreibung der Alternativen (framing) abhängig. Wenn sich ein Manager z. B. zwischen folgenden Möglichkeiten entscheiden soll:

1. „Als Unternehmer in der Krise können Sie zwei Drittel Ihrer Arbeitsplätze erhalten, wenn Sie sich für A entscheiden."
2. „Als Unternehmer in der Krise müssen Sie ein Drittel Ihrer Mitarbeiter entlassen, wenn Sie sich für B entscheiden."

Bei diesen beiden Alternativen wird tendenziell die 1. Variante der Entscheidungsfindung bevorzugt. Diese Einflussgrößen und Effekte der Entscheidungsfindung wurde 1984 von dem israelisch-US-amerikanischen Psychologen Daniel Kahneman (*1934) untersucht, wofür er im Jahre 2002 den Nobelpreis für Wirtschaftswissenschaften erhielt. (vgl. Kahneman/Tversky, 1984)

Durchführung:
In die senkrechte Achse (Ordinate) der Matrix werden die Ideen bzw. die konkurrierenden Problemlösungen eingetragen, und in die horizontale Achse (Abszisse) die → Bewertungskriterien. Die Beurteilungen sollten zunächst individuell vorgenommen werden, um Meinungsunterschiede nicht vorzeitig unter dem Gruppendruck aufzugeben. Wichtige Fragen werden in einer Expertengruppe bewertet. (vgl. Schuler/Görlich, 2007, S. 96–99)

Die Vorgehensweise erfolgt in sieben Schritten:

1. Anfertigung einer Matrix (z. B. auf einer Pinnwand oder mit Hilfe einer Excel-Tabelle).
2. Bewertungskriterien festlegen. Vorteilhaft erweist es sich, wenn diese als Fragen formuliert werden, z. B.: Können wir mit dieser Idee bzw. mit diesem Produkt neue Kunden gewinnen?". Wenn das Kriterium zutrifft, wird in die betreffende Spalte ein ›Ja‹, ein Smiley oder eine entsprechende Ziffer eingetragen.
3. Die wichtigsten Kriterien werden ausgewählt, die in die Matrix übertragen werden sollen. Sie werden untereinander in die Zeilen geschrieben.
4. Bewertungssymbole festlegen, die ein entsprechendes Feedback haben, z. B. Smileys. (Ein lachendes Gesicht bedeutet eine gute Bewertung, ein neutrales Gesicht steht für eine mittlere Kennzeichnung und ein trauriges Gesicht für eine schlechte Beurteilung.) Die fiktiven Werte können auch mit Ziffern bezeichnet werden (s. die Bewertungsmatrix am Beispiel von Maßnahmen des Personalmarketings in der beigefügten Grafik).

5. In die betreffenden Spalten werden spontane Einfälle, Ideen und Lösungsvorschläge eingetragen.
6. Zeilenweise werden alle Ideen und Lösungsvorschläge gesichtet, und zwar von links nach rechts. Danach wird eine Zeile tiefer das nächste Kriterium überprüft. Jede einzelne Idee wird entsprechend der Kriterien bewertet.
7. In der letzten abschließenden Phase sollte die Matrix um spezielle Entscheidungsrubriken erweitert werden. Dort erfolgen die Bewertungen: ›Ideen und Lösungsvorschläge annehmen, verbessern oder streichen.‹ (vgl. Aerssen/Buchholz, 2018, S. 147)

Vorteile:
Die Bewertungsmatrix identifiziert vorhandene Stärken, aber auch Schwachstellen. Daraus lassen sich Listen von Chancen und Risiken erstellen. Diese Technik verhindert vorschnelle und einseitige Entscheidungen und Beurteilungen über die generierten Ideen und Lösungsvorschläge. Es geht darum, Ideen systematisch zu vergleichen und einen Überblick über die Stärken und Schwächen einer Idee zu erhalten. Durch die Bewertungsmatrix sind Nachbesserungen von Ideen möglich, die bei einfachen Entscheidungen sonst verworfen worden wären. Der Nutzen einer Entscheidung wird mit Hilfe von Algorithmen berechenbar.

Nachteile:
Wenn die Anzahl der Kriterien zu groß ist, wird die Bewertung erschwert. Deshalb sind drei bis vier Kriterien meist ausreichend.

Einsatzmöglichkeiten:
Die Bewertungsmatrix fördert die allgemeine Ideenfindung und Innovationsfähigkeit des Teams und kann z. B. im Personal- und Projektmanagement vorteilhaft eingesetzt werden. Mit dieser Methode können eine Vielzahl von ausgewählten Vorschlägen und Ideen detailliert bewertet werden, um die zu bearbeitende Menge der Lösungsansätze zu reduzieren.

Lit.: Aerssen, B. v./Buchholz, Ch. (Hrsg.): Das große Handbuch Innovation. 555 Methoden und Instrumente für mehr Kreativität und Innovation im Unternehmen. München 2018; Kahneman, D./Tversky, A.: Choices, values, and frames. In: American Psychologist, 39, 1984, pp. 341–350; Rustler, F.: Denkwerkzeuge der Kreativität und Innovation. Das kleine Handbuch der Innovationsmethoden. St. Gallen/Zürich, 4. Aufl., 2016; Schuler, H./Görlich, Y.: Kreativität. Ursachen, Messung, Förderung und Umsetzung in Innovation. (Praxis der Personalpsychologie.

Human Resource Management kompakt, hg. von Heinz Schuler, Rüdiger Hossiep, Martin Kleinmann und Werner Sarges, Bd. 13). Göttingen et al. 2007.

Bewertungstechnik → Bewertungskriterien; → Bewertungsmatrix

Bifurkation (bifurkation): eigtl. Gabelung; das plötzliche Umkippen in ein völlig neues Denk- und Handlungsmuster; die manchmal schlagartige Verwandlung von Problembewältigungsformen und -perspektiven. Wenn innere Spannungen einen kritischen Punkt erreichen, an dem sie nicht mehr in der bisherigen Weise gelöst werden können, kann es zu dieser plötzlichen Veränderung kommen. (vgl. Preiser, 2006, S. 55)

Lit.: Ciompi, L.: Die emotionalen Grundlagen des Denkens. Entwurf einer fraktalen Affektlogik. Göttingen 1997; Preiser, S.: Kreativität. In: Schweizer, K. (Hrsg.): Leistung und Leistungsdiagnostik. Heidelberg 2006, S. 51–67.

Bild- und Analogietechniken (metaphor- and analogy-based techniques): Sie beruhen darauf, dass Bilder und Analogien zu Gegenständen und Sachverhalten gesucht werden, die im ersten Moment nicht zum Problem passen und dennoch eine Lösung beinhalten können. (vgl. Holm-Hadulla, 2005, S. 116)

→ Battelle-Bildmappen-Brainwriting, → Reizbildanalyse → Analogie-Technik → Visualisierungstechniken:

Lit.: Holm-Hadulla, R. M.: Kreativität. Konzept und Lebensstil. Göttingen 2005.

Bildkarten-Brainwriting: auch Bildmappen-Brainwriting → Battelle-Bildmappen-Brainwriting

Bildstimulation → Reizbild-Analyse

Bionik (bionics): mitunter auch als Biomimikry (biomimicry), Biomimetik (biomimetics), Biomimese (biomimesis) oder Bio-Inspiration (bio-inspiration) bezeichnet. Der Begriff „Bionik" wurde um 1958 von dem US-amerikanischen Luftwaffenmajor Jack E. Steele (1924–2009) geprägt und 1960 auf dem Symposium „Living prototypes – the key to new technology" in Dayton (Ohio) erstmals öffentlich verwendet. „Bionics" ist vermutlich aus den beiden Wörtern „Biology" und „Electronics" entstanden, weil sich die Tagung hauptsächlich mit neuronaler Verarbeitung, Bio-Computern und Sensorik beschäftigte. (Cerman; Barthlott; Nieder, 2005, S. 15 f.) Jack E. Steele versuchte, die Arbeitsweise des menschlichen Gehirns auf Probleme der technischen Informationsverarbeitung zu übertragen.

Der Begriff „Biotechnik“ wurde aus Biologie und Technik gebildet und geht auf den österreichischen Biologen Raoul Heinrich Francé, eigtl. Rudolf Franzé (1874–1943) zurück, der ihn 1917 erstmals verwendete. Er gilt als „eigentlicher Begründer der Bionik als Wissenschaft“ (Brunner, 2008, S. 114). Die Bionik ist inzwischen eine etablierte Fachdisziplin und von großer Bedeutung. Ingo Rechenberg (*1934) führte den Begriff „Evolutionsstrategie“ ein. (vgl. Brunner, 2008, S. 115)

Die Bionik untersucht die organischen Elemente sowie die Artenvielfalt der Natur nach Strukturen, Eigenschaften, Funktionen und Wirkungszusammenhängen, um daraus Anregungen zur Lösung technischer Probleme zu erhalten, d. h. um ihre Vorgänge und Bewegungsabläufe auf technische Aufgabenstellungen zu übertragen. Dabei geht es um die systematische technische Umsetzung und Anwendung von Konstruktionen, Verfahren und Entwicklungsprinzipien biologischer Systeme. Ein wichtiges Kreativitätsprinzip, das hierbei zum Einsatz kommt, ist die Analogiebildung. Biologische Strukturen, Prozesse und Funktionsweisen werden erforscht und analysiert. Mit Hilfe der Analogiebildung werden diese Erkenntnisse auf die Entwicklung von technischen Lösungen übertragen.

Durchführung:

1. Für eine Aufgabe bzw. für ein Problem werden Analogien in der Natur gesucht, z. B. biologische Abläufe, Formen, Gestalten, Organisationstrukturen, Funktionsweisen, Prozesse oder Systeme.
2. Die Hauptprinzipien, die dem Problem zugrunde liegen, werden herausgefiltert, systematisch untersucht und beschrieben.
3. Es werden Beziehungen zur Natur hergestellt. Dazu werden folgende Fragen geklärt:
   - Wo gibt es in der Natur ein vergleichbares Problem oder ein vergleichbares Prinzip?
   - Nach welchen Prinzipien löst die Natur das Problem?
4. Gefundene Analogien oder Lösungsansätze werden unter den Team-Mitgliedern ausgetauscht und nach Möglichkeit zusammengeführt. Sie bilden einen Pool zur Lösungsfindung. Dabei wird untersucht, ob diese Lösung auf die Aufgabenstellung übertragen werden kann.

Es wird auch zwischen der »Analog-Bionik« und der »Abstraktions-Bionik« unterschieden. Bei der »Analog-Bionik« findet ein ›Top-down-Prozess‹ statt.

1. Man definiert und beschreibt das Problem.
2. Man sucht nach Analogien in der Natur.
3. Die Vorbilder aus der Natur werden analysiert.
4. Es folgt die Lösungssuche, d. h. die gewonnenen Erkenntnisse werden auf das Problem übertragen.

Bei der »Abstraktions-Bionik« findet ein ›bottom-up-Prozess‹ statt:

1. Man betreibt dazu Grundlagenforschung, untersucht und analysiert die biologischen Prinzipien (Struktur, Organisation, Funktion).
2. Das Prinzip wird verallgemeinert.
3. Suche nach möglichen Anwendungen in der Praxis, z. B. in der Architektur, im Design-Bereich, in der Medizin oder Technik.
4. In interdisziplinären Teams, die sich zusammensetzen aus Biologen, Architekten, Technikern, Statikern, Designern, Medizinern o. ä., wird ein Konzept bzw. ein Produkt entwickelt.

Vorteile:
„Die Vielfalt biologischer Lösungsmöglichkeiten regt die kreative Phantasie an!" Deshalb ist die Bionik „als Kreativitätstraining" geradezu prädestiniert. (Nachtigall, 2002, S. 429) Es kann sorgfältig beobachtet, ausgewertet und dargestellt werden, „wie die Natur entsprechende Problemlösungen als evolutionäre Entwicklungen hervorgebracht hat" (Lenk, 2006, S. 264).

Von der Evolution ›erfundene‹ Lösungen haben sich zuverlässig bewährt. Sie sind nachhaltig und belastbar. (vgl. Brunner, 2008, S. 118) Diese Technik unterstützt die interdisziplinäre Zusammenarbeit und Kooperationsfähigkeit.

Nachteile:
Diese Kreativitätstechnik erfordert hohe Anforderungen an die Beteiligten und an den Moderator und ist vor allem für Fachexperten geeignet, denn auf der Suche nach möglichen Vorbildern in der Natur und deren Übertragung auf technische, medizinische oder organisatorische Anwendungsmöglichkeiten sind naturwissenschaftliche Fachkenntnisse erforderlich. Die gefundenen Lösungsvorschläge müssen sorgfältig geprüft und ausgewertet werden. Auch Achtsamkeit und sensible Wahrnehmung sind dazu erforder-

lich. (vgl. Luther, 2013, S. 227 f.) Das Wissen über die Vorgänge der Natur ist sehr zeitaufwendig. Oft sind dazu mehrere Zusammenkünfte des Teams erforderlich, um geeignete Analogien in der Natur zu finden und diese auf die Aufgabenstellung zu übertragen.

Einsatzmöglichkeiten:
Diese Kreativitätstechnik eignet sich für bahnbrechende Innovationen, für die Neuentwicklung und Weiterentwicklung von Produkten, denn aus der Natur können überraschende Lösungsmöglichkeiten entwickelt werden. Die Bionik wird zur Ideenfindung und Problemlösung in technischen und verfahrenstechnischen Bereichen eingesetzt. Sie kann auch zur Verbesserung und Optimierung bestehender Funktionen oder Systemen dienen. Es erfolgt auch die Anwendung bei komplexen Zusammenhängen, in Forschungsprojekten, in der Biologie, Mikrobiologie und Medizin, z. B. in der Orthopädie und Pharmakologie, in technischen Bereichen, z. B. Architektur, Brückenbau, Verkehrstechnik, Flugzeugbau, Haus- und Gerätetechnik, Maschinenbau, für die Energieversorgung, Informatik und Robotik, aber auch im Design-Bereich. (vgl. Schröder, 2005, S. 287)

Die Natur kann aber nicht nur bei Produkt- und Design-Innovationen, bei Einzelkonstruktionen oder Entwürfen, bei Ideen-Varianten oder Kombinationen als Vorbild dienen, sondern auch für ganzheitlich vernetzte Denkprozesse, für übergreifende methodische Prinzipien, z. B. für Grundregeln der Biokybernetik mit Vorbildfunktion für komplexe technische Systeme sowie für das Verknüpfen bionischer Aspekte in den Konstruktionsprozess. Die Gestaltungs- und Entwicklungsprinzipien der Natur können für eine positivere Vernetzung von Mensch, Umwelt und Technik dienen. Bei der Suche nach Problemlösungen ist also die Einbeziehung der Bionik von weitreichender Bedeutung. Dazu gehört auch die wirtschaftlich-technische Anwendung biologischer Organisationskriterien, wie das Bioting, bei dem Unternehmensprozesse nach dem Vorbild von Naturgesetzen gestaltet werden. (vgl. Baumgartner-Wehrli, 2001) → Analogie-Technik

Beispiele:
Die Natur hat Formen, Strukturen, Organismen und Prozesse hervorgebracht, deren Studium eine reiche Quelle für menschliche Problemlösungen darstellt. Die Natur diente als Vorlage für zahlreiche Erfindungen, wie z. B. für die Aerodynamik von Flugzeugen, für den Hubschrauber, für die Fotolinse, für den Klettverschluss bei Kleidungsstücken u. a. Der Samen des Löwenzahns und sein Flugvermögen dienten als Vorbild für die Entwicklung

des Fallschirms. Die bionischen Untersuchungen des Echo-Schall-Mechanismus einer Fledermaus führten zur Entwicklung des Doppler-Radars.

Die Qualle besitzt eine Sensibilität für Infraschall, wodurch sie aufkommende Stürme auf dem Meer rechtzeitig zu erkennen vermag. Sie stellt ihre Schwimmbewegungen ein und lässt sich in die Tiefe sinken, um der Gefahr zu entgehen. Nach diesem Vorbild wurde ein Medusenbarometer entwickelt, das als Frühwarnsystem die zu erwartenden Sturmfluten rechtzeitig anzeigt.

Die Arzneimittelindustrie wendet eine lebensrettende Idee nach dem Vorbild der Natur an: „Es gibt eine Schmetterlingsart, die gegen Vögel einen wirksamen Abwehrmechanismus entwickelt hat. 10 % dieser Art besitzen ein starkes Herzgift, das bei einem potentiellen Konsumenten einen zwar nicht tödlichen, aber dennoch sehr starken Herzanfall hervorruft. Da giftige und ungiftige Schmetterlinge äußerlich nicht voneinander unterscheidbar sind, werden sie von Vögeln zukünftig gemieden. Eine analoge Lösung wurde von einem großen Pharmakonzern entwickelt, um Überdosierungen von Schlaftabletten zu verhindern bzw. ihre fatalen Auswirkungen zu unterbinden. Bei dieser sog. *Schmetterlingsschlaftablette* ist das eigentliche Schlafmittel mit einem Brechmittel gekoppelt, das bei normaler Dosierung keinerlei Wirkung zeigt. Bei Überdosierungen wird allerdings die zum Übergeben führende kritische Menge des Brechmittels schneller erreicht als die kritische Menge des Schlafmittels; es kommt zum Erbrechen, und die gefährliche Wirkung des Schlafmittels wird damit rechtzeitig unterbunden" (Arbinger, 1997, S. 97).

Der Botaniker Wilhelm Barthlott (*1946) entdeckte 1975 die selbstreinigende Oberflächenstruktur der Kapuzinerkresse. In den 1980er Jahren untersuchte er gemeinsam mit einem Mitarbeiterteam an der Universität Bonn die Blätter der Lotusblume. Wasser und Schmutzartikel perlen von dieser Blume ab. Die Botaniker stellten fest, dass der Selbstreinigungseffekt der Pflanzenblätter auf speziell wasserabweisenden Eigenschaften und auf eine feine Noppenstruktur zurückzuführen ist. Dieser Effekt wird inzwischen technisch genutzt, z. B. bei der Herstellung neuer Fassadenfarben, für Lacke, Dachziegel und Keramiken. Der Lotus-Effekt ist ein rechtlich geschütztes Markenzeichen für selbstreinigende Oberflächen. (vgl. Schröder, 2005, S. 5 f.)

Diese Kreativitätstechnik eignet sich für Einzel- und Teamarbeit.

Lit.: Aerssen, B. v./Buchholz, Ch. (Hrsg.): Das große Handbuch Innovation. 555 Methoden und Instrumente für mehr Kreativität und Innovation im Unternehmen. München 2018; Allen, R./Kamphuis, A.: Das kugelsichere Federkleid: Wie die Natur uns Technologie lehrt. Heidelberg 2011; Arbinger, R.: Psychologie des Problemlösens. Eine anwendungsorientierte Einführung. Darmstadt 1997; Barthlott, W./Neinbuis, C.: Lotus-Effekt und Autolack. Die Selbstreinigungsfähigkeit mikrostrukturierter Oberflächen. In: Biologie in unserer Zeit. Bd. 28, 5/1998, S. 314–321; Baumgartner-Wehrli, P.: Bioting. Unternehmensprozesse erfolgreich nach Naturgesetzen gestalten. Wiesbaden 2001; Bengelsdorf, C.: Bionik – Stellenwert in der deutschen Industrie. München, Ravensburg 2011; Blüchel, K. G.: Bionik. Wie wir die geheimen Baupläne der Natur nutzen können. München [2]2006; Blüchel, K. G./Malik, F.: Faszination Bionik. München 2006; Blüchel, K. G./ Nachtigall, W.: Das große Buch der Bionik. Neue Technologien nach dem Vorbild der Natur. Stuttgart, München [2]2003; Brunner, A.: Kreativer denken. Konzepte und Methoden von A-Z. Lehr- und Studienbuchreihe Schlüsselkompetenzen. München 2008; Cerman, Z./Barthlott, W./Nieder, J.: Erfindungen der Natur. Bionik – Was wir von Pflanzen und Tieren lernen können (rororo science). Reinbek bei Hamburg 2005; Drachsler, K.: Einsatz der Bionik als Methode im Produktentstehungsprozess. Stuttgart 2007; Hill, B.: Naturorientierte Lösungsfindung. Entwickeln und Konstruieren nach biologischen Vorbildern. Renningen-Malmsheim 1999; Lenk, H.: Postmoderne Kreativität – auch in Wissenschaft und Technik? In: Abel, G. (Hrsg.): Kreativität. XX. Deutscher Kongreß für Philosophie 26.–30. September 2005 an der Technischen Universität Berlin. Kolloquienbeiträge. Hamburg 2006, S. 260–289 [passim S. 262–266: Bionik zur kreativen Anregung]; Luther, M.: Das große Handbuch der Kreativitätsmethoden. Wie Sie in vier Schritten mit Pfiff und Methode Ihre Problemlösungskompetenz entwickeln und zum Ideen-Profi werden. Bonn 2013; Nachtigall, W.: Bionik. Grundlagen und Beispiele für Ingenieure und Naturwissenschaftler. Berlin, Heidelberg, New York [2]2002; Ders.: Biologisches Design. Systematischer Katalog für bionisches Gestalten. Berlin, Heidelberg, New York 2005; Ders.: Bionik. Lernen von der Natur. München 2008; Ders.: Bionik als Wissenschaft. Erkennen – Abstrahieren – Umsetzen. Berlin, Heidelberg 2010; Nachtigall, W./Pohl, G.: Bau-Bionik: Natur – Analogien – Technik. Heidelberg, Berlin 2013; Nachtigall, W./Wisser, A.: Bionik in Beispielen: 250 illustrierte Ansätze. Heidelberg 2013; Schröder, M.: Heureka, ich hab's gefunden! Kreativitätstechniken, Problemlösung und Ideenfindung. Herdecke/Bochum 2005; Zobel, D.: Systematisches Erfinden. Methoden und Beispiele für den Praktiker. 5. Aufl., Renningen 2009.

Bisoziationstechnik (bisociation tehnique): Der Begriff »Bisoziation« wurde 1964 von dem ungarischen Schriftsteller Arthur Koestler (1905–1983) geprägt und bezeichnet den Prozess, in dem einzelne Gedanken verknüpft und miteinander kombiniert werden; das Nebeneinanderstellen zuvor beziehungsloser Ideen, d. h. Kreativität als Bisoziation von Denksystemen, die gewöhnlich nicht miteinander in Verbindung gebracht werden und sogar unvereinbar erscheinen mögen. Einige von Henri Poincarés (1854–1912) Vorstellungen verknüpfte Koestler mit Überlegungen von Sigmund Freud (1856–1939) zu einer Theorie der Bisoziation. Koestler nimmt an, dass eine kreative Idee durch eine unbewusste Kombination von Ideen zustande kommt, die nicht mit dem bewussten Denken zusammenhängen kann. Kreatives Problemlösen erfordere neuartige Gedankenkombinationen. Koestler verstand Bisoziation als Gegensatz zur Assoziation, die sich auf zuvor schon hergestellte Verbindungen von Gedanken bezieht; dagegen erzeuge die Bisoziation dort neue Verbindungen, wo zuvor gar keine existierten. Nach Koestler setzt jeder kreative Akt eine solche Bisoziation voraus. Die Gedanken existieren nach dieser Theorie in miteinander verbundenen Reihen oder Matrizen. Beim normalen, bewussten, assoziativen Denken führt innerhalb derselben Matrix ein Gedanke zum anderen. In Situationen dagegen, die kreatives Denken erfordern, muss der Denker von einer Matrix zur anderen wechseln. Nach Koestler entsteht erst dann eine Bisoziation, wenn man sich zuvor schon lange Zeit ernsthaft mit einem Problem befasst hat. Erst dann ist das Problem so weit ›herangereift‹, dass die bisoziative Verbindung zwischen zwei Matrizen entstehen kann. Koestler hebt in diesem Zusammenhang auch die Bedeutung der Träume hervor, in denen wir, von assoziativen Verbindungen befreit, in passiver Weise bisoziieren. Das unbewusste Denken kann so neuartige Gedankenverbindungen schaffen, weil es weniger rigide und spezialisiert ist als das bewusste Denken. Diese unbewusste neuartige Kombination von Gedanken ist die Voraussetzung für die Kreativität. Potenziell brauchbare Kombinationen werden dem Bewusstsein präsentiert und von ihm weiterbearbeitet. Es gibt auch die Annahme, dass die Abkehr von einem Problem sinnvoll ist, um die Inkubation, also die unbewusste Kombination von Gedanken zu fördern. (vgl. Weisberg, 1989, S. 33, 40–43) Als Hilfsmittel zu dieser Technik werden Begriffe, Gegenstände oder Bilder genutzt, die Assoziationen auslösen und zunächst nichts mit der Aufgabenstellung zu tun haben.

Durchführung:

1. Das Problem wird zunächst klar formuliert.
2. Eine Anzahl an Bildern oder Objekten wird ausgebreitet, die mit der Aufgabenstellung thematisch nichts zu tun haben.

3. Die Teilnehmer einigen sich auf eines der Bilder oder Objekte.
4. Das ausgewählte Bild oder Objekt wird für alle Team-Mitglieder gut sichtbar platziert. Die Teilnehmer assoziieren danach bestimmte Begriffe zum ausgestellten Bild bzw. Objekt. Die gefundenen Verknüpfungen werden auf Karten notiert, die für alle gut sichtbar an eine Pinnwand geheftet werden.
5. In dieser Phase sollen die Gruppenmitglieder die gefundenen Verknüpfungen mit der Aufgabenstellung in Zusammenhang bringen. Daraus entstehen mitunter ungewöhnliche, originelle Vorschläge, die wieder schriftlich festgehalten werden.
6. Die Einfälle und Lösungsvorschläge werden für alle Teilnehmer an der Pinnwand angebracht, diskutiert und auf ihre Realisierbarkeit geprüft. Der beste Lösungsvorschlag wird anschließend weiterentwickelt. (vgl. Aerssen/Buchholz, 2018, S. 155)

Vorteile:
Die Bisoziationstechnik dient der Ideenfindung und Ideenkombination. Sie aktiviert unbewusste Denkweisen und Verknüpfungen und erschließt neue Sichtweisen aus anderen Bereichen, die sich möglicherweise auf die Aufgabenstellung übertragen lassen.

Nachteile:
Die Bisoziationstechnik braucht einen erfahrenen Moderator und kann sehr zeitaufwendig sein. Eine sorgfältige Auswahl und Prüfung der gefundenen Verknüpfungen ist erforderlich.

Einsatzmöglichkeiten:
Die Bisoziationstechnik führt mitunter zu überraschenden Lösungsansätzen. Sie „eignet sich besonders für die Ideenfindung in den Bereichen Werbung und Marketing“ (Aerssen/Buchholz, 2018, S. 155). Diese Technik kann sowohl von Gruppen als auch von Einzelpersonen durchgeführt werden.

Lit.: Aerssen, B. v./Buchholz, Ch. (Hrsg.): Das große Handbuch Innovation. 555 Methoden und Instrumente für mehr Kreativität und Innovation im Unternehmen. München 2018; Koestler, A.: The act of creation. London, NewYork 1964, [3]1990 (dt. Ausg.: Der göttliche Funke. Der schöpferische Akt in Kunst und Wissenschaft. Bern, München, Wien 1966; [2]1968; Lohmeier, F.: Bisoziative Ideenfindung. Erforschung und Technisierung kreativer Prozesse. Frankfurt am Main, Bern, New York, Nancy 1985; Luther, M.: Das große Handbuch der Kreativitätsmethoden.

Wie Sie in vier Schritten mit Pfiff und Methode Ihre Problemlösungskompetenz entwickeln und zum Ideen-Profi werden. Bonn 2013; Weisberg, R. W.: Kreativität und Begabung. Was wir mit Mozart, Einstein und Picasso gemeinsam haben. Heidelberg 1989.

Brain Building: Aufbau der geistigen Kräfte, Intelligenzaufbau. Ein Trainingsprogramm zur Verbesserung des Wahrnehmungsvermögens, der Ausdrucksweise, der Entscheidungs- und Urteilskraft sowie für Gedächtnis, Logik und Kreativität. Es wurde von der US-amerikanischen Autorin Marilyn vos Savant entwickelt.

Lit.: Savant, M. v.: Brainpower. Die Kraft des logischen Denkens. Reinbek bei Hamburg 2001; Savant, M. v./Fleischer, L.: Brain Building. Das 12-Wochen-Trainingsprogramm für Gedächtnis, Logik, Kreativität. Niedernhausen/Ts. 1993.

Brainfloating: Ideenflut, Ideenfluss. Der Begriff wurde 1987 von dem Designer und Kulturwissenschaftler Harald Braem (*1944) eingeführt. Er definiert ihn folgendermaßen: „Brainfloating versucht, durch intensivere Verbindung beider Gehirnhälften den Energiefluss innerhalb des corpus callosum (Gehirn-Balken) zu stärken, harmonisch zu stabilisieren und insgesamt eine höhere Transparenz des Balkens (der bei den meisten von uns wie ein ›Brett vor dem Kopf‹ die Sicht der Wirklichkeit verhindert) zu erreichen, mit dem Ziel, ein höheres Niveau unseres Bewusstseins zu schaffen“ (Braem, 1989, S. 74).

Der aus Nervenfasern bestehende sogenannte Balken im Gehirn (corpus callosum) erlaubt ein Kommunizieren der beiden Hirnhälften untereinander. Die motorischen Bahnen kreuzen sich, so dass z. B. die Rechtshändigkeit von der linken Großhirnhälfte gesteuert wird. Eine bewusste Aktivierung dieser Gegenhändigkeit, d. h. eine Umgewöhnung im motorischen Bewegungsablauf, wenn z. B. ein Rechtshänder auch seine linke Seite aktiviert und umgekehrt, führe zu gesteigerter Problemlösung und Ideenfindung und damit zu höherer Kreativität. Auch Simultantätigkeiten tragen hierzu bei. Die beidseitige Aktivierung von Händen und Füßen setzen Energien frei und stimulieren die Schaltkreise im Gehirn, die uns nicht geläufig sind und auch sonst nicht beansprucht werden. Doch gerade sie sind für die Bildung neuer Kombinationen prädestiniert, so dass Kreativität freigesetzt wird.

Der schweizerische Unternehmensberater Victor Scheitlin definiert Brainfloating als Energiefluss, als „das Fließen geistiger Energien, die im Umfeld einer kreativen Zielvorstellung durch hemisphärisch wechselseitiges Denken und freies Assoziieren Überlegungsansätze und/oder Lösungsmöglichkeiten ergeben. Der geistige Fließprozess wird dabei durch mancherlei Wirkfaktoren wie Wort-, Gedanken- und Bild-Assoziation, Intuition, lateralem Denken, Gedächtnisarbeit, Rationalität und Emotionalität beeinflusst" (Scheitlin, 1993, S. 281, vgl. auch S. 107–109 u. 279–281).

Brainfloating-Methoden sind:

- Dreiklangspiel
- Umpolung
- Simultanaktion
- Gestaltspiel
- Formbildung
- Lautmalerei
- Doppelkopf
- Bild-Text-Potenzierung

Das ursprüngliche Konzept von Brainfloating ging von einer funktionalen Trennung von Links- und Rechtshirn aus, so dass den beiden Gehirnhälften bestimmte Funktionen zuzuordnen seien. In der gegenwärtigen Forschung besteht jedoch Konsens darüber, dass sich solche aufgabenspezifischen Zuweisungen nicht feststellen lassen. Dennoch hat diese Technik ihren Nutzen, weil sie das Gehirn insgesamt aktiviert.

Durchführung:
Brainfloating ist ein ganzheitliches Konzept, dass alle Sinne anspricht. Die Durchführung erfolgt in drei Phasen:

1. Aufwärmphase: Durch unübliche Bewegungen bzw. veränderte Bewegungsabläufe wird das Gehirn gezielt irritiert. Eine Handlung wird z. B. mit links statt mit rechts ausgeführt. Dadurch soll ein ungewohnter Ideenfluss im Gehirn angeregt werden.
2. Gehirn und Körper werden in Bewegung gebracht. Hierbei kommen ganzheitliche Aspekte zum Einsatz, wie Malen, Singen, Schauspielern und Sprechen.
3. Anschließend erfolgt eine direkte weiterführende Ideenfindung, um die angeregten Gehirnaktivitäten kreativ zu nutzen.

Vorteile:
Mit Hilfe dieser Kreativitätstechnik werden eingefahrene Denkweisen und Kreativitätsblockaden überwunden.

Nachteile:
Brainfloating ist anfangs sehr gewöhnungsbedürftig und als Gruppentechnik wenig geeignet, besonders nicht, wenn im Team Hierarchie-Unterschiede oder starke Differenzen bestehen, weil sonst die Gefahr besteht, dass einige Teilnehmer Hemmungen haben, sich bloßzustellen.

Einsatzmöglichkeiten:
Brainfloating eignet sich zur Ideenfindung, zur Inspiration, für eine bessere Wahrnehmung und Vorstellungskraft. Diese Technik wird meist individuell durchgeführt.

Lit.: Aerssen, B. v./Buchholz, Ch. (Hrsg.): Das große Handbuch Innovation. 555 Methoden und Instrumente für mehr Kreativität und Innovation im Unternehmen. München 2018; Braem, H.: Brainfloating. Neue Methoden der Problemlösung und Ideenfindung. München 1987; Ders.: Brainfloating. Im Entspannungszustand spielerisch Ideen finden. München/Landsberg am Lech 1989; Lenk, H.: Kleine Philosophie des Gehirns. Darmstadt 2001; Scheitlin, V.: Kreativität – das Handbuch für die Praxis. Zürich 1993.

Brainstorming: (auch als „klassisches Brainstorming" bezeichnet). Der Begriff wurde 1938 von dem US-amerikanischen Werbepsychologen Alex F. Osborn (1888–1966) geprägt und setzt sich zusammen aus ›brain‹ (Gehirn) und ›storm‹ (Sturm). Diese von ihm entwickelte Methode, das Gehirn zu benutzen, um ein Problem zu ›stürmen‹, hat Vorläufer bei den Hindu-Lehrern in Indien, die dieses Verfahren bereits seit über vierhundert Jahren anwenden. Osborn begründete damit die angewandte Kreativitätsforschung, eine auf die Praxis ausgerichtete Entwicklung von Methoden zur Hervorbringung von technischen Erfindungen, wissenschaftlichen Entdeckungen und Innovationen.

Brainstorming verfolgt das Ziel, möglichst zahlreiche spontane Einfälle und Vorschläge der Mitarbeiter zu einem Projekt zu sammeln, um daraus die bestmögliche Lösung für ein bestimmtes Problem zu finden. Hierbei kommt es auf das unbefangene Äußern möglichst vieler Ideen an, so abwegig sie auch zunächst erscheinen mögen. Die ersten Lösungsvorschläge sind meist noch konventionell und erst die späteren kreativ und ungewöhnlich. Da es die meisten Teilnehmer vermeiden, spontan originelle und ungewöhnliche Ideen zu äußern, aus Furcht, sich vor ihren Mitmenschen zu blamieren, soll keine Bewertung und Kritik der Vorschläge stattfinden. Die Auswertung erfolgt erst in einer zweiten Phase.

Brainstorming ist ein klassisches Verfahren zur Ideenfindung oder Ideenkonferenz. In zwangloser Atmosphäre kann eine Kettenreaktion neuer Ideen ausgelöst werden, also eine Wechselwirkung durch Ideenassoziationen. Je mehr Einfälle produziert werden, desto größer ist die Wahrscheinlichkeit von Treffern, also von Ideen, die ein bestimmtes Problem „kreativ" lösen können. Das Brainstorming wird auch als → Kick-off bezeichnet.

Durchführung:
Diese Methode besteht aus zwei Phasen:

1. Phase der Ideenfindung (auch als Produktionsphase bezeichnet): Nachdem die Aufgabe bzw. das zu lösende Problem genannt wurden, äußert jeder Teilnehmer spontan seine Einfälle, Vorschläge und Lösungsideen. Diese werden gesammelt und unkontrolliert mit der Problemstellung verknüpft.
2. Bewertungsphase: Erst jetzt erfolgt die qualitative Sichtung der vorgeschlagenen Lösungsideen durch eine Jury, wobei die besten Ideen strukturiert und weiterentwickelt werden.

Die Verhaltensregeln für die kreative Teamarbeit des Brainstormings lauten:

1. Vermeide jegliche Wertung bzw. Kritik der hervorgebrachten Ideen, d. h., trenne die kreative Phase konsequent von der Phase der Bewertung.
2. Suche das Positive in den Ideen der anderen, greife es auf und versuche, es weiterzudenken. Prüfe die Kombination von Einfällen.
3. Lass deiner Phantasie und Intuition freien Lauf; äußere auch ungewöhnliche Gedanken.
4. Befreie dich vom Zwang, nur gute, sofort brauchbare Ideen finden zu müssen. Lass dich von Spontaneität tragen, aber fasse dich kurz. (vgl. Schlicksupp, 1995, S. 182)

Die Teilnehmer werden auch zur Quantität ermutigt: Entscheidend ist zunächst die Menge der von den Teilnehmern gefundenen Ideen und Lösungsvorschläge. Je mehr Gedanken man produziert, umso größer ist die Chance, unter diesen einige gute Ideen zu finden. Bei dieser assoziationstheoretischen Konzeption wird vor allem der Faktor Flüssigkeit hervorgehoben. „Das Verhältnis guter Ideen zur Gesamtanzahl geäußerter Einfälle beträgt etwa 1:10, d. h., durchschnittlich jede zehnte Idee ist brauchbar" (Schuler/Görlich, 2007, S. 93).

Die Innovation Osborns besteht in der klaren Trennung zwischen der Phase der Ideenfindung und der Bewertungsphase. Durch das Aufschieben der Beurteilung (deferred judgment) an den Schluss werden die Kontrollinstanzen zunächst ausgeschaltet. Damit soll ein vorschnelles Verwerfen origineller Gedanken und Einfälle verhindert werden. Kommt die Evaluation zu früh, kann dies kreativitätshemmend sein. Mitunter ist es sogar günstiger, die unterbreiteten Einfälle und Lösungsvorschläge erst in einer zeitlich davon separaten Sitzung zu bewerten. Dies erfolgt nach verschiedenen Bewertungskriterien, z. B. Schwierigkeit, Realisierungsmöglichkeit usw. Die von Osborn vorgeschlagene Trennung zwischen der Phase der Ideenfindung und der Bewertungsphase hat sich in der Praxis bewährt und erfolgreich durchgesetzt.

Als Bewertungsmaßstab hat der US-amerikanische Psychologe Leo B. Moore folgende Technik entwickelt: Die Gruppenmitglieder des Brainstormings versehen alle Einfälle mit den Kennziffern I, II oder III, die für den jeweiligen Schwierigkeitsgrad der Realisierung der Lösungsvorschläge stehen. Nach der Brainstorming-Sitzung geht die Gruppe alle eingereichten Ideen durch und prüft, ob sie einfach, schwer oder äußerst schwierig umzusetzen sind. Der Schwierigkeitsgrad wird dabei auf einer Punkte-Skala eingetragen. Diese Methode – so betont Moore – bereite den Gruppenmitgliedern auch Freude, da sie selbst ihre Gedanken noch weiter durchdenken können, außerdem sei sie zeitsparend. Die mit I bewerteten Vorschläge beanspruchen den geringsten Zeit- und Kostenaufwand, während die Ideen zu II und III einen entsprechend höheren Aufwand erfordern.

Vorteile:
Eine Brainstorming-Sitzung kann spontan durchgeführt werden, erfordert einen geringen Aufwand und wenig Vorbereitungszeit. In kurzer Zeit können viele Ideen und Lösungsvorschläge hervorgebracht und gesammelt werden. Diese Methode dient dem Erfahrungsaustausch zu fachspezifischen Problemen, erhöht das Selbstbewusstsein der Teilnehmer, verbessert die Team-Entwicklung und das Betriebsklima. Das Wissen der Teilnehmer wird aktiviert. Durch gegenseitige Anregung erfolgt ein Synergieeffekt in der Gruppe.

Nachteile:
Untersuchungen haben aber auch ergeben, dass diese Methode nicht unbedingt zu einer höheren Kreativität führen muss. Zwar können mehr Ideen zu einem gestellten Problem produziert werden, doch ob sie wirklich

originell und neuartig sind, ist nicht selbstverständlich. Teilweise äußern die Teilnehmer des Brainstormings nach einem Vorschlag konformistisch ähnliche Ideen. Es ist also fraglich, ob man diese Methode erfolgreich mit *allen* Personen praktizieren kann, ohne dass diese vorher entsprechend trainiert worden sind. Der Erfolg dieser Trainingskurse ist umstritten, in vielen Fällen gar nicht messbar. Robert W. Weisberg und Mario Pricken setzen sich kritisch mit der Methode des Brainstormings auseinander. An Hand von Untersuchungsergebnissen stellt Weisberg sowohl den Nutzen des Brainstormings als auch die Annahme in Frage, dass Kreativität von divergentem oder lateralem Denken abhängig ist. So sei das Problemlösen in der Gruppe weniger produktiv als das individuelle Problemlösen, und die Instruktionen des Brainstormings seien weniger effizient als Anweisungen, die eine vorherige Festlegung von Kriterien sowie eine Beurteilung der Ideen hervorheben. Jens-Uwe Meyer und Henryk Mioskowski sind sogar der Auffassung: „Brainstorming ist eher eine Methode, um unterschiedliche Gedanken zusammenzutragen. Zur wirklichen Ideenentwicklung taugt es wenig" (Meyer/Mioskowski, 2016, S. 8).

Einzelne Personen erzeugen meist mehr und auch bessere Ideen als die gleiche Anzahl von Teilnehmern, die in Gruppen arbeiten. Lediglich Zweiergruppen können unter bestimmten Umständen mit der individuellen Kreativität mithalten. Die Hauptursache für diesen Nachteil wird darin gesehen, dass jeder Teilnehmer warten muss, bis die anderen ihre Ideen vorgetragen haben, so dass es zu Informationsverlusten kommen kann. Diese Schwachstelle „betrifft sowohl die Äußerung der bereits produzierten Einfälle als auch das eigene Weiterdenken. Hinzu kommt die Hemmung, die durch die Bewertungsangst verursacht wird. Ihr unterliegen nicht alle Teilnehmer in gleichem Maße, sondern vor allem schüchterne, introvertierte Personen, die sich unter den Kreativen nicht selten finden, wodurch viel Potenzial verloren geht" (Schuler/Görlich, 2007, S. 93). Einschränkend ist jedoch festzustellen, dass die Überlegenheit individuell arbeitender Personen lediglich die Phase der Ideenerzeugung betrifft, nicht die der Ideenintegration. Im Ergebnis erhält man mitunter nur unausgegorene Ideen und Lösungsansätze. Fertige Lösungen sind nicht zu erwarten. Die Vielzahl der Vorschläge kann die Auswertung erschweren. Brainstorming ist für komplexe Aufgaben weniger geeignet.

Von Nachteil kann auch der Gruppenzwang sein, weil sich dominante Teilnehmer besser durchsetzen können als zurückhaltende Personen. Hierarchische Strukturen können sich negativ auswirken, ebenso die fachliche

Überlegenheit von Experten. Außerdem zeigen die Forschungsergebnisse auch, dass das kreative wissenschaftliche Denken nicht mit der Fähigkeit zum divergenten Denken zusammenhängt. Das kreative Denken sei keine außergewöhnliche Form des Denkens, sondern zeichne sich erst durch das Denkprodukt aus und nicht durch den Weg, auf dem der Denker zu ihm gelangt ist. (vgl. Weisberg, 1989, S. 85–98)

Einsatzmöglichkeiten:
Das Brainstorming ist der „Prototyp kreativer Teamarbeit, vermutlich die weltweit am häufigsten angewandte Methode zur Ideenfindung“ (Schlicksupp, 1995, S. 182). Sie hat ein breites Anwendungsspektrum, z. B. zur Produktentwicklung, zur Projekt- und Unternehmensplanung, in der Werbung und im Marketing-Bereich, im Training und Unterricht u. a. „Brainstorming eignet sich immer als Eröffnungsmethode für eine mehrstufige Sitzung oder einen Workshop. In der Regel lockert die Methode auch auf“ (Geschka/Zirm, 2011, S. 299). Ideal erscheint eine Teilnehmerzahl von 6–12 Personen, „heterogen und interdisziplinär zusammengesetzt“ (Schröder, 2005, S. 145). Diese Methode ist auch individuell anwendbar (→ Solo-Brainstorming).

Kevin P. Coyne, Patricia Gorman Clifford und Renée Dye sind der Auffassung, dass die wirklich guten Ideen dank vorstrukturierter Fragen und einer besseren Organisation erzielt werden. Sie empfehlen deshalb ein effektives Brainstorming, weil die meisten Mitarbeiter „unstrukturiertes und abstraktes Brainstorming nicht besonders gut beherrschen. ... Ohne Leitlinien wissen die Teammitglieder nicht, ob sie ihre erste Idee weiterverfolgen oder doch lieber in eine völlig andere Richtung denken sollen“ (Coyne/Clifford/Dye, 2011, S. 8). Diese Unsicherheit führe zu Frustrationen und schließlich zur Resignation. Nützliche Vorgaben, die nicht zu eng ausgelegt sind, sowie gezielte Fragestellungen, die der Ideenfindung einen Rahmen geben, um bessere Antworten zu erhalten, führen dagegen zu einem effektiveren Brainstorming. Auf dieser Grundlage können Entscheidungen besser getroffen und verglichen werden.

Gruppendynamische Synergiekräfte können auch mit Hilfe computergestützter Interaktion zwischen den Teammitgliedern erzielt werden. Eine entsprechende Software kann bei der Ideen- und Lösungsfindung helfen. Zur Erweiterung der Informationsbasis können Internet-Suchmaschinen sehr nützliche Dienste leisten. Neben dem klassischen Brainstorming wird auch das elektronische Brainstorming (electronic brainstorming) mittels Computer-Interaktion durchgeführt.

Vom Brainstorming sind zahlreiche Varianten bekannt, z. B.: → And-also-Methode, → Anonymes Brainstorming, Brainstorming paradox, → Brainstorming 2.0, → Brainwriting, → Card-Brainstorming → Creative Collaboration Technique, → Destruktiv-konstruktives Brainstorming, → Didaktisches Brainstorming, → I-G-I-Brainstorming, → Imaginäres Brainstorming, → Inverses Brainstorming, → Mitsubishi-Brainstorming (MBS) → Phillips-66-Methode, → Progressives Brainstorming, → Schwachstellen-Brainstorming, → SIL-Methode, → Solo-Brainstorming, → Stufen-Brainstorming, → Visuelles Brainstorming.

Lit.: Brunner, A.: Kreativer denken. Konzepte und Methoden von A-Z. Lehr- und Studienbuchreihe Schlüsselkompetenzen. München 2008; Clark, C. H.: Brainstorming. The dynamic new way to create successful ideas. New York 1958. – Dt. Ausg.: Brainstorming. Methoden der Zusammenarbeit und Ideenfindung. München 1973; Coyne, K. P./Clifford, P. G./Dye, R.: Querdenken mit System. In: Harvard Business Manager. Das Wissen der Besten. Edition 2/2011: Kreativität. Wie Sie Ideen entwickeln und umsetzen, S. 7–15; Diehl, M./Stroebe, W.: Productivity loss in brainstorming groups: Toward the solution of a riddle. In: Journal of Personality and Social Psychology, 53, 1987, pp. 497–509; Dunnette, M. D./Campbell, J./Jastaad, K.: The effects of group participation on brainstorming effectiveness for two industrial samples. In: Journal of applied psychology 47, 1963, pp. 10–37; Hornung, A.: Kreativitätstechniken. Köln 1996; Madigan, C. O./Elwood, A.: Brainstorms and thunderbolts. New York 1983; Meyer, J.-U./Mioskowski, H.: Genial ist kein Zufall. Die Toolbox der erfolgreichsten Ideenentwickler. Göttingen [2]2016; Moore, L. B.: Creative action – the evaluation, development, and use of ideas. In: Parnes, S. J./Harding, H. F. (Eds.): A source book for creative thinking. New York 1962, pp. 297–304; Osborn, A. F.: Applied imagination: Principles and procedures of creative thinking, New York 1953; überarb. Ausg. 1963; Ders.: Is education becoming more creative? An address given at the seventh annual Creative Problem-Solving Institute, University of Buffalo, 1961; Ders.: Development in creative education. In: Parnes, S. J./Harding, H. F. (Eds.): A source book of creative thinking. New York 1962, pp. 19–29; Schlicksupp, H.: Innovation, Kreativität und Ideenfindung, 3. überarb. u. erw. Aufl., Würzburg 1989, S. 101–113; Schlicksupp, H.: Führung zu kreativer Leistung. So fördert man die schöpferischen Fähigkeiten seiner Mitarbeiter (Praxiswissen Wirtschaft; 20), Renningen-Malmsheim 1995; Schröder, M.: Heureka, ich hab's gefunden! Kreativitätstechniken, Problemlösung und Ideenfindung. Herdecke/Bochum 2005; Schuler, H./Görlich, Y.: Kreativität. Ursachen, Messung, Förderung und Umsetzung in Innovation. (Praxis der Personalpsychologie. Human Resource Management kompakt, hg. von Heinz Schuler, Rüdiger Hossiep, Martin Kleinmann und Werner Sarges, Bd. 13). Göttingen et al. 2007; Stroebe, W.; Nijstad, B.: Warum Brainstorming in Gruppen Kreativität vermindert: eine kognitive Theorie der Leistungsverluste. In: Psychologische Rundschau, 54. Jg., H. 1, 2004, S. 2–10; Taylor, D. W./Berry, P.C./Block, C. H.: Does group participation when using brainstorming facilitate of inhibit creative thinking? Administrative Science Quarterly, 3, 1958, pp. 23–47; Weisberg, R. W.: Kreativität und Begabung. Was wir mit Mozart, Einstein und Picasso gemeinsam haben. Heidelberg 1989.

Brainstorming 2.0 (auch unter der Bezeichnung **BAR**: **B**rainstorming, **A**ber **R**ichtig bekannt). Diese Kreativitätstechnik wurde 2010 von dem Kreativitätsforscher und Ideencoach Michael Luther (*1958) entwickelt. Es handelt sich um eine moderne, eigenständige Variante des klassischen → Brainstormings.

Durchführung:
Michael Luther hat dazu sieben Leitprinzipien entworfen:

1. Klärung der Rahmenbedingungen: Bereitstellung von Raum, Zeit und Material.
2. Zusammenstellung des Teams: Dabei sollte auf einen ausgewogenen Personenkreis aus Mitarbeitern, Fachleuten und externen Querdenkern geachtet werden.
3. Formulierung und Visualisierung der fünf Standardregeln:
   a. Quantität geht vor Qualität: Je mehr Ideen und Anregungen entwickelt werden, umso größer ist die Auswahl, um daraus den besten Vorschlag auszuwählen.
   b. Es darf keine Kritik geübt werden, alle, auch ungewöhnliche Ideen sind willkommen.
   c. Alle Ideen sollten visualisiert werden, damit alle Teilnehmer auch die Einfälle und Anregungen der anderen Team-Mitglieder sehen können.
   d. Ergänzungen sind erlaubt. Ein Anknüpfen an die geäußerten Vorschläge ist jederzeit möglich.
   e. Spinnen ist nicht nur erlaubt, sondern sogar erwünscht. Je origineller und ungewöhnlicher die geäußerte Idee ist, umso besser.
4. Die Gruppe selbst konkretisiert die Aufgabenstellung und ändert sie gegebenenfalls.

5. Es wird eine Ideenquote vereinbart, d. h., eine zu erreichende Mindestanzahl an Vorschlägen wird vorher festgelegt.
6. Es folgt eine Aufwärmphase, in dem sich die Teilnehmer auf das divergente Denken vorbereiten.
7. Anwendung der Progression. Um originelle und ungewöhnliche Ideen zu generieren, wird die Fragestellung in mehreren Schritten vertieft bzw. „verschärft" (vgl. Luther, 2013, S. 171 und 175).

Abschließend beginnt die allgemeine Ideenfindungsphase. Dazu können ein klassisches Brainstorming oder auch eine andere Kreativitätstechnik genutzt werden.

Vorteile:
Diese Kreativitätstechnik fördert die Aktivität und das Vertrauen im Team, verhindert störende Killerphrasen, wirkt inspirierend und überwindet vorhandene Kreativitätsblockaden.

Einsatzmöglichkeiten:
Diese Technik dient der Ideenfindung und ist „eine Makromethode", „ein grundlegender kleiner Ideenfindungsprozess" (Aerssen/Buchholz, 2018, S. 130). Diese Kreativitätstechnik eignet sich besonders für die Teamarbeit.

Lit.: Aerssen, B. v./Buchholz, Ch. (Hrsg.): Das große Handbuch Innovation. 555 Methoden und Instrumente für mehr Kreativität und Innovation im Unternehmen. München 2018; Luther, M.: Das große Handbuch der Kreativitätsmethoden. Wie Sie in vier Schritten mit Pfiff und Methode Ihre Problemlösungskompetenz entwickeln und zum Ideen-Profi werden. Bonn 2013.

Brain-Techniken: Assoziationstechniken; Sammelbegriff für Kreativitätstechniken, die auf dem → Brainstorming beruhen bzw. eine Variation zu dieser Methode darstellen, wie → Brainfloating, → Brainwriting, Braincards, → Brainwalking, → Mind Mapping. Diese Methoden beruhen im Wesentlichen auf dem Sammeln und Assoziieren möglichst vieler Ideen, die zunächst nicht bewertet oder kritisiert werden, weil deren Überprüfung auf mögliche Anwendbarkeit erst abschließend erfolgt.

Brainwalking: eine Art „Denken im Vorübergehen". Diese Technik wurde 1978 von Fritz Hellfritz entwickelt. Sie ist aus → Brainstorming und → Brainwriting abgeleitet und kombiniert die Vorteile dieser beiden Kreativitätstechniken. Der österreichische Kreativitätstrainer Eduard G. Kaan hat diese Methode weiterentwickelt. (vgl. Aerssen/Buchholz, 2018, S. 172)

Durchführung:
Die Anwendung erfolgt in der Gruppe.

1. Die zu lösenden Aufgaben und Probleme werden auf große Bogen geschrieben und an den Wänden des Sitzungsraumes aufgehängt. Dazu können auch mehrere Flipcharts oder Pinnwände im Raum verteilt werden. Die Fragen können entweder thematisch in einem Zusammenhang stehen oder ganz unterschiedlich sein, um die Analogiebildung und ungewöhnliche Assoziationen zu fördern.
2. Die Teilnehmer „wandern" ohne festgelegte Reihenfolge zu den einzelnen Papierbogen und notieren stichwortartig ihre spontanen Einfälle und Ideen zu den einzelnen Aufgabenstellungen. Dabei sollen auch originelle oder zunächst abwegig erscheinende Vorschläge unterbreitet werden.
3. Die bereits notierten Anregungen und Einfälle werden von den anderen Teilnehmern zur Kenntnis genommen, wodurch ein Gedankenaustausch und eine Weiterentwicklung bereits fixierter Vorschläge stattfinden, aber Kritik an den Ideen und ausführliche Diskussionen sind in der Phase der Ideenfindung untersagt.
4. Wie beim Brainstorming erfolgt die Bewertung der Vorschläge erst am Ende der Sitzung.

Vorteile:
Brainwalking kombiniert die Vorteile von Brainstorming und Brainwriting. Mehrere Fragestellungen können simultan bearbeitet werden. „Durch das Umherwandern, durch die ständige Veränderung der Perspektiven und durch die Heterogenität der Fragestellungen werden ungewöhnliche Assoziationen und Analogiebildungen erleichtert" (Preiser/Buchholz, 1997, S. 163). Diese Technik begünstigt eine Erweiterung des Blickfeldes auf das Problem und trägt dazu bei, Kreativitätsblockaden zu überwinden. Entfernte Assoziationen werden miteinander verknüpft. Die Teilnehmer können ihre Anregungen, Ideen und Lösungsvorschläge austauschen. Durch das Umhergehen entsteht auch eine lockere Atmosphäre.

Nachteile:
Diese Kreativitätstechnik erfordert einen großen Sitzungsraum, der nicht durch viele Tische verstellt sein sollte. Die Durchführung ist sehr zeit- und materialintensiv. Der Moderator sollte für die Auswertung ein begrenztes

Zeitlimit vorgeben, weil sonst die Gefahr besteht, dass sich die Diskussion endlos ausweitet.

Einsatzmöglichkeiten:
Wie das Brainstorming eignet sich auch das Brainwriting zur Ideenfindung für nahezu alle Innovations- und Unternehmensziele von leichter, bis mittlerer Komplexität. (vgl. Aerssen/Buchholz, 2018, S. 172)

Lit.: Aerssen, B. v./Buchholz, Ch. (Hrsg.): Das große Handbuch Innovation. 555 Methoden und Instrumente für mehr Kreativität und Innovation im Unternehmen. München 2018; Preiser, S.: Brain-Walking: Möglichkeiten zur Förderung politischen Engagements. In: S. Preiser (Hrsg.): Kognitive und emotionale Aspekte politischen Engagements. Weinheim 1982, S. 263–267; Ders.: Zielorientiertes Handeln. Ein Trainingsprogramm zur Selbstkontrolle. Heidelberg 1989; Preiser, S./Buchholz, N.: Kreativitätstraining. Das 7-Stufen-Programm für Alltag, Studium und Beruf. Augsburg 1997; Dies.: Kreativität. Ein Trainingsprogramm für Alltag und Beruf. Heidelberg [2]2004.

Brainwriting: schriftliche Ideenausarbeitung; auch als Creative writing oder → Idea engineering bezeichnet, eine aus dem → Brainstorming abgeleitete Variante zur Ideenfindung. Sie wurde 1972 von dem Unternehmensberater und Managementtrainer Bernd Rohrbach (1927–2002) eingeführt, der diesen Begriff auch prägte. (vgl. Schlicksupp, 1989, S. 202) Im Unterschied zum Brainstorming notieren die Teilnehmer der Brainwriting-Technik ihre Ideen, Einfälle und Lösungsvorschläge, anstatt sie im Plenum zu äußern, d. h., es wird während der Ideenfindungsphase nicht gesprochen. Bei dieser Kreativitätstechnik werden die schriftlich formulierten Ideen der anderen Teilnehmer aufgenommen, um daraus eigene zu entwickeln. Dabei kommt es darauf an, in Ruhe und konzentriert über neuartige oder originelle Lösungsansätze für ein Problem nachzudenken.

Durchführung:
Die Ausführung erfolgt in zwei Phasen:

1. Zu einer vorgegebenen Aufgabenstellung notieren alle Teilnehmer ihre Ideen, Anregungen und Lösungsvorschläge. Es geht darum, möglichst viele Ideen zu finden. Für jede Idee wird ein neues Blatt verwendet. In dieser Phase ist eine Bewertung der Ideen untersagt.
2. Nach einer vorher festgelegten oder frei gewählten Zeit werden die Blätter im Uhrzeigersinn an den nächsten Teilnehmer weitergegeben.

Dieser fügt seine Vorschläge hinzu. Die Blätter mit den Notizen werden solange weitergegeben, bis jedes Gruppenmitglied wieder sein Blatt vor sich liegen hat. Anschließend werden die Vorschläge ausführlich bewertet und die besten Ideen ausgewählt.

Vorteile:
Diese Kreativitätstechnik ist auf eine sorgfältige und gründliche Ideenfindung ausgerichtet. Dabei ist die Zeit zum Nachdenken nicht so knapp bemessen wie bei der Brainwriting-Variante → Methode 6-3-5. Die Ideen werden anonym notiert. Jeder Teilnehmer muss dazu beitragen. Bei dieser Technik werden auch zurückhaltende Teilnehmer in den Ideenfindungsprozess einbezogen. Anschließend erfolgt eine systematische Weiterentwicklung von Anregungen, Einfällen und Lösungsvorschlägen.

Nachteile:
Diese Kreativitätstechnik bietet durch die schriftliche Form weniger spontane Möglichkeiten, an die Vorschläge des Vorgängers bzw. an die Ideen der anderen Teilnehmer anzuknüpfen.

Einsatzmöglichkeiten:
Das Brainwriting ist besonders für Personen geeignet, denen das spontane mündliche Vorschlagen von Ideen und Lösungen Mühe bereitet. Die entstehenden Notizen regen zu weiteren Überlegungen an. Das sorgfältige Formulieren und Erkennen von Zusammenhängen wird dadurch erleichtert, dass man nicht so stark unter Zeitdruck steht, wie bei der Methode 6-3-5. Da dies eine individuelle Kreativitätstechnik ist, entfällt die gruppendynamische Anregung bzw. der Ideenaustausch mit anderen Personen. Jedoch kann auch beides verknüpft werden, indem die individuell ausgearbeiteten Lösungsvorschläge und Resultate in eine Gruppendiskussion eingebracht werden, oder wenn die schriftlichen Ideenausarbeitungen jedes Teilnehmers in der Gruppe zirkulieren und durch diese ergänzt bzw. Vorschläge miteinander kombiniert werden.

Von dieser Kreativitätstechnik gibt es mehrere Varianten, wie → Brainwriting-Pool, → Collective Notebook, → Crawford Slip Method, Creative writing, → Delphi-Methode, → Galerie-Methode, → Idea engineering, → Kartenumlauftechnik, → Methode 6-3-5, → SIL-Methode.

Lit.: Casterton, J.: Creative writing. The Macmillan Press. Basingstroke 1986; Hornung, A.: Kreativitätstechniken. Köln 1996; Friedrich, M.: Kreatives Brainwriting mit Brain-Maps. Wissenschaftliche Fundierung eines innovativen Konzeptes

(Wirtschafts- und Berufspädagogische Schriften, hg. von W. Stratenwerth, B. Schurer und H.-J. Albers, Bd. 13). Bergisch Gladbach 1994; Hartschen, M./Scherer, J./Brügger, Ch.: Innovationsmanagement: Die 6 Phasen von der Idee zur Umsetzung. Offenbach ²2012; Preiser, S./Buchholz, N.: Kreativitätstraining. Das 7-Stufen-Programm für Alltag, Studium und Beruf. Augsburg 1997; Dies.: Kreativität. Ein Trainingsprogramm für Alltag und Beruf. Heidelberg ³2008; Rohrbach, B.: Kreativ nach Regeln: Methode 635 – eine neue Technik zum Lösen von Problemen. In: Absatzwirtschaft, H. 10, Oktober 1969, S. 73–76; Ders.: Techniken des Lösens von Innovationsproblemen (Schriften für Unternehmensführung, Bd. 15). Wiesbaden 1972; Schlicksupp, H.: Innovation, Kreativität und Ideenfindung, Würzburg ³1989; Sharples, M.: Cognition, computers, and creative writing. Chichester 1985.

Brainwriting-Pool: auch Ideen-Pool genannt; eine Variante der schriftlichen Ideenausarbeitung, bei dem die Teilnehmer völlig frei ihre Aufzeichnungen gegen andere, in der Tischmitte (dem Ideen-Pool) liegende, austauschen können. Diese Technik wurde von dem Kreativitätsforscher Helmut Schlicksupp (1943–2010) entwickelt und bedeutet eine Weiterentwicklung der ⟶ Methode 6-3-5. Schlicksupp hat damit deren Nachteile aufgehoben, dass sechs Personen jeweils drei Ideen innerhalb von fünf Minuten notieren sollen (daher die Bezeichnung 6-3-5), denn diese Zeitvorgabe erweist sich mitunter als kreativitätshemmend. Beim Brainwriting-Pool hingegen kann jeder Teilnehmer die Ideenproduktion seinen Möglichkeiten bzw. seinem persönlichen Arbeitsrhythmus anpassen. Es ist auch kein besonderes Formular nötig, sondern es genügt ein formloses Blatt.

Durchführung:
Jeder Teilnehmer notiert – ohne Zeitvorgabe – zum betreffenden Problem seine Lösungsvorschläge. Fällt einem Teilnehmer kein neuer Gedanke ein, tauscht er sein beschriebenes Blatt gegen eines aus der Tischmitte, also aus dem Brainwriting-Pool bzw. aus dem Ideen-Pool. Die darauf notierten Empfehlungen sollen ihn zu weiteren Lösungsvorschlägen oder -varianten anregen, die er auf dem jetzt vorliegenden Zettel hinzufügt. Dies kann beliebig oft geschehen, so dass am Schluss der Sitzung zahlreiche Lösungsmodelle zur Auswahl stehen. Durch häufigen Austausch der Aufzeichnungen kann jeder Beteiligte die Lösungsvorschläge der anderen Mitwirkenden erfahren. Die Dauer der Ideenberatung lässt sich flexibel gestalten (gewöhnlich etwa 20 bis 40 Minuten).

1. Bereits vor Beginn der Ideenberatung wird eine Karte mit Lösungsansätzen auf die Mitte des Tisches gelegt.
2. Die Teilnehmer notieren ihre Ideen auf einer Karteikarte (oder auf einem Blatt). Wenn ihnen nichts mehr einfällt, tauschen sie ihre Karte gegen eine auf dem Tisch liegende aus und lassen sich dadurch anregen.
3. Danach reicht jeder Teilnehmer seine Karte mit den notierten Vorschlägen an den Nachbarn weiter und nimmt sich eine neue Karte von der Tischmitte.
4. Darauf wird eine neue Idee notiert, die wieder an den Tischnachbarn weitergegeben wird.
5. Erhält man seine eigene Karte zurück und möchte diese nicht weiter ergänzen, kommt sie auf einen zweiten Stapel in die Mitte des Tisches. Das ist der Ideen-Pool.
6. Teilnehmern, denen keine neue Idee einfällt, können sich aus diesem Pool eine Karte nehmen, diese ergänzen und die Karte wieder in Umlauf bringen.
7. Nach einigen Runden, wenn niemandem mehr neue Ideen einfallen, wird die Sitzung beendet. Die Karten mit den gefundenen Ideen und Lösungsansätzen werden an einer Pinnwand befestigt und ausgewertet.

Vorteile:
Der Vorteil dieser Methode besteht darin, dass jeder Teilnehmer die Ideenproduktion seinen Möglichkeiten bzw. seinem Arbeitsrhythmus anpasst. Durch häufigen Austausch der Aufzeichnungen kann jeder Beteiligte die Lösungsvorschläge der anderen Mitwirkenden erfahren. Die Dauer der Ideenberatung kann flexibel gestaltet werden (gewöhnlich ca. 20 bis 40 Minuten). Es sind keine besonderen Formulare erforderlich und jeder Vorschlag kann ohne Zeitdruck ausgearbeitet werden. Im Verlauf der Sitzung sammeln sich immer mehr Ideen im Pool an. (vgl. Schlicksupp, 1989, S. 118)

Nachteile:
Jeder Teilnehmer soll eigene Ideen entwickeln, notieren und außerdem die Vorschläge der anderen Gruppenmitglieder lesen und ergänzen. Deshalb kann es vorkommen, dass sich bei einem Mitarbeiter schon mehrere Karten der Tischnachbarn angesammelt haben, während er noch seine eigene Karte bearbeitet. In diesem Falle können Sie z. B. die von links kommenden Karten ungelesen an den rechten Nachbarn weitergeben oder Sie legen

einige Karten in den Ideen-Pool auf den Tisch, weil sonst ihr Ideenfluss unterbrochen wird. Der erforderliche hohe Zeitaufwand kann von Nachteil sein. Auf die Ideenkarte eines anderen Teilnehmers darf keine Bewertung und keine Kritik notiert werden, sondern nur eine weiterführende Idee. (vgl. Weidenmann, 2010, S. 58 f.)

Einsatzmöglichkeiten:
Diese Kreativitätstechnik wird in der Entwicklung und Planung eingesetzt, bei der Produktgestaltung sowie im Marketingbereich. Sie ist geeignet, um die Ideen und Lösungsvorschläge der anderen Teilnehmer weiterzuentwickeln. Diese Kreativitätstechnik eignet sich besonders für die Teamarbeit.

Lit.: Bugdahl, V.: Kreatives Problemlösen (Reihe Management). Würzburg 1991; Schlicksupp, H.: Innovation, Kreativität und Ideenfindung (Management-Wissen). Würzburg [3]1989; Ders.: Führung zu kreativer Leistung. So fördert man die schöpferischen Fähigkeiten seiner Mitarbeiter (Praxiswissen Wirtschaft; 20), Renningen-Malmsheim 1995; Ders.: 30 Minuten für mehr Kreativität. Offenbach 1999; Schröder, M.: Heureka, ich hab's gefunden! Kreativitätstechniken, Problemlösung und Ideenfindung. Herdecke/Bochum 2005; Weidenmann, B.: Handbuch Kreativität. Ein guter Einfall ist kein Zufall! Weinheim/Basel 2010.

Breakthrough thinking™: „bahnbrechendes Durchbruchsdenken" (Schröder, 2005, S. 17); ein zielorientiertes Denken, mit deren Hilfe man Schwierigkeiten und Hindernisse überwindet und den Durchbruch schafft (breakthrough: Durchbruch). Dabei wird das verfügbare Wissen systematisch angewandt. Es ist eine Lösungsstrategie, die zwischen dem verfügbaren Wissen und dessen systematischer Anwendung vermittelt. Der früheste Beleg für diesen Begriff findet sich 1981 bei dem schweizerischen Betriebswirtschaftler Werner Hürlimann (*1924). Bei ihm wird dieses Prinzip als »Breakthrough-Denktechnik« bezeichnet. Nach Hürlimann beinhaltet diese Methode, eine gefundene Idee selbst in Frage zu stellen, die Gegenargumente in einer hitch-list (Problemliste) zu verzeichnen, und anschließend zu versuchen, diese zu überwinden. Diese Methode ist gewissermaßen „ein Solo-Dialog" (Hürlimann, 1981, S. 65). Die Weiterentwicklung als »Breakthrough thinking™« erfolgte durch den US-amerikanischen Professor für Engineering Management Gerald Nadler (*1924) und den japanischen Professor für Planung und Design Shozo Hibino (*1940). Für dieses Denken entwickelten sie sieben Lösungsprinzipien:

1. Einmaligkeit
2. zielgerichtetes Vorgehen
3. Vorausschau
4. Systemansatz
5. Maßhalten beim Sammeln von Informationen
6. Einbeziehung der Betroffenen
7. kontinuierliche Verbesserung der gefundenen Lösung

Nadler und Hibino weisen aber auch auf sieben Mythen der Problemlösung hin:

1. Altruismus. Gönnerhafte Zugeständnisse ohne eigene Anstrengungen sind tabu.
2. Experten wissen alles. Die Mitarbeiter wollen von Anfang an in die Problemlösung einbezogen werden und diese nicht allein den Experten überlassen.
3. Schnappschuss. Die Annahme, dass die Lösung eines Problems blitzartig erfolge. Meist stellt sich das Ergebnis erst nach sorgfältiger Planung ein.
4. Soforterfolg. Die Vorstellung, dass die Durchsetzung und Umsetzung kein Problem mehr sei, wenn ein Qualitätsprogramm erst einmal verabschiedet und eingeführt ist.
5. Kopieren. Die Meinung, dass ein Programm automatisch auch woanders funktioniere, wenn es sich in einem Unternehmen bewährt hat.
6. Typisierung. Die Ansicht, dass die Reaktionen der Mitarbeiter durch Studien eindeutig vorhergesagt werden können, trifft nicht zu. Kreativität braucht Freiräume, die durch Typisierung verhindert werden.
7. Abteilung XY. Es ist falsch, zu glauben, dass zur Einführung eines Qualitätsprogramms eine besondere Abteilung geschaffen werden muss. Das Unternehmen muss als Ganzes einbezogen werden, nicht nur eine Abeilung. Umfassende Planung und eine verbesserte Arbeitsstruktur sollten die Folge des neuen Programms sein.

Lit.: Eriksen, K.: Perfect phrases for creativity and innovation. Hundreds of ready-to-use phrases for breakthrough thinking, inventive problem solving, and team collaboration. New York et al.; The McGraw-Hill Companies 2012; Florida, R./Kenny, M.: The breakthrough illusion. Corporate America's failure to move from innovation to mass production. Basic Books, New York 1990; Harvard business review on breakthrough thinking. (A Harvard business review paperback). Boston, MA 1999; Hürlimann, W.: Methodenkatalog. Ein systematisches Inventar von über 3000 Problemlösungsmethoden (Schriftenreihe der Fritz-Zwicky-Stiftung, Bd. 2), Bern/Frankfurt am Main/Las Vegas 1981; Nadler, G./Hibino, S.: Breakthrough thinking: why we must change the way we solve problems, and the seven principles to achieve this. Prima Publishing & Communications Rocklin, CA 1990; Nadler, G./Hibino, S./Farrel, J.: Creative solution finding: The triumph of full-spectrum creativity over conventional thinking. Prima Publishing Rocklin, CA 1995; Nadler, G./Hibino, S.: Breakthrough thinking: The 7 principles of creative problem solving. Rocklin, CA 1994; Nadler, G./Hibino, S./Farrel, J.: Creative solution finding: The triumph of breakthrough thinking over conventional problem solving. Rocklin, CA 1999; Neubeiser, M.-L.: Die Logik des Genialen. Mit Intuition, Kreativität und Intelligenz Probleme lösen. Wiesbaden 1993; Perkins, D. N.: Archimedes' bathtub. The art and logic of breakthrough thinking. New York, London 2000; dt. Ausg.: Geistesblitze. Innovatives Denken lernen mit Archimedes, Einstein & Co., Frankfurt am Main/New York 2001; München ^{2}2003; Schröder, M.: Heureka, ich hab's gefunden! Kreativitätstechniken, Problemlösung und Ideenfindung. Herdecke, Bochum 2005; Sims, P.: Little bets: How breakthrough ideas emerge from small discoveries. New York: Free Press, 2011.

Briefing: Einsatzbesprechung bzw. Kurzeinweisung vor einem wichtigen Projekt. Das Briefing hat den Zweck, das Problem zu erkennen und die wichtigsten Zusammenhänge des Problems transparent zu machen. Dieses Informationsgespräch dient der gegenseitigen Verpflichtung zwischen Auftraggeber und Auftragnehmer, um die notwendigen Details zu besprechen. Der Auftragnehmer sollte möglichst umfassende Informationen zum Auftrag erhalten. Ein gutes Briefing soll inspirierend wirken und den Auftraggeber wie den Auftragnehmer begeistern.

„Die Vorbereitungsphase ist der Grundstein für jegliche kreative Arbeit. ... Noch bevor man mit der Ideenfindung beginnt, ist es entscheidend, sich mit der Materie der Aufgabenstellung vertraut zu machen" (Hagleitner, 2011, S. 62). Es ist die Suche nach einer kreativen Ausgangssituation.

Oft herrschen fundamentale Interessenkonflikte, denn der Kreative sucht nach Selbstverwirklichung und will eine Arbeit anfertigen, die seinem eigenen Anspruchsniveau gerecht wird. Er sollte berechtigte Einwände ansprechen und auf Probleme hinweisen.

Der Informationsabgleich nach dem Briefing wird „Rebriefing" genannt. Das „Update-Briefing" ist eine Auffrischungsbesprechung und „Debriefing" die Nachbesprechung bzw die Schlussbesprechung.

Lit.: Back, L./Beuttler, S.: Handbuch Briefing. Stuttgart 2003; Hagleitner, S.: Kreativität als Beruf. Wenn die Kür zur Pflicht und der Ausnahmezustand zur Regel wird. Graz [2]2011; Harmeier, J.: Originelle Kreativitätstechniken. Kissing 2009; Hundertpfund, A.: Briefing als Instrument des Unterrichts. impulse. Zürich 1999; Hürlimann, W.: Methodenkatalog. Ein systematisches Inventar von über 3000 Problemlösungsmethoden (Schriftenreihe der Fritz-Zwicky-Stiftung, Bd. 2), Bern/Frankfurt am Main/Las Vegas 1981; Langwost, R.: How to catch the Big Idea. Die Strategien der Top-Kreativen. Erlangen 2004; Neumann, P..: Markt- und Werbepsychologie. Marktforschung im Team – vom Briefing bis zur Präsentation. Gräfelfing 2006.

Buzz-Session → Phillips-66-Methode

C

Card-Brainstorming (CBS): wurde von dem japanischen Unternehmensberater Makoto Takahashi entwickelt und ist eine relative einfache Variante des Brainstorming-Verfahrens. Diese Methode dient vor allem als Hilfsmittel zur ersten Ideensammlung. Die Gruppenstärke wird mit drei bis acht Personen angegeben. Die Sitzung soll nicht länger als eine Stunde dauern.

Durchführung:

1. Der Moderator gibt das Thema bekannt.
2. Jeder Teilnehmer notiert dazu seine Ideen und Lösungsvorschläge auf Karten (ca. 10 Minuten).
3. Jeder Teilnehmer stellt einen Lösungsansatz vor. Die Reihenfolge geschieht im Uhrzeigersinn. Diese Phase dauert etwa 30 Minuten.
4. Werden keine neuen Ideen mehr entwickelt, erfolgt ein freies und unstrukturiertes Bekanntgeben aller übrigen Ideen. Für diese abschließende Phase sind etwa 20 Minuten eingeplant. (vgl. Schwarz-Geschka, 2010, S. 400 f.)

Diese Kreativitätstechnik eignet sich für die Teamarbeit.

Lit.: Schwarz-Geschka, M.: Kreativität und Kreativitätstechniken in Japan. In: Harland, P. E./Schwarz-Geschka, M. (Hrsg.): Immer eine Idee voraus. Wie innovative Unternehmen Kreativität systematisch nutzen. Lichtenberg (Odw.) 2010, S. 393–410;

CATWOE (Katzenjammer): eine Checkliste zur Problem- und Zieldefinition bei Veränderungsprozessen. Die Bezeichnung ist ein Akronym und setzt sich aus den Initialen folgender Begriffe zusammen:

C: Customers
A: Actors
T: Transformation process
W: World view
O: Owners
E: Environmental constraints

Die Kreativitätstechnik CATWOE wurde von Peter B. Checkland und Jim Scholes entwickelt. Sie sind der Auffassung, dass jede menschliche

Aktion in einem System stattfindet (human activity systems: menschliche Beschäftigungssysteme). Ein System besteht aus drei Faktoren: Input – Transformation Process – Output.

Jede Aufgabe oder Fragestellung wird systematisch untersucht, wobei es vor allem um den Zusammenhang bzw. um das System geht. Entscheidend ist der Umgestaltungsprozess (transformation process). Hier wird der Input verändert, indem er unterschiedlich interpretiert wird. Die Art, wie er gedeutet wird, hängt von der jeweiligen Auffassung ab – hier als Weltanschauung, Weltsicht bezeichnet (world view). Diese Kategorie ist eine der wichtigsten in der Checkliste. Die Teilnehmer können verschiedene Rollen einnehmen, z. B. die Tätigkeit ausführen, diese stoppen, Opfer werden oder vom Umwandlungsprozess profitieren.

Durchführung:
Die CATWOE-Checkliste beinhaltet folgende Fragen, die sich auf die Vorhaben, Pläne, Projekte, Aktivitäten oder Dienstleistungen des Unternehmens beziehen, also auf den Umgestaltungsprozess:

<u>C:</u> Customers (Kunden) Wie sehen es die Kunden? Welche Bedürfnisse haben sie, und wie werden sie erfüllt? Welche Probleme haben sie, und wie werden sie gelöst?

<u>A:</u> Actors (Handelnde) Wer führt die Aktion durch?

<u>T:</u> Transformation process (Umgestaltungsprozess, also Vorhaben, Pläne, Projekte, Aktivitäten, Dienstleistungen) Wie ist das System aufgebaut?

<u>W:</u> World view (Weltanschauung) – Was ist der eigentliche Sinn der Aufgabe und in welch größerem Zusammenhang steht sie?

<u>O:</u> Owners (Eigentümer) Wer sind die formalen Entscheidungsträger? Wo sind mögliche Gegner? Welche Interessen können verletzt werden und wer könnte die Aktion stoppen?

<u>E:</u> Environmental constraints (Grenzen) Wo liegen die Grenzen und welcher Art sind sie? (ökonomisch, sozial, personell, ökologisch)

Vorteile:
Diese Checkliste ist geeignet, um einen komplexen Zusammenhang herzustellen, auch um Distanz zu gewinnen und den Überblick zu behalten.

Nachteil:
Bei dieser Methode können die Teilnehmer leicht die Realität aus den Augen verlieren.

Einsatzmöglichkeiten:
Diese Technik eignet sich zur Problem- und Zieldefinition bei Veränderungsprozessen, bei Aufgaben oder komplexen Problemen, die das Gesamtsystem betreffen, auch um die Ideenproduktion anzuregen oder Lösungsansätze auszuwerten. Diese Kreativitätstechnik eignet sich für die Teamarbeit.

Lit.: Brunner, A.: Kreativer denken. Konzepte und Methoden von A-Z. Lehr- und Studienbuchreihe Schlüsselkompetenzen. München 2008; Checkland, P./Scholes, J.: Soft systems methodology in action. Wiley & Sons, New York 1998.

CBM: Computer Based Mapping: computergestütztes Mapping ⟶ Mind Mapping

Checkliste (checklist): eine Kontrollliste bzw. Prüfliste mit detaillierten Fragen, mit deren Hilfe die Ideenproduktion angeregt wird. Es handelt sich um eine analytische Methode. Durch detaillierte Fragen wird zunächst der Ist-Zustand eines Produkts ermittelt. Danach wird es neu hinterfragt, aus einer anderen Perspektive betrachtet bzw. verfremdet, um daraus originelle Produktideen bzw. Lösungsansätze für ein Problem zu finden. Die Checkliste erleichtert das Anpassen, Umstrukturieren und Übertragen von Ideen auf das gesuchte Problem. So können z. B. Veränderungsmöglichkeiten eines Produkts systematisch herausgefunden werden. Eine Checkliste beinhaltet u. a. folgende Aspekte:

- Anleitung zur Bestimmung neuer Möglichkeiten;
- die Erkennung einzelner Probleme;
- Generierung neuer Produktideen;
- Gestaltung von Vermarktungsideen;
- Evaluationsvorstellungen (Higgins/Wiese, 1996, S. 46).

Der schweizerische Unternehmensberater Victor Scheitlin spricht von „Zünd- und Spornfragen", mit deren Hilfe die Gestaltung eines Produkts variiert und systematisch verbessert werden kann. Dies betrifft z. B. folgende Faktoren: Form, Gestalt, Material, Größe, Härte, Farbe, Funktion, Festigkeit, Oberfläche, Anordnung, Konstruktion, Gewicht, Temperatur, Geruch, Geschmack, Präsentation, Handlichkeit, Verwendung, Sicherheitsanspruch u. a. Damit kann die Checkliste zu einem nützlichen Instrument für konstruktive oder gestalterische Untersuchungen und Berechnungen werden und maßgeblich zur Produktinnovation beitragen. (vgl. Scheitlin, 1993, S. 258–262)

Der Umfang einer Checkliste hängt jeweils von der konkreten Aufgabenstellung und der Komplexität des Problems ab.

Durchführung:
Checklisten zur Ideenbewertung enthalten folgende Hauptfaktoren:

1. Ressourcenbeanspruchung? Sind die nötigen personellen, materiellen und finanziellen Ressourcen vorhanden, um die Idee zu realisieren? Welche Kosten und welche Folgekosten verursacht die Idee?
2. Vorteile bzw. Nachteile? Welchen Nutzen hat die Idee? Ist die Idee einleuchtend und wie schneidet sie im Vergleich zu den anderen Wettbewerbsanbietern ab? Wie hoch sind Preis und Gewinnerwartungen? Ist die Idee effektiv und ökonomisch vertretbar?
3. Realisierbarkeit? Lässt sich die Idee grundsätzlich verwirklichen und unter welchen Voraussetzungen? Welche Schwächen hat die Idee und wie lassen sich diese verhindern oder minimieren?
4. Übereinstimmungen? Ist die Idee mit dem Firmenimage, mit den Unternehmenszielen und mit den gesetzlichen Rahmenbedingungen vereinbar?
5. Konsequenzen? Wie hoch ist die Bereitschaft, diese Idee zu realisieren und welche Schwierigkeiten sind zu erwarten? Welche Befürworter sind für die Idee zu gewinnen? (vgl. Blumenschein/Ehlers, 2007, S. 124f.)

Vorteile:
Detaillierte Checklisten haben den großen Vorteil, dass nichts vergessen wird. Ein Muster-Beispiel dafür ist der Instrumenten-Check des Piloten vor dem Start, der auf Routine beruht.

Nachteile:
Die einzelnen Faktoren stehen untereinander oder nebeneinander, so dass sie nichts über die Wichtigkeit eines einzelnen Teils im größeren Ganzen erkennen lassen. Die einzelnen Bestandteile müssen erst miteinander in Beziehung gesetzt werden. Mit Checklisten werden Daten über ein Produkt oder über eine angebotene Dienstleistung gesammelt. Diese werden erst dann zur nützlichen Information, wenn sie miteinander verknüpft werden. „Damit zeigt sich auch die große Gefahr von Checklisten: Sie geben die Illusion der Vollständigkeit, der Erfassung einer Problemsituation als Ganzes. Dabei führen sie oft nur zu Datenfriedhöfen“ (Gomez/Probst, 1999, S. 68).

Einsatzmöglichkeiten:
Für Produktinnovationen, Wachstumsprojekte, Erschließung neuer Marktanteile, für interne Betriebsprozesse, zur Verbesserung der Unternehmensführung u. a. Checklisten dienen auch der Leistungsverbesserung, der Strukturierung und Systematisierung, zur Prozessbeschleunigung, Rationalisierung und Kontrolle. Wichtig ist, die Vernetztheit einer Problemsituation zu ermitteln und darzustellen. Dies erfolgt durch dynamisches Vorgehen, durch das Denken in Kreisläufen. Checklisten dienen auch der Ideenbewertung und können im Rahmen der Überprüfung eingesetzt werden, z. B. in der strategischen Planung, Führung und im Management, zur Qualitätssicherung sowie zur Ermittlung des Innovationsquotienten des Unternehmens. Diese Kreativitätstechnik eignet sich für Einzel- und Teamarbeit.

Arthur B. VanGundy entwickelte eine Checkliste zur Verbesserung der Produkte, die Ähnlichkeiten mit der Checkliste von Alex F. Osborn aufweist. → Osborn Checkliste; → Innovations-Checkliste

Lit.: Blumenschein, A./Ehlers, I. U.: Ideen managen. Eine verlässliche Navigation im Kreativprozess. Leonberg 2007; Bugdahl, V.: Kreatives Problemlösen (= Reihe Management), Würzburg 1991; Gomez, P./Probst, G.: Die Praxis des ganzheitlichen Problemlösens. Vernetzt denken, unternehmerisch handeln, persönlich überzeugen. Bern/Stuttgart/Wien [3]1999; Higgins, J. M./Wiese, G. G.: Innovationsmanagement. Kreativitätstechniken für den unternehmerischen Erfolg. Berlin, Heidelberg, New York 1996; Hoffmann, H.: Kreativitätstechniken für Manager. Verlag Moderne Industrie AG. Zürich 1980; Hoffmann, H.: Kreativität. Die Herausforderung an Geist und Kompetenz. Damit Sie auch in Zukunft Spitze bleiben. München 1996; Scheitlin, V.: Kreativität. Das Handbuch für die Praxis. Zürich 1993; VanGundy, A. B.: The Product Improvement Checklist (PICL). Point Publishing. New York 1985.

Cluster Writing → Clustering

Clustering: Clusterbildung, auch Clustering Ideas oder Cluster Writing genannt: das Bündeln von Ideen (abgeleitet von cluster: Traube, Büschel, Gruppe, Haufen, Anhäufung). Diese Technik der assoziativen Ideenverknüpfung wurde 1973 von der US-amerikanischen Dozentin Gabriele Lusser Rico entwickelt. (vgl. Rico, 2001, S. 8; vgl. Scheidt, 2004, S. 331)

Clustering ist ein bildliches Denken und dient dazu, die entwickelten Ideen und Vorschläge zusammenzufassen bzw. zusammengehörige Stichwörter oder Begriffe so anzuordnen, dass sie sich, ausgehend von einem

Hauptthema oder Schlüsselwort, dem Kernwort, von der Mitte des Blattes Papier „büschelartig" verbreiten. Dabei werden Assoziationsketten gebildet, die Stichwörter eingekreist und in Ringe oder Sprechblasen geschrieben. Dieses Verfahren erleichtert den kreativen Ideenfindungsprozess und vermittelt „ein Gefühl für den inneren Zusammenhang ... von Wörtern und Wendungen, Gedanken und Bildern, ... ein Gespür für die Möglichkeiten innerer Strukturierung". Es versetzt uns in die Lage, „das Schreiben aus einer neuen Perspektive zu betrachten" (Rico, 2001, S. 8–10).

Durchführung:

1. Die Thematik wird zunächst formuliert;
2. Dazu werden Ideen entwickelt und notiert (z. B. auf Karteikarten oder DIN A4-Blättern);
3. In dieser Phase erfolgt die Clusterbildung: Alle zusammengehörigen Ideen werden gebündelt und strukturiert;
4. Das Ideencluster wird miteinander kombiniert, um daraus Lösungsvorschläge zu entwickeln.

Vorteile:
Die Karteikarten oder DIN A4-Blätter können übersichtlich geordnet und umgruppiert werden. Die darauf notierten Ideen und Vorschläge bilden die Diskussionsgrundlage für weitere Anregungen. Diejenigen Gruppenteilnehmer, die sich in der Diskussion zurückhalten, können hierbei schriftlich punkten. Wenn auf mehreren Karten ähnliche Aspekte hervorgehoben werden, ist bereits ein Trend bei der Lösungsfindung zu erkennen.

Nachteile:
Der Zeitaufwand, um alle Karten zu strukturieren, kann groß sein. Deshalb empfiehlt es sich, dass die Teilnehmer ihre Karten selbst einordnen. (vgl. Schröder, 2005, S. 140)

Einsatzmöglichkeiten:
Das Clustering ist besonders geeignet bei Such- und Analyseproblemen, zum Sammeln und Strukturieren von Informationen und Ideen sowie zur Entscheidungsfindung. Das Clustering dient auch als kreativitätsfördernde Schreibtechnik, um Gedanken, Gefühle, Informationen und Vorstellungen miteinander zu vernetzen. Diese Methode ist auch individuell möglich, um die eigenen Ideen schriftlich festzuhalten und zu ordnen. Dazu kann man

Post-its, farbige Merkzettel oder Karteikarten verwenden. → Free Writing → kreative Schreibtechnik → Mind Mapping

Lit.: Mauer, H./Müllert, N. R.: Moderationsfibel – Soziale Kreativitätsmethoden von A bis Z: nachschlagen – verstehen – einsetzen. Das Praxisbuch zu Problemlösungsverfahren mit Gruppen. Neu-Ulm 2007; Rico, G. L.: Writing the natural way. Using right-brain techniques to release your expressive powers. Los Angeles 1983; dt. Ausg.: Garantiert schreiben lernen. Sprachliche Kreativität methodisch entwickeln – ein Intensivkurs auf der Grundlage der modernen Gehirnforschung, 11. Aufl., Reinbek bei Hamburg 2001; Scheidt, J. v.: Das Drama der Hochbegabten. Zwischen Genie und Leistungsverweigerung. München 2004; Schröder, M.: Heureka, ich hab's gefunden! Kreativitätstechniken, Problemlösung und Ideenfindung. Herdecke/Bochum 2005; Weidenmann, B.: Handbuch Kreativität. Ein guter Einfall ist kein Zufall! Weinheim, Basel 2010.

Collective Notebook (CNB): kollektives Notizbuch; auch Collective-Notebook-Methode. Diese Kreativitätstechnik ist eine Variante des → Brainstormings und des → Brainwritings. Sie wurde 1962 von dem US-amerikanischen Chemiker John W. Haefele entwickelt und eignet sich für abgegrenzte Such- und Konstellationsprobleme, die auch individuell durchgeführt werden können. Hierbei werden von den Projektteilnehmern über einen längeren Zeitraum alle Eindrücke und Ereignisse täglich protokolliert und in einem Projekttagebuch festgehalten. Anschließend werden die Ergebnisse untereinander ausgetauscht und zusammengeführt.

Durchführung:
Der Ablauf erfolgt in drei Phasen:

1. Es werden Notizbücher verteilt, die die genaue Problemstellung enthalten.
2. Die Teilnehmer sollen eine eigenständige → Problemanalyse durchführen und niederschreiben. Dabei werden die spontanen Einfälle während eines längeren Zeitraums täglich notiert (eine Art → „Solo-Brainstorming mit Leistungsdruck" (Bugdahl, 1991, S. 32).
3. Die Lösungsvorschläge werden etwa nach drei bis vier Wochen eingesammelt, untereinander ausgetauscht und ausgewertet.

Vorteile:
Der Vorteil dieser Methode besteht in der örtlichen und zeitlichen Unabhängigkeit der Teilnehmer während der Phase der Ideenfindung. Auch räumlich

weit entfernte Experten können sich an der Ideensuche beteiligen, z. B. per Video-Konferenz, im Chat oder Net-Meeting. Die Zeit der Ideensuche ist großzügig bemessen. Spontane Einfälle können im Notizbuch sofort eingetragen werden.

Nachteile:
Bei der Collective-Notebook-Methode erfolgt kein direkter persönlicher Erfahrungsaustausch, höchstens per Video-Konferenz, im Chat oder Net-Meeting. Da sich der Prozess der Lösungsfindung über einen längeren Zeitraum erstreckt, kann dies auch von Nachteil sein, wenn das Projekt bzw. die Aufgabenstellung kurzfristig zu lösen ist.

Einsatzmöglichkeiten:
Diese Methode eignet sich für abgegrenzte Such- und Konstellationsprobleme, bei komplexen Problemlösungen, wie z. B. der → Umstrukturierung von betrieblichen Abläufen oder bei der Suche nach kommunikativen Verbesserungen im Betrieb, wie der Verkürzung des Informationsaustausches. Auch in der Planung und Entwicklung kann diese Technik eingesetzt werden. Die Collective-Notebook-Methode kann sowohl individuell als auch im Team durchgeführt werden, wobei ein Wechsel zwischen Einzel- und Gruppenarbeit stattfindet, in dem die Ergebnisse untereinander ausgetauscht und bewertet werden.

Lit.: Bugdahl, V.: Kreatives Problemlösen (Reihe Management). Würzburg 1991; Busch, B. G.: Erfolg durch neue Ideen (Das professionelle 1 x 1). Berlin 1999; Haefele, J. W.: Creativity and innovation. New York 1962; Mehrmann, E.: Schnell zum Ziel. Kreativitäts- und Problemlösungstechniken (= Reihe Arbeitstechniken im Unternehmen). Düsseldorf und Wien 1994; Schröder, M.: Heureka, ich hab's gefunden! Kreativitätstechniken, Problemlösung und Ideenfindung. Herdecke, Bochum 2005.

Concept Mapping (auch Concept Map): eine Variante des → Mind Mappings. Diese Technik wurde 1972 von dem US-amerikanischen Pädagogen Joseph D. Novak (*1932) in Zusammenarbeit mit Alberto J. Cañas entwickelt. Hierbei handelt es sich um eine Visualisierungstechnik, mit der zahlreiche Informationen durch eine Konzeptzuordnung schnell erfasst werden können. Komplexe Themen können hierarchisch, als Begriffsnetz oder in einer anderen Darstellungsform veranschaulicht werden. Auch mehrere Elemente können dadurch verknüpft werden.

Die Weiterentwicklung führte zu computerbasierten Concept Mapping Tools, genannt »CmapTools« oder »CmapTools-Software«, um die Nutzung von Konzeptkarten vor allem für das Bildungswesen zu erleichtern. Diese Technik kann individuell oder im Team durchgeführt werden.

Lit.: Caaas, A. J./Novak, J. D. & F. M. Gonzélez (Eds.): Concept Maps: Theory, methodology, technology. Proceedings of the First International Conference on Concept Mapping. Pamplona, Espania: Universidad Péblica de Navarra. Vol. I., 2004; pp. 125–133; Novak, J. D./Cañas, A. J.: The theory underlying concept maps and how to construct and use them. Technical Report IHMC CmapTools. Florida Institute for Human and Machine Cognition, 2008; Nückles, M./Gurlitt, J./Pabst, T./Renkl, A.: Mind Maps und Concept Maps. Visualisieren, Organisieren, Kommunizieren. München 2004.

Consensual Assessment Technique (CAT): übereinstimmende Bewertungstechnik; auch: Consensual Technique for Creativity Assessment (übereinstimmende Technik zur Kreativitätsbewertung). Das Prinzip besteht darin, dass mehrere Sachverständige unabhängig voneinander die Kreativität von neuen Ideen und Erzeugnissen einschätzen. Dabei werden die Produkte in wechselnder, zufälliger Reihenfolge vorgegeben und vergleichend beurteilt. Um den Einfluss von technischer Qualität und ansprechender Ästhetik (Design) auf das Kreativitätsurteil zu kontrollieren, werden diese beiden Variablen zusätzlich bewertet. In den Ergebnissen erzielten die Gutachter trotz unterschiedlicher Produkte recht gute Übereinstimmungswerte.

Die US-amerikanische Wirtschaftswissenschaftlerin und Kreativitätsforscherin Teresa M. Amabile (*1950) konnte nachweisen, dass Experten, die mit dem zu bewertenden Gebiet vertraut sind, auch ohne ein spezifisches Kriterienraster zu verlässlichen und übereinstimmenden Urteilen gelangen können. (vgl. Amabile, 1983, pp. 37–63; Amabile, 1996, pp. 41–79; Preiser, 2006, S. 113 f.) Diese Technik wird von den Fachleuten individuell durchgeführt.

Lit.: Amabile, T. M.: The social psychology of creativity. New York/Berlin/Heidelberg/Tokyo 1983; Amabile, T. M.: Creativity in context: Update to the social psychology of creativity. Boulder, Colorado: Westview Press, 1996; Preiser, S.: Kreativitätsdiagnostik. In: Schweizer, K. (Hrsg.): Leistung und Leistungsdiagnostik. Heidelberg 2006, S. 112–125.

CPS (Creative Problem Solving) → kreatives Problemlösen

Crawford-Slip-Methode (Crawford Slip Method: CSM): eine Variante des → Brainstorming. Sie wurde 1925 von Claude C. Crawford, Professor für Erziehungswissenschaften an der Universität von Südkalifornien in Los Angeles entwickelt; eine Ideenfindungstechnik, an der sich viele Mitarbeiter beteiligen können, so dass die Vorschläge eines Teams, einer Abteilung oder der gesamten Organisation einfließen sollen. Diese werden auf kleinen »slips« notiert (slip: Zettel, Beleg, Abschnitt, Formular, Streifen).

Durchführung:
Jeder Mitwirkende erhält einen Stapel von mindestens 25 kleinen Zetteln (slips) oder Kärtchen, z. B. im Format DIN A6 oder DIN A7. Darauf notiert er seine Anregungen, Einfälle und Ideen zur gestellten Aufgabe bzw. zum Problem, das gelöst werden soll. Dafür stehen aber nur etwa 5–10 Minuten zur Verfügung. Der Ideenfindungsprozess gliedert sich in vier Phasen:

1. Der Moderator bzw. Gruppenleiter erläutert den Teilnehmern die Aufgabe und die Zielstellung. Seine Ausführungen sind so formuliert, dass sie den Teilnehmern kreative Anregungen für den Ideenfindungsprozess und für die Zielstellung liefern sollen.
2. Die Teilnehmer schreiben ihre Ideen auf jeweils ein Kärtchen. Die geringe Größe der Kärtchen soll dazu anregen, die Einfälle und Vorschläge möglichst knapp zu formulieren.
   Dazu gelten folgende Regeln:
   - Die Idee sollte nur aus einem Satz pro Kärtchen bestehen. Die eventuell dazu gehörige Erklärung erfolgt auf einem anderen Kärtchen.
   - Worte wie „es“ oder „dies“ sind zu vermeiden.
   - Abkürzungen werden bei erstmaliger Benutzung ausgeschrieben.
   - Die Ideen sollen auch für Außenstehende, die nicht mit dem Problem vertraut sind, verständlich formuliert sein.
   - Während der zur Verfügung stehenden Zeit sollen ständig neue Vorschläge und Ideen notiert werden.

   Nach dieser Phase wird die Sitzung beendet. Der Moderator sammelt die Ideenkärtchen ein und bedankt sich für die Mitarbeit.
3. Anschließend folgt die Phase der Daten und Informationsreduzierung. Der Moderator sichtet alle Vorschläge und Ideen und wertet sie aus. Dies geschieht nach folgenden Kriterien:

  - Sortieren der Kärtchen in Haupt- und Nebenkategorien;
  - Auswahl und Zusammenlegung aller Ideenkärtchen nach wichtigen Kriterien;
  - Verfeinerung und Komprimierung dieser Kategorien und Erarbeitung einer Zusammenfassung für den schriftlichen Abschlussbericht;
  - Die Struktur und das Layout für den Endbericht werden festgelegt (Einteilung in Kapitel, Bereiche und Abschnitte).
4. Der abschließende Bericht wird erstellt. Er enthält alle wichtigen Anregungen, Vorschläge und Ideen, die die Teilnehmer auf ihren Karten notiert haben. Diese werden übersichtlich strukturiert, in Haupt- und Nebenkategorien geordnet und den Teilnehmern zur Kenntnis gegeben. (vgl. Higgins/Wiese, 1996, S. 137–140) → Brainwriting

Vorteile:
Bei dieser Kreativitätstechnik werden viele Mitarbeiter in den Ideenfindungsprozess einbezogen.

Nachteile:
Es kann zu doppelten Vorschlägen oder zu Mehrfachnennungen einzelner Ideen kommen. Diese sollten aussortiert werden.

Einsatzmöglichkeiten:
Die »Crawford-Slip-Methode« wird in Beratungs- und Trainingsprojekten angewandt, in Wirtschaftsunternehmen und im öffentlichen Dienst. „Sie kann z. B. wirkungsvoll für eine visuelle Form der Einstiegspräsentation eingesetzt werden, bei der die Teilnehmer zur Bearbeitung der vorgestellten Ideen angehalten werden“ (Higgins/Wiese, 1996, S. 140). Diese Ideenfindungstechnik eignet sich auch für die Projektarbeit, für die Entwicklung und Verbesserung von Produkten, auch für die Bereiche Werbung und Marketing. Diese Kreativitätstechnik eignet sich für Gruppen und Großgruppen.

Lit.: Crawford, C. C.; How to make training surveys. Los Angeles, Calif. 1954; Crawford, C. C.; How you can gather and organize ideas quickly. In: Chemical Engineering, July 15, 1983, pp. 87–90; Crawford, C. C.: Crawford Slip Method (CSM). In: Air Force Journal of Logistics, 1985, 9 (2), pp. 28–30; Crawford, C. C./ Demidovich, J. W.: Crawford Slip Method: How to mobilize brainpower by think tank technology. Los Angeles: School of Public Administration, University of Southern California, 1983; Crawford, C. C./Demidovich, J. W./Krone, R. M.: Productivity improvement by the Crawford Slip Method: How to write, publish, instruct, supervice, and manage for better job performance. Los Angeles: School of Public Administration, University of Southern California, 1984; Crawford, C. C./Siegel, G. B./Demidovich, J. W.: Productive money management: How to improve the work of Military Comptrollers. In: Armed Forces Comptroller, 1985, 30 (4), pp. 4–7; Dettmer, H. W.: Brainpower networking using the Crawford Slip Method. Trafford 2003; Fiero, J.: The Crawford Slip Method. In: Quality Progress, 5/1992, pp. 40–43; Higgins, J. M./Wiese, G. G.: Innovationsmanagement. Kreativitätstechniken für den unternehmerischen Erfolg. Berlin, Heidelberg, New York 1996; Krone, R. M.: Management of operational knowledge through brainpower networking and the Crawford Slip Method. In: Proceedings of the 1987 IEEE conference on management and technology. New York: Institute of Electrical and Electronic Engineer (IEEE) 1987; Rusk, R. A./Krone, R. M.: The Crawford Slip Method and performance improvement. In: Hendrick, H. W./Brown, Jr. O. (Eds.): Human factors in organizational design and management. New York; Elsevier Science 1984.

Creative Button Colors-Methode: auch Color-Button-Methode genannt; (color in der amerikanischen Schreibweise): Methode der kreativen Farbpunkte. Der Begriff Knopf (button) ist im amerikanischen Sprachgebrauch auch die Bezeichnung für Abzeichen, Plakette. Diese Kreativitätstechnik ist ähnlich der → Hutwechsel-Methode (der sechs Denkhüte), die von Edward de Bono (*1933) entwickelt wurde, nur dass hier anstelle der Hüte farbige Punkte sichtbar an der Kleidung befestigt werden (in Brusthöhe am Anzug, Sweatshirt oder Hemd). Der runde Papierpunkt (button) hat einen Durchmesser von etwa 15 cm und enthält außer der entsprechenden Farbe keinen Zusatztext.

Durchführung:
Bei dieser Kreativitätstechnik werden sieben Farben verwendet: weiß, schwarz, blau, gelb, grün, rot und pink.

1. Der weiße Punkt steht für Neutralität. Alle Team-Mitglieder mit dem weißen Button halten sich während der Sitzung nur an die Fakten, Zahlen, Daten und Informationen.
2. Die Teilnehmer mit einem schwarzen Button denken negativ und ablehnend. Sie gehen kritisch an das Thema heran und suchen nach Argumenten, um die Vorschläge der anderen Team-Mitglieder anzugreifen bzw. zu beanstanden.

3. Gruppenmitglieder mit einem blauen Button denken in übergeordneten ganzheitlichen Dimensionen des Unternehmens und nicht in Details. Sie beachten globale Aspekte und Auswirkungen, Marktchancen usw.
4. Die Farbe Gelb steht für optimistisches und positives Denken. Die Mitarbeiter mit einem gelben Button denken positiv über das Thema nach, sind voller Zuversicht und Tatendrang.
5. Die Farbe Grün steht für Wachstum und Aktivität: Die Team-Mitglieder mit einem grünen Button denken in der Kreativsitzung an Wachstum und Expansion für das Unternehmen und wie das Projekt dazu beitragen kann. Das bedeutet neue Chancen am Markt, neue Arbeitsplätze u. a.
6. Der rote Punkt steht für emotionales Denken, für Intuition und Empfinden. Teilnehmer mit einem roten Button denken emotional.
7. Pink ist die Farbe der Selbstdarstellung, der Außenwirkung, die auffallen soll. Die Teilnehmer, die sich ein Pink-Button an die Kleidung heften, denken in erster Linie an das Image der Firma und wie man die Idee möglichst erfolgreich vermarkten kann, welches Aufsehen das Produkt in der Geschäftswelt auslösen könnte.

Vorteile:
Durch diese Methode werden die Aufgabenstellung bzw. das Projekt aus unterschiedlichen Perspektiven betrachtet. Durch die Aufteilung in einzelne Gesichtspunkte braucht nicht jeder Teilnehmer über sämtliche Aspekte nachzudenken. Diese Technik fördert auch den Teamgeist, weil die Teilnehmer meist Spaß daran haben. (vgl. Busch, 1999, S. 66–70)

Nachteile:
Für kleine Gruppen mit weniger als sieben Teilnehmern ist diese Methode nicht effektiv, weil hier die Vielfalt der unterschiedlichen Meinungen und Aspekte nicht zur Verfügung steht.

Einsatzmöglichkeiten:
Diese Methode eignet sich vor allem für größere Gruppen. Da sieben Farben verwendet werden, sollten mindestens 14 Personen daran teilnehmen. Bei größeren Gruppen wäre es günstig, 21 oder 28 Teilnehmer dafür zu gewinnen, um jeweils alle Farben und damit Meinungen zum Projekt oder zur Aufgabenstellung zu repräsentieren. Die Color-Button-Methode eignet

sich auch gut für Schulklassen und studentische Seminare, wenn es um komplexe Zusammenhänge oder kritische Themen geht.

Durch die unterschiedlichen Sichtweisen zu der Aufgabenstellung, zum geplanten Projekt oder zum Problem sind die verschiedenen Argumente bereits vorgefiltert. Die verschiedenen Argumente werden wie in einer Talk-Show vorgetragen. Eine kontroverse Diskussion zwischen den verschiedenen Button-Trägern kann erheblich zur kreativen Lösungsfindung beitragen, so dass diese Methode sehr effektiv sein kann. (vgl. Busch, 1999, S. 70)

Lit.: Busch, B. G.: Erfolg durch neue Ideen. (Das professionelle 1 x 1). Berlin 1999;

Creative Collaboration Technique: Technik der kreativen Zusammenarbeit. Sie wurde 1960 von Joseph G. Mason entwickelt. (vgl. Luther, 2013, S. 179) Hierbei handelt es sich um eine Nachlese zum klassischen → Brainstorming.

Durchführung:
Im Ablauf werden nur konstruktive Phasen mit präziser Problemformulierung, spontaner Ideenintegration und Checklisten angestrebt. Die Dauer der Sitzung ist zeitlich begrenzt.

1. Die Aufgabe bzw. das Problem werden zunächst vorgestellt und nach Möglichkeit auch visualisiert.
2. Danach erfolgt ein klassisches Brainstorming.
3. Nach dieser Ideenfindungsphase im Team ziehen sich die Teilnehmer zurück und denken individuell etwa 10 bis 15 Minuten über die Vorschläge nach und notieren ihre Ideen und Gedanken.
4. Anschließend werden diese Ideen der Gruppe mitgeteilt. Diese Nachlese schöpft gewissermaßen die erhaltenen Anregungen aus der Diskussion ab, erfasst weitere, während der Sitzung nicht geäußerte Vorstellungen oder Lösungsansätze, die einzelnen Teilnehmern erst später einfallen (die sogenannten „Spätzünder") und verbessert damit die Ausbeute.
5. Die nachträglich vorgetragenen Ideen und Vorschläge werden vom Moderator eingesammelt und in einem erneuten Brainstorming vorgestellt (z. B. auf einer Tafel oder Flipchart). Auch mehrere Beratungen sind möglich. Bei dieser Technik erfolgt also ein Wechsel zwischen Gruppenarbeit und individueller Reflexion.

6. Eine Bewertung der Ideen erfolgt erst nach dem Abschluss der Arbeitsphasen sowie nach einer Pause, damit Ideen und Lösungsansätze nicht vorschnell aussortiert oder falsch beurteilt werden.

Vorteile:
Der Wechsel zwischen Einzel- und Gruppenarbeit ist kreativitätsfördernd und unterstützt die Inspiration. Durch die Einzelarbeit werden Ideen und Lösungsvorschläge einbezogen, die während der Gruppenarbeit nicht vorgetragen wurden. Außerdem können voreilig formulierte Problemlösungen noch korrigiert oder verworfen werden. Durch den Wechsel zwischen Einzel- und Gruppenarbeit findet eine Verstärkung der klassischen Brainstorming-Technik statt. (vgl. Aerssen/Buchholz, 2018, S. 233)

Nachteile:
Durch den Wechsel zwischen Einzel- und Gruppenarbeit benötigt diese Kreativitätstechnik mehr Zeit als das klassische Brainstorming.

Einsatzmöglichkeiten:
Diese Kreativitätstechnik eignet sich zur Ideenfindung, Ideenkombination, erzeugt Lösungsansätze und kann für höher integrierte Problemlösungen eingesetzt werden.

Lit.: Aerssen, B. v./Buchholz, Ch. (Hrsg.): Das große Handbuch Innovation. 555 Methoden und Instrumente für mehr Kreativität und Innovation im Unternehmen. München 2018; Luther, M.: Das große Handbuch der Kreativitätsmethoden. Wie Sie in vier Schritten mit Pfiff und Methode Ihre Problemlösungskompetenz entwickeln und zum Ideen-Profi werden. Bonn 2013; Mehrmann, E.: Schnell zum Ziel. Kreativitäts- und Problemlösungstechniken (Reihe Arbeitstechniken im Unternehmen). Düsseldorf und Wien 1994; Knieß, M.: Kreatives Arbeiten. Methoden und Übungen zur Kreativitätssteigerung (Beck-Wirtschaftsberater), München 1995.

Creative Problem Solving (CPS) ⟶ kreatives Problemlösen

Creative Tool Kit: der kreative Werkzeugkasten, methodische Arbeitsinstrumente und Verfahren, Kreativitätstechniken und Problemlösungsmethoden. (Newman, 2013, pp. 5, 113–158) Es existieren etwa 80 Entwicklungsinstrumente, Hilfsmittel und Methoden (Werkzeuge). (vgl. Lindemann, 2009, Möhrle, 2011, S. 305) ⟶ Denkwerkzeuge ⟶ Entwicklungswerkzeuge

Lit.: Lindemann, U.: Methodische Entwicklung technischer Produkte. Berlin et al. [3]2009; Möhrle, M. G.: Gelenkte Kreativität mit MorphoTRIZ – Verschmelzung von morphologischem und widerspruchsorientiertem Problemlösen (TRIZ). In: Harland, P. E./Schwarz-Geschka, M. (Hrsg.): Immer eine Idee voraus. Wie innovative Unternehmen Kreativität systematisch nutzen. Lichtenberg (Odw.) 2010, S. 343–364; Möhrle, M. G.: Werkzeuge für Entwicklungsmethodiken. In: Albers, S./Gassmann, O. (Hrsg.): Handbuch Technologie- und Innovationsmanagement. Wiesbaden [2]2011, S. 303–320; Newman, Jodie: Introducing Business Creativity: A practical guide. London 2013, pp. 5, 113–158.

Creative writing ⟶ Brainwriting

Cross-Industry-Prinzip: auch Cross-Industry Innovation genannt; eine strukturierte Problemlösungsmethode, die dazu dient, bereits erprobte Kenntnisse bzw. geeignetes Wissen anderer Branchen für den eigenen Geschäftszweig oder für das eigene Fachgebiet zu nutzen.

Durchführung:
Cross-Industry-Projekte gliedern sich in drei Phasen:

1. Abstraktion: das Loslösen vom konkreten Problem;
2. Analogie: die Übertragung der fremden Lösungen auf das eigene Problem;
3. Adaption: Anpassung und Anwendung der gefundenen Lösung für die eigenen Produkte, Prozesse oder Strategien.

Vorteile:

1. Bereits bewährtes Wissen kann genutzt werden, um Entwicklungsrisiken gering zu halten und Innovationszyklen zu verkürzen.
2. Die Kosten können dadurch reduziert werden.
3. Eigene Entwicklungsergebnisse und Patente können auch in anderen Bereichen genutzt werden.
4. Die Kooperationsbeziehungen können zu einer höheren Innovationskraft führen.
5. Es entsteht eine neue Sichtweise auf die eigene Produktpalette (Sortiment oder Kollektion) und somit auf die entsprechenden Erfolgskriterien. (vgl. Aerssen/Buchholz, 2018, S. 241)
6. Das Cross-Industry-Prinzip erzeugt Ideen und Lösungsansätze für neue Märkte und neue Business-Modelle.

Einsatzmöglichkeiten:
Die Methode wird angewandt, um neue Inspirationen für die eigene Problemlösung zu gewinnen. (vgl. Gassmann/Friesike, 2012, S. 57–62) Als empfehlenswertes Hilfsmittel zur Analyse und Abstraktion eignet sich die → TRIZ-Methode. Diese Kreativitätstechnik eignet sich für die Teamarbeit und kann auch von Großgruppen durchgeführt werden.

Lit.: Aerssen, B. v./Buchholz, Ch. (Hrsg.): Das große Handbuch Innovation. 555 Methoden und Instrumente für mehr Kreativität und Innovation im Unternehmen. München 2018; Gassmann, O./Friesike, S.: 33 Erfolgsprinzipien der Innovation. München 2012; Zeschky, M./Gassmann, O.: Cross-Industry Innovation: Process and success factors. In: Albers, S./Gassmann, O. (Hrsg.): Handbuch Technologie- und Innovationsmanagement. Wiesbaden [2]2011, S. 361–378.

Crowdsourcing: (abgeleitet von crowd: Menge und source: Quelle (Quellenermittlung) sowie von crowd und outsourcing): bezeichnet die Auslagerung von Aufgaben oder Projekten aus dem Unternehmen an eine Gruppe von Internet-Nutzern; die Nutzung von Netzwerken für Innovationen. Der Begriff wurde 2006 von dem US-amerikanischen Journalisten Jeff Howe geprägt. Während bisher einzelne Experten zur Lösung von Problemen befragt wurden, stellen die Unternehmen heute zunehmend ihre Probleme ins Internet und lassen sich von externen Usern und kreativen Tüftlern beraten. Crowdsourcing gewinnt somit als Innovationsfaktor zunehmend an Bedeutung.

Durchführung:
Der Prozess eines Crowdsourcing-Projekts lässt sich in fünf Phasen gliedern:

1. Vorbereitungsphase: Der Auftraggeber präzisiert das Ziel des Projekts und checkt die Liste der Teilnehmer, die angesprochen werden sollen. Das Unternehmen entscheidet darüber, ob die Aufgabe auf einer bereits existierenden Plattform, wie »innocentive.com«, »brainfloor.com«, »designboom.com« oder »atizo.com«, erscheinen soll, oder ob dazu eine eigene Plattform gestaltet werden soll.
2. Initiierung des Prozesses: Mit der richtigen Fragestellung sollen die kompetenten Internet-Nutzer erreicht werden.
3. Ist der Wettbewerb auf der Internet-Plattform ausgeschrieben, beginnt die Suche nach den besten Antworten und Lösungsansätzen, die oft schwierig ist, weil die externen Nutzer nicht genügend mit

der Problematik des Unternehmens vertraut sind, um die gestellte Aufgabe optimal zu lösen.

4. Auswertung: Die Vielzahl der eingesandten Ideen und Vorschläge sind mit einem hohen Arbeitsaufwand für das Unternehmen verbunden. Die Bewertung erfolgt nach vorher festgelegten Kriterien.
5. Die Phase der Verwertung bildet den Abschluss des Crowdsourcing-Projekts. Daraufhin folgen bei einem positiven Verlauf Weiterentwicklungsprojekte und Markteinführungskonzepte, um aus den gewonnenen Ergebnissen einen praktikablen Nutzen für das Unternehmen zu erzielen. (vgl. Gassmann/Friesike, 2012, S. 66f.)

Vorteile:
„Crowdsourcing bietet große Chancen für Unternehmen, die ihre Kundennähe nicht nur in Werbebotschaften postulieren, sondern durch bessere Produkte belegen wollen," (Gassmann/Friesike, 2012, S. 68) – Crowdsourcing dient auch dazu, die eigene „Betriebsblindheit" zu überwinden.

Nachteile:
Der Handlungsspielraum des nach Lösungen suchenden Unternehmens ist eingeschränkt, weil außenstehende Internet-Nutzer das betreffende Problem des Unternehmens nicht immer korrekt verstehen. Die Lösungsvorschläge sind teilweise ungeeignet und praxisfern. Der Aufwand, den das Unternehmen „betreiben muss, um die Ergebnisse in die gewünschte Richtung zu lenken, ist nicht zu unterschätzen" (Gassmann/Friesike, 2012, S. 67).

Weitere Nachteile sind die hohen Kosten, um ein Projekt abzuschließen, die geringe Entlohnung für die Teilnehmer, denn meist werden nur die besten Lösungen prämiert. Da die Teilnehmer im Allgemeinen alle Rechte an ihren Lösungen abtreten müssen, ist deren Motivation gering. Wie viel eine Idee wert ist, lässt sich vorher nicht bestimmen, so dass es zu rechtlichen Unstimmigkeiten kommen kann, denn die „Teilnehmer möchten am liebsten vom Markterfolg ihrer Idee profitieren, Unternehmen sind in der Regel bestrebt, sich die alleinigen Rechte an den Ideen zu sichern" (Gassmann/Friesike, 2012, S. 68f.).

Einsatzmöglichkeiten:
Im Rahmen vernetzter Innovationsprozesse wird Crowdsourcing auch in Zukunft eine wichtige Rolle spielen, während das betriebliche Vorschlagswesen an Bedeutung verliert. Die Fragen, die mit Hilfe dieser Problemlö-

sungsmethode behandelt werden, betreffen z. B. technische Lösungen für ein Problem, das Produktdesign, den Werbungs- und Marketingbereich u. a. Diese Methode nutzt den Austausch mit externen Sachverständigen und eignet sich für Kleingruppen (etwa drei bis fünf Teilnehmer), kann aber auch individuell durchgeführt werden.

Lit.: Franke, N.: Crowdsourcing: Innovative User-Netzwerke nutzen. In: Albers, S./Gassmann, O. (Hrsg.): Handbuch Technologie- und Innovationsmanagement. Wiesbaden [2]2011, S. 689–706; Franke, N./Klausberger, K.: Die Architektur von Crowdsourcing: Wie begeistert man die Crowd? In: Gassmann, O. (Hrsg.): Crowdsourcing: Innovationsmanagement mit Schwarmintelligenz. München 2010, S. 31–55; Gassmann, O. (Hrsg.): Crowdsourcing. Innovationsmanagement mit Schwarmintelligenz. München 2010; Gassmann, O./Friesike, S. 33 Erfolgsprinzipien der Innovation. München 2012; Howe, J.: Crowdsourcing. Why the power of the crowd is driving the future of business. Three Rivers Press, New York 2008; Leimeister, J. M./Huber, M./Bretschneider, U./Krcmar, H.: Leveraging crowdsourcing: Activation-supporting components for IT-based ideas. In: Journal of Management Information Systems, 26 (1), 2009, pp. 197–224; Libert, B./Spector, J./Tapscott, D.: We are smarter than me. Crowdsourcing New Businesses. Pearson Prentice Hall 2007; Sloane, P.: A guide to open innovation and crowdsourcing. Advice from leading experts. Kogan Page. London et al. 2011.

C & S (Consequences & Sequels): Konsequenzen und Folgen. Eine kreative Denktechnik, die der Exploration, d. h. der Untersuchung durch Befragung und Gespräche dient. Sie wurde von dem Psychologen und Unternehmensberater Edward de Bono (*1933) entwickelt. Dabei werden die möglichen Auswirkungen (Konsequenzen) aufgezeigt, die eine Idee in der Zukunft haben kann. Hierbei kann zwischen kurzfristigen, mittelfristigen und langfristigen Perspektiven unterschieden werden. Die Bestimmung dieser Zeiträume wird je nach Situation selbst festgelegt.

Durchführung:

1. Die Teilnehmer denken darüber nach, welche Auswirkungen eine ausgewählte Idee bzw. ein Lösungsvorschlag möglicherweise haben könnte. Dazu sammeln sie positive (Best-Case) als auch negative (Worst-Case) Konsequenzen.
2. Beide Listen werden miteinander verglichen und ausgewertet. Die Ergebnisse werden in eine weitere Lösungssuche einbezogen, falls diese erforderlich wird.

Einsatzmöglichkeiten:
Diese Denktechnik dient der Perspektivplanung und kann auch mit anderen Methoden kombiniert werden, z. B. mit der → PMI-Methode. → DATT. Diese Technik eignet sich für Einzel- und Teamarbeit.

Lit.: Luther, M.: Das große Handbuch der Kreativitätsmethoden. Wie Sie in vier Schritten mit Pfiff und Methode Ihre Problemlösungskompetenz entwickeln und zum Ideen-Profi werden. Bonn 2013.

D

DANTE: Akronym für **D**iagnose des **A**ußergewöhnlichen **N**aturwissenschaftlich-**T**echnischen **E**rfindungsgeistes (diagnosis of exceptional scientific-technical inventiveness): Das Akronym steht auch für das **D**enken in **AN**alogien, **T**ransfer und **E**laboration); benannt nach dem italienischen Dichter Dante Alighieri (1265–1321), der in seinem Hauptwerk, der „Göttlichen Komödie" häufig in Analogien erzählt. DANTE ist ein computergesteuertes prozessorientiertes Testverfahren zur Diagnose von außergewöhnlichen Qualitäten der Informationsverarbeitung beim Lernen und Denken. Es wurde 1990 von dem deutschen Pädagogen und Kognitionspsychologen Hermann Rüppell (*1941) entwickelt.

Durchführung:
Im Zentrum des DANTE-Programms stehen vier Aspekte, bei denen das logische Denken mit Analogien und bildhaften Vorstellungen verknüpft werden:

1. Bildlich-analoges Schlussfolgern: Das Arbeitsgedächtnis erhält mittels Analogie verallgemeinerte Strukturen und wird dadurch entlastet.
2. Mentale Modell-Qualität: Mentale Modelle entstehen durch intensives Schlussfolgern, wenn dieses mit bildlichen Vorstellungen und Analogien durchsetzt ist. Das Erfassen der analogen Zusammenhänge zwischen zwei mentalen Modellen ist beim Erfinden und Entdecken die höchste Form des Problemlösens. Die Ansätze zum erfinderischen Denken können durch das DANTE-Programm verstärkt werden.
3. Koordinationskapazität: Sie bezieht sich auf die Fähigkeit, zahlreiche verschiedene Fakten im Arbeitsgedächtnis zu speichern und aufeinander abzustimmen; eine Art schlussfolgerndes Denken.
4. Visuelle Strukturflexibilität, d. h. die Fähigkeit, Denkprozesse durch sich ständig wandelnde Objektvisualisierung, Perspektivenwechsel und räumliche Rotation zu unterstützen.

Vorteile:
DANTE ist eine Testmethode, die auf der Erfahrung bedeutender Erfinder und Techniker beruht, bei denen das logische Denken in Verbindung mit Analogien und bildhaften Vorstellungen zum Erfolg führte.

Einsatzmöglichkeiten:
Mit Hilfe dieser Methode werden komplexe Problemstellungen unter diagnostischen Gesichtspunkten vorgegeben und die Problemlösungsprozesse mikrostrukturell überwacht, gesteuert und ausgewertet. Die einzelnen Lösungsschritte, Fehlerquellen, Lösungszeiten und Reaktionen auf Rückmeldungen werden analysiert. Diese Kreativitätstechnik eignet sich für die individuelle Durchführung.

Lit.: Ripke, G.: Kreativität und Diagnostik. (Einführungen Psychologie, Bd. 1), Münster 2005; Rüppell, H./Vohle, F.: DANTE – Diagnose und Training erfinderischen Denkens. In: Reinmann, G./Mandl, H. (Hrsg.): Psychologie des Wissensmanagements. Perspektiven, Theorien und Methoden. Hogrefe, Göttingen, Bern, Toronto, Seattle, Oxford, Prag 2004, S. 267–276.

Delphi-Methode (Delphi-method): auch Delphi-Technik oder Delphi-Forecasting genannt; benannt nach dem klassischen Orakel zu Delphi; eine intuitiv-kreative Methode, die sich für die Vorhersage von Problemen komplexerer Art eignet. Der US-amerikanische Mathematiker Norman C. Dalkey (1915–2004) und der deutsch-amerikanische Mathematiker Olaf Helmer (1910–2011) schufen in den 1940er and 1950er Jahren die Grundlagen für die Delphi-Methode. Sie wurde von der RAND Corporation zunächst für die Planung strategischer Waffensysteme entwickelt. Hierfür wurde der Begriff „Project Delphi" geprägt. Dazu wurde eine spezielle Methode der schriftlichen Expertenbefragung entwickelt.

Ziel dieser Technik ist die langfristige Vorhersage von wissenschaftlichen und technischen Entwicklungen. Es sind Kernfragen und ungelöste Aufgaben, die sich auf die Zukunft beziehen und eine hohe Dynamik entwickeln.

Die erste umfassende Delphi-Studie führte Olaf Helmer 1964 gemeinsam mit dem US-amerikanischen Erfinder und Psychologen William J. J. Gordon (1919–2003) durch. Dazu verschickten sie Fragebögen an 150 Personen, darunter Ökonomen, Unternehmensberater, Ingenieure, Mathematiker, Physiker, Soziologen und Offiziere sowie an fünf Schriftsteller. Von den angeschriebenen Persönlichkeiten erklärten sich 81 bereit, bedeutende Erfindungen und wissenschaftliche Umwälzungen zu nennen, die ihnen sowohl dringend notwendig als auch innerhalb der nächsten 50 Jahre realisierbar erscheinen. Die Ergebnisse wurden ausgewertet, aufgelistet und den Teilnehmern zurückgesandt. In weiteren Befragungsrunden sollten sich die angeschriebenen Experten differenzierter äußern, um eine mögliche Übereinstimmung zu erzielen.

Durchführung:
Die Befragung wird meist in mehreren Runden durchgeführt, so dass im fortgesetzten Informationsaustausch versucht wird, zu möglichst großer Übereinstimmung der Expertenmeinungen zu gelangen. Die Ergebnisse werden durch eine sogenannte Monitorgruppe zentral analysiert und methodisch ausgewertet. Nach der Durchführung der Befragung kann die Aufgabe gelöst sein. Die Ergebnisse können jedoch auch zum Ausgangspunkt anderer Methoden dienen.

Die herkömmliche Delphi-Methode (auch Standard Delphi-Methode genannt) beinhaltet eine getrennte und formalisierte Befragung mehrerer Experten über ein vorgegebenes Problem. Es sind Spezialisten aus unterschiedlichen Fachgebieten, die unabhängig voneinander ihre Meinungen mitteilen. Da die Experten untereinander anonym bleiben, spricht man auch von einer synthetischen Gruppe.

In der Praxis hat sich eine Gruppengröße von sieben Teilnehmern bewährt. Ist die Anzahl zu groß, kann sich die Auswertung der Ergebnisse verzögern. Wesentliche gemeinsame Merkmale der herkömmlichen Delphi-Methode sind:

1. Die Auftraggeber und die Monitorgruppe (sind zumeist identisch).
2. Die anonyme Expertengruppe (Die Experten sind nur den Auftraggebern bzw. der Monitorgruppe bekannt.)
3. Der formalisierte Fragebogen;
4. Die intuitiv von den Experten zu gebenden Antworten;
5. Die Bildung eines statistischen Gruppenurteils sowie die von den Experten vorzunehmende Begründung ihrer Ansichten.
6. Standard-Feedback;
7. Mehrstufige Befragung, bis ein stabiles (gemeinsames) Gruppenurteil gefunden ist.

Der Verlauf der herkömmlichen Delphi-Methode gliedert sich in:

I. Vorbereitungsphase (Formulierung der Fragebögen, Auswahl der zu befragenden Experten)
II. Durchführungsphase (1. Befragung, 1. Analyse, 2. Befragung, 2. Analyse und evtl. eine 3. und 4. Befragung mit anschließender Analyse)
III. Phase der Ergebnisformulierung (mit Bewertung)

Vorteile:
Die »Delphi-Methode« ist keine Problemlösungsmethode, sondern eine → Prognosetechnik und geeignet, wenn für die Lösung eines Problems mehrere Experten in den Prozess der Ideenfindung einbezogen werden sollen, die aber zeitlich und örtlich nicht zusammentreffen können. Den Expertenmeinungen liegen Forschungs- und Entwicklungsergebnisse zugrunde, die eine Voraussage gestatten. Damit hat diese Methode etwas von Prophezeiung, Orakel bzw. Weissagung. Vorteile der Delphi-Methode sind:

1. Statistische Analysen der Antworten sind möglich.
2. Die meisten Vorhersagen über technische Entwicklungen werden von Expertengruppen getroffen.
3. Gruppendynamische Effekte, wie Sympathie, Antipathie, Redegewandtheit oder Autorität, die das Ergebnis der offenen Diskussion verfälschen können, werden durch die schriftliche Form ausgeschaltet.
4. Da die offene Diskussion vermieden wird, entfällt die Scheu, einmal vertretene Ideen korrigieren zu müssen. Es wird ein möglichst einheitliches Urteil der Expertengruppe angestrebt.
5. Anonymität.

Nachteile:
Nachteile der Delphi-Methode sind:

1. Die Ergebnisse können durch persönliche Interessen der Experten beeinflusst werden.
2. Eine Abstimmung zwischen den Experten findet nicht statt.
3. Die Bereitschaft der Experten zur Mitarbeit kann mitunter schwierig werden.
4. Durch die Anonymität kann die Beantwortung des Fragebogens oberflächlich ausfallen.
5. Es kann mehrere Wochen dauern, bis die Ergebnisse der Delphi-Befragung eingetroffen sind.

Einsatzmöglichkeiten:
Die Delphi-Methode dient z. B. zur Voraussage technischer Veränderungen und Innovationen, die für die ökonomische Entwicklung und für den Unternehmenserfolg relevant sind. Während das Hauptanwendungsgebiet der Delphi-Befragung ursprünglich auf die Vorhersage des technischen Fortschritts (technological forecasting) zielte, wurde sie später auch auf soziale,

politische und unternehmerische Probleme ausgedehnt. Diese Methode ist vor allem in den USA verbreitet und wird vorwiegend in der Zukunftsforschung und in der Militärwissenschaft angewandt. Diese Kreativitätstechnik wird deshalb auch als Planungs- und Entscheidungsinstrument genutzt. Diese Kreativitätstechnik eignet sich für die Teamarbeit. Neben der herkömmlichen Standard Delphi-Methode gibt es auch das → Gruppen-Delphi und das → Ideen-Delphi.

Lit.: Bamberger, I./Mair, L.: Die Delphi-Methode in der Praxis. In: management international review, H. 2, 1976, S. 81 ff.; Blohm, H.: Methoden zur Prognose technischer Entwicklungen (Teil I). In: Das Wirtschaftsstudium, H. 3/1979, S. 115–120; Ders.: Methoden zur Prognose technischer Entwicklungen (Teil II). In: Ebenda, H. 4, 1979, S. 167–173; Gnatzy, T. et al.: Validating and innovative real-time Delphi approach. A methodological comparison between real-time and conventional Delphi studies. In: Technological Forecasting & Social Change. Vol. 78, No. 9, 2011, pp. 1681–1694; Gracht, H. A. von der: The Delphi technique for futures research. In: The Future of Logistics. Wiesbaden 2008, chapter 3, pp. 21–68; Ders.: Consensus measurement in Delphi Studies – Review and implications for future quality assurance. In: Technological Forecasting & Social Change. 79, No. 8, 2012, pp. 1525–1536; Gracht, H. A. von der/Darkow, I.-L.: Scenarios for the logistics service industry: A Delphi-based analysis for 2025. In: International Journal of Production Economics. Vol. 127, No. 1, 2010, pp. 46–59; Häder, M. (Hrsg.): Delphi-Befragungen. Ein Arbeitsbuch. Wiesbaden 2002; Häder, M./Häder, S. (Hrsg.): Die Delphi-Technik in den Sozialwissenschaften: Methodische Forschungen und innovative Anwendungen (ZUMA-Publikationen). Wiesbaden 2000; Helmer, O.: 50 Jahre Zukunft. Hamburg 1967; Knieß, M.: Kreatives Arbeiten. Methoden und Übungen zur Kreativitätssteigerung (Beck-Wirtschaftsberater), München 1995; Linestone, H. A.: The Delphi-Method – Techniques & Applications. Massachusetts 1975; Niederberger, M./Renn, O.: Delphi-Verfahren in den Sozial- und Gesundheitswissenschaften: Konzept, Varianten und Anwendungsbeispiele. Wiesbaden 2019; Schwander, F.: Methoden der ereignisorientierten Prognose als Hilfsmittel der betrieblichen Absatzmarktforschung für langlebige Gebrauchsgüter am Beispiel der Möbelindustrie (Diss.) Karlsruhe 1977; Seeger, Th.: Die Delphi-Methode. Expertenbefragung zwischen Prognose und Gruppenmeinungsbildungsprozessen. Freiburg/Br. 1979; Wechsler, W.: Delphi-Methode. München 1978; Welters, K.: Delphi-Technik. In: Szyperski, N./Winand, U. (Hrsg.): Handwörterbuch der Planung. Stuttgart 1989, Sp. 262–269.

Denkhüte → Hutwechsel-Methode

Denkwerkzeuge (thinking tools; tools for thinking): Methoden, Techniken und Verfahren, die der Lösung von Problemen dienen oder innovative Prozesse anregen bzw. Produkte oder Dienstleistungen generieren. Dabei handelt es sich um kognitive Hilfsmittel (z. B. durch Beobachtung, Bildverarbeitung, Mustererkennung oder Modellierung). Der Innovationscoach Florian Rustler ist der Auffassung: „Ein Denkwerkzeug ist eine strukturierte Strategie, die das Denken eines Individuums oder einer Gruppe bewusst fokussiert, organisiert und leitet." Dazu gehören die → Kreativitätstechniken. Sie bilden nach der Definition von Rustler „eine Untergruppe von Denkwerkzeugen, die besonders auf die Ideenentwicklung und Ideenauswahl abzielen" (Rustler, 2016, S. 78). Dabei unterscheidet er zwischen divergierenden und konvergierenden Denkwerkzeugen bzw. einer Kombination aus beiden. Die Denkwerkzeuge können außerdem einzelnen Schritten der beiden Prozessmodelle »Creative Problem Solving« (CPS) und Design Thinking zugeordnet werden. Im → kreativen Problemlösungsprozess werden sieben Denkfertigkeiten unterschieden:

1. Visionäres Denken: Vorstellungen, Betrachtungen und Überlegungen in Bezug auf zukünftige Entwürfe, Lösungen oder Produkte;
2. Diagnostisches Denken: auf Grund genauerer Beobachtungen oder Untersuchungen getroffene Feststellung, Beurteilung über den Zustand, Früherkennung;
3. Strategisches Denken: genau geplantes Denken, um die Lösung eines Problems oder ein Ziel zu erreichen;
4. Denken in Ideen: Anregungen, Lösungsansätze, Vorschläge, Gedanken, Einfälle, Vorstellungen;
5. Bewertendes Denken;
6. Kontextuelles Denken: Sinnzusammenhang, Sach- oder Situationszusammenhang;
7. Taktisches Denken: geschickt und planvoll vorgehend; planmäßig und klug berechnend, zum Vorteil nutzen, auf genauen Überlegungen basierend, ein zweckbestimmtes Denken, das auf genauen Überlegungen basiert. (Rustler, 2016, S. 79 f.)

Der US-amerikanische Physiologe Robert Scott Root-Bernstein (*1953) untersuchte die kreativen Aspekte der Wissenschaftler und hat 13 Denkwerkzeuge der weltweit kreativsten Menschen erfasst. Zu ihnen gehören Einstein, Mozart, Virginia Woolf u. a. (Root-Bernstein, R. S./Root-Bernstein, M. M., 2001) Die 13 Denkwerkzeuge lauten:

1. Observing (Beobachtung)
2. Imaging (Vorstellung, Bildverarbeitung)
3. Abstracting (Abstraktion, Zusammenfassung)
4. Pattern recognizing (Mustererkennung)
5. Pattern forming (Musterbildung)
6. Analogizing (Analogiebildung)
7. Bodily kinesthetic thinking (körperlich-kinästhetisches Denken)
8. Empathizing (Empathie, Einfühlungsvermögen)
9. Dimensional thinking (räumliches Denken)
10. Modeling (Modellierung, Nachbildung, Simulation)
11. Playing (spielen)
12. Transforming (Verwandlung, Umgestaltung)
13. Synthesizing (zusammenfügen, verknüpfen, kombinieren)

Lit.: Malorny, Ch./Schwarz, W./Backerra, H.: Die sieben Kreativitätswerkzeuge K 7. Kreative Prozesse anstoßen, Innovationen fördern (Pocket Power), hg. von der Schule der Qualitätswissenschaft der Technischen Universität Berlin unter Leitung von Gerd F. Kamiske. München/Wien 1997; Root-Bernstein, R. S.: Creative process as an unifying theme of human cultures. In: Daedalus, 113, 1984, pp. 197–219; Root-Bernstein, R. S.: Discovering: Inventing and solving problems at the frontiers of scientific knowledge. Harvard University Press. Cambridge, MA, 1989; Root-Bernstein, R. S./Root-Bernstein, M. M.: Sparks of genius. The thirteen thinking tools of the world's most creative people. Boston, New York: Houghton Mifflin Company 2001; Root-Bernstein, R. S.: The art of innovation. Polymaths and the universality of the creative process. In: L. Shavanina (Ed.): International handbook of innovation. Amsterdam 2003, pp. 267–278; Root-Bernstein, R. S./Root-Bernstein, M. M.: Artistic scientists and scientific artists. The link between polymathy and creativity. In: Sternberg, R. J./Grigorenko, E. L./Singer, J. L. (Eds.): Creativity. From potential to realization. American Psychological Association. Washington, DC [2]2006, pp. 127–151; Runco, M. A.: Creativity. Theories and themes: Research, development, and practice. Elsevier Academic Press, Burlington, MA, San Diego, Calif., London 2007; [2]ed. 2014; Rustler, F.: Denkwerkzeuge der Kreativität und Innovation. Das kleine Handbuch der Innovationsmethoden. St. Gallen, Zürich, 4. Aufl., 2016; Simonton, D. K.: Genius, creativity, and leadership. Historiometric inquiries. Harvard University Press. Cambridge, Massachusetts; London 1984 (Reprint 2013); Simonton, D. K.: Scientific genius: A psychology of science. Cambridge University Press. Cambridge et al. 1988; Simonton, D. K.:

Historiometric studies of creative genius. In: Runco, M.A. (Ed.): The creativity research handbook, Cresskill 1997, Vol 1, pp. 3–28.

Design Thinking: eine komplexe Problemlösungs- und Innovationstechnik, die von den US-amerikanischen Informatikern Terry Winograd, Larry Leifer und David Kelley entwickelt wurde. David Kelley gründete 1991 in Palo Alto (Kalifornien) die Design- und Innovations-Agentur »IDEO«. (vgl. Kelley/Littman, 2001. p. 21) Diese Methode orientiert sich an der Arbeit von Designern. Wer mit neuen Produkten und Dienstleistungen erfolgreich sein will, muss lernen, wie ein hervorragender Designer zu denken. Es ist die „Transformation (Umgestaltung) durch Innovation und kreative Techniken, die von erfahrenen Teams angewandt werden, um Lösungsmodelle in vielfältigen Kontexten zu entwickeln" (Wagner, 2011, S. 26). Die Teams arbeiten interdisziplinär und multidisziplinär zusammen. Hierbei erfolgt die Suche nach Lösungen für Probleme potenzieller Rezipienten und Zielgruppen, denen verschiedene Angebote mit angepassten praktischen bzw. technischen sowie ästhetischen und symbolischen Funktionen unterbreitet werden. (vgl. Wagner, 2011, S. 27) „Das *design thinking* als Managementtechnik geht von einer Ästhetisierbarkeit *jeder* Ware und Dienstleistung als Trägerin von Symbolen, Perzepten und Affekten aus" (Reckwitz, 2012, S. 187). Die Produkte und Dienstleistungen sollen sich an den unterschiedlichen Bedürfnissen der Verbraucher orientieren und ein Gewinn an Lebensqualität für alle sein. Sie sollen:

1. für einen möglichst großen Nutzerkreis verwendbar sein,
2. adaptierbar sein, d. h. verschiedenen Anforderungen entsprechen,
3. die Nutzung individueller Hilfsmittel ermöglichen,
4. die potenziellen Nutzer in allen Entwicklungsphasen beteiligen. (vgl. Hinz/Weller, 2011, S. 20)

Die Teams arbeiten interdisziplinär zusammen, um innovative Lösungen für verschiedene Probleme zu erarbeiten. (vgl. Luther, 2013, S. 386) Alle an der Entwicklung beteiligten Mitarbeiter sollen lernen, wie Designer zu denken. Dazu gehören:

1. Empathie (Einfühlungsvermögen in die Kundenwünsche und in deren latent vorhandenen Bedürfnisse; der Verbraucher steht im Mittelpunkt; Designer achten auch auf kleinste Details, bemerken Chancen, die anderen entgehen und nutzen diese Erkenntnisse, um etwas Innovatives zu schaffen),

2. integratives und interdisziplinäres Denken: Designer verlassen sich nicht nur auf analytische Prozesse, die zu Entweder-oder-Entscheidungen führen, sondern können alle Aspekte eines komplizierten Problems erfassen und neuartige Lösungen finden, die über die vorhandenen Alternativen hinausgehen und diese drastisch verbessern.
3. Optimismus: Designer sind davon überzeugt, dass eine potenzielle Lösung besser ist als die vorhandenen Entwürfe bzw. Möglichkeiten, mögen die Schwierigkeiten bei einem bestimmten Problem noch so groß sein.
4. Experimentierfreude: Bedeutende Innovationen entstehen nicht durch schrittweise Anpassungen. Designer hinterfragen das Problem, setzen sich kreativ mit den Schwierigkeiten auseinander und schlagen dabei neue Richtungen ein.
5. Teamfähigkeit: Die besten Designer arbeiten nicht nur Seite an Seite mit Experten anderer Disziplinen. Viele von ihnen verfügen selbst über umfassende Erfahrungen auf mehreren Gebieten. (Brown, 2011, S. 17, 19)

Durchführung:
Die Ausführung erfolgt meist in sechs Phasen:

1. Understand (Verstehen): „Design Thinking“ beginnt mit dem Begreifen, welch umfangreiches Lernen über die Verwendung eines einzelnen Produktes oder einer Dienstleistung nötig sind. In diesem Stadium wird eine komplette Liste aller Merkmale des Produkts oder der Dienstleistung erstellt.
2. Observe (Erforschen, Beobachten): Hier gilt es, sich individuell oder im Team mit „ethnographischer“ Beobachtung der Kunden zu beschäftigen („ethnographic” observation of users). Diese Phase enthält auch das Finden und Interviewen der Konsumenten, die bereitwillig ihre Erfahrungen mit dem Produkt oder mit dem Service mitteilen. Dieses Feedback liefert wichtige Erkenntnisse für das Team.
3. Synthesis (Synthese), auch Point of view (Perspektive): Diese ist abhängig und wird beeinflusst von den Beobachtungen und Befragungen der Kunden.
4. Ideation (Ideenfindung): Dieser Schritt enthält Brainstorming-Entwürfe (Skizzen), die Lösungen zu den Kundenwünschen und Problemen aufzeigen und mit dem Produkt oder mit der Dienstleistung in Verbindung gebracht werden. Nach dem besten Entwurf bzw. Lö-

sungsvorschlag wird ein Muster (Prototyp) entworfen zur praktischen Erprobung und Weiterentwicklung.

5. Prototyping (Prototyp): das Muster, der erste Entwurf. Mit einem Prototyp wird die technische Machbarkeit einer Designidee und ihre Funktion geprüft, bevor sie dem Kunden präsentiert wird.
6. Testing (Testen), auch Refinement (Verfeinerung). Der Prototyp wird in der Praxis getestet und die Kunden werden um Reaktionen gebeten. Nach dem Feedback werden entsprechende Veränderungen und Verbesserungen der Prototypen bzw. der Konzepte und Ergebnisse vorgenommen, „bis ein optimales, nutzerorientiertes Produkt entstanden ist. Dieser Iterationsschritt (eine Wiederholungsphase) kann sich auf alle bisherigen Schritte beziehen" (Aerssen/Buchholz, 2018, S. 277; vgl. auch Gürtler/Meyer, 2014, S. 33–62; Puccio/Cabra, 2010, p. 162).

Vorteile:
Das „Design Thinking" fördert kreatives Denken, die Teamkreativität und die allgemeine Innovationsfähigkeit der Teilnehmer. Sie praktizieren damit ein Denken wie erfolgreiche Erfinder und Entwickler. Dabei wird auch Wert auf die Vielfalt und Gebrauchstauglichkeit von Produkten und Dienstleistungen gelegt, um den Erwartungshaltungen der Kunden zu entsprechen. Die Bedürfnisse der Kunden werden mit dem technisch Machbaren optimal verknüpft. Innovationen werden auf die Kundenbedürfnisse abgestimmt. Diese Geschäftsstrategie ist auf Rentabilität ausgerichtet und erhöht die Marktchancen. Die Gestalter und Entwickler fungieren als Trendsetter. Dabei geht es nicht um Standardisierung oder kulturelle Uniformität, sondern um Diversity (Vielfalt).

Nachteile:
Die Anforderungen sind für den Moderator und für die Teilnehmer hoch, denn das „Design Thinking" erfordert Kenntnisse und Erfahrungen. Auch die Vorbereitungs- und Durchführungszeit ist erheblich. Da es für diese Technik keine Zeitvorgabe gibt, kann ein größeres Projekt auch mehrere Monate in Anspruch nehmen.

Die Durchführung erfordert einen Kreativraum, der während des gesamten Projektverlaufs zur Verfügung stehen muss. Das Raumkonzept muss flexibel sein, mit leicht austauschbaren Möbeln sowie mit großen Tischen und Arbeitsflächen. Neben moderner IT- und Computertechnik sollte auch eine umfangreiche Fachbibliothek zur Verfügung stehen. Wichtig ist auch die Arbeitsplatzgestaltung, wobei eine freie Wahl des Arbeitsplatzes angestrebt wird. Außerdem ist für gute Lichtverhältnisse zu sorgen (natürliches und direktes Licht). Der Arbeitsplatz soll zur Interaktion und Stimulation der Kreativität inspirieren. (vgl. Aerssen/Buchholz, 2018, S. 278)

Einsatzmöglichkeiten:
Design Thinking ist eine nutzerorientierte Annäherung zur Problemlösung und eignet sich für Unternehmensprojekte, für Innovationen, neuartige Prozesse, Dienstleistungen, IT-gestützte Interaktionen, Unterhaltungsmöglichkeiten und bietet Chancen im Kommunikations- und Kooperationsbereich. Dies sind die kundenorientierten Aktivitäten, bei denen Design Thinking ausschlaggebend ist. Die Anwendung erfolgt z. B. in der Unterhaltungselektronik, in der Automobil- und Konsumgüterindustrie. Diese Kreativitätstechnik eignet sich für Einzel- und Teamarbeit.

Von dieser Problemlösungs- und Innovationstechnik gibt es zahlreiche Varianten, z. B. Design Innovation Process und Design Thinking Checkup.

Lit.: Aerssen, B. v./Buchholz, Ch. (Hrsg.): Das große Handbuch Innovation. 555 Methoden und Instrumente für mehr Kreativität und Innovation im Unternehmen. München 2018; Ambrose, G./Harris, P.: Design Thinking: Fragestellung, Recherche, Ideenfindung, Prototyping, Auswahl, Ausführung, Feedback. München [2]2013; Berzbach, F.: Kreativität aushalten. Psychologie für Designer. Mainz [3]2012; Brown, T.: Designer als Entwickler. In: Harvard Business Manager. Edition 2/2011: Kreativität. Wie Sie Ideen entwickeln und umsetzen, S. 16–25; Brown, T./Katz, B.: Chance by design. How design thinking can transform organizations and inspire innovation. HarperCollins Publishers, New York NY 2009; Carayannis, E. G. (Ed.): Encyclopedia of creativity, invention, innovation, and entrepreneurship. Volume 1–3. New York, Heidelberg, Dordrecht, London 2013, Vol. 1, pp. 73–116; Erbeldinger, J./Ramge, T.: Durch die Decke denken: Design Thinking in der Praxis. München [2]2014; Gürtler, J./Meyer, J.: 30 Minuten Design Thinking. In 30 Minuten wissen Sie mehr! Offenbach [2]2014; Hinz, K./Weller, B.: Diversity braucht Universal Design. In: Knaut, M. (Hrsg.): Kreativwirtschaft. Design – Mode – Medien – Games – Kommunikation – Kulturelles Erbe. Bd. 1 der Schriftenreihe: Beiträge und Positionen der Hochschule für Technik und Wirtschaft (HTW) Berlin, hg. von Michael Heine, Präsident der HTW Berlin. Berlin 2011, S. 18–25; Kelley, T., with J. Littman: The art of innovation: Lessons in creativity from IDEO, America's leading design firm. New York et al. 2001; Kelley, T./Littman, J.: Das IDEO Innovationsbuch. Wie Unternehmen auf neue Ideen kommen. München 2002; Knaut, M. (Hrsg.): Kreativwirtschaft. Design – Mode – Medien – Games – Kommunikation – Kulturelles Erbe. Bd. 1 der Schriftenreihe: Beiträge und Positionen der Hochschule für Technik und Wirtschaft (HTW) Berlin, hg. von Michael Heine, Präsident der HTW Berlin. Berlin 2011; Lenk, H.: Kreative Aufstiege. Zur Philosophie und Psychologie der Kreativität (= suhrkamp taschenbuch wissenschaft 1456). Frankfurt am Main 2000; Lockwood, Th.: Design thinking. Integrating innovation, customer experience, and brand value. New York 2009; Meinel, C./Weinberg, U./Krohn, T.: Design Thinking live. Wie man Ideen entwickelt und Probleme lost. Hamburg 2015: Meyer, J.-U.: Das Edison-Prinzip. Der genial einfache Weg zu erfolgreichen Ideen. Frankfurt am Main/New York 2008; Plattner, H./Meinel, Ch./Weinberg, U.: Design-Thinking. Innovation lernen – Ideenwelten öffnen. München 2009; Pricken, M.: Kribbeln im Kopf. Kreativitätstechniken & Denkstrategien für Werbung, Marketing und Medien. 11. Aufl., Mainz 2010; Ders.: Clou. Strategisches Ideenmanagement in Marketing, Werbung, Medien & Design. Mainz 2010; Pricken, M./Klell, C.: Kribbeln im Kopf – Creative Sessions. Mainz ^{3}2010; Puccio, G. J./Cabra, J. F.: Organizational creativity. A Systems approach. In: Kaufman, J. C./Sternberg, R. J. (Eds.): The Cambridge handbook of creativity. (Cambridge handbooks in psychology). Cambridge University Press. Cambridge et al. 2010, pp. 145–173; Reckwitz, A.: Die Erfindung der Kreativität. Zum Prozess gesellschaftlicher Ästhetisierung (suhrkamp taschenbuch wissenschaft). Berlin 2012; Salvador, T./Genevieve Bell et al.: Design Ethnography. In: Design. Management Journal, 10, 1999, pp. 35–41; Shamiyeh, M.: Creating desired futures. Solving complex business problems with design thinking. Basel 2010; Wagner, A. C.: Design 2.0 – Chancen für einen kreativen Kulturwandel. In: Knaut, M. (Hrsg.): Kreativwirtschaft. Design – Mode – Medien – Games – Kommunikation – Kulturelles Erbe. Bd. 1 der Schriftenreihe: Beiträge und Positionen der Hochschule für Technik und Wirtschaft (HTW) Berlin, hg. von Michael Heine. Berlin 2011, S. 26–29.

Destruktiv-konstruktives Brainstorming → Kopfstand-Technik

Didaktisches Brainstorming → Little-Technik

Diffusionsmodell (model of diffusion); Diffusion: Ausbreitung, Verbreitung, Durchdringung: ein Verlaufsmodell für die Akzeptanz und Ausbreitung neuer Ideen. Es wurde Anfang der sechziger Jahre des 20. Jhs. von dem US-amerikanischen Kommunikationsforscher Everett M. Rogers (1931–2004) entwickelt. Er hatte erkannt, dass alles Wissen, besonders neue Erkenntnisse und Ideen einem bestimmten Verbreitungszyklus in der Gesellschaft folgen.

Durchführung:
Das Diffusionsmodell reflektiert den Verlauf der Ausbreitung neuer Ideen in fünf Phasen, bezogen auf den jeweiligen Personenkreis:

1. Neuerer (innovators): Zuerst erreichen die neuen Ideen nur wenige Personen, denn die Einführung von etwas Neuem bedeutet Veränderung und damit Abschied von Gewohntem, aber diese Gruppe verfügt über einen hohen Kenntnisstand, hat großes Interesse an der Änderung des bestehenden Zustandes und ist daher dem Neuen gegenüber sehr aufgeschlossen. Von dieser Gruppe wird das Neue oft sofort ausprobiert.
2. Frühe Akzeptierer (early adopters): Erst im Gespräch mit den Meinungsmachern (opinion leaders) ist diese Gruppe bereit, sich mit der neuen Idee gedanklich und praktisch auseinanderzusetzen.
3. Frühe Mehrheit (early majority): Sie handeln erst nach reiflicher Überlegung und Prüfung aller Für und Wider.
4. Späte Mehrheit (late majority): Sie setzt die Akzeptanz- und Verbreitung neuer Ideen fort, „allerdings erst, nachdem sie skeptisch und gründlich die bisherigen Schritte beobachtet, eventuelle Verbesserungen abgewartet hat."
5. Nachzügler (laggards): Sie hängen eher an traditionellen Mustern. (vgl. Blumenschein/Ehlers, 2002, S. 194 f.)

Vorteile:
Das Diffusionsmodell beschreibt die Marktdurchsetzung von innovativen Ideen, Produkten oder Dienstleistungen und ist von großem Nutzen für kurz- und langfristige Prognosen. Die Kenntnisse über das Diffusionsmodell „können viele Millionen Euro wert sein, wenn man dadurch Misserfolge vermeiden oder reduzieren kann" (Albers, [2]2011, S. 439).

Nachteile:
Zwischen der Wahrnehmung einer neuen Idee und der ersten aktiven Auseinandersetzung, einschließlich ihrer Anwendung kann mitunter sehr viel Zeit verstreichen. Wie schnell sich der Verbreitungsprozess in einem ausgewählten Personenkreis vollzieht, wie groß das Feedback ist, wie schnell die Idee bzw. das neue Produkt erfolgreich die internen und externen Absatzmärkte erreicht, hängt vor allem vom Marketing, von der Informationspolitik und Kommunikationsstrategie des jeweiligen Unternehmens ab.

Der Diffusionsverlauf von innovativen Ideen, Produkten oder Dienstleistungen lässt sich nicht exakt vorhersagen. Nicht nur die Neuheit eines Produkts ist entscheidend, sondern ob diese Neuproduktentwicklung ein Kundenbedürfnis befriedigt und die Zahlungsbereitschaft der Verbraucher so groß ist, dass sie im Verhältnis zu den Entwicklungs- und Produktionskosten hoch genug ist, damit das Unternehmen einen Gewinn erzielt.

Einsatzmöglichkeiten:
Das Diffusionsmodell kann auf ökonomische Sachverhalte, auf innovative Organisationskonzepte und Produkte übertragen werden. Die neuen Ideen sollten durch angemessene Präsentations- und Visualisierungstechniken verbreitet werden. Wenn es gelingt, aufgeschlossene und innovative Mitarbeiter im Unternehmen von der neuen Idee zu begeistern, „so können diese als Multiplikatoren und Meinungsführer eingesetzt werden", um die neue Idee zu verbreiten und die Innovation glaubwürdig zu unterstützen. (vgl. Blumenschein/Ehlers, 2002, S. 195 f.)

Diffusionsmodelle werden vor allem auf langlebige Gebrauchsgüter, wie Kühlschränke, Waschmaschinen, Mikrowellen und Produkte der Unterhaltungselektronik angewandt. (vgl. Albers, [2]2011, S. 444) Diese Kreativitätstechnik dient der Verbreitung von Ideen und eignet sich für die Teamarbeit.

Lit.: Albers, S.: Marktdurchsetzung von technologischen Nutzungsinnovationen. In: Hamel, W./Gemünden, H. G. (Hrsg.): Außergewöhnliche Entscheidungen. Festschrift für Jürgen Hauschildt. München 2001, S. 513–546; Ders.: Forecasting the diffusion of an innovation prior to launch. In: Albers, S. (Ed.): Cross-functional innovation management, perspectives from different disciplines. Wiesbaden 2004, pp. 243–258; Ders.: Diffusion und Adoption von Innovationen. In: Albers, S./Gassmann, O. (Hrsg.): Handbuch Technologie- und Innovationsmanagement. Wiesbaden [2]2011, S. 437–456; Albers, S./Litfin, T.: Adoption und Diffusion. In: Albers, S./Clement, M./Peters, K. und Skiera, B. (Hrsg.): Marketing mit Interaktiven Medien – Strategien zum Markterfolg. Frankfurt am Main [3]2001, S. 116–130; Blumenschein, A./Ehlers, I. U.: Ideen-Management. Wege zur strukturierten Kreativität. München 2002; Mahajan, V./Muller, E./Bass, F. M.: New product diffusion models in marketing. In: Journal of Marketing, 54 (1), 1990, pp. 1–26; Mahajan, V./Peterson, R. A.: Models for innovation diffusion. Newbury Park, CA: Sage 1985; Rogers, E. M.: Diffusion of innovations. 1. ed., New York, NY et al. 1966; 5. ed. 2003; Ders.: Communication technology. The new media in society. New York 1986;

Diskussion 66 → Phillips-66-Methode

E

Edison-Prinzip (Edison-principle): benannt nach dem US-Amerikaner Thomas Alva Edison (1847–1931), einem der kreativsten Erfinder weltweit. „Gemessen an der Zahl und der Bedeutung seiner Ideen ist er bis heute der erfolgreichste Erfinder aller Zeiten" (Meyer, 2008, S. 9). Der Sachbuchautor und Unternehmensberater Jens-Uwe Meyer (*1966) untersuchte von 2006 bis 2008 die Erfolgsstrategien des Erfinders und entwarf das Edison-Prinzip, eine Kreativitätstechnik zur Ideenfindung.

Durchführung:

Die Vorgehensweise erfolgt in sechs Schritten, um systematisch neue Ideen zu finden und sie zu Konzepten weiterzuentwickeln:

1. Erfolgschancen erkennen: Edison erkannte Möglichkeiten, die andere nicht sahen. Das bedeutet, ungelöste Probleme und Zukunftstrends zu entdecken. Dabei sollten auch die Schwächen bestehender Lösungen bemerkt und überwunden werden. Auf welchen Gebieten lassen sich erfolgreiche Ideen entwickeln und realisieren?
2. Die Denkautobahn verlassen: Edison definierte Probleme anders und fand neue Wege. Das heißt, den Problemen auf den Grund zu gehen, neue Fragestellungen zu entwickeln und innovative Lösungswege zu gehen.
3. Inspirationen suchen, nicht nur im eigenen Aufgabenbereich, sondern auch in anderen Domänen. Edison blickte zielbewusst über sein Fachgebiet hinaus und dachte interdisziplinär.
4. Spannung erzeugen und systematisch Ideen generieren: Edison hat neue Ideen durch Kombination weiterentwickelt (vernetztes Denken).
5. Ordnen und optimieren: Die erfolgversprechenden Ideen herausfiltern. Edison suchte nach dem besten Konzept.
6. Den Nutzen maximieren und Umsetzungsstrategien entwickeln, d. h. Ideen für die Vermarktung des Konzepts ausarbeiten. „Dieser Schritt ist das, was letztlich den Unterschied zwischen einer genialen Erfindung und einer erfolgreichen Innovation ausmacht" (Aerssen/Buchholz, 2018, S. 311). Edison hat seine Ideen glänzend vermarktet und durch Neuentwicklungen den Vorsprung ausgebaut (unternehmerisches Handeln). (vgl. Meyer, 2008, S. 21)

Insgesamt wurden Edison etwa 1300 Patente erteilt. Er kannte die Versuche des britischen Chemikers und Physikers Sir Humphry Davy (1778–1829) mit dem elektrischen Lichtbogen. Edison wusste nicht, dass der deutsch-amerikanische Uhrmacher und Optiker Heinrich Göbel alias Henry Goebel (1818–1893) bereits 1854 eine elektrische Glühlampe konstruiert hatte. Da es aber noch keine Maschinenstromerzeuger gab, ließ sich diese Erfindung nicht wirtschaftlich nutzen. Erst 1879 gelang es Edison und seinen Mitarbeitern, die erste gebrauchsfähige elektrische Glühlampe zu entwickeln, nachdem die Suche nach einem geeigneten Glühfaden erfolgreich war. Diese Lampe wurde marktfähig und millionenfach verbreitet. Sie wurde zugleich zum Symbol für Innovationen. (vgl. Meyer, 2008, S. 200) Edison nutzte vor allem die → Trial-and-error-Methode (Versuch-und-Irrtum-Methode), um durch Ausprobieren und lang andauernde Versuchsreihen eine geeignete Lösung zu finden.

Vorteile:
Diese Technik dient der Ideenfindung und Ideenkombination und verhindert oberflächliche Lösungen. Sie durchbricht vorhandene Kreativitätsblockaden und fördert die allgemeine Innovationsfähigkeit des Teams. (vgl. Aerssen/Buchholz, 2018, S. 312)

Nachteile:
Diese Technik erfordert einen erfahrenen Moderator. Die Vorbereitung und die Durchführung des Edison-Prinzips erfordern viel Zeit.

Einsatzmöglichkeiten:
Diese Kreativitätstechnik dient der Ideenfindung und Ideenkombination, der Analyse von komplexen Suchproblemen sowie von deren Umfeld. Sie ist besonders für Projekte und vielschichtige Problemlösungen geeignet. Diese Kreativitätstechnik eignet sich für Gruppen und Großgruppen.

Lit.: Aerssen, B. v./Buchholz, Ch. (Hrsg.): Das große Handbuch Innovation. 555 Methoden und Instrumente für mehr Kreativität und Innovation im Unternehmen. München 2018; Meyer, J.-U.: Das Edison-Prinzip. Der genial einfache Weg zu erfolgreichen Ideen. Frankfurt am Main/New York 2008; Meyer, J.-U./Mioskowski, H.: Genial ist kein Zufall. Die Toolbox der erfolgreichen Ideenentwickler. Göttingen ^{2}2016.

Eisenhower-Prinzip (Eisenhower-principle): auch Eisenhower-Matrix genannt. Es handelt sich um eine Methode, die für die Erreichung des Ziels Prioritäten zu setzt und die Arbeit effizienter gestaltet. Dieses Prinzip bezieht sich darauf, wie der frühere US-amerikanische Präsident Dwight David Eisenhower (1890–1969) sein Arbeitspensum organisierte. Er stellte fest, dass das, was wichtig ist, selten dringend ist, und das, was dringend ist, selten wichtig. Von oberster Priorität sind jedoch Krisen und Deadlines, diese kommen aber eher selten vor. Danach folgen Ziele und Beziehungen, die wichtiger sind als permanente Unterbrechungen. Diese erfolgen heutzutage z. B. durch zeitraubende Meetings, E-Mails, endlose Telefonate, unangemeldete Besuche u. a. (vgl. Olson, 2017, S. 125)

Eisenhower hat zwischen der Wichtigkeit und der Dringlichkeit einer Tätigkeit unterschieden. Er hatte erkannt, dass man die sogenannten To-do-Listen, die man täglich mühevoll abarbeitet und aktualisiert, entfernen sollte, um sich stattdessen auf das zu konzentrieren, was einem wirklich wichtig ist. Diesbezüglich sind nur solche Arbeiten wichtig, die uns unseren Zielen näher bringen.

Eisenhower erklärte: „Was nicht auf einer einzigen Manuskriptseite zusammengefasst werden kann, ist weder durchdacht noch entscheidungsreif" (vgl. Gassmann/Friesike, 2012, S. 246).

„Schnelle, agile Unternehmen unterscheiden sich von den langsamen nicht dadurch, wie schnell sie eine Aufgabe erledigen, sondern wie viel Zeit sie effektiv für die Aufgabe aufbringen. Sie arbeiten, anstatt zu koordinieren, sie handeln, anstatt zu reden" (Gassmann/Friesike, 2012, S. 247). „Man muss seine Prioritäten planen und umsetzen." Es geht darum, seine Zeit möglichst sinnvoll zu nutzen und „lang-, mittel- und kurzfristige Ziele festzulegen, die in Übereinstimmung mit den Prioritäten und Werten stehen. Ein weiterer Schwerpunkt ist das Konzept der täglichen Planung. So soll verhindert werden, dass die eigenen Ziele, Prioritäten und Werte in der Hektik des Alltags untergehen" (Covey, 2019, S. 174).

Durchführung:
Notieren Sie diejenigen Arbeiten, die Ihnen dabei helfen, Ihre Ziele zu erreichen. In dieser Liste ordnen Sie die Aufgaben jeweils einer der folgenden Kategorien zu:

1. „Wir tun zu viel, und das vom Falschen. Nur ein Bruchteil der Arbeit, die wir leisten, sorgt für die relevanten Ergebnisse. Der Rest der Zeit wird mehr oder weniger verbrannt" (Gassmann/Friesike, 2012, S. 249).

Das Eisenhower-Prinzip besagt: Warum tun Sie das überhaupt? Wenn es getan werden muss, delegieren Sie es – wenn nicht, in die ›Tonne‹ damit.

2. Die effektive Nutzung der zur Verfügung stehenden Zeit, die Anwendung von Zeitmanagement-Tools fällt den meisten Menschen schwer. Sie haben oft zu viele Baustellen auf einmal. Delegieren Sie Aufgaben, die Sie von Ihrem Ziel ablenken! Lassen Sie die Schwierigkeiten und die ungelösten Aufgaben von anderen Mitarbeitern nicht zu Ihrem drängenden Problem werden. Sie sollten zwar auf jeden Fall anderen Kollegen helfen, aber achten Sie darauf, dass deren Arbeiten nicht in Ihre Prioritäten hineingeraten. Setzen Sie sich durch und vermeiden Sie Zeiträuber.
3. Überprüfen Sie Ihr eigenes Zeitmanagement und merken Sie sich Zeit vor, um wirklich Wichtiges zu tun. Dabei ist auch Zeit für Kreativität einzuplanen, Zeit, um Konzepte und Strategien zu planen und zu entwickeln. Diese Zeiten sind im Terminkalender zu berücksichtigen und sollten auch eingehalten werden, denn effektiv zu arbeiten ist ein langfristiger Prozess.
4. Der wichtigste Erfolgsfaktor lautet: „Das Wichtigste zuerst tun“ (Covey, 2019, S. 173). Tun Sie das jetzt; Wichtige Aufgaben, die schnell erledigt werden müssen und die Ihnen helfen, Ihre Ziele zu erreichen.
5. Um die Anzahl der sofort zu erledigenden Aufgaben zu verringern, die auf Ihrem Schreibtisch landen, gehen Sie einige der beseite gelegten Aufgaben an, die in Ihrer Schublade liegen. Welche dieser Aufgaben sparen am meisten Zeit, wenn sie sofort erledigt werden? Welche Aufgaben sollten an andere Mitarbeiter delegiert werden, so dass sie gar nicht erst auf meinem Schreibtisch landen? (vgl. McGrath/Bates, [2]2014, S. 333–335) Prüfen Sie, wo die größten Defizite sind und wo sich die größten Erfolge erreichen lassen? Wo ist die Veränderung am nötigsten? Wichtigkeit hat etwas mit Ergebnissen zu tun. Wenn etwas wichtig ist, trägt es zur Umsetzung des Leitbildes, der Werte und der obersten Prioritäten bei. (vgl. Covey, 2019, S. 176)

Vorteile:
Das Eisenhower-Prinzip verschafft uns die nötige Klarheit über die Prioritäten, welche Arbeiten wirklich wichtig sind, die uns unseren Zielen näher bringen. Der Wegbereiter der modernen Managementlehre Peter F. Drucker (1909–2005) ist der Auffassung, dass die eindimensional Zielstrebigen die einzig wirklich leistungsstarken Personen sind. „Wenige sorgfältig ausgewählte Aufgaben sind der Schlüssel zum Erfolg“ (Arnold, 2010, S. 179).

Nachteile:
Auf sogenannte dringende Angelegenheiten reagieren wir meist sofort, ohne lange darüber nachzudenken. „Ganz anders sieht es dagegen bei wichtigen Aufgaben aus, die nicht dringend sind. Sie erfordern mehr Initiative, mehr Pro-Aktivität“ (Covey, 2019, S. 176). Wir müssen verhindern, dass wir uns von den wirklich wichtigen Aufgaben ablenken lassen. Krisenmanagement oder Problembewältigungen sind sowohl dringend als auch wichtig.

Aber „hektische Krisenmanager und termingehetzte Problemlöser“ hindern uns daran, unsere Ziele zu erreichen. Wenn wir nicht gegensteuern, beherrschen sie unseren Arbeitsalltag und blockieren unsere Kreativität. „Manche Menschen werden Tag für Tag mit Problemen und Krisen überschüttet. Um zwischendurch etwas Atem zu holen, flüchten sie zu den unwichtigen, nicht dringenden Tätigkeiten …“ (Covey, 2019, S. 177). Die Folge sind Erschöpfungszustände, Stress und Burn-out-Syndrom.

Einsatzmöglichkeiten:
Das Eisenhower-Prinzip eignet sich für die Unternehmensplanung, für kurz- und langfristige Vorhaben und für den Einsatz im Projektmanagement. „Dazu gehört auch die Klärung der eigenen Lebensziele, denn das hilft uns, Prioritäten zu setzen und motiviert zu bleiben“ (Olson, 2017, S. 124). Diese Kreativitätstechnik eignet sich für Einzel- und Teamarbeit. → Pareto-Prinzip, → Zeitmanagement

Lit.: Arnold, F.: Management – Von den Besten lernen. München 2010; Covey, S. R.: Die 7 Wege zur Effektivität. Prinzipien für persönlichen und beruflichen Erfolg. 52. Aufl., Offenbach 2019; Gassmann, O./Friesike, S.: 33 Erfolgsprinzipien der Innovation. München 2012; McGrath, J./Bates, B.: Der 5 Minuten Manager. Die wichtigsten Management-Theorien auf den Punkt. Kulmbach [2]2014; Olson, D. A., unter Mitwirkung von Megan Kaye: Die Psychologie des Erfolgs. Ein praktischer Wegweiser zur Entfaltung der eigenen Potenziale und Stärken. München 2017.

Elocutio (lat.): poetisches Arrangement der Einfälle; auch: Einkleidung der Gedanken in Worte, Stil; eine klassische Methode, die z. B. der Dichter Friedrich Schiller (1759–1805) gern nutzte. Er notierte sich die einzelnen Arbeitsschritte, den Prozess der Konzeptbildung, das Ringen um die Form und den Aufbau seiner großen Gedichte und Balladen, bevor er mit der eigentlichen Niederschrift begann. „Das Finden und Sammeln der Einfälle … und deren Ordnung (die Inventio und die Dispositio) geschahen in einem Arbeitsgang, und zwar in großer Geschwindigkeit. Für das poetische Arrangement der Einfälle (die Elocutio) waren offenbar mehrere Arbeitsgänge erforderlich …" (Oellers, 1996, S. 38). Einen Eindruck von seinem Arbeitsprozess gewähren die erhalten gebliebenen Dramenfragmente, besonders zum „Demetrius".

Durchführung:

1. Quellenstudium; Finden und Sammeln der Einfälle;
2. Nachdem sich Schiller eingehend mit dem Stoff beschäftigt und die Quellen studiert hatte, erörterte er die einzelnen Motive, Situationen und die handelnden Personen sowie ihre Beziehungen zueinander.
3. Poetisches Arrangement der Einfälle (die Elocutio). Dafür sind je nach Schwierigkeit mehrere Arbeitsschritte erforderlich. Schiller gliederte den Stoff für die einzelnen Akte und Szenen.
4. Daraufhin begann die eigentliche dichterische Arbeit, die Versifikation. Da Schiller den Inhalt der einzelnen Akte und Szenen vorher festgelegt hatte, war es ihm möglich, mit der Ausführung in Versform an beliebiger Stelle zu beginnen oder diese nach einer Unterbrechung wieder aufzunehmen. Bei der Ausarbeitung von umfangreicheren Gedichten begann Schiller fast immer mit der Niederschrift eines Exposés in Prosa. Dabei notierte er den Inhalt und entwarf eine übersichtliche Gliederung des Stoffes.
5. Diese Phase des kreativen Prozesses enthält die sprachkünstlerische Formgebung, Schillers Versuch, die angemessene Vers- und Strophenform zu finden. Hierbei entstand der Gedichtentwurf. Die ursprüngliche Intention und Konzeption wurde bei einer größeren Arbeit meist verändert. Mitunter wurde der erste Versuch verworfen, so dass Schiller eine zweite Niederschrift anfertigte oder beide Entwürfe miteinander verschmolz. „Ohne eine solche dunkle, aber mächtige Totalidee, die allem Technischen vorhergeht, kann kein poetisches Werk entstehen, und die Poesie, deucht mir, besteht eben darin, jenes Bewusstlose aussprechen und mitteilen zu können, d. h. es in ein Objekt überzutragen." Während die aufkeimende, „dunkle Totalidee" unbewusst erfolgt, ist deren Übertragung „in ein Objekt", die künstlerische Gestaltung des Sujets ein bewusster Prozess des kreativen Denkens und Problemlösens. „Aus der Idee aber kann ohne die *Tat* gar nichts werden" (Schiller an Goethe, 27. 3. 1801. In: Briefwechsel, 2. Bd., S. 367, 369).

Vorteile:
Schillers Arbeitsmethode ist kreativ, denn er wartete nicht auf eine Inspiration, sondern er war der Auffassung, man könne „beinahe nach Prinzipien erfinden". Seinen Entwurf zur Ballade „Die Bürgschaft" sandte er mit folgenden Worten an Goethe: „Ich bin neugierig, ob ich alle Hauptmotive, die in dem Stoffe lagen, glücklich herausgefunden habe. Denken Sie nach, ob Ihnen noch eines beifällt, es ist dies einer von den Fällen, wo man mit einer großen Deutlichkeit verfahren und beinahe nach Prinzipien erfinden kann" (Schiller an Goethe, 4. 9. 1798. In: Briefwechsel, 2. Bd., S. 138; vgl. auch Zobel, 2009, S. 60).

Nachteile:
Diese klassische Methode lässt sich nicht verallgemeinern. Literarische Kreativität kann individuell sehr verschieden sein, da jeder Autor eigene Arbeitsmethoden entwickelt.

Einsatzmöglichkeiten:
Diese Technik kann als Anregung für Autoren dienen, für das Hervorbringen literarischer Werke in Lyrik und Prosa, z. B. für Gedichte, Novellen, Kurzgeschichten, Romane, Autobiographien u. a. Die Durchführung erfolgt individuell.

Lit.: Freitag, E.: „»Wenn ... eine vertraute Feder meine Worte auffängt« – Schreibgeräte und kreatives Schreiben im 18. und 19. Jahrhundert. In: Werkzeuge des Pegasus. Historische Schreibzeuge im Goethe-Nationalmuseum, hg. von Susanne Schroeder, unter Mitwirkung von Egon Freitag, Viola Geyersbach, Oliver Hahn und Nicole Stiebel:. Stiftung Weimarer Klassik, Weimar 2002, S. 9–37; Gräf, H. G./Leitzmann, A. (Hrsg.): Der Briefwechsel zwischen Schiller und Goethe in drei Bänden. Nach den Handschriften des Goethe- und Schiller-Archivs. Leipzig [3]1964; Oellers, N.: Friedrich Schiller. Zur Modernität eines Klassikers, hg. von Michael Hofmann. Frankfurt am Main und Leipzig 1996; Zobel, D.: Systematisches Erfinden. Methoden und Beispiele für den Praktiker. 5. Aufl., Renningen 2009.

Entwicklungswerkzeuge (development tools): Es sind Werkzeuge, die dazu dienen, „Teilaufgaben der Entwicklung zu standardisieren und von einem auf den anderen Entwicklungsprozess übertragbar zu machen" (Möhrle, 2011, S. 305). Es existieren etwa 80 Entwicklungsinstrumente, Hilfsmittel und Methoden (Werkzeuge). (vgl. Lindemann, 2009) Martin G. Möhrle gliedert die Entwicklungswerkzeuge in drei Gruppen:

1. **Konstruktionswerkzeuge:** Sie helfen den Ingenieuren bei der technischen Gestaltung von Produkten und entstanden „überwiegend in Deutschland".
2. **Qualitätswerkzeuge:** Damit „können Ingenieure in Kombination mit Marketingmitarbeitern die Kundensicht bei der Entwicklung fokussieren". Sie wurden z. B. in Japan entwickelt. → Quality Function Deployment (QFD)
3. **Erfindungswerkzeuge:** Sie dienen der kreativen Ideenfindung, „erleichtern das Überwinden von gegensätzlichen Anforderungen an ein System und greifen zielgerichtet auf Analogien aus unterschiedlichen Bereichen zurück." Sie wurden „hauptsächlich in der ehemaligen Sowjetunion" entwickelt, z. B. → TRIZ und → ARIZ von Altschuller). (Möhrle, 2011, S. 305) Die Erfindungswerkzeuge sollen zu einer „kreativen Lösung technischer und technisch-ökonomischer Aufgaben" beitragen (Möhrle, 2011, S. 313). → Creative Tool Kit → Denkwerkzeuge

Lit.: Lindemann, U.: Methodische Entwicklung technischer Produkte. Berlin et al. [3]2009; Möhrle, M. G.: Gelenkte Kreativität mit MorphoTRIZ – Verschmelzung von morphologischem und widerspruchsorientiertem Problemlösen (TRIZ). In: Harland, P. E./Schwarz-Geschka, M. (Hrsg.): Immer eine Idee voraus. Wie innovative Unternehmen Kreativität systematisch nutzen. Lichtenberg (Odw.) 2010, S. 343–364; Ders.: Werkzeuge für Entwicklungsmethodiken. In: Albers, S./Gassmann, O. (Hrsg.): Handbuch Technologie- und Innovationsmanagement. Wiesbaden [2]2011, S. 303–320; Newman, J.: Introducing business creativity: A practical guide. London 2013.

Epistemologische Analyse (epistemological analysis): eine Analysetechnik, die ein Problem erkenntnistheoretisch untersucht. Diese Methode wurde von René de Mot entwickelt.

Durchführung:

1. Zunächst werden die Hintergründe eines Problems recherchiert, um zu ermitteln, welche grundlegenden Bedürfnisse durch die Lösung erfüllt werden sollen.
2. Anhand der systematischen Untersuchung wird das Ausgangsproblem in einzelne Teilbereiche gegliedert.
3. Anschließend wird jeder Teilabschnitt danach untersucht, ob für eine Teillösung eine Erfolgsaussicht besteht.

4. Zur weiteren Analyse werden diejenigen Kernbereiche ausgewählt, die einen konkreten Bezug zum Problemhintergrund haben. Von deren Lösung hängt der Nutzen ab, in Bezug auf die Befriedigung zugrunde liegender Bedürfnisse.

Einsatzmöglichkeiten:
Die epistemologische Analyse eignet sich für komplexe Suchprobleme. (vgl. Mehrmann, 1994, S. 118; Luther, 2013, S. 150) Diese Kreativitätstechnik wird im Team durchgeführt.

Lit.: Luther, M.: Das große Handbuch der Kreativitätsmethoden. Wie Sie in vier Schritten mit Pfiff und Methode Ihre Problemlösungskompetenz entwickeln und zum Ideen-Profi werden. Bonn 2013; Mehrmann, E.: Schnell zum Ziel. Kreativitäts- und Problemlösungstechniken (Reihe Arbeitstechniken im Unternehmen). Düsseldorf und Wien 1994.

Erkenntnismatrix (matrix of cognition): auch Problemfelddarstellung, eine Variante des → Morphologischen Kastens. Sie beschränkt sich meist auf zwei variable Kennwerte, die horizontal und vertikal in eine Tabelle (Matrix) eingetragen werden. Für diese Kombination werden Ideen entwickelt. (vgl. Luther, 2013, S. 240) Diese Kreativitätstechnik eignet sich für Einzel- und Teamarbeit.

Lit.: Luther, M.: Das große Handbuch der Kreativitätsmethoden. Wie Sie in vier Schritten mit Pfiff und Methode Ihre Problemlösungskompetenz entwickeln und zum Ideen-Profi werden. Bonn 2013.

Erweiterte Nutzwertanalyse (extended benefit value analysis): Bei der erweiterten Nutzwertanalyse erfolgt eine separate Bewertung der Geldwerte bzw. der Wirtschaftlichkeit und der eigentlichen Nutzwertpunkte. Für jede Lösungsvariante werden individuelle Nutzwertpunkte als Leistungsfaktor ermittelt. Der Geldwert ergibt sich je nach Situation aus der Investitionshöhe, aus den Betriebskosten oder aus einer grob kalkulierten Wirtschaftlichkeitsrechnung.

Durchführung:
Eine systematische Vorgehensweise ist erforderlich. Die erweiterte Nutzwertanalyse kann in sechs Stufen erfolgen:

1. Bestimmung der Kostenbetrachtung bzw. der Wirtschaftlichkeitsdimension durch den Leiter des Innovationsteams;
2. Auswahl der Bewertungskriterien für die Nutzenbestimmung und Definition des jeweiligen Gewichtungsfaktors durch das Innovationsteam in Abstimmung mit dem Auftraggeber;
3. Definition der jeweiligen Skalen der Parameter für die Bewertungskriterien durch den Leiter des Innovationsteams;
4. Beurteilung des Erfüllungsgrades der Bewertungskriterien je Variante durch das Innovationsteam sowie evtl. durch weitere Fachexperten;
5. Ermittlung der Nutzwertpunkte und des Geldwerts durch das Innovationsteam;
6. Erstellung des Nutzwertportfolios durch das Innovationsteam (Hartschen/Scherer/Brügger, 2012, S. 100)

Vorteile:
In diesem Bewertungsverfahren ist eine Vielzahl von qualitativen und quantitativen Kriterien vereint. Die Gegenüberstellung von Nutzen- und Kosten- bzw. von Wirtschaftlichkeitsaspekten mit einer sehr hohen Transparenz ist möglich. Die Ergebnisse sind reproduzierbar. Die Unterschiede der einzelnen Lösungsvarianten werden durch die Differenzierung zwischen Wirtschaftlichkeit und Nutzwertpunkten klarer erkennbar. Die Lösung mit den höchsten Nutzwertpunkten muss aber nicht unbedingt immer die unternehmerisch wertvollste Lösung sein.

Nachteile:
Relativ hoch ist der Aufwand für die Dokumentation der Skalenbildung und für die Begründung der Zuordnungskriterien. Die einzelnen Lösungsvarianten benötigen einen gleichen Detaillierungsgrad, damit aussagekräftige Ergebnisse erzielt werden können. (vgl. Hartschen/Scherer/Brügger, 2012, S. 102)

Einsatzmöglichkeiten:
Diese Technik ermöglicht eine hohe Transparenz der Wirtschaftlichkeit eines Unternehmens und hilft bei der Orientierung zur Bewertung möglicher Probleme, um deren Auswirkungen zu errechnen und in Geldeinheiten oder Produktivitätskennziffern festzuhalten. Diese Kreativitätstechnik eignet sich für die Arbeit im Team. → Nutzwertanalyse

Lit.: Hartschen, M./Scherer, J./Brügger, Ch.: Innovationsmanagement: Die 6 Phasen von der Idee zur Umsetzung. Offenbach [2]2012.

Exkursionssynektik (synectics of excursion): ein Element der synektischen Problemlösungsstrategie. Zum vorgegebenen Problem werden in mehreren Stufen Analogien gebildet und Ideen sowie neuartige Vorschläge entwickelt. Diese werden mit dem Problem konfrontiert, um daraus geeignete Lösungsansätze abzuleiten. (vgl. Geschka/Zirm, 2011, S. 296) Diese Kreativitätstechnik eignet sich für die Teamarbeit.

Lit.: Geschka, H./Zirm, A.: Kreativitätstechniken. In: Albers, S./Gassmann, O. (Hrsg.): Handbuch Technologie- und Innovationsmanagement. Wiesbaden [2]2011, S. 279–302.

F

Fast Writing: schnelles Schreiben, auch Blitzschreiben genannt. Diese Technik wurde von der US-amerikanischen Schriftstellerin, Künstlerin und Dozentin Roberta Allen (*1945) entwickelt. Hierbei wird den Teilnehmern nur fünf Minuten Zeit eingeräumt, um ihre spontanen Einfälle, Ideen oder Geistesblitze zu notieren. In dieser knapp bemessenen Zeit soll ein Kurzartikel, eine Rede oder eine Zusammenfassung zu einem Buch schriftlich festgehalten werden. Im Unterschied zum → Free Writing ist beim Fast Writing das Blatt zu Beginn nicht leer, sondern hat eine Überschrift, ein Stichwort oder ein Thema. Es kann auch ein inspirierendes Bild sein. Das Ergebnis dient als Impuls, als erstes Rohmaterial, aus dem eine Kurzgeschichte oder ein anderes literarisches Produkt entstehen kann. Das Fast Writing dient dazu, um Schreibblockaden zu überwinden. (vgl. Weidenmann, 2010, S. 195) → Free Writing → kreative Schreibtechnik

Lit.: Allen, R.: Fast Fiction: Creating fiction in five minutes story. Boston 1997; dt. Ausg.: Literatur in 5 Minuten. Frankfurt am Main 2002; Dies.: The playful way to serious writing. Mariner Books, Boston 2002; Dies.: Short-Shortstorys schreiben – Kürzestgeschichten schreiben: Mit der Fünf-Minuten-Methode Kurzgeschichten schreiben und Romane entwickeln. Berlin 2018; Weidenmann, B.: Handbuch Kreativität. Ein guter Einfall ist kein Zufall! Weinheim, Basel 2010.

Flip-Flop-Technik → Kopfstand-Technik

Force-Fit: auch Force-Fit-Spiel: erzwungene Anpassung; Übertragung einer gefundenen Lösung auf das reale Problem; von Helmut Schlicksupp (1943–2010) am Battelle-Institut in Frankfurt am Main entwickelt. Force-Fit ist die letzte Phase in der synektischen Kreativitätstechnik, in der alle Lösungsvorschläge und Ideen so verändert werden, dass sie sich auf das Ausgangsproblem anwenden lassen. Das bedeutet auch, dass die vorgeschlagenen Ideen aus einer Kreativsitzung häufig noch einer tiefergehenden Betrachtung bedürfen, um darin versteckte, interessante Lösungsansätze nicht zu übersehen.

Die Force-Fit-Methode ist vergleichbar mit den Techniken → Forced Relationship und mit der → Reizwortanalyse. Unterschiede gibt es aber bei der

Durchführung:

1. Die Teilnehmer (etwa 4–16 Personen) bilden zwei gleich starke Mannschaften. Ein weiteres Team-Mitglied wird als Schiedsrichter und Protokollant eingesetzt. Der Zeitrahmen wird vorher festgelegt (etwa 30–60 Minuten).
2. Die erste Mannschaft nennt einen Begriff, ein Reizwort, das mit dem Problem nichts zu tun hat.
3. Die zweite Gruppe versucht, daraus einen Lösungsansatz abzuleiten. Gelingt es ihr, erhält sie einen Punkt und darf nun selbst ein Reizwort nennen. Bei Nichterfüllung bekommt die andere Mannschaft den Punkt, die dann das Spiel fortsetzt.
4. Auswertung: Die vorgeschlagenen Lösungsansätze werden im Team kritisch geprüft. Die besten Ideen werden weiterentwickelt und können in die Phase der Implementierung bzw. Realisierung einfließen.

Vorteile:
Diese Technik löst Denkblockaden und fördert die kreative Kompetenz. Die Verfremdung durch weit vom Problem entfernt liegende Begriffe regt die Teilnehmer zu mutigen, aber auch originellen Lösungen an. Der Wettbewerb zwischen beiden Mannschaften fördert den Teamgeist, setzt Energien frei und macht Spaß.

Nachteile:
Die Anwendung dieser Kreativitätstechnik erfolgt unter großem Zeitdruck (ca. 2–3 Minuten pro Lösungsvorschlag), was die Ideen- und Problemlösung erschwert. Originellere Ideen brauchen oft mehr Zeit. Der Schiedsrichter trägt eine hohe Verantwortung. Da die beiden Mannschaften gegeneinander spielen, besteht mitunter die Gefahr der „Cliquenbildung“. Um dem vorzubeugen, wird empfohlen, die Gruppenteilnehmer nach einigen Runden auszutauschen, also die Teams neu zu „mischen“.

Einsatzmöglichkeiten:
Diese Kreativitätstechnik eignet sich z. B. für Teams, die bisher kaum originelle Ideen entwickelt haben, bzw. denen nach kurzer Zeit die Ideen ausgegangen sind und die motiviert werden sollen. Das Force-Fit-Spiel unterstützt die Wettbewerbsfähigkeit. Mit Hilfe dieser Technik können spielerisch originelle Anregungen und Lösungsansätze für das Ausgangsproblem gefunden werden.

Lit.: Alter, U./Geschka, H./Schaude, G./Schlicksupp, H.: Methoden und Organisation der Ideenfindung. Battelle Institut, Frankfurt/M. 1973; Bugdahl, V.: Kreatives Problemlösen (= Reihe Management), Würzburg 1991.

Forced Relationship: erzwungene Beziehung, ungewohnte Verknüpfung; eine zwangsläufig hergestellte Verbindung zwischen Gegenständen, Ideen und Produkten, die auf den ersten Blick keinerlei Beziehungen zueinander haben; auch unter dem Begriff → Reizwortanalyse bekannt.

Diese Methode wurde 1958 von dem britischen Autor Charles S. Whiting eingeführt, um durch das Zufallsprinzip aus ungewohnter Perspektive neue und originelle Ideen zu entwickeln. Die Teilnehmer sammeln problemverwandte oder problemfremde Begriffe. Dies kann z. B. durch das willkürliche Aufschlagen eines Wörterbuchs oder Lexikons erfolgen, ähnlich wie bei der → Reizwortanalyse. Danach werden die gefundenen Begriffe miteinander kombiniert, um mögliche Lösungsansätze zu finden, die auf das Ausgangsproblem übertragen werden können. Diese Methode eignet sich z. B. für Produktinnovationen und wird im Team durchgeführt. → Reizwortanalyse → Superposition

Lit.: Whiting, C. S.: Creative thinking. New York 1958.

Free Writing: auch Mind Writing genannt; eine Variante des kreativen Schreibens, ein freies, unkontrolliertes Schreiben, das zunächst ohne Bewertung erfolgt. Dieser Begriff wurde in den 1960er Jahren von Ken McCrorie eingeführt.

Durchführung:
Das Schreiben soll möglichst ohne Unterbrechung erfolgen. Jeder Einfall wird notiert. Der Psychologe und Trainer Bernd Weidenmann (*1945) gliedert das Free Writing in 12 Phasen:

1. Suchen Sie sich ein ruhiges Plätzchen und entspannen Sie sich. Sorgen Sie dafür, dass Sie nicht gestört werden. Vertreiben Sie aufdringliche Gedanken.
2. Ruhige, vor allem klassische Musik wirkt entspannend, weil sie einen Klangteppich über die Alltagsgeräusche legt.
3. Stellen Sie einen Zeitwecker, eine Küchenuhr oder den Alarm in Ihrem Handy auf 10, 15 oder 20 Minuten ein, aber platzieren Sie diese außer Sichtweise, um nicht abgelenkt zu werden, indem Sie ständig nach der Uhrzeit sehen.

4. Schreiben Sie einfach drauflos. Notieren Sie alles, was Ihnen gerade einfällt, ohne Unterbrechung.
5. Lesen Sie nicht, was Sie gerade geschrieben haben. Achten Sie nicht auf Inhalt, Logik, Grammatik, Rechtschreibung. Korrigieren und tilgen Sie nichts. Wenn Sie an etwas anderes denken, sollten Sie das Thema wechseln und weiterschreiben.
6. Wenn Ihnen nichts mehr einfällt, sollten Sie trotzdem weiterschreiben. Achten Sie nicht nur auf Ihre Gedanken, sondern auch auf Ihre Stimmung und auf Ihre Emotionen, ihren Körper, Ihre Umgebung. Notieren Sie Ihre Wahrnehmungen.
7. Wenn der Alarm ertönt und die vorgegebene Zeit herum ist, beenden Sie Ihren Schreibprozess.
8. In dieser Phase lesen Sie das Geschriebene durch und markieren diejenigen Passagen, die Ihnen wichtig erscheinen. Bei einer wesentlichen oder vordringlichen Thematik sollte man versuchen, aus den Notizen Ideen und Lösungsansätze für ein Problem zu entwickeln. Auch bei schwierigen Entscheidungen oder bei der Vorbereitung von Referaten können Gedankensplitter, stichwortartige Entwürfe u. a. hilfreich sein. Das hängt selbstverständlich vom Kontext ab, indem Sie das Free Writing durchgeführt haben.
9. Die im Free Writing-Prozess notierten Gedanken sind eine Momentaufnahme und sollten nicht gleich bewertet werden.
10. Schreiben Sie die markierten Stellen auf ein anderes Blatt und überlegen Sie, wie Sie diese Notizen weiterverwenden wollen. Diese können z. B. als erster Entwurf für einen Text genutzt werden.
11. Sind die bisherigen Notizen noch sehr lückenhaft oder unzureichend, beginnen Sie eine zweite Runde der Free Writing-Technik.
12. Diese Technik sollten Sie sich zur Gewohnheit machen, denn sie kann auch zur Vorbereitung von Prüfungen, Verhandlungen, Meetings u. a. verwendet werden. (vgl. Weidenmann, 2010, S. 194 f.)

Vorteile:
Free Writing dient dazu, Denk- und Schreibblockaden zu überwinden und die eigenen Einfälle, Ideen und Vorstellungen zu notieren.

Nachteile:
Durch dieses freie, unkontrollierte Schreiben können nur vorläufige, unvollkommene Ergebnisse erzielt werden, so dass eine gründliche Ausarbeitung und Nachbereitung der Notizen erforderlich sind.

Einsatzmöglichkeiten:
Die Free Writing-Technik dient der Ideenfindung und kann auch am Computer erfolgen. Diese Technik eignet sich für die individuelle Durchführung. Varianten dazu sind das fokussierte Free Writing, das → Fast Writing und das automatische Schreiben (Écriture automatique) → kreative Schreibtechnik.

Lit.: Weidenmann, B.: Handbuch Kreativität. Ein guter Einfall ist kein Zufall! Weinheim, Basel 2010.

Fruchtwechsel-Methode (crop rotation method; auch crop rotation technique): die Bereitschaft und Fähigkeit, sich in die Rolle anderer Personen hineinzuversetzen. Diese Bezeichnung geht auf den dänischen Philosophen Sören Kierkegaard (1813–1855) zurück. Er dachte dabei an die Fruchtfolge verschiedener Feldfrüchte (Fruchtwechsel-Wirtschaft), um die Nährstoffe des Bodens nicht auszulaugen sowie Schädlingen und Krankheiten der Pflanzen vorzubeugen. In ähnlicher Weise wird ein → Perspektivwechsel dazu beitragen, das Problem aus einem anderen Blickwinkel wahrzunehmen.

Durchführung:
Zunächst beschreiben Sie das Problem vom eigenen Standpunkt aus. Danach stellen Sie sich die Frage, wie würde eine fremde Person aus einem anderen Tätigkeitsbereich an diese Aufgabe herangehen, z. B. ein Experte auf diesem Gebiet bzw. ein Professor?

Wie würde ein frühreifes Kind es darstellen?
Wie würde ein risikofreudiger Unternehmer es schildern?
Wie würde ein Prediger, Politiker, Physiker, Psychologe, Forscher, Richter oder Reporter dieses Problem betrachten?

Wählen Sie zwei Berufsgruppen aus. Worin bestehen die Unterschiede? Welche Ähnlichkeiten gibt es? Fügen Sie die Darstellungen zu einer Synthese zusammen. Hat sich Ihre ursprüngliche Betrachtungsweise des Problems geändert? (vgl. Michalko, 2001, S. 39). Diese Kreativitätstechnik eignet sich für die individuelle Durchführung.

Lit.: Michalko, M.: Erfolgsgeheimnis Kreativität. Was wir von Michelangelo, Einstein & Co. lernen können. Landsberg am Lech 2001.

Funktionsanalyse (functional analysis): auch als Mittel-Zweck-Analyse bezeichnet; eine Variante des → Morphologischen Kastens bzw. der → Morphologischen Matrix. Diese Methode wurde 1947 von dem US-amerikanischen Ingenieur Lawrence D. Miles (1904–1985) entwickelt, auf den auch die → Wertanalyse zurückgeht.

Durchführung:
Ein Problem wird auf seinen Zweck und auf seine Wirkung hin analysiert. Alle mit dem Problem im Zusammenhang stehenden Funktionen werden zusammengetragen. Anschließend werden für jede Funktion möglichst viele Merkmale gesucht, die zur Funktionserfüllung gehören. Diese werden daraufhin in eine Tabelle bzw. in einen Morphologischen Kasten übertragen. Danach werden diese Parameter miteinander kombiniert. Durch die Verknüpfungen ergeben sich mögliche Lösungsansätze. Diese Kreativitätstechnik eignet sich für die Arbeit im Team.

Martin G. Möhrle entwickelte mit Hilfe der netzwerkorientierten Funktionsanalyse die Kombinationstechnik → MorphoTRIZ, eine Technik zur systematischen Gewinnung kreativer Problemlösungen, die das morphologische Verfahren gezielt mit dem widerspruchsorientierten Problemlösen (TRIZ) verknüpft.

Lit.: Möhrle, M. G.: Gelenkte Kreativität mit MorphoTRIZ – Verschmelzung von morphologischem und widerspruchsorientiertem Problemlösen (TRIZ). In: Harland, P. E./Schwarz-Geschka, M. (Hrsg.): Immer eine Idee voraus. Wie innovative Unternehmen Kreativität systematisch nutzen. Lichtenberg (Odw.) 2010, S. 343–364;

G

Galerie-Methode (Gallery method); auch unter den Bezeichnungen „Ideenmarkt“ oder „Marktplatz“ gebräuchlich. (vgl. Brunner, 2008, S. 165) Diese Problemlösungsmethode wurde 1978 von Heinrich Hellfritz entwickelt. Dabei skizzieren die Teilnehmer ihre Ideen auf großen Papierbögen (möglichst DIN-A1), die anschließend – wie Bilder in einer Galerie – im Raum aufgehängt werden.

Durchführung:
Der Verlauf dieser Kreativitätstechnik erfolgt meist in vier oder in sechs Phasen. Das Vier-Phasen-Modell lautet:

1. Ideenfindung: Jeder Teilnehmer schreibt oder skizziert seine Ideen auf ein Blatt (empfohlen werden DIN-A1-Bögen). Dabei sollte nicht gesprochen werden, um ein konzentriertes Arbeiten zu gewährleisten. Die Papierbögen mit den Lösungsvorschlägen werden an den Wänden des Beratungsraums aufgehängt.
2. Assoziationsphase: Die Teilnehmer wandern wie in einer Galerie umher und schauen sich die anderen Lösungsvorschläge an. Dadurch lassen sie sich zu neuen oder veränderten Ideen inspirieren.
3. Ideenbildungsphase: Die Teilnehmer notieren ihre neuen Lösungsvorschläge.
4. Auswertungsphase: Dabei ist auch Kritik an den Vorschlägen erlaubt.

Ist die Lösung noch unbefriedigend, kann die Galerie-Methode wiederholt werden. Die einzelnen Phasen des Lösungsprozesses können auch mehrfach durchlaufen werden. (vgl. Bugdahl, 1991, S. 33) Das Sechs-Phasen-Modell beinhaltet folgende Stufen:

1. Problemdefinition
2. Ideenfindungsphase 1
3. Präsentation
4. Diskussion
5. Ideenfindungsphase 2
6. Auswertung

Vorteile:
Der Vorteil dieser Methode besteht darin, dass Mitarbeiter aus unterschiedlichen Bereichen eines Unternehmens an der Lösung des Problems beteiligt werden können, wobei die Aspekte der Problemstellung möglichst umfassend berücksichtigt werden. Durch die bildhafte Präsentation werden die Teilnehmer zu Assoziationen angeregt, so dass sich mögliche Lösungsansätze erschließen.

Diese Technik kombiniert die Einzel- und die Teamarbeit. Jeder Teilnehmer kann individuell Ideen entwickeln und notieren. Gleichzeitig können sich die Teilnehmer gegenseitig austauschen und ihre unterschiedlichen Sichtweisen einbringen. Die vorgeschlagenen Ideen können verbessert und weiterentwickelt werden.

Die Zeit und die Durchführung können flexibel gestaltet werden. Jeder Teilnehmer kann sein Arbeitstempo selbst bestimmen. Die Dauer der Sitzung ist variabel. Dominante Teilnehmer werden gebremst und zurückhaltende Mitarbeiter eher ermutigt, Ideen zu entwickeln. Vorteilhaft ist es auch, dass sich die Teilnehmer zwischendurch bewegen können, was sich auf den Ideenfluss positiv auswirkt.

Nachteile:
Während der Phase der Ideenfindung sind Ablenkungen möglich, vor allem durch die Gruppenmitglieder, die vorzeitig umherlaufen, um sich die Galerie der Lösungsvorschläge anzusehen. Dadurch fühlen sich die anderen Teilnehmer gestört. Für das Durchdenken des Problems, die Inkubationsphase, die den Prozess der unbewussten Kombination von Gedanken umfasst, reicht die Zeit oft nicht aus.

Einsatzmöglichkeiten:
Diese Methode ist zur Ideenanregung, Problemanalyse und zur Lösungssuche geeignet, z. B. bei Gestaltungsproblemen oder für spontane Ideen- und Stoffsammlungen. Diese Kreativitätstechnik eignet sich für die Arbeit im Team.

Varianten:
Anstelle von textlich formulierten Lösungsvorschlägen können auch Grafiken oder Zeichnungen angefertigt werden. Das empfiehlt sich besonders bei der Lösungssuche im Design-Bereich oder bei technischen Innovationen.

Eine Variante zu dieser Technik bietet die gemeinsame Lösungssuche in kleinen Gruppen. Dabei wird jeder Bogen gleichzeitig von 2 oder 3 Teilnehmern bearbeitet. Während der Präsentationsphase bleibt ein Mitglied dieser Kleingruppe vor dem Galerie-Aushang stehen, um auf Anfragen Auskunft zu geben, während der andere, bzw. die beiden anderen Teilnehmer umherwandern und sich die anderen Galerie-Aushänge mit den Lösungsvorschlägen ansehen. Nach 10 Minuten wechseln sie ihre Rollen. Auch andere Varianten sind möglich. (vgl. dazu: Brunner, 2008, S. 168–170)

Lit.: Brunner, A.: Kreativer denken. Konzepte und Methoden von A-Z. Lehr- und Studienbuchreihe Schlüsselkompetenzen. München 2008; Bugdahl, V.: Kreatives Problemlösen (Reihe Management). Würzburg 1991; Hellfritz, H.: Innovationen via Galeriemethode. Informationen zur Teamarbeit für die Praxis. Königstein/Ts. 1978.

Geleitete Phantasiereise (Guided fantasy journey): eine Imaginationstechnik. Sie soll dazu dienen, das visuelle Vorstellungsvermögen zu stärken und unbewusste Erfahrungen mit in die Lösungsfindung einzubeziehen. Phantasie ist die Fähigkeit, aus Erinnerungen, Erlebnissen, Gedanken und bildhaft anschaulichen Vorstellungen neue kreative Ideen und Problemlösungen zu entwickeln. Sie ist neben der Inspiration eine Hauptbedingung des künstlerischen Schaffens. Die Phantasie übt meist eine kreativitätsfördernde Wirkung aus. Auch der Erfinder, der ein technisches oder wissenschaftliches Problem löst, bedarf der schöpferischen Phantasie. Phantasien können uns helfen, Dinge aus unterschiedlichen Perspektiven zu betrachten, uns in Vergangenheit, Gegenwart oder Zukunft zu versetzen und zu außergewöhnlichen Ideen und Einsichten zu gelangen, die emotionale Seite eines Problems zu begreifen und somit zu einem ganzheitlichen Problemverständnis zu gelangen. Das kreative Denken findet hierbei in einem Zustand der Entspannung statt, in dem die Gedanken und Einfälle unbeschwert zirkulieren.

Der Moderator animiert die Teilnehmer bei einer Phantasiereise, gedanklich Bilder, Erlebnisse und Geschichten aneinanderzureihen. Diese Methode soll helfen, Stress abzubauen, sowie Offenheit und Kreativität zu fördern. (vgl. Geschka, 2011, S. 27) „Wie bei einer Reiseplanung sollten das Ziel bzw. der Gegenstand der Phantasie bekannt sein“ (Gamber, 1996, S. 95). Es besteht ein deutlicher Unterschied darin, ob man auf dieser Phantasiereise nur ein stiller Beobachter ist, oder aktiv am Geschehen teilnimmt, d. h. sich mit dem Phantasieobjekt identifiziert. Vor dem Antritt dieser Reise sollte man sich auf die Perspektive, die man in der Phantasie einnimmt, festlegen.

Die geleitete Phantasiereise kann einzeln oder in der Gruppe durchgeführt werden. Für die Teamarbeit ist eine sorgfältige Vorbereitung und Durchführung durch den Moderator erforderlich. Die geleitete Phantasiereise umfasst folgende Phasen:

1. Vorbereitung
2. Entspannung und Einstieg
3. Durchführung
4. Austausch und Auswertung der gewonnenen Phantasie-Erfahrungen

Zu 1.:
Zur Vorbereitung auf das Meeting ist ein ruhiger Ort auszuwählen. Empfohlen wird ein niedriger Geräuschpegel, eine angenehme Raumtemperatur sowie gedämpftes Licht. Der Zeitpunkt für die Durchführung sollte nicht unter Termindruck, in Stress-Situationen, sondern in entspannter Atmosphäre erfolgen. Die Dauer sollte mindestens drei Stunden betragen. Zur Einstimmung und Entspannung können geeignete Texte ausgewählt werden. Dabei können Sie über folgende Fragen nachdenken:

- Was ist das Ziel der Phantasiereise?
- Welche Faktoren spielen eine Rolle?
- Welche Perspektive sollen die Teilnehmer einnehmen? Die Beobachter-Perspektive oder sollen sie sich mit dem Problem identifizieren? Der Perspektivwechsel dient dazu, um unterschiedliche Standpunkte und Sichtweisen einzunehmen. Er kann räumlich, sinnesbezogen oder interdisziplinär erfolgen.

Zu 2:
Entspannung und Einstieg: Diese Phase dient der völligen Entspannung und Aufmerksamkeit. Alle störenden Gedanken und Ablenkungen sind auszublenden. Dazu werden Entspannungsübungen empfohlen. „Je sensibler Ihre Wahrnehmung ausgebildet ist, umso mehr Aufnahmekanäle schaffen sie für kreative Denkprozesse. Und diese trainierten Sinne ermöglichen und fördern das ›Er-Sinnen‹ von neuen Ideen“ (Blumenschein/Ehlers, 2007, S. 18).

Zu 3.
Durchführung der Phantasiereise: Sie kann zur Stimulation eines Suchprozesses, für die gedanklich vorweggenommene Umsetzung einer gefundenen Lösung oder zur Antizipation möglicher Störfaktoren dienen.

Zu 4.
Austausch und Auswertung der gewonnenen Phantasie-Erfahrungen. Nach der Phantasiereise kehren die Teilnehmer in die Realität zurück. Anschließend findet dazu ein Erfahrungsaustausch statt, in dem sie die gewonnenen Einsichten und Erkenntnisse auswerten und gedanklich weiterbearbeiten. Die Bewertung sollte aber nicht nach den Kriterien gut oder schlecht erfolgen, sondern z. B. nach der Fragestellung:

- Was haben Sie gesehen?
- Was haben Sie gefühlt?
- Welche Erfahrungen haben Sie gemacht?
- Was haben Sie daraus gelernt? Was möchten Sie anders machen?

Weitere Möglichkeiten der Nachbearbeitung sind: Rollenspiele, Pantomimen, die Anfertigung von Zeichnungen und Collagen. Die neuen Anregungen, Ideen, Vorschläge, Kernaussagen und Erfahrungen sollen notiert werden. (vgl. Gamber, 1996, S. 100)

Lit.: Blumenschein, A./Ehlers, I. U.: Ideen managen. Eine verlässliche Navigation im Kreativprozess. Leonberg 2007; Carayannis, Elias G. (Ed.): Encyclopedia of creativity, invention, innovation, and entrepreneurship. Volume 1–3. New York, Heidelberg, Dordrecht, London 2013, vol. 1, p. 467; Gamber, P.: Ideen finden, Probleme lösen. Methoden, Tipps und Übungen für einzelne und Gruppen. Weinheim, Basel 1996; Geschka, Horst: Auf einen Blick. So werden Sie kreativ. In: Harvard Business Manager. Edition 2/2011: Kreativität. Wie Sie Ideen entwickeln und umsetzen, S. 26–27; Martin. J. N. T./Henry, J.: Problem solving by manipulation of imagery. In: Rickards, T. et al. (Eds.): Creativity and innovation. Learning from practice. Delft: TNO 1991, pp. 183–188.

Gift-und-Gegengift-Technik© (toxin and antitoxin technique; poison and antivenom technique): eine Ideenfindungstechnik, die auf dem allopathischen Grundsatz der entgegengesetzten Wirkung von Medikamenten beruht. (Allopathie: ein Heilverfahren, das Krankheiten mit entgegengesetzt wirkenden Mitteln zu behandeln sucht.) Diese Technik wurde von Annette Blumenschein und Ingrid Ute Ehlers entwickelt.

Zu jeder Substanz gibt es einen ihr entgegen wirkenden Stoff. Dieses Prinzip macht sich diese Kreativitätstechnik zunutze, um das Problem aus der entgegengesetzten Perspektive zu betrachten. Dabei werden die Sachverhalte verfremdet, um das Problem aus anderen Voraussetzungen zu sehen.

Durchführung:
Die Gesamtdauer dieser Kreativitätstechnik sollte 90 Minuten betragen. Für die Phase der Verfremdung sind 30 Minuten vorgesehen, für die Umkehrphase 60 Minuten. Dabei geht es um die Formulierung möglichst konkreter Fakten, die eine entgegengesetzte Wirkung haben (Gegengifte).

Die Durchführung erfolgt im Team mit einer Gruppengröße von drei bis acht Personen. Aber auch die individuelle Anwendung dieser Technik ist möglich.

1. Das zu lösende Problem wird vorgestellt und konsequent in sein Gegenteil umformuliert. Dabei kommt es zu ungewöhnlichen Ideen und Vorstellungen.
2. Diese Fragen und Vorschläge werden aus der verfremdeten Perspektive bearbeitet, d. h. es werden Ideen gesammelt, die für die veränderte Situation zutreffend sind. Durch diesen Perspektivwechsel werden gewissermaßen „giftige" Ideen erzeugt. Diese schädlichen, gefährlichen, provokanten und unsinnigen Ideen werden gesammelt.
3. Die toxischen Ideen werden nach dem Prinzip „Gegengift neutralisiert das Gift" wieder umformuliert.
4. Die Teilnehmer haben dadurch eine gleiche Anzahl „entgifteter" Lösungsmöglichkeiten erhalten, die jetzt nützlich und konstruktiv erscheinen. (vgl. Blumenschein/Ehlers, 2007, S. 94 f.)

Vorteile:
Das Problem wird aus unterschiedlichen Blickrichtungen betrachtet. Die vorgeschlagenen Ideen und Lösungsmöglichkeiten wären den Teilnehmern ohne diesen Verfremdungseffekt vermutlich nicht eingefallen.

Nachteile:
Solange man auf eine Sichtweise beschränkt ist, können nicht die originellen Ideen erzeugt werden, die zur Lösung eines schwierigen Problems erforderlich sind.

Einsatzmöglichkeiten:
Diese Technik soll Denkblockaden und verengte Sichtweisen bei der Problembearbeitung aufspüren, um sie zu beseitigen.

Lit.: Blumenschein, A./Ehlers, I. U.: Ideen-Management. Wege zur strukturierten Kreativität. München 2002; Blumenschein, A./Ehlers, I. U.: Ideen managen. Eine verlässliche Navigation im Kreativprozess. Leonberg 2007.

Gordon-Technik → Little-Technik

Gruppen-Brainstorming: → Brainstorming

Gruppen-Delphi (Delphi in groups): eine Bewertungsmethode für Problemlösungen, bei der die Teilnehmer einer Gruppe Punkte für die besten Lösungsvorschläge vergeben. Das Gruppen-Delphi kommt zum Einsatz, wenn am Ende der Auswertungsphase mehrere Teillösungen zur Auswahl stehen. Die Lösungsvorschläge werden nach Prioritäten geordnet. Der Moderator fasst die wichtigsten Lösungsvorschläge zusammen. Für die Abstimmung (Punktevergabe) werden sie auf Kärtchen geschrieben und untereinander auf einer Pinnwand befestigt. Es können, je nach Bewertung, mehrere Punkte für einen Lösungsvorschlag vergeben werden. Die Delphi-Methode lässt sich auch mit anderen Methoden kombinieren. → Delphi-Methode

Lit.: Niederberger, M./Renn, O.: Das Gruppendelphi-Verfahren: Vom Konzept bis zur Anwendung. Wiesbaden 2018.

H

Herausforderung → kreative Herausforderung

Heuristik: (griech.) Findungs- bzw. Erfindungskunst (lat. ars inveniendi; engl. heuristics): die Lehre, auf methodischem Wege neue Erkenntnisse zu finden bzw. Neues zu erfinden; auch als Lullische Kuns t bezeichnet, nach dem spanischen Scholastiker Raymundus Lullus (1235–1315). Er entwickelte ein System von obersten, allgemeinsten evidenten Begriffen und Prädikaten, durch deren Kombination alle möglichen Urteile gebildet und neue Wahrheiten gefunden werden sollten. Um diese Kombinationen zu erleichtern, bezeichnete er die Grundbegriffe durch Buchstaben, stellte sie in Tafeln, Kolumnen und Dreiecken zusammen oder ordnete sie auf konzentrischen, drehbaren Kreisen an. Wenn man diese Kreise dreht, bleiben immer andere Begriffe untereinander stehen, so dass neue Begriffsverbindungen möglich werden. Den frühesten Beleg für den Begriff „Heuristik" finden wir bei dem Philosophen, Mathematiker und Naturwissenschaftler Joachim Jungius (1587–1657).

Heuristik ist eine methodische Anleitung, um Probleme zu lösen und neue Erkenntnisse zu gewinnen durch systematisches Probieren. Die Ideensuche ist ungerichtet, intuitiv und zufällig. Heuristische Prinzipien sind Suchregeln. Heuristiken zur Ideenfindung sind:

- wechselseitige Assoziation
- semantische Intuition
- Analogiebildung und -übertragung
- Kombination
- Variation
- Abstraktion eines Sachverhaltes
- Systematische Zerlegung von Strukturen (Schlicksupp, 1989, S. 60)

Bei den Heuristiken werden systematisch-analytische und intuitiv-kreative Methoden der Ideenfindung unterschieden. Heuristische Prinzipien sind ideenauslösende Verfahren. Dazu gehören: Assoziationen, Analogiebildungen, Variationen und Modifikationen, die systematische Zerlegung und Umstrukturierung und die Kombination von verschiedenen Elementen. (vgl. Schröder, 2005, S. 29, 36) Die Heuristik ist auch eine „erfahrungsabhängige Vorgehensweise (Methode) zur Auffindung eines Lösungsweges“ (Hussy, 1993, S. 132). Der Psychologe Walter Hussy (*1946) unterscheidet zwischen der Repräsentativitätsheuristik und der Verfügbarkeitsheuristik als spezifische heuristische Strategien im Bereich der Urteilsprozesse. Der US-amerikanische Ökonom Bert J. Spector führte den Begriff »kreative Heuristik« ein. Er bezeichnet damit ein Verfahren, das neue oder andere Einstellungen und Sichtweisen zu Tage fördert. Hierzu rechnet er das Denken in Analogien, den Rollentausch, wodurch die Interessen des anderen wahrgenommen werden sowie das → Brainstorming, wodurch neue oder originelle Ideen produziert werden. Diese Kreativitätstechnik eignet sich für die individuelle Durchführung.

Lit.: Gigerenzer, G./Gaissmaier, W.: Denken und Urteilen unter Unsicherheit: Kognitive Heuristiken. In: Funke, J. (Hrsg.): Denken und Problemlösen. (Enzyklopädie der Psychologie, Bd. 8). Göttingen u. a. 2006, S. 329–374; Schlicksupp, H.: Innovation, Kreativität und Ideenfindung (Management-Wissen), Würzburg [3]1989; Schröder, M.: Heureka, ich hab's gefunden! Kreativitätstechniken, Problemlösung und Ideenfindung. Herdecke/Bochum 2005; Spector, B. J.: Theory and decision. Kluwer academic publishers. Den Haag 1993; Ders.: Creativity heuristics for impasse resolution: Cognitive process to help reframe intractable negotiations. In: The annales of the Academy of political and social science 542, November 1995, pp. 81–99.

Hutwechsel-Methode: Sechs Denkhüte (six thinking hats®); eine Technik des lateralen Denkens; 1986 von Edward de Bono (*1933) entwickelt. Er unterscheidet sechs Hüte des Denkens. Das symbolische Aufsetzen oder Tragen eines farbigen Huts in einer Diskussionsrunde steht für eine bestimmte Denkrichtung, die der Teilnehmer einnimmt und unter der er ein Thema oder ein Problem betrachtet. Jede Denkart enthält einen eigenen Hut, dem eine bestimmte Farbe zugeordnet wird:

Durchführung:

1. Der weiße Hut steht für das analytische Denken, für die Erkundung nach Informationen, Zahlen, Daten und Fakten;
2. Der rote Hut steht für emotionales Denken, für Intuition und Empfinden des Teilnehmers zu einem Problem;
3. Der schwarze Hut bedeutet Vorsicht und logisch begründbare negative Aspekte. Er steht für kritisches Denken, für Gefahren, Schwierigkeiten und Probleme. Der Träger des schwarzen Hutes muss begrün-

den, ob eine Idee mit der Unternehmensphilosophie, mit Gesetzen und Vorschriften im Einklang steht;

4. Der gelbe Hut steht für optimistisches Denken, für logisch begründbare positive Aspekte einer Idee oder eines Vorschlags. Dabei werden deren Effektivität und Nutzen untersucht;
5. Der grüne Hut steht für Kreativität, für kreative Gedanken, Ideen und Alternativen;
6. Der blaue Hut steht für die Kontrolle über den Denkprozess selbst (Moderation, Prozesssteuerung, Koordination der anderen Hüte bzw. Denkrichtungen). Der Träger des blauen Hutes bittet die anderen Denker um Zusammenfassung der Ergebnisse und um Schlussfolgerungen.

Vorteile:
Mit dieser Methode soll das kritische Denken produktiver werden, da es auf den richtigen Moment beschränkt bleibt. „Die sechs Hüte bieten ein konkretes Rahmenwerk, um aus der Schablone herkömmlicher Debatten und kontroverser Denkweisen auszubrechen und ein Thema kooperativ zu erforschen" (de Bono, 1996, S. 295). Wenn der Hut gewechselt wird, wird auch die Denkrichtung gewechselt.

Durch den Rollenwechsel wird vermieden, sich auf eine bestimmte Position festzulegen. Statt endlose Debatten oder „Grabenkämpfe" zu führen, ist dies eine anschauliche Methode, um Position zu beziehen. Wenn ansonsten einmal festgelegte Standpunkte hartnäckig verteidigt werden, bietet die Hutwechsel-Methode dazu eine Alternative. Die Aufgabenstellung wird somit unter verschiedenen Aspekten untersucht. Diese Methode beeinflusst die Unternehmenskultur positiv.

Nachteile:
Diese Methode ist zunächst gewöhnungsbedürftig.

Einsatzmöglichkeiten:
Diese Methode kann bei Konfrontationen, Krisen und Konflikten eingesetzt werden, um festgefahrene endlose Diskussionen und starre dogmatische Meinungen aufzubrechen und zu überwinden. Sie dient dem Ziel, die Arbeitsbesprechungen zu verbessern und Denkvorgänge zu strukturieren. Diese Kreativitätstechnik eignet sich besonders für die Teamarbeit.

Lit.: de Bono, E.: Six Thinking Hats. Little, Brown. New York 1986; Ders.: Serious Creativity. Die Entwicklung neuer Ideen durch die Kraft lateralen Denkens. Stuttgart 1996; Ders.: Der umwälzende Charakter des parallelen Denkens. Begleitheft zum Seminar: Die sechs Hüte des Denkens. (Advanced Practical Thinking and Training). Des Moines 1998; Novak, A.: Schöpferisch mit System. Kreativitätstechniken nach Edward de Bono (Arbeitshefte Führungspsychologie, hg. von Ekkehard Crisand, Bd. 39). Heidelberg 2001.

Hypothesen-Matrix (matrix of hypothesis): eine Methode zur analytischen Durchdringung komplexer Sachverhalte, die der → Problemanalyse dient. Damit können verborgene Zusammenhänge und Verknüpfungen aufgezeigt werden. Die Hypothesen-Matrix wurde von dem Wirtschaftsingenieur und Unternehmensberater Helmut Schlicksupp (1943–2010) entwickelt.

Durchführung:
Zunächst werden die Hypothesen zusammengetragen und in einer Matrix verzeichnet. Die Argumente werden in die entsprechenden Zeilen und Spalten eingetragen und auf ihre Abhängigkeit überprüft. Sind Beziehungen vorhanden, wird das entsprechende Feld angekreuzt. Häufen sich die Kreuze, deutet das auf eine hohe Übereinstimmung hin. Die Hypothesen sind begründete Annahmen zur Erklärung bestimmter Sachverhalte.

Etwa 50 Aussagen zu einem Problem werden untereinander geschrieben, 50 weitere Aussagen nebeneinander. Dadurch entsteht eine Matrix, ein System, das zusammengehörende Einzelfaktoren darstellt. Jedes dieser Felder kann nun auf gemeinsame Beziehungen hin untersucht werden. Durch die Kombination scheinbar unvereinbarer Objekte oder Sachverhalte können neue Ideen entstehen.

Vorteile:
Die Sachverhalte werden unter vielen Aspekten betrachtet. Bei der Auflistung und Gegenüberstellung der Aussagen können neue Ideen und Lösungsansätze entwickelt werden.

Nachteile:
Bei dieser Kreativitätstechnik sollten die Teilnehmer über ein hohes Fachwissen verfügen. Je nach dem Schwierigkeitsgrad der Aufgabe erfordert diese Methode einen erheblichen Arbeits- und Zeitaufwand.

Einsatzmöglichkeiten:
Die Methode eignet sich für komplexe, nicht eindeutig beschriebene Suchprobleme und dient dazu, um gegenseitige Abhängigkeiten und Beziehun-

gen zwischen zwei Bereichen zu untersuchen. Sie dient der Gewinnung neuer Sichtweisen für die Entwicklung von Innovationen, z. B. für neue Produktideen.

Die Hypothesen-Matrix ist mit der → Morphologischen Matrix vergleichbar. Diese Kreativitätstechnik eignet sich für die Arbeit im Team.

Lit.: Geschka, H.: Kreativität in Projekten. In: Gassmann, O. (Hrsg.): Praxiswissen Projektmanagement. Bausteine, Instrumente, Checklisten. München [2]2006, S. 153–181; Schlicksupp, H.: Innovation, Kreativität und Ideenfindung (Management-Wissen). Würzburg [3]1989.

I

IdeaClouds: eine Software für die onlinebasierte Anwendung von Kreativitätstechniken. Diese Software wurde von perceptos, einem Spin-Off an der Technischen Universität München entwickelt. (vgl. Gawlak, 2014, S. 49)

Lit.: Gawlak, M.: Kreativitätstechniken im Innovationsprozess. Von den klassischen Kreativitätstechniken hin zu webbasierten kreativen Netzwerken. Hamburg 2014.

Idea Engineering: Ideenausarbeitung, eine Variante des → Brainwriting und des → Ishikawa-Diagramms.

Durchführung:
Der Moderator erstellt zunächst eine Zielvorgabe. Der Ablauf ist ähnlich wie beim klassischen → Brainstorming. Bei dieser Technik wird das Hauptproblem in Teilprobleme zerlegt. Vor der Lösungssuche werden zunächst die Ursachen für ein entstandenes Problem ermittelt:

1. Wie ist das Problem entstanden? Die Ursachen werden analysiert und auf Kärtchen geschrieben bzw. in ein Ishikawa-Diagramm (Fischgräten-Diagramm) eingetragen.
2. Die Ursachen werden in Fragen umformuliert.
3. Zu den Fragen werden Lösungsvorschläge unterbreitet.
4. Abschließend werden die vorgeschlagenen Lösungsansätze von Experten bewertet. Die beste Lösung wird ausgewählt. (Bugdahl, 1991, S. 33)

Einsatzmöglichkeiten:
Das Idea-Engineering eignet sich für eine Wissens- und Ideensammlung der Mitarbeiter eines Unternehmens. Diese Kreativitätstechnik eignet sich für die Arbeit im Team.

Lit.: Bugdahl, V.: Kreatives Problemlösen (Reihe Management). Würzburg 1991; Mehrmann, E.: Schnell zum Ziel. Kreativitäts- und Problemlösungstechniken (Reihe: Arbeitstechniken im Unternehmen), Düsseldorf/Wien 1994; Schlicksupp, H.: Kreative Ideenfindung in der Unternehmung. Methoden und Modelle. Berlin/New York 1977; Ders.: Innovation, Kreativität und Ideenfindung (Management-Wissen), 4. Aufl., Würzburg 1992.

Ideales Endresultat (IER): Ideal Final Result (IFR): auch Ideales Endergebnis; der idealisierte Zielpunkt des erfinderischen Bestrebens; von dem russischen Wissenschaftler Genrich Soulovich Altschuller (1926–1998) auch „Ideale Maschine“ genannt. (Der Begriff „Maschine“ wird hier als Synonym für „Prozess“ oder „Verfahren“ verwendet.) Altschuller hat das „Ideale Endresultat“ in die Erfindungslehre eingeführt. (vgl. Zobel, 2007, S. 38) Das Ideale Endresultat (IER) ist auf die Verwirklichung einer Zielvorstellung gerichtet und ist ein Leitbild, das zwar nicht vollständig erreichbar ist, aber erstrebenswert ist die annähernde Realisierung. Dieses Verhalten wird im Wesentlichen durch die Zielerwartung motiviert.

Im Verlauf des Prozesses wird der Suchwinkel stark eingeschränkt und konzentriert sich auf einen schmalen Bereich, „innerhalb dessen mit hoher Sicherheit die Lösung zu suchen und zu finden ist“ (Zobel, 2009, S. 77). Die Qualität der erreichten Lösung ist dabei durch den Grad der Annäherung an das Ideale Endresultat (IER) charakterisiert. In der Praxis können in der Nähe des IER auch mehrere hochwertige Lösungen erzielt werden.

Durchführung:
Folgende Grundregeln gilt es zu beachten:

1. Das Ideale Endresultat (IER) ist möglichst abstrakt zu formulieren.
2. Die Zielvorstellung muss ohne Kompromisse und Einschränkungen abgefasst werden.
3. Nur ein hochgestecktes Ziel bietet die Aussicht, die Leistung zu steigern, um dieses Ziel zu erreichen, oder sich wenigstens diesem Idealen Endresultat zu nähern, damit eine vergleichsweise gute Lösung realisiert werden kann. Hohe und klar formulierte Ziele führen zu besseren Leistungen als unklare, verschwommene Vorgaben. (vgl. Schuler/Görlich, 2007, S. 94) „Das Setzen hoher und spezifischer Ziele hat sich als generell leistungsfördernd erwiesen“ (Kleinbeck, 2006; Schuler/Görlich, 2007, S. 90).
4. Zurückstecken. Falls es im Verlauf der erfinderischen Phase zur Stagnation kommt und es unumgänglich ist, muss die hohe Zielvorstellung reduziert werden. (vgl. Zobel, 2009, S. 78)

Vorteile:
Das Ideale Endresultat (IER) hält den Erfinder davon ab, sich mit unfertigen Lösungen abzugeben und fördert seine zielgerichtete kreative Tätigkeit. Sie beeinflusst die Intensität seines Kräfteeinsatzes und vor allem seinen

Leistungseinsatz in Belastungssituationen. Nur die intrinsische Motivation verleiht uns die immense Energie und lang anhaltende Ausdauer und Konzentration, die für eine Erfindung bzw. für ein schwieriges, zu lösendes Problem erforderlich sind, um erfolgreich zu sein. „Das Ideale Endresultat muss in günstigen Fällen keineswegs eine Fiktion bleiben“ (Zobel, 2009, S. 80).

Nachteile:
In der Praxis ist die Aufgabe oft nicht klar und eindeutig verfasst, denn „Erfindungsaufgaben werden häufig nicht vom Erfinder, sondern von einem Auftraggeber formuliert. ... Derartige Aufträge sind nicht selten unklar oder falsch formuliert. Damit werden zeitaufwendige Irrwege geradezu programmiert.“ Dietmar Zobel spricht in diesem Zusammenhang von einer „*überbestimmten* (und damit gewissermaßen *vergifteten*) Aufgabenstellung“ (Zobel, 2009, S. 79). Diese führt fast nie zu einem guten Ergebnis.

Einsatzmöglichkeiten:
Die klare Formulierung der Aufgabenstellung und der Prozess des Idealen Endresultats (IER) sind „ein wesentlicher Schritt auf dem Weg zum Systematischen Erfinden“ (Zobel, 2009, S. 79). Diese Kreativitätstechnik eignet sich für die individuelle Durchführung. → Zielgruppen-Analyse; → Zielsetzung

Lit.: Kleinbeck, U.: Das Management von Arbeitsgruppen. In: Schuler, H. (Hrsg.): Lehrbuch der Personalpsychologie. Göttingen [2]2006, S. 651–698; Schuler, H./Görlich, Y.: Kreativität. Ursachen, Messung, Förderung und Umsetzung in Innovation. (Praxis der Personalpsychologie. Human Resource Management kompakt, hg. von Heinz Schuler, Rüdiger Hossiep, Martin Kleinmann und Werner Sarges, Bd. 13). Göttingen et al. 2007; Zobel, D.: Kreatives Arbeiten. Methoden – Erfahrungen – Beispiele. Renningen 2007; Zobel, D.: Systematisches Erfinden. Methoden und Beispiele für den Praktiker. 5. Aufl., Renningen 2009; Zobel, D.: TRIZ für alle – Der systematische Weg zur Problemlösung. 4. Aufl., Renningen 2018; Zobel, D./Hartmann, R.: Erfindungsmuster TRIZ: Prinzipien, Analogien, Ordnungskriterien, Beispiele. Renningen [2]2016.

Idealog-Modell: auch Idealog-Prozess oder Idealog-Methodik; ein Prozessmodell, das die vier Phasen des Ideenkreislaufs widerspiegelt. Es wurde 2005 von dem Kreativitätsforscher und Ideencoach Michael Luther (*1958) entwickelt.

Durchführung:
Luther gliedert das Idealog-Modell in folgende Phasen:

1. Orientierung
2. Generierung
3. Optimierung
4. Implementierung (Luther, 2013, S. 100–103).

Jede Phase gliedert sich in weitere Arbeitsschritte:

1. Orientierung:
    a. Problem klären
    b. Ziel festlegen
    c. Kriterien definieren
    d. Fragen formulieren
2. Generierung
    a. Anregungen sammeln
    b. Denkanstöße anknüpfen und weiterführen
    c. Ideen neu entwickeln
    d. Neuland betreten, querdenken, auch originelle und ungewöhnliche Ideen zulassen
3. Optimierung
    a. Vorschläge sichten und sortieren
    b. Rangfolge der Lösungsvorschläge festlegen und Favoriten auswählen
    c. Rohideen stärken
    d. Konzepte entwerfen
4. Implementierung
    a. Maßnahmen terminieren
    b. Ressourcen organisieren
    c. Ergebnisumsetzung begleiten
    d. Erfolg und Lerneffekte zusammenfassen (vgl. Luther, 2013, S. 100–103).

Jede Phase ist am Zustandekommen des Endergebnisses im gleichen Maße beteiligt.

Vorteile:
Mit Hilfe des Idealog-Modells lassen sich die Aufgaben und Projekte ergebnisorientiert bearbeiten, Probleme lösen und Projekte steuern. Durch die

Struktur behält man den Überblick, in welcher Arbeitsphase man sich gerade befindet.

Einsatzmöglichkeiten:
Der Idealog-Prozess eignet sich für komplexe und systematische Aufgaben, zur Steuerung von Erfindungs-, Innovations- und Veränderungsprozessen. Diese Technik kann sowohl von Gruppen als auch von Einzelpersonen durchgeführt werden.

Lit.: Luther, M.: Das große Handbuch der Kreativitätsmethoden. Wie Sie in vier Schritten mit Pfiff und Methode Ihre Problemlösungskompetenz entwickeln und zum Ideen-Profi werden. Bonn 2013.

Idealprinzip (ideal prinziple): Diese Methode beruht auf Anregungen zum kreativen Arbeiten und systematischen Erfinden, die der russische Wissenschaftler Genrich Soulovich Altschuller (1926–1998) formuliert hat. Der → kreative Problemlösungsprozess zielt auf ein → Ideales Endresultat (IER).

Ideenbewertungsmatrix → Majaro-Matrix

Ideen-Delphi → Delphi-Methode → Gruppen-Delphi

Ideen-Exposé© (exposé of ideas): eine Technik zur Konkretisierung von Ideen; von den Unternehmensberaterinnen Annette Blumenschein und Ingrid Ute Ehlers entwickelt. Ideen sind oft unausgereifte Gedankensplitter und müssen ausformuliert werden. Dazu dient diese Methode.

Durchführung:
Das Ideen-Exposé© untersucht folgende Fragestellungen:

1. Gestalt
   Was sind die Grundzüge bzw. Grundprinzipien der Idee? – z. B. Fragen zum Material, zur Größe.
2. Zielpersonen: Interessenten, Verbraucher, Nutzer
   Für wen ist die Idee gedacht? Wer profitiert davon?
3. Produktion/Herstellung
   Was ist notwendig, um die Idee reifen zu lassen?
   Welche Produktionsschritte sind nötig, damit die Idee Gestalt annimmt?

4. Vertriebswege/Multiplikation
   Wer soll von der Idee erfahren? Wie soll die Idee kommuniziert werden?
5. Nutzen/Vorteil der Idee
   Was wird durch die Idee verändert?
6. UCP: Unique Convincing Proposition
   Welches überzeugende Alleinstellungsmerkmal hat die Idee?

Vorteile:
Das Ideen-Exposé© informiert über die Art und Tragweite einer Idee. Sie wird als konkretes Vorhaben begriffen.

Einsatzmöglichkeiten:
Das Ideen-Exposé©, die Darstellung einer Idee in kompakter Form, eignet sich für Produktentwicklungen, Dienstleistungen u. a. (vgl. Blumenschein/Ehlers, 2007, S. 119 f.) Diese Kreativitätstechnik kann sowohl individuell als auch im Team durchgeführt werden.

Lit.: Blumenschein, A./Ehlers, I. U.: Ideen managen. Eine verlässliche Navigation im Kreativprozess. Leonberg 2007.

Ideen-Management (idea management) die systematische Anwendung von Techniken und Methoden im Umgang mit Ideen; umfasst alle Vorgänge der Planung, Entwicklung, Bewertung, Auswahl, Realisierung und Überprüfung von Ideen. (Blumenschein/Ehlers, 2002, S. 12) Die Kernprozesse des Ideen-Managements sind „die Generierung von Ideen, die Ideensammlung und –speicherung, die Bewertung und Auswahl von Ideen und die Implementierung von Ideen in Planungs- und Realisierungsprozesse“ (Specht, 2010, S. 452).

Ideen-Management bedeutet, den kreativen Prozess vom → Briefing bis zur Umsetzung einer Idee gezielt zu inspirieren und zu steuern. (Pricken, 2010, S. 12) Dies führt zur Vernetzung von individuellen kreativen Potentialen. Ideen-Management schafft einen Informations- und Wissensvorsprung, um im nationalen und globalen Wettbewerb zu bestehen.

Durchführung:
Die Unternehmensberaterinnen Annette Blumenschein und Ingrid Ute Ehlers plädieren für ein strukturiertes Ideen-Management und entwickelten ein Sieben-Phasen-Modell des Ideen-Managements:

1. Phase: kreative Unzufriedenheit
2. Phase: Problemanalyse, Aufgabendefinition
3. Phase: Ideenfindung
4. Phase: Ideen-Strukturierung, Ideen-Bewertung, Ideen-Auswahl
5. Phase: Ideen-Realisierung
6. Phase: Ideen-Überprüfung
7. Phase: erneut kreative Unzufriedenheit (Blumenschein/Ehlers, 2002, S. 13).

Vorteile:
„Ein gutes Ideenmanagement führt vor allem zu Ideen, die im Unternehmen selbst umgesetzt werden können und dem ureigenen Unternehmenszweck dienen, Werte für den Kunden zu schaffen" (Gassmann/Friesike, 2012, S. 71).

Damit bekommt Kreativität eine ökonomisch nutzbare Dimension: „Kreativität als Grundpotenzial des Menschen, als Ausdruck für Problemlöse- und Kombinationsfähigkeit, als Gestaltungsbedürfnis wird zum Schlüsselfaktor unternehmerischer Produktions- und Leistungserstellung" (Blumenschein/Ehlers, 2002, S. 11). Diese Kreativitätstechnik eignet sich für die Teamarbeit, kann aber auch individuell durchgeführt werden.

Lit.: Blumenschein, A./Ehlers, I. U.: Ideen-Management. Wege zur strukturierten Kreativität. München 2002; Gassmann, O./Friesike, S.: 33 Erfolgsprinzipien der Innovation. München 2012; Pricken, M.: Clou. Strategisches Ideenmanagement in Marketing, Werbung, Medien & Design. Mainz 2010; Specht, G.: Kompetenz- und Prozessorientierung im Ideenmanagement. In: Harland, P. E./Schwarz-Geschka, M. (Hrsg.): Immer eine Idee voraus. Wie innovative Unternehmen Kreativität systematisch nutzen. Lichtenberg (Odw.) 2010, S. 451–478.

Identifikation (identification): Da zahlreiche Probleme mehrdeutig sind, soll mit dieser Methode versucht werden, sie eindeutig zu identifizieren, indem man sich in die Rolle der betroffenen Sachverhalte oder Personen versetzt. Aus dieser Perspektive wird dann nach geeigneten Lösungsmöglichkeiten gesucht.

Durchführung:
Die Durchführung erfolgt in folgenden Schritten:

1. Problemstellung
2. Problemklärung

3. Neuformulierung des Problems
4. evtl. Spontanlösungen formulieren
5. Rollensuche
6. Identifikation/Rollenübernahme
7. Entwicklung von Lösungsideen aus den Einzelperspektiven
8. Auswertung, wobei die gefundenen Lösungsansätze kritisch bewertet und weiterentwickelt werden. (Wack/Detlinger/Grothoff, 1998, S. 129 f.)

Einsatzmöglichkeiten:
Mit dieser Kreativitätstechnik können neue Sichtweisen des Problems und neue Aspekte der Problemdurchdringung ermöglicht werden, um daraus entsprechende Lösungsvorschläge abzuleiten. Diese Methode kann einzeln oder in der Gruppe durchgeführt werden.

Lit.: Wack, O. G./Detlinger, G./Grothoff, H.: Kreativ sein kann jeder. Kreativitätstechniken für Leiter von Projektgruppen, Arbeitsteams, Workshops und von Seminaren. Ein Handbuch zum Problemlösen, Hamburg [2]1998.

IER → Ideales Endresultat

I-G-I-Brainstorming: eine Weiterentwicklung des klassischen → Brainstorming nach dem Ablaufschema: <u>I</u>ndividuum – <u>G</u>ruppe – <u>I</u>ndividuum. Hierbei wird der erste Schritt einzeln durchgeführt, d. h. die Ideenproduktion erfolgt individuell; die zweite Stufe, also die Ideenintegration in der Gruppe, und die Bewertungsphase erfolgt wieder individuell. Diese Variante wurde 1994 von Boris Kabanoff und John R. Rossiter entwickelt. Ihre Untersuchungen haben ergeben, dass das individuelle Problemlösen in der ersten und dritten Phase dieser Kreativitätstechnik gegenüber der Gruppenarbeit überlegen ist. Einzelne Personen erzeugen meist mehr und auch bessere Ideen, als die gleiche Anzahl von Teilnehmern, die in Gruppen arbeiten (→ Solo-Brainstorming). Lediglich Zweiergruppen können unter bestimmten Umständen mit der individuellen Kreativität mithalten. Die Hauptursache für diesen Nachteil wird darin gesehen, dass jeder Teilnehmer warten muss, bis die anderen ihre Ideen vorgetragen haben, so dass es zu Informationsverlusten kommen kann. Diese Schwachstelle „betrifft sowohl die Äußerung der bereits produzierten Einfälle als auch das eigene Weiterdenken. Hinzu kommt die Hemmung, die durch die Bewertungsangst verursacht wird. Ihr unterliegen nicht alle Teilnehmer in gleichem Maße, sondern vor allem schüchterne, introvertierte Personen, die sich unter den Kreativen nicht selten finden, wodurch viel Potenzial verloren geht“

(Schuler/Görlich, 2007, S. 93). Einschränkend ist jedoch festzustellen, dass die Überlegenheit individuell arbeitender Personen lediglich die Phase der Ideenerzeugung betrifft, nicht die der Ideenintegration.

Durchführung:
Erforderlich sind:

- eine klare Problemvorgabe
- eine hohe, inhaltlich und quantitativ präzise Zielsetzung
- positive, offene, vertrauensvolle Team-Atmosphäre
- das Festhalten der Ideen in Stichworten, um den Ideenfluss nicht zu verzögern (vgl. Schuler/Görlich, 2007, S. 95)

Bereits der niederländische Wirtschaftswissenschaftler Andrew Henry van de Ven (*1945) und der US-amerikanische Management-Experte André L. Delbecq (1936–2016) hatten 1971 vorgeschlagen, nur die zweite Phase des Brainstorming-Prozesses in der Gruppe durchzuführen. Hierzu werden sämtliche individuell produzierten Ideen allen Teilnehmern mitgeteilt. Im Team werden sie diskutiert, verfeinert, weiterentwickelt und miteinander verknüpft. Dabei spielen auch Bewertungskriterien eine Rolle, um aus der großen Anzahl des Ideenpools die brauchbaren und nützlichen auszuwählen.

Die abschließende Entscheidung soll wieder individuell durchgeführt werden, um den Druck in der Gruppe zu vermeiden, weil sich dominante Teilnehmer besser durchsetzen können als zurückhaltende Personen. Dadurch wird auch die Identifikation jedes Beteiligten mit dem abschließenden Ergebnis begünstigt. Damit wird Brainstorming zu einer effizienten kreativitätsfördernden Arbeitstechnik. (vgl. Schuler/Görlich, 2007, S. 93–95) Bei dieser Kreativitätstechnik findet ein Wechsel zwischen Einzel- und Gruppenarbeit statt.

Lit.: Kabanoff, B./Rossiter, J. R.: Recent developments in applied creativity. In: Cooper, C. L. and Robertson, I. T. (Eds.): International Review of Industrial and Organizational Psychology, Vol. 9, London 1994, pp. 283–324; Schuler, H./Görlich, Y.: Kreativität. Ursachen, Messung, Förderung und Umsetzung in Innovation. (Praxis der Personalpsychologie. Human Resource Management kompakt, hg. von Heinz Schuler, Rüdiger Hossiep, Martin Kleinmann und Werner Sarges, Bd. 13). Göttingen, Bern, Wien, Toronto, Seattle, Oxford, Prag 2007; Van de Ven, A. H./Delbecq, A. L.: Nominal versus interacting group processes for committee decision-making effectiveness. In: Academy of Management Journal, 14, 1971, pp. 203–212.

Imaginäres Brainstorming (imaginary brainstorming): eine Variante des klassischen → Brainstorming. Diese Methode wurde 1971 von Arthur F. Keller entwickelt. Um originelle Ideen zu erzeugen, wird das Problem bzw. ein Merkmal der zu lösenden Aufgabenstellung verfremdet und durch eine fiktive Situation ersetzt. Die imaginäre Situation zwingt die Gedanken in völlig andere Richtungen. Dieser Kunstgriff ist meist wirkungsvoll, um festgefahrene Denkmuster zu verlassen, Denkblockaden zu überwinden und neue, ungewöhnliche Ideen zu provozieren. Diese lassen sich zwar nicht konform auf das Realproblem übertragen, um die geeignete Lösung herbeizuführen, jedoch werden neue Wege aufgezeigt, wie man an das Problem herangehen könnte. Der Verfremdungseffekt kann hierbei Alternativen aufzeigen und neue kreative Potenziale erschließen.

Durchführung:
Die Vorgehensweise erfolgt in drei Stufen:

1. Das vorhandene, reale Problem wird durch andere, auch fiktive Möglichkeiten ersetzt, also verfremdet.
2. Zu dem veränderten, gewissermaßen „imaginären Problem" werden Lösungen gesucht.
3. Die gefundenen Lösungen werden geprüft, ob sie auch zur Lösung des Realproblems Anregungen liefern können.

Die entwickelten Lösungsansätze werden anschließend auf das Ausgangsproblem übertragen.

Einsatzmöglichkeiten:
Diese Technik ist vor allem zur Lösung von Such-, Analyse- und Konstellationsproblemen geeignet und kann z. B. in der Werbebranche, im Marketing, bei der Produktentwicklung, der Projekt- und Unternehmensplanung sowie im Training und Unterricht angewandt werden. Diese Kreativitätstechnik eignet sich für die Teamarbeit.

Lit.: Keller, A. F.: Methoden zum Finden neuer Ideen. In: Marketing-Journal, Nr. 2, 1971, S. 154f.; Schlicksupp, H.: 30 Minuten für mehr Kreativität. Offenbach 1999; Ders.: Innovation, Kreativität und Ideenfindung (Management-Wissen), 6. Aufl., Würzburg 2004; Schröder, M.: Heureka, ich hab's gefunden! Kreativitätstechniken, Problemlösung und Ideenfindung. Herdecke, Bochum 2005.

Imaginationstechniken (imagination techniques): Diese Techniken sollen das visuelle Vorstellungsvermögen stärken und unbewusste Erfahrungen mit in die Lösungsfindung einbeziehen. Die Anwendung erfolgt in der Gruppe. Dazu gehören z. B. → Try to become the problem (Versuche, das Problem zu werden), → Take a picture of the problem (Mach dir ein Bild von dem Problem), die → Geleitete Phantasiereise ((Guided fantasy journey). Der Moderator animiert die Teilnehmer bei einer Phantasiereise, gedanklich Bilder, Erlebnisse und Geschichten aneinanderzureihen. Diese Methode soll helfen, Stress abzubauen, sowie Offenheit und Kreativität zu fördern.

Lit.: Carayannis, E. G. (Ed.): Encyclopedia of creativity, invention, innovation, and entrepreneurship. Volume 1–3. New York, Heidelberg, Dordrecht, London 2013, vol. 1, p. 466–467; Geschka, H.: Auf einen Blick. So werden Sie kreativ. In: Harvard Business Manager. Edition 2/2011: Kreativität. Wie Sie Ideen entwickeln und umsetzen, S. 26–27.

Individuelles Brainstorming → Solo-Brainstorming

Innovations-Checkliste (Innovation Situation Questionnaire): Mit Hilfe der Innovations-Checkliste kann der Sachverständige alle Informationen über das zu verbessernde Produkt, über die verfügbaren Ressourcen und den vorhandenen Wissensstand systematisch erfassen und dokumentieren. → Ishikawa-Diagramm

Jeder Innovationsprozess besteht aus sechs Stufen:

1. Das kritische Bedürfnis: Das können auch verborgene Kundenwünsche sein.
2. Die kritische Lösung: Die Entscheidung für eine Lösungsvariante zum richtigen Zeitpunkt.
3. Der kritische Preis: Preisnachlässe locken zahlreiche potenzielle Käufer an.
4. Die kritische Masse: Ab einer bestimmten Anzahl von Kunden erreicht die neue Technologie eine „kritische Masse“, so dass sie sich am Markt erfolgreich etabliert.
5. Der kritische Moment: Das ist der Zeitpunkt, ab dem die umwälzende Innovation die alte Technologie verdrängt und den Markt übernimmt. Die neue Technologie verdrängt die bisherige, weil sie die große Mehrheit der Kunden erreicht.

6. Die kritischen Kosten: Wenn die innovative Technologie die ersten fünf Stufen durchlaufen hat, so ist sie beim Kunden angekommen. Das Produkt wird zum Bedarfsartikel, zur Ware (commodity). Durch große Stückzahlen lässt es sich kostengünstig herstellen. (vgl. Gassmann/Friesike, 2012, S. 31f.)

Die Innovations-Checkliste eignet sich für Einzel- und Teamarbeit.

Lit.: Aerssen, B. van: Revolutionäres Innovationsmanagement. Mit Innovationskultur und neuen Ideen zu nachhaltigem Markterfolg. München 2009; Gassmann, O./Friesike, S.: 33 Erfolgsprinzipien der Innovation. München 2012; Harmeier, J.: Originelle Kreativitätstechniken. Kissing 2009.

Innovative Prinzipien (innovative principles): Verfahren zum Lösen technischer Widersprüche; nach dem russischen Wissenschaftler Genrich Soulovich Altschuller (1926–1998). → TRIZ → Widerspruchsorientierte Innovationsstrategie (WOIS)

Inventio und Dispositio: Finden und Sammeln von Ideen oder Einfällen und deren Ordnung → Elocutio

Inverses Brainstorming: umgekehrtes, auch inversives Brainstorming; eine Variante des klassischen → Brainstorming. Diese Kreativitätstechnik wurde zuerst von General Electric in den USA eingeführt. Sie beginnt mit einer Situationsbeschreibung. Dabei werden zunächst mögliche Fehler und Nachteile eines Produktes diskutiert, um die damit verbundene Aufgabenstellung grundlegend zu erfassen und notwendige Korrekturen besser zu erkennen. Diese Kreativitätstechnik wird im Team durchgeführt und wird meist unter der Bezeichnung → Kopfstand-Technik verwendet.

Lit.: Scheitlin, V.: Kreativität – das Handbuch für die Praxis. Zürich 1993.

Ishikawa-Diagramm (Ishikawa diagram): auch Ursache-Wirkungs-Diagramm (cause-and-effect-diagram) oder Fischgräten-Diagramm (fish-bone-diagram; auch fish-bone-chart); bei senkrechter Darstellung auch als Tannenbaum-Diagramm (fir-tree-diagram) oder Fehlerbaum-Diagramm (error-tree-diagram) bezeichnet; meist jedoch Ishikawa-Diagramm genannt, nach dem japanischen Chemiker Kaoru Ishikawa (1915–1989), der es 1943 entwickelt hat. Es dient der systematischen Ermittlung von Ursachen eines Qualitäts-, Organisations- oder Ablaufproblems und analysiert den Zusammenhang von Ursache und Wirkung bei bestimmten Prozessen. Die

Problemursachen werden meist gegliedert nach den Bereichen Mensch – Methode – Material – Maschine.

Die Lösung eines Problems beginnt mit der Ursachenforschung, z. B. bei einem → Brainstorming. Die Fischgrätenstruktur (fish-bone chart) stellt die Haupt- und Nebenaspekte eines Problems anschaulich dar. Die Mittelachse weist auf die Problemformulierung. Die Haupt- und Nebenursachen für das Problem werden an den Haupt- und Neben-„Gräten" aufgelistet. Diese Anordnung der Abläufe, Entscheidungen oder Fehlerquellen stellt die Ursachen eines Problems in einen logisch, hierarchisch gegliederten Zusammenhang, um zu veranschaulichen, welche Ursache die Wirkung hervorgerufen hat.

Durchführung:

1. Ein Flussdiagramm wird nach dem Fischgrätenmuster angelegt. Das zu untersuchende Problem wird rechts am Kopfende eingetragen. Davon werden vier Hauptzweige abgeleitet, die mit den Begriffen „Mensch – Maschine – Material – Methode" beschriftet werden. Ergänzend können auch die Bezeichnungen „Messbarkeit – Milieu" hinzugefügt werden. Für spezielle Projekte oder Aufgabenstellungen können auch andere Kategorien gewählt werden, z. B. „Umwelt – Prozess – Management – (finanzielle) Mittel".
2. Danach ermitteln die Teammitglieder für jeden dieser Bereiche mögliche Problemursachen, die ebenfalls in das Diagramm eingetragen werden. Unterkategorien können mit Hilfe von kleinen Pfeilen hinzugefügt werden.
3. Die Visualisierung dient der Problemerkennung und Ursachenforschung. Dadurch können Lösungsansätze leichter identifiziert werden. (vgl. Luther, 2013, S. 131)

Mit Hilfe dieser Technik werden die Wirkungszusammenhänge von Problemen aufgezeigt, die Mängel können schneller erkannt und Lösungsmöglichkeiten für deren Beseitigung im Team diskutiert werden.

Die Checkliste dieser Technik lautet:

Welches sind die wesentlichsten Geschäftsprozesse?
Welchen Beitrag liefert unsere Abteilung zum Kerngeschäft des Unternehmens?
Welches sind die wesentlichen Informations- und Entscheidungsprozesse?
Welches sind die wichtigsten operativen Abläufe?

Welche Probleme behindern uns?
Welches der genannten Probleme ist das schwerwiegenste?
Welche Ursachen sind Auslöser für das Problem?

Der Ursachenkomplex wird analysiert und die nachgeordneten Einzelursachen können festgestellt werden. Um die hemmenden Ursachen auszuschalten, ist ein Maßnahmeplan zu entwickeln.

Vorteile:
Das Ishikawa-Diagramm ist einfach in der Anwendung und sehr übersichtlich. Ein Vorteil dieser Methode ist die ganzheitliche Problembetrachtung. Sie dient dazu, die Ursachen für ein Problem zu erkennen und übersichtlich und systematisch zu visualisieren. Ursache und Wirkung werden anschaulich miteinander in Beziehung gebracht, wodurch Schwachstellen leichter erkannt werden. Die Zusammenhänge werden dadurch schneller sichtbar. Zusätzliche Inhalte können im Diagramm leicht ergänzt werden.

Nachteile:
Der Nachteil besteht darin, dass die Struktur des Diagramms fest vorgegeben ist.

Einsatzmöglichkeiten:
Diese Kreativitätstechnik eignet sich für den Einsatz in der Produktion, für technische Bereiche, zur Problemanalyse, für die Ursachenermittlung von Qualitäts-, Organisations- und Ablaufproblemen. Die Entwicklung von Schwachstellenkatalogen dient als Basis für die Ideensuche, z. B. im Qualitätsmanagement. Diese Technik eignet sich für Einzel- und Teamarbeit. Eine Variante des Ishikawa-Diagramms ist die Technik → Idea Engineering.

Lit.: Aerssen, B. v./Buchholz, Ch. (Hrsg.): Das große Handbuch Innovation. 555 Methoden und Instrumente für mehr Kreativität und Innovation im Unternehmen. München 2018; Boos, E.: Das große Buch der Kreativitätstechniken. München 2007; Ishikawa, K.: Guide to quality control. Asian Prod. Organization 1984; Luther, M.: Das große Handbuch der Kreativitätsmethoden. Wie Sie in vier Schritten mit Pfiff und Methode Ihre Problemlösungskompetenz entwickeln und zum Ideen-Profi werden. Bonn 2013.

K

Kaizen: (japan. „kai“: Veränderung, Wandel; „zen“: gut, zum Besseren; Kaizen: Verbesserung, die Chance des Guten): in japanischen Unternehmen entwickelte und praktizierte Methode, die „die ununterbrochene Innovation von Waren, Herstellungsverfahren, Dienstleistungen und anderen Produkten“ beinhaltet (Guntern, 1994, S. 95). In Deutschland wurde diese Strategie auf den kontinuierlichen Verbesserungsprozess (KVP) übertragen. Beide Verfahrensweisen zielen darauf, die Faktoren Zeit, Kosten und Qualität unter betriebswirtschaftlichen Aspekten zu optimieren. Kaizen ist die Unternehmensphilosophie der ständigen Veränderung und Flexibilität, um auf die globalen Anforderungen und Umwelteinflüsse rasch zu reagieren und den Wachstumsprozess voranzutreiben. Der kontinuierliche Verbesserungsprozess wird fest in den Arbeitsprozess integriert; die Veränderung ist ein integraler Bestandteil des gesamten Leistungsprozesses. Die Tätigkeiten, Betriebsabläufe, die Qualität der Produkte sowie die Kundenbeziehungen werden ständig hinterfragt.

Durchführung:

- Alle Anregungen, Ideen und Vorschläge, die von den Mitarbeitern unterbreitet werden und dazu dienen, die Abläufe zu verbessern, kreativer zu gestalten und die Qualität zu erhöhen, werden ernst genommen.
- Auch abwegig erscheinende Einfälle, die zunächst unbrauchbar erscheinen, werden sachlich geprüft. Die japanischen Unternehmer vertreten den Standpunkt, dass sie dies ihren Mitarbeitern schuldig sind.
- Die Verbesserungen (Innovationen) erfolgen meist in vielen kleinen Schritten. Grundlegende Umgestaltungen im Produktionsprozess sind eher selten.
- Alle Mitarbeiter werden in das Vorschlagswesen einbezogen, auch die wenig qualifizierten.
- Die Mitarbeiter sind an der Umsetzung ihrer Vorschläge beteiligt.
- Die Unternehmenskultur spielt in diesem Umsetzungsprozess eine entscheidende Rolle. Alles, was ein japanisches Unternehmen errei-

chen kann, erreicht es mit den dort arbeitenden Personen, niemals gegen sie.

- Teamwork und Workgroups sind die Basis für jede kreative Verbesserung.
- Letztendlich bezahlt der Kunde mit dem gekauften Produkt auch die Gehälter der Mitarbeiter, nicht der Unternehmer. Das sollte jedem Angestellten bewusst sein.
- Alle unternehmerischen Aktivitäten sind kundenorientiert. Die Zufriedenheit der Kunden hat oberste Priorität. (vgl. Busch, 1999, S. 99 f.)

Vorteile:
Kaizen ist eine geeignete Methode, um das Kreativitätspotenzial der Mitarbeiter zu mobilisieren, weiterzuentwickeln und nutzbringend einzusetzen. Ihre Ideen, Anregungen und Vorschläge führen zur Qualitäts- und Produktivitätssteigerung. Kreativität wird damit zum festen Bestandteil der Tätigkeit jedes Mitarbeiters. Das japanische Kaizen beinhaltet also grundlegende Zielvorgaben, die über den Erfolg des Unternehmens entscheiden. Dazu gehören Material-, Zeit- und Energieeinsparungen, Qualitätssteigerungen, Arbeitsplatzgestaltung, Arbeitserleichterung und Umweltschutz.

Jede neu erreichte Qualität wird zum verbindlichen Standard ernannt. Das Ende eines Innovationsprozesses ist der Beginn eines Optimierungsprozesses. Kaizen ist eine aktive Führungsaufgabe. Dabei ist es wichtig, die Mitarbeiter zu qualifizieren, um ihre Anlagen, Begabungen, Talente, Fähigkeiten und Fertigkeiten zu steigern und in den Innovations- bzw. Verbesserungsprozess zu integrieren. Es geht darum, neue Produkte zu entwickeln und die vorhandenen qualitativ zu verbessern. Dieser kontinuierliche Verbesserungsprozess führt zu Kosteneinsparungen durch Qualitätsverbesserungen. Dabei soll jegliche Verschwendung beseitigt werden: Einsparung von Energie, Material und Ressourcen, Verbesserung des Arbeitsumfeldes, der Produktionsmittel, Verbesserung von Verwaltungsabläufen, Arbeitssicherheit, Produktqualität und Arbeitsproduktivität.

Es besteht eine Kultur der Fehlertoleranz, denn in Mängeln und Fehlleistungen liegt die Chance, dazuzulernen. Bei Fehlern werden nicht Sündenböcke gesucht, sondern deren Ursachen.

Zu den Erfolgsfaktoren zählen auch die gesellschaftlichen Rahmenbedingungen in Japan. Dazu gehören „intakte Familien, hohes Bildungsniveau, Fleiß, eiserne Disziplin, Perfektionismus in der Leistungserbringung, Flexibilität, Innovationsfreude und der hohe Stellenwert der Arbeit“ (Füser, 2007, S. 118).

Kaizen ist mehr als die Weiterentwicklung des betrieblichen Vorschlagswesens, denn diese Unternehmensphilosophie nutzt die Kreativität der Mitarbeiter für den kontinuierlichen Verbesserungsprozess und bezieht sie aktiv ein. Dadurch wird gleichzeitig die Teamkreativität gefördert.

Nachteile:
Radikale Innovationen sind mit dieser Methode nicht zu erwarten.

Einsatzmöglichkeiten:
Kaizen führt zu inkrementellen Innovationen, also zu permanenten, regelmäßigen Neuerungen. Kaizen ist in Japan eine Alltagsphilosophie, denn das Bemühen um ständige Verbesserungen prägt alle Lebensbereiche, z. B. Handwerk, Künste, Politik oder zwischenmenschliche Beziehungen. (vgl. Schwarz-Geschka, 2010, S. 396 f.) Diese Kreativitätstechnik wird im Team durchgeführt.

Lit.: Busch, B. G.: Erfolg durch neue Ideen. (Das professionelle 1 x 1). Berlin 1999; Füser, K.: Modernes Management. Business Reengineering, Benchmarking, Wertorientiertes Management und viele andere Methoden. (Beck-Wirtschaftsberater im dtv), 4. Aufl., München 2007; Guntern, G.: Sieben goldene Regeln der Kreativitätsförderung. Zürich, Berlin, New York 1994; Imai, M.: Kaizen. Der Schlüssel zum Erfolg im Wettbewerb. Berlin 2001; Schuler, H./Görlich, Y.: Kreativität. Ursachen, Messung, Förderung und Umsetzung in Innovation. (Praxis der Personalpsychologie. Human Resource Management kompakt, hg. von Heinz Schuler, Rüdiger Hossiep, Martin Kleinmann und Werner Sarges, Bd. 13). Göttingen et al. 2007; Schwarz-Geschka, M.: Kreativität und Kreativitätstechniken in Japan. In: Harland, P. E./Schwarz-Geschka, M. (Hrsg.): Immer eine Idee voraus. Wie innovative Unternehmen Kreativität systematisch nutzen. Lichtenberg (Odw.) 2010, S. 393–410; Wölm, D.: Kreatives Marketing. Eine zukunftsorientierte Perspektive. Stuttgart 1998.

Kärtchen-Technik → Kartenumlauftechnik

Kartenumlauftechnik (circulating cards technique): auch Kärtchen-Technik, Kärtchen-Befragung, Kartenabfrage oder Braincards genannt; wurde 1971 von Horst Geschka (*1938) und seinem Team am Battelle-Institut in Frankfurt am Main entwickelt; eine Brainwriting-Technik, um Ideen zu finden und zu strukturieren.

Durchführung:
Die Aufgabenstellung bzw. das Problem, dazu wichtige Fakten und Lösungsanforderungen werden auf einem Flipchart vermerkt, damit sie jedes Gruppenmitglied vor Augen hat. Die Durchführung erfolgt in drei Phasen:

1. Phase: Ideenfindung
Jeder Teilnehmer notiert seine Einfälle, Vorschläge und Ideen zur gestellten Aufgabe bzw. zum vorgegebenen Problem auf Karten, wobei sie für jede Idee eine neue Karte verwenden. Geeignet sind Pinnkarten oder Karteikarten im Format DIN-A6 oder DIN-A7. In den ersten fünf Minuten arbeitet jeder für sich. Danach fordert der Moderator dazu auf, die Karten an den jeweiligen Tischnachbarn weiterzureichen. Jeder Teilnehmer liest daraufhin die Ideenkarte seines Nachbarn und entwickelt dazu neue Aspekte oder Ideen, notiert sie aber nicht auf dessen Karte.

Alle Teilnehmer geben ihre Karten in die gleiche Umlaufrichtung weiter. Während dieser Phase sollte nicht gesprochen werden. Der Moderator sammelt die Kärtchen nach etwa zehn oder zwanzig Minuten ein und gruppiert sie nach verschiedenen Gesichtspunkten. Die notierten Ideen werden laut vorgelesen.

2. Phase: Bündeln der Ideen
Danach diskutieren die Teilnehmer über die notierten Vorschläge und treffen eine differenzierte Einteilung. Doppelnennungen werden gestrichen. Danach erfolgt eine Bewertung der Ideen, z. B. durch Punktevergabe. Durch diese Methode kristallisieren sich die aussichtsreichsten Vorschläge heraus, die an eine Pinnwand geheftet werden. Günstig ist eine Gruppengröße von etwa fünf bis acht Teilnehmern. Zur weiteren Vertiefung und Auswertung der eingereichten Lösungsvorschläge können auch Kleingruppen von zwei bis drei Teilnehmern gebildet werden.

3. Phase: Verständnisklärung und erste Bewertung durch Punktevergabe und Punktekleben an der Pinnwand
Die Zuordnung wird überprüft. Für die Lösungsansätze werden Oberbegriffe festgelegt. Bei unklaren Formulierungen wird der Ideengeber um entsprechende Erläuterungen gebeten.

Vorteile:
Selbstständiges, ungestörtes Nachdenken, schnelle Strukturierung. Mit Hilfe dieser Technik können bei einer Gruppe von 6 Teilnehmern in etwa 20 Minuten 50 bis 70 Ideen generiert werden. Der Vorteil besteht in der Nutzung

gruppendynamischer Effekte. (vgl. Bugdahl, 1991, S. 33; Geschka, [2]2006, S. 169–171; Geschka/Zirm, 2011, S. 293)

Nachteile:
Diese Methode ist weniger spontan als das klassische → Brainstorming.

Einsatzmöglichkeiten:
Die Kartenumlauftechnik wird empfohlen, wenn ein breites Spektrum an Ideen erzeugt werden soll, zur Problemanalyse sowie zur Bewertung und Strukturierung von Problemlösungen. Diese Kreativitätstechnik wird im Team durchgeführt.

Lit.: Bugdahl, V.: Kreatives Problemlösen (Reihe Management). Würzburg 1991; Geschka, H.: Kreativität in Projekten. In: Gassmann, O. (Hrsg.): Praxiswissen Projektmanagement. Bausteine, Instrumente, Checklisten. München [2]2006, S. 153–181; Geschka, H./Zirm, A.: Kreativitätstechniken. In: Albers, S./Gassmann, O. (Hrsg.): Handbuch Technologie- und Innovationsmanagement. Wiesbaden [2]2011, S. 279–302.

Katalog-Methode → Reizwortanalyse

KCP-Methode (KCP method): die Abkürzung steht für »Knowledge-Concepts-Proposals« (eigtl. Vorschläge für Wissenskonzepte). Sie wurde 2009 von Armand Hatchuel, Pascal Le Masson und Benoit Weil vorgestellt und beruht auf der Grundlage der Design-Theorie, die sie erweitert und verbessert; eine Methode des kollektiven kreativen Designs.

Durchführung:
Die KCP-Methode besteht aus drei Phasen:

1. K: Knowledge, die Wissensphase. Sie beinhaltet die gemeinsame Nutzung von Erfahrungswissen, sowohl intern als auch extern; die Identifizierung von Wissenslücken und wie diese durch Know-how zu schließen sind;
2. C: Concepts, die kreativitätsorientierte Konzeptphase;
3. P: Proposals: die Vorschlagsphase, die darauf zielt, eine Synthese der Ergebnisse herzustellen, um eine gemeinsame (kollektive) Designstrategie und Vorschläge für neue Produktentwicklungen zu erarbeiten.

Vorteile:
Die KCP Methode ist ein Verfahren für kollektives kreatives Design. Die individuellen Wünsche der Kunden werden erforscht, was ihnen am Produkt,

an der Herstellung, Verpackung, Vermarktung oder am Verkauf gefällt oder nicht gefällt. Die Bedürfnisse der Kunden werden optimal verknüpft mit dem technisch Machbaren. Innovationen sind auf die Kundenbedürfnisse abgestimmt. Diese Geschäftsstrategie ist auf Rentabilität ausgerichtet und erhöht die Marktchancen. Internes und externes Wissen kann in die kollektive Designstrategie einfließen.

Einsatzmöglichkeiten:
Die KCP-Methode wird meist in Workshops durchgeführt und ist ein komplexes Problemlösungs- und Innovationsverfahren. Dabei werden kreative Lösungen in interdisziplinären Teams erarbeitet. Diese Methode orientiert sich an der Arbeit von Designern, die als eine Kombination aus Verstehen, Beobachtung, Ideenfindung, Verfeinerung, Ausführung und Lernen verstanden wird.

Es entstehen Produkte und Dienstleistungen für die unterschiedlichsten Bedürfnisse der Menschen. Die Gestalter und Entwickler fungieren als Trendsetter. Keine Standardisierung und kulturelle Uniformität, sondern Vielfalt ist gefragt. Das Konzept basiert auf einem sozialen, am Menschen orientierten Gestaltungsansatz, der das Ziel verfolgt, die gesamte gestaltete Umwelt für alle nutzbar zu machen. Ziele sind u. a. eine barrierefreie Umgebung, sichere und einfach zu bedienende Produkte, Bildungsmöglichkeiten und Technologien, die sich an den Bedürfnissen der Menschen orientieren. Diese Intentionen bedeuten einen Zuwachs an Lebensqualität.

Die KCP-Methode ist eine nutzerorientierte Annäherung zur Problemlösung. Innovation ist in erster Linie durch sorgfältige Beobachtung der Kundenwünsche erreichbar. Die Durchführung erfolgt in interdisziplinären Teams.

Lit.: Berzbach, F.: Kreativität aushalten. Psychologie für Designer. Mainz [3]2012; Brown, T.: Designer als Entwickler. In: Harvard Business Manager. Edition 2/2011: Kreativität. Wie Sie Ideen entwickeln und umsetzen, S. 16–25; Brown, T./Katz, B.: Chance by design. How design thinking can transform organizations and inspire innovation. HarperCollins Publishers, New York NY 2009; Hatchuel, A.: Pour une épistémologie de l'Action Kollektiv. L'expérience des sciences de gestion. Entre connaissance et Organisation : l'activité Kollektiv. T. A. Lorino. Paris, La Découverte 2005; Hatchuel, A./Le Masson, P./Weil, B.: Design theory and collective creativity: A theoretical framework to evaluate KCP Process. Proceedings of ICED 09, the 17th International Conference on Engineering Design, Vol. 6, Design methods and tools (pt. 2), Palo Alto, Stanford University, USA 24.-27.08.2009,

Stanford CA; Kelley, T., with J. Littman: The art of innovation: Lessons in creativity from IDEO, America's leading design firm. New York et al. 2001; Kelley, T./Littman, J.: Das IDEO Innovationsbuch. Wie Unternehmen auf neue Ideen kommen. München 2002; Knaut, M. (Hrsg.): Kreativwirtschaft. Design – Mode – Medien – Games – Kommunikation – Kulturelles Erbe. Bd. 1 der Schriftenreihe: Beiträge und Positionen der Hochschule für Technik und Wirtschaft (HTW) Berlin, hg. von Michael Heine, Präsident der HTW Berlin. Berlin 2011; Le Masson, P./Hatchuel, A./Weil, B.: Creativity and Design Reasoning. How C-K Theory can enhance creative design. International Conference on Engineering Design, ICED '07, Paris, 12, 2007: Lockwood, Th.: Design thinking. Integrating innovation, customer experience, and brand value. New York 2009; Shamiyeh, M.: Creating desired futures. Solving complex business problems with design thinking. Basel 2010.

Kepner-Tregoe-Methode (Kepner-Tregoe-method): von Charles H. Kepner und Benjamin B. Tregoe entwickelt. Mit Hilfe dieser Technik soll festgestellt werden, was die zahlreichen Informationen, denen wir permanent ausgesetzt sind, beim Empfänger bewirken, wie er die Fakten bewertet und in Wechselbeziehung bringt, um Probleme zu analysieren und Entscheidungen zu treffen. Zur besseren Orientierung dienen systematisch-analytische Untersuchungen, wie z. B.:

die Situationsanalyse
die Entscheidungsanalyse
die → Problemanalyse
die Ursachenanalyse.

Bei der heutigen Informationsflut kann diese Kreativitätstechnik hilfreich sein, um Wesentliches vom Unwesentlichen zu unterscheiden und gewissermaßen „die Stecknadel im Heuhaufen" zu finden. Diese Kreativitätstechnik kann sowohl individuell als auch im Team durchgeführt werden.

Lit.: Kepner, Ch. H./Tregoe, B. B.: The rational manager. New York: Mc Graw Hill 1965; Kepner, Ch. H./Tregoe, B. B.: The new rational manager. Princeton 1980.

Kick-off: auch Kick-off-Meeting: eine Zusammenkunft von Vertretern der Projektleitung und der ausführenden Team-Mitglieder zum Projektstart (project start up), in dem es um die Klärung grundsätzlicher Fragen geht, wie Teilnehmerkreis, Aufgabenverteilung, Durchführung, Zeitplan und Zielstellung. Das Ziel des Kick-off-Meetings besteht darin, dass alle

Beteiligten über das Projekt und über die Art der Durchführung informiert werden und ein gemeinsames Verständnis für das Projekt entwickeln. Auf die Tagesordnung eines Kick-off-Meetings gehören „die Vorstellung eines Projektmanagementplans, die Darstellung der Projektrisiken, der Kommunikationsplan und die Struktur der Meetings im Projekt" (Bohinc, 2019, S. 189).

Durchführung:
Der Projektleiter und das Projektteam werden benannt und lernen sich kennen. Bei der Projektstart-Besprechung, dem Kick-off-Meeting, werden z. B. einzelne Instrumente des Einzel-Projektmanagements diskutiert und festgelegt:

1. Projektauswahl: Ökonomische und qualitative Bewertungsmethoden (→ Nutzwertanalyse: Sie dient der Bewertung des Projekts).
2. Projektzieldefinition (Zielplanung): Die Projektziele werden mit allen Beteiligten geklärt und bestätigt. Dabei sollen Differenzen und Missverständnisse zu den Zielvereinbarungen beseitigt werden.
3. Scope-Planung: Der Leistungsumfang (Pflichtenheft) des Projekts und der aufgabenorientierte Projektstrukturplan (PSP) – Work Breakdown Structure (WBS) werden geplant.
4. Ressourcenplanung
5. Zeitplanung (Ablauf- und Terminplanung für das Projekt). Netzplan, → Meilensteinplan. Der Projektablaufplan wird als „Gantt-Diagramm" bezeichnet, benannt nach dem US-amerikanischen Maschinenbauingenieur und Unternehmensberater Henry Laurence Gantt (1861–1919), der das Diagramm 1910 entwickelt hat. Auch die Begriffe „Balkenplan" oder „Balkenterminplan" werden dafür verwendet.
6. Budgetplanung (Kostenplanung, Kostenermittlung): Das Projektbudget umfasst die Sachkosten, Personalkosten, Kosten für Fremdaufträge u. a.
7. Qualitätsplanung: → Quality Function Deployment (QFD)
8. Risikoplanung: Entscheidungsbäume, Simulation, Kontingenzpläne (Identifizierung der Projektrisiken (→ Risikoanalyse);
9. Leistungsüberwachung (Fertigstellungswertanalyse, auch Arbeitswertanalyse oder Projektstatusanalyse)
10. Kostenüberwachung
11. Terminüberwachung
12. Qualitätsüberwachung

13. Projektberichtswesen (Konfigurationsmanagement, Statusreport)
14. Nachprojektphase (Post-Project Phase), die Nachkalkulation, die sich aus der Gegenüberstellung der tatsächlichen Kosten und des Budgets aus der Auftragskalkulation anhand der erbrachten Lieferungen und Leistungen ergibt. Es erfolgt die Wirtschaftlichkeitsanalyse und die Dokumentation in den Datenbanken, der Projektabschlussbericht, die Abnahme und Übergabe der Projektergebnisse an den Auftraggeber. Diese abschließende Phase wird auch als „Post Mortem Analyse" (Analyse nach dem Tod) bezeichnet. (vgl. Lechler, [2]2011, S. 563)

Wenn z. B. ein neues Produkt entwickelt werden soll, sind viele Faktoren zu berücksichtigen, z. B. die Kundenwünsche, die Zielgruppe, ob es sich um jüngere oder ältere Kunden handelt, die technischen Voraussetzungen, der Zeitpunkt für die Produkteinführung. Wie schnell muss die Idee umgesetzt werden? Wie hoch ist das Budget für die Forschung und Entwicklung für das neue Produkt? Fragen der Materialbeschaffung und der Materialkosten. Welche Produkte waren in den letzten Jahren besonders erfolgreich und welche nicht sowie weitere Kriterien.

Zum Projektstart wird auch oft ein Workshop veranstaltet.

Vorteile:
Beim Kick-off-Meeting können die Stärken und Schwächen, die Risiken und möglichen Konflikte, die bei der Durchführung eines Projekts auftreten können, frühzeitig erkannt werden. Ein Vorteil besteht auch darin, dass der Auftraggeber, also der spätere Nutzer, in wichtige Entscheidungen einbezogen wird.

Nachteile:
Eine Voraussetzung für das Kick-off ist ein detailliertes Branchenwissen. Beim Kick-off-Meeting dürfen auch die Risiken des Projekts nicht verschwiegen werden. Mögliche Ereignisse oder Situationen können negative Auswirkungen auf den Projektverlauf und auf das Projektergebnis haben. Auch einzelne Planungsgrößen können sich negativ auswirken. Risiken können aber auch aus dem Projekt selbst oder aus dem Projektumfeld entstehen.

Einsatzmöglichkeiten:
Das Kick-off-Meeting wird zum Projektstart durchgeführt. Es eignet sich für alle Unternehmen und Industriezweige, für Organisations- und Ent-

wicklungsprojekte, in der Investitionsgüterindustrie genauso wie in der Softwarebranche u. a. Diese Kreativitätstechnik wird im Team durchgeführt.

Mit dem Begriff »Kick-off« wird auch das → Brainstorming bezeichnet.

Lit.: Bohinc, T.: Grundlagen des Projektmanagements. Methoden, Techniken und Tools für Projektleiter, 7. Aufl., Offenbach 2019; Lechler, Th.: Projektmanagement. Konzepte zur Einzel- und Multi-Projektführung. In: Albers, S./Gassmann, O. (Hrsg.): Handbuch Technologie- und Innovationsmanagement. Wiesbaden ²2011, S. 555–572; Motzel, E.: Projektmanagement Lexikon. Begriffe der Projektwirtschaft von ABC-Analyse bis Zwei-Faktoren-Theorie. Weinheim 2006; Schelle, H. unter Mitarbeit von Roland Ottmann: Projekte zum Erfolg führen. Projektmanagement systematisch und kompakt. (Beck-Wirtschaftsberater im dtv) 7. Aufl., München 2014.

Kipling-Fragen (Kipling-questions): auch als → W-Fragen bezeichnet; benannt nach dem britischen Schriftsteller und Nobelpreisträger Joseph Rudyard Kipling (1865–1936), der bekannte Jugendbücher, wie „Das Dschungelbuch" veröffentlichte. Es sind meist fünf oder sechs W-Fragen.

Durchführung:
Die Fragen lauten: Was, wo, wann, wie, warum und wer?

Was?

Was genau ist das Problem? Was habe ich bisher getan, um das Problem zu lösen?
Was ist bisher falsch gelaufen?
Was stört mich am meisten?
Was hat die höchste Priorität?
Was mache ich richtig und was falsch?
Was habe ich übersehen?

Wo?

Wo gibt es Vorbilder für mein Problem (Best Practice)?
Wo gibt es Informationsquellen, die ich nutzen kann?
Wo finde ich Verbündete zur Zielerreichung?

Wann?

Wann will ich welche Zwischenziele (Milestones: Meilensteine) erreichen?
Wann weiß ich, dass ich das Ziel erreicht habe?
Wann zahlt sich mein Vorhaben aus?

Wie?

Wie hoch ist der Aufwand für die Erreichung des Ziels (Kosten, Zeit)?
Wie stelle ich sicher, dass der Projektplan bzw. Terminplan eingehalten wird?
Wie kann ich andere motivieren, sich daran zu beteiligen?
Wie wollen wir bei der Problemlösung zusammenarbeiten und wie können wir Streit vermeiden?

Warum?

Warum soll das Problem gelöst werden?
Warum kann ich es schaffen?

Wer?

Wer wird mich unterstützen und wer nicht?
Wer hat Interesse daran, dass das Problem nicht gelöst wird? (vgl. Weidenmann, 2010, S. 35)

Diese Frageliste kann nach den spezifischen Anforderungen, Bedürfnissen und Problemlösungen ergänzt oder variiert werden.

Vorteile:
Diese Fragen sind nützlich, um Probleme klarer zu erkennen und Lösungen zu finden. Die Fragen verlangen, dass man eine gründliche Ursachenanalyse betreibt. Bei den meisten Problemen wirken verschiedene Faktoren zusammen. Dieses Zusammenspiel muss erkannt werden, bevor man nach Lösungen sucht. Oft werden auftretende Fehler auf äußere Ursachen zurückgeführt und andere für das Problem verantwortlich gemacht, anstatt eigene Mängel in die Ursachenanalyse einzubeziehen. Diese Fragen helfen, die Aufgabe oder das Problem genau zu analysieren, um bei der Lösungsfindung nichts Wichtiges zu vergessen.

Nachteile:
Die Kipling-Fragen haben keine systematische Struktur.

Einsatzmöglichkeiten:
Wenn die einzelnen Ursachen festgestellt sind, erfolgt ein Aktionsplan. Darin wird genau festgelegt, welche Maßnahmen durchzuführen sind, um künftige Fehler zu vermeiden. Die Fragen sind auf alle Arten von Problemen anwendbar, nicht nur auf technische, sondern auch auf prozessuale oder menschliche. Sie sind auch für Autoren gut geeignet, bei der Abfassung einer Story oder eines Drehbuchs. (vgl. Weidenmann, 2010, S. 29–36) Diese Kreativitätstechnik eignet sich für die Teamarbeit, kann aber auch individuell durchgeführt werden. → W-Fragen

Lit.: Weidenmann, B.: Handbuch Kreativität. Ein guter Einfall ist kein Zufall! Weinheim und Basel 2010.

KJ-Methode (KJ method): Kawakita-Jiro-Methode; auch TKJ-Methode oder Affinitäts-Diagramm; eine Analysemethode, mit deren Hilfe man die Struktur und die Besonderheiten eines Problems ermitteln und darstellen kann. Sie wurde von dem japanischen Kultur-Anthropologen Jiro Kawakita (1920–2009) entwickelt und 1967 eingeführt. KJ ist benannt nach den Anfangsbuchstaben seines Nachnamens und Vornamens, denn im Japanischen steht zuerst der Nachname. In Japan auch unter der Bezeichnung kami-kire ho (Altpapiertechnik oder Papierstückchen-Methode) bekannt, weil Kawakita die Teilnehmer ihre Gedanken und Vorschläge ursprünglich auf Altpapier schreiben ließ. Es ist „eine Brainstorming-Technik, bei der Ideen, gemäß der neutralen Fakten und Nuancen der jeweiligen Situation, individuell entwickelt werden können“ (Michalko, 2001, S. 223).

Durchführung:
Die Methode besteht aus zwei Stufen, der Problemdefinition und der Problemlösung.

1. Jedes Gruppenmitglied analysiert zunächst den Kern des Problems (Informations- bzw. Faktensammlung). Zu einem Problem werden möglichst viele Informationen gesammelt. Alle Einzelinformationen zu einem Problem werden auf Kärtchen geschrieben. Die Anzahl der Kärtchen ist nicht vorgegeben, aber es können ca. 100 bis 200 sein. Diese werden auf einer großen Tischfläche ausgebreitet.
2. Danach erfolgt die Suche nach Oberbegriffen, d. h. diejenigen Kärtchen, deren Informationsgehalte miteinander in Beziehung stehen, werden zu kleinen Stapeln zusammengefasst. Für jeden dieser Stapel wird ein neues Deckblatt geschrieben, das den Inhalt der darunterlie-

genden Informationen als Oberbegriff enthält. Aus den verbliebenen Kärtchen wird erneut nach Oberbegriffen selektiert.

3. Anschließend werden die Kartenstapel detailliert ausgewertet, d. h., die auf den Kärtchen notierten Informationen werden auf ihre inhaltlichen Beziehungen, Gemeinsamkeiten und Abhängigkeiten untersucht. Diese werden mit Hilfe von Verbindungspfeilen, Symbolen und Beschriftungen grafisch hervorgehoben. Aus den gewonnenen Informationen werden Hypothesen formuliert und Lösungsvorschläge unterbreitet.

Vorteile:
Die KJ-Methode entspricht einem ganzheitlichen Denkansatz und dient der intensiven analytischen Durchdringung komplexer Problembereiche. Alle wichtigen Elemente eines Problems können dadurch erfasst und ihr Zusammenhang in Teilsystemen dargestellt werden. Wesentliche Beziehungen zwischen diesen Substrukturen werden dadurch erkennbar.

Nachteile:
Diese Methode ist sehr zeitaufwendig. Besonders bei komplexen Problemen kann die Durchführung mehrere Tage dauern. Ein erfahrener Moderator ist notwendig.

Einsatzmöglichkeiten:
Diese Methode ist in Japan sehr verbreitet und wird zur Formulierung wissenschaftlicher Hypothesen, zur Lösung technischer Probleme, zur Organisationsentwicklung, im Marketingbereich und zum Training von Problemlösungsprozessen angewandt.

Diese KJ-Methode wird im Team durchgeführt. Die Gruppe sollte aus sechs bis sieben Personen bestehen. Bei der Zusammensetzung der Gruppe sollten die Teilnehmer aus unterschiedlichen Arbeitsbereichen stammen, um eine möglichst große Vielfalt an Ideen und Lösungsvorschlägen zu erhalten. Diese Kreativitätstechnik wird im Team durchgeführt.

Lit.: Higgins, J. M./Wiese, G. G.: Innovationsmanagement. Kreativitätstechniken für den unternehmerischen Erfolg. Berlin, Heidelberg, New York 1996; Kawakita, J.: The original KJ-method. Tokyo 1982; Michalko, M.: Erfolgsgeheimnis Kreativität. Was wir von Michelangelo, Einstein & Co. lernen können. Landsberg am Lech 2001; Schröder, M.: Heureka, ich hab's gefunden! Kreativitätstechniken, Problemlösung und Ideenfindung. Herdecke, Bochum 2005; Schwarz-Geschka, M.: Kreativität und Kreativitätstechniken in Japan. In: Harland, P. E./Schwarz-Geschka,

M. (Hrsg.): Immer eine Idee voraus. Wie innovative Unternehmen Kreativität systematisch nutzen. Lichtenberg (Odw.) 2010, S. 393–410.

klassisches Brainstorming → Brainstorming

klassische Synektik (classical synectics; von griech. synektikós: zusammenfassend; synechein: verknüpfen, etwas miteinander in Verbindung bringen): ein → kreativer Problemlösungsprozess; das Zusammenfügen unterschiedlicher, scheinbar zusammenhangloser Faktoren, um das Problem auf Umwegen einzukreisen, ohne sich dabei durch konventionelle Lösungsvorschläge hemmen zu lassen. Dabei nutzt man die → Analogie-Technik, eine Methode, um Lösungen aus problemfremden Bereichen auf neue Aufgabenstellungen zu übertragen, wobei das Fremdartige vertraut gemacht und das Vertraute wieder verfremdet wird. Dadurch werden weit auseinanderliegende Sachverhalte aus unterschiedlichen Wissenschaften in einen neuen Sinnzusammenhang gebracht.

Die Synektik-Methode wurde 1944 von dem US-amerikanischen Psychologen William J. J. Gordon (1919–2003) als Gruppentechnik zur Förderung des kreativen Denkens und Problemlösens entwickelt. (Amabile, 1996, p. 245) Diese Technik wird heute als klassische Synektik bezeichnet und umfasst drei grundlegende Merkmale:

1. Auswahl möglichst kreativer, hochqualifizierter Personen;
2. intensive Schulung (z. B. in Psychoanalyse, Informationsverarbeitung, Problemlösungsverhalten);
3. Konfrontation mit schwierigen Aufgaben, um den Teilnehmern ein hohes Maß an Kreativität abzuverlangen.

Die Grundregel dieser Technik lautet:

1. Das Fremde vertraut zu machen, d. h. es zu analysieren, damit es vertrauter wird. In dieser analytischen Phase wird das Fremde mit dem bereits Bekannten verknüpft.
2. Das Vertraute zu verfremden, d. h. es aus einer anderen Sicht zu betrachten, wobei durch die Verfremdung des gestellten Problems nach Lösungsmöglichkeiten gesucht wird.

Durchführung:
William J. J. Gordon unterscheidet vier Phasen:

1. Vorbereitungsphase: Selbständiges Engagement und Problemklärung. In diesem Stadium soll sich der Teilnehmer für das Problem interessieren und motiviert werden, sich damit zu beschäftigen. Durch freie Assoziation werden spontan erste Lösungen entwickelt.
2. Aufschub: Der Mitarbeiter soll sich nicht mit dem ersten Lösungsvorschlag zufriedengeben, sondern sich um weitere bemühen, ein Prinzip, das an den Bewertungsaufschub beim → Brainstorming erinnert.
3. Spekulation: Diese Phase dient der freien unkritischen Produktion.
4. Objektautonomie: Kreative Gedanken gewinnen ein Eigenleben, eine eigene Dynamik, wodurch subjektiv das Gefühl entsteht, nicht an ihrem Entstehen beteiligt zu sein. (vgl. Seiffge-Krenke, 1974, S. 267)

Vorteile:
Durch das Zusammenwirken von Personen verschiedener Berufe, Fähigkeiten und Bildungsgrade in einer Gruppe wird eine unterschiedliche, auch ungewöhnliche Sicht auf das Problem ermöglicht. Die Gruppe assoziiert zunächst über bestimmte Aspekte des Problems, wobei dieses selbst ein Eigenleben bekommt und durch Analogien und Metaphern aus den verschiedensten Bereichen verfremdet wird. Über scheinbar irrelevante Einfälle, Ideen und Spekulationen, durch das nicht rationale und frei assoziative Denken wird eine neue Perspektive sichtbar, die das Potenzial einer Lösung des Problems in sich birgt. Die Gruppe kehrt nun zur ursprünglichen Fragestellung zurück und erarbeitet alle Details der Lösung bis zur praktischen Durchführbarkeit.

Bei dieser Kreativitätstechnik kommt es darauf an, die Problemlösung nicht durch ein starres, direktes und willentliches Lossteuern auf das Ziel, sondern durch Beiseiteschauen anzugehen. Diese Methode des ›Wegschauens‹ wird besonders in Asien angewandt, wo sie in den Varianten Yoga (in Indien), Taoismus (in China) und im Zen-Buddhismus (in Japan) verbreitet ist. Eugen Herrigel (1884–1955) hat dieses Prinzip 1948 in seinem Buch „Zen in der Kunst des Bogenschießens" erläutert. Wer mit Pfeil und Bogen etwa sportlich umgeht, verfehlt diesen Weg. Nur wer vom Ziel wegsieht, entspannt sich so, dass das „Es" den Pfeil absichtslos genau in die Mitte der Scheibe trifft.

Einsatzmöglichkeiten:
Die Anwendung der klassischen Synektik ist für Gruppen besonders geeignet, da sie Originalität und Erfindungsgeist fördert. Durch die Verfremdung

des Problems sollen die Teilnehmer zu neuen originellen, oft überraschenden Lösungsansätzen gelangen, analog den unbewusst ablaufenden Prozessen. Die Theorie basiert auf dem bewussten Gebrauch von unbewussten oder vorbewussten psychologischen Mechanismen. Eine Variante dazu ist die → visuelle Synektik, die mit bildlichen Anregungen arbeitet. Diese Kreativitätstechnik eignet sich für die Teamarbeit. → Synektische Konferenz

Lit.: Amabile, T. M.: Creativity in context: Update to the social psychology of creativity. Boulder, Colorado: Westview Press, 1996; Gordon, W. J. J.: Synectics. The development of creative capacity. New York 1961; Ders.: Operational approach to creativity. In: Harvard Business Review, 34, 1956, pp. 41–56; Herrigel, E.: Zen in der Kunst des Bogenschießens. München 1948; Linneweh, K.: Kreatives Denken. Techniken und Organisation produktiver Kreativität, 6. Aufl., Rheinzabern 1994; Pimmer, H.: Kreativitätsforschung und Joy Paul Guilford (1897–1987). München 1995; Prince, G. M.: The practice of creativity. New York, Evanston, London 1970; Seiffge-Krenke, I.: Probleme und Ergebnisse der Kreativitätsforschung. Bern/Stuttgart/Wien 1974.

Kollektives Notizbuch → Collective Notebook

Kombinationstechniken: auch Konfigurationstechniken (configuration techniques) genannt. Helmut Schlicksupp (1943–2010) bezeichnet diese Gruppe als „Methoden der systematischen Strukturierung“, weil die Lösungsmöglichkeiten systematisiert werden. (Schlicksupp, 1989, S. 63) Bei diesen Kreativitätstechniken analysieren die Teilnehmer ein Problem und zerlegen es in einzelne Teilkomplexe. Für diese Komponenten suchen sie Lösungselemente und fügen diese zu einer Gesamtlösung zusammen.

Zu diesen Techniken gehören: → Attribute Listing, → Morphologischer Kasten, → Morphologische Matrix, → Sequentielle Morphologie, → Problemlösungsbaum, → systematisches erfinderisches Denken (Systematic Inventive Thinking (SIT). (vgl. Schlicksupp, 1989, S. 63; Geschka, 2011, S. 27)

Die Kombination geeigneter Kreativitätstechniken kann für die Ideenproduktion und für die Lösungsfindung effektiver sein als einzelne Problemlösungsmethoden. Voraussetzungen dafür sind eine klare Zielsetzung, die Auswahl geeigneter Teilnehmer, die Organisation des kreativen Prozesses und die entsprechenden Rahmenbedingungen. (vgl. Schuler/Görlich, 2007, S. 96–99) Diese Kreativitätstechnik eignet sich für die Teamarbeit.

Lit.: Geschka, H.: Auf einen Blick. So werden Sie kreativ. In: Harvard Business Manager. Edition 2/2011: Kreativität. Wie Sie Ideen entwickeln und umsetzen, S. 26–27; Schlicksupp, H.: Innovation, Kreativität und Ideenfindung (Management-Wissen), Würzburg [3]1989, Schuler, H./Görlich, Y.: Kreativität. Ursachen, Messung, Förderung und Umsetzung in Innovation. (Praxis der Personalpsychologie. Human Resource Management kompakt, hg. von Heinz Schuler, Rüdiger Hossiep, Martin Kleinmann und Werner Sarges, Bd. 13). Göttingen et al. 2007.

komplexe Problemlösungsprozesse (complex problem solving processes): Die zu lösenden Probleme in den Unternehmen sind meist so komplex, dass sie nicht in einem einzigen Schritt gelöst werden können. Dazu ist es erforderlich, die Gesamtproblematik in abgegrenzte Teil- oder Unterprobleme zu zerlegen und diese mit einer geeigneten Methode zu lösen. Anschließend werden die einzeln erzielten Teilergebnisse zur Gesamtlösung zusammengeführt. Der Problemlösungsprozess erfolgt in mehreren Stufen. Zur Lösung komplexer Probleme hat sich folgender Ablaufplan bewährt:

1. komplexe Aufgabenstellung
2. Analyse und Strukturierung des Problems
3. Aufspaltung in Teilprobleme und Festlegung, welchen Stellenwert sie innerhalb des Gesamtproblems haben
4. Festlegung einer Strategie zur stufenweisen Aufarbeitung der Teilprobleme
5. Bestimmung der zu jedem Teilproblem geeigneten Kreativitätstechnik
6. Simultane (arbeitsteilige) oder sukzessive Lösung der Teilprobleme
7. Einzelne Realisierung der Teillösungen oder Synthese der Teillösungen zu einer Gesamtlösung (vgl. Schlicksupp, 1989, S. 139).

Diese Kreativitätstechnik wird im Team durchgeführt.

Lit.: Schlicksupp, H.: Innovation, Kreativität und Ideenfindung (Management-Wissen), Würzburg [3]1989,

Konfigurationstechniken (configuration techniques) → Kombinationstechniken

Konfrontationstechniken (confrontation techniques): Sie nutzen Funktions- und Strukturprinzipien und aktivieren die Lösungsfindung durch Auseinandersetzung (Konfrontation) mit Bedeutungsinhalten aus problemfremden Bereichen, die scheinbar nichts mit der Aufgabenstellung zu tuin haben.

Dazu gehören: → Battelle-Bildmappen-Brainwriting (BBB-Methode), → Reizwortanalyse, → Semantische Intuition, → Synektik, → TIL-MAG-Methode, → TRIZ, → Visuelle Konfrontation u. a.

Die Teilnehmer werden mit Bildern, Begriffen oder Orten konfrontiert, die sie zu kreativen Ideen und Lösungen anregen sollen. Arthur Koestler (1905–1983) hat für diese Methode den Begriff „Bisoziation" geprägt. → Bisoziationstechnik

Durchführung:
Der Gruppe werden z. B. einige Fotos gezeigt. Die Teilnehmer sollen die Bilder beschreiben. Anschließend kehren sie zu ihrer eigentlichen Aufgabenstellung zurück. Hierdurch sollen sie sich von ihrer gewöhnlichen, mitunter festgefahrenen Denkweise lösen, die Motive auf den gezeigten Bildern mit dem Problem verbinden und dadurch auf neue Einfälle und Ideen kommen. Anstelle von Fotos werden auch bestimmte Reizworte eingesetzt (→ Reizwortanalyse).

Vorteile:
Die Konfrontation mit problemfremden Aspekten kann zu überraschenden Lösungsansätzen führen.

Einsatzmöglichkeiten:
Die Konfrontationstechniken können zur Anwendung kommen, wenn besonders originelle Ideen gesucht werden oder schwierige Aufgaben zu lösen sind. Dazu wird z. B. die visuelle Konfrontation empfohlen. Die Durchführung erfolgt im Team.

Lit.: Geschka, H.: Auf einen Blick. So werden Sie kreativ. In: Harvard Business Manager. Edition 2/2011: Kreativität. Wie Sie Ideen entwickeln und umsetzen, S. 26–27; Koestler, A.: The act of creation. London, NewYork 1964, [3]1990; dt. Ausg.: Der göttliche Funke. Der schöpferische Akt in Kunst und Wissenschaft. (dms – das moderne Sachbuch, Bd. 78). Bern, München, Wien 1966, [2]1968; Schaude, G.: Ideenfindung mit Konfrontationstechniken. In: Harland, P. E./Schwarz-Geschka, M. (Hrsg.): Immer eine Idee voraus. Wie innovative Unternehmen Kreativität systematisch nutzen. Lichtenberg (Odw.) 2010, S. 383–391; Schlicksupp, H.: Innovation, Kreativität und Ideenfindung (Management-Wissen), Würzburg [3]1989,

kontinuierlicher Verbesserungsprozess (KVP): continuous process improvement (CPI) → Kaizen

Kopfstand-Technik (headstand-technique): auch als Umkehrmethode bzw. Umkehrtechnik, Umkehr-Rückkehr, Problemumkehrung (Problem reversal), Reversion, Umkehrungen, Dialektik, Destruktiv-konstruktives Brainstorming, Inverses oder Paradoxes Brainstorming, Flip-Flop-Technik, Negativkonferenz, Negativ-positiv-Brainstorming, Heyoka oder Worst-Case-Methode bezeichnet. (Brunner, 2008, S. 151; Hartschen/Scherer/Brügger, 2012, S. 34; Luther, 2013, S. 265; Mauer/Müllert, 2007, S. 32; Mencke, 2006, S. 110; Mencke, 2012, S. 61) Diese Kreativitätstechnik dient dazu, ein Problem aus einer anderen Perspektive zu betrachten, um dadurch neue Lösungsansätze zu ermöglichen. Fragestellungen werden dabei bewusst auf den Kopf gestellt, also ›umgekehrt‹, um herkömmliche, festgefahrene Sichtweisen zu verlassen und Bekanntes aus einem neuen Blickwinkel zu sehen.

„Bei der Umkehrmethode tritt man kräftig gegen das, was vorhanden und gesichert ist, um sich in die entgegengesetzte Richtung zu katapultieren. ... Es handelt sich also um eine provokative Neuanordnung von Informationen. ... Das Entscheidende ist die Suche nach Alternativen, nach Veränderung, nach provozierenden Anordnungen" (de Bono, 1992, S. 153–155).

Dazu können Sie zwei Listen erstellen, eine Negativliste, die die Mängel und Unzulänglichkeiten des Ist-Zustandes erfasst, und eine Positivliste, die das zu erreichende Ziel verzeichnet.

Nützliche Checkfragen für die Negativliste sind etwa:

1. Was ist nicht in Ordnung? Was läuft schief?
2. Wer ist davon betroffen und in welcher Weise?
3. Was sind die Auswirkungen (kurz-, mittel- und langfristig)?
4. Wie hoch sind die Verluste?

Nützliche Checkfragen für die Positivliste sind z. B.:

1. Wie sollte die Situation werden?
2. Wer würde davon profitieren?
3. Wie hoch ist die Gewinnerwartung?
4. Wie hoch ist die Motivation nach diesem Ziel?
5. Was bin ich bereit, dafür zu tun? (individuelle Leistungsbereitschaft) (vgl. Weidenmann, 2010, S. 27)

Die Gegenüberstellung der beiden Listen soll dazu führen, den Ist-Zustand nachdrücklich zu verändern.

Durchführung:

1. Aufgabenstellung und Problemanalyse
2. Ideenfindung: Jeder Teilnehmer entwickelt und notiert erste Spontanlösungen.
3. Problemumkehrung: eine Art „geistiger Kopfstand“ (Schröder, 2005, S. 226). Die Aufgabe wird inhaltlich in ihr Gegenteil verkehrt, d. h. die negativ formulierten Vorschläge werden positiv umgedeutet. Für die umgekehrte Fragestellung kann ein → Brainstorming oder → Brainwriting durchgeführt werden.
4. Lösungsideen ableiten: Die umgekehrten Effekte sind provokativ und unerwünscht und wirken als Anreiz, um neue Ideen für die Problemlösung zu finden. Die Lösungsideen werden protokolliert bzw. in einem Ideenspeicher vermerkt.
5. Auswertung und Ergebnisanalyse: Nach der Problemumkehrung können verwertbare Lösungsideen entwickelt werden. Die dabei erzielten Vorschläge werden nach Oberbegriffen geordnet und bewertet.

Diese Technik nutzt unsere Gewohnheit, Negatives schneller zu erfassen als Positives. Wenn wir mit neuen, unbekannten Ideen konfrontiert werden, neigen wir dazu, diese kritisch zu hinterfragen. Ein neues Projekt stößt bei einigen Mitarbeitern zunächst oft auf Ablehnung und Widerstand. Sie sehen die Probleme und Mängel eher als die positiven Aussichten, die neue Marktchancen eröffnen und gewinnversprechend sind. Dies ist besonders bei einer schlechten Ausgangssituation der Fall. Eine sorgfältige Analyse ist die Grundlage für Veränderungen. Die kritische Bestandsaufnahme sollte in der Gruppe gemeinsam durchgeführt werden. Dadurch werden die Mängel oder Fehler angesprochen. Die Zusammensetzung der Teilnehmer sollte aus unterschiedlichen Fachbereichen bestehen, so dass ihre Erfahrungen in die Lösungsfindung einfließen können.

Vorteile:
Die Kopfstand-Technik erleichtert es uns, auch in andere Richtungen zu denken. „Indem man sich von der ursprünglichen Betrachtungsweise löst, setzt man Informationen frei, die sich auf eine neue Weise zusammenfügen können“ (de Bono, 1992, S. 155).

Die Umkehrmethode sorgt für einen schnellen Perspektivwechsel und ist geeignet, Denkblockaden zu überwinden und den Ideenfluss anzuregen. Die paradoxe Fragestellung kann sich kreativitätsfördernd auswirken und die Phantasie beflügeln, weil gewohnte Sichtweisen und Denkstrukturen bewusst verlassen werden. Damit lassen sich ungewöhnliche Umstrukturierungen hervorbringen. Durch diese Technik kann das logische bzw. konvergente Denken in divergentes oder kreatives Denken gelenkt werden. Der spielerische Ansatz sorgt auch für gute Stimmung im Team, denn umgekehrte, absurde Sichtweisen sind oft humorvoll.

Nachteile:
Diese Kreativitätstechnik ist „für rational-nüchtern denkende Teilnehmer gewöhnungsbedürftig“ (Luther, 2013, S. 265). Die absurde Betrachtungsweise führt auch dazu, dass die Teilnehmer vom Thema abweichen und den ernsten Hintergrund dieser Technik vergessen. Ein erfahrener Moderator ist erforderlich. Durch die Umkehrung werden nicht immer praktikable und originelle Lösungsideen gefunden.

Einsatzmöglichkeiten:
Diese Technik ist besonders geeignet für Probleme mit konkreter Fragestellung, auch zur Verbesserung einer schlechten Ausgangssituation sowie als Impuls für festgefahrene Diskussionen. Die Kopfstand-Technik wird im Team durchgeführt.

Lit.: Brunner, A.: Kreativer denken. Konzepte und Methoden von A-Z. Lehr- und Studienbuchreihe Schlüsselkompetenzen. München 2008; De Bono, E.: Laterales Denken. Der Kurs zur Erschließung Ihrer Kreativitätsreserven. Düsseldorf/Wien 1992; Hartschen, M./Scherer, J./Brügger, Ch.: Innovationsmanagement: Die 6 Phasen von der Idee zur Umsetzung. Offenbach [2]2012; Luther, M.: Das große Handbuch der Kreativitätsmethoden. Wie Sie in vier Schritten mit Pfiff und Methode Ihre Problemlösungskompetenz entwickeln und zum Ideen-Profi werden. Bonn 2013; Mauer, H./Müllert, N. R.: Moderationsfibel – Soziale Kreativitätsmethoden von A bis Z: nachschlagen – verstehen – einsetzen. Das Praxisbuch zu Problemlösungsverfahren mit Gruppen. Neu-Ulm 2007; Mencke, M.: 99 Tipps für Kreativitätstechniken. Ideenschöpfung und Problemlösung bei Innovationsprozessen und Produktentwicklung. (Das professionelle 1 x 1). Berlin 2006; Ders.: Kreativitätstechniken – Kreative Problemlösung und Entscheidungsfindung. Berlin 2012; Schröder, M.: Heureka, ich hab's gefunden! Kreativitätstechniken, Problemlösung und Ideenfindung. Herdecke/Bochum 2005; Weidenmann, B.: Handbuch Kreativität. Ein guter Einfall ist kein Zufall! Weinheim/Basel 2010.

Kraftfeldanalyse (force-field-analysis): Sie untersucht die treibenden und blockierenden Faktoren (Kraftfelder) in einer bestimmten Situation, Die widerstrebenden Kräfte, also diejenigen, die nach einer Veränderung drängen (helfende Kräfte), und jene, die das Bestehende erhalten wollen (hindernde Kräfte), blockieren sich gegenseitig. Will man die Situation positiv verändern, muss man die treibenden Kräfte stärken und die beharrenden Kräfte schwächen.

Die Kraftfeldanalyse geht auf den deutsch-amerikanischen Psychologen Kurt Lewin (1890–1947) zurück, der sie in den 1940er Jahren entwickelt hat. Lewin war ein Wegbereiter auf dem Gebiet des »Change Management« (Veränderungs-Management). Er vertrat die Auffassung, dass sich der Wandel durch die relative Stärke der miteinander konkurrierenden vorantreibenden und widerstrebenden Kräfte vollzieht. Auslöser bzw. Treiber des Wandels „sind veränderte Markt- und Wettbewerbskräfte" (Stephan, 2014, S. 243). Der Wandel wird durch veränderte Rahmenbedingungen ausgelöst, z. B. durch Technologiesprünge, demographische Veränderungen u. a., er kann aber auch durch regulatorische oder politische Eingriffe verursacht werden. „Änderungen dieser Rahmenbedingungen führen zu neuen Wettbewerbsbedingungen und zu Innovations- und Veränderungsdruck. In letzter Konsequenz kann dies den Niedergang alter und die Formierung junger Branchen zur Folge haben" (Stephan, 2014, S. 243). Kreativität und Innovation entscheiden heute zunehmend über den Erfolg und die Wettbewerbsfähigkeit eines Unternehmens am Markt.

Die Kraftfeldanalyse sollte am Beginn eines Projekts stehen, indem alle positiven und negativen Einflussfaktoren untersucht werden, die die Erfolgsaussichten begünstigen oder blockieren. Die Kraftfelder sind die unterstützenden oder störenden Einflüsse und ihre Wirkungen auf das Projekt. Diese Faktoren in ihrer Abhängigkeit vom Projekt können mit Hilfe einer Matrix übersichtlich angeordnet werden, um daraus entsprechende Maßnahmen abzuleiten.

Durchführung:
Die Kraftfeldanalyse untersucht folgende Fragen:

1. Was sind meine Ziele? Welche Ergebnisse will ich erreichen?
2. Welche Faktoren spielen dabei eine Rolle? Wie können sie sich auf die Zielerreichung auswirken (positiv oder negativ)?
3. Wie wichtig sind diese Faktoren?
4. Sind es helfende oder hindernde Kräfte?

5. Welche helfenden Faktoren sind erforderlich, um die hindernden Faktoren abzubauen?
6. Wie kann ich die Blockaden abbauen bzw. deren Entstehung verhindern?
7. Was kann ich unmittelbar tun, um die positiven Faktoren zu verstärken?
8. Entscheidung über die Ausführung. Entwickeln Sie dazu eine alternative Ausweichstrategie.
9. Aufstellung eines Aktionsplanes (Czichos, 1993, S. 363 f.)

Diese Methode ist eine Mischung aus Einzel- und Gruppenarbeit. Die Gruppe sollte aus maximal 12 Teilnehmern bestehen. Ein Moderator ist notwendig.

1. Zunächst wird eine Schlüsselfrage formuliert. Dazu wird vom Moderator ein Fragebogen mit Zusatzinformationen erarbeitet.
2. Der Fragebogen wird an alle Teilnehmer verschickt (z. B. per E-Mail) und von ihnen ausgefüllt.
3. Diese Phase erfolgt in Gruppenarbeit. Alle Teilnehmer kommen zusammen und werten die eingegangenen Antworten gemeinsam aus, wobei sie in Kategorien eingeteilt werden. Daraus werden Problemfelder gebildet.
4. Sortieren nach ihrer Bedeutung. Die einzelnen Problemfelder werden in kleinen Gruppen weiterbearbeitet und unterteilt.
5. Die Ergebnisse werden im Plenum vorgestellt und diskutiert. Den Abschluss bildet eine detaillierte Aufschlüsselung von Problemfeldern und Bedarfskategorien.

Vorteile:
Das Kraftfeld kann eine reaktive oder proaktive Haltung einnehmen und dadurch das Neue stimulieren oder hemmen. Es kann einen engen oder einen weiten Filter bei der Auswahl von Innovationen anwenden. (vgl. Brunner, 2008, S. 66)

Nachteile:
Da die Projektgegner schwer zu überzeugen sind, müssen die Projektbefürworter ausgeklügelte Strategien entwickeln, um die Chancen, Gewinnerwartungen und Vorteile für das Unternehmen überzeugend nachzuweisen. Dazu können Expertisen erstellt werden und Persönlichkeiten mit entsprechender Entscheidungsbefugnis hinzugezogen werden, die dem Projekt

nicht ablehnend gegenüberstehen. Diese sind meist leichter zu überzeugen als die gegnerischen Hardliner.

Einsatzmöglichkeiten:
Die Kraftfeldanalyse wird in der Organisationsentwicklung und im Prozess- und Change-Management verwendet, das sich mit der zielgerichteten Veränderung und Entwicklung von Organisationen beschäftigt. Dazu gehören Strategieentwicklung, Organisationsprognosen und Begleitung von Veränderungsprozessen.

Organisationen befinden sich in einem permanenten Wandel, denn der Veränderungsprozess vollzieht sich immer schneller. Das Unternehmen wird durch die vorantreibenden Kräfte zu Veränderungen gedrängt, während die Widerstandskräfte diese Neuorientierung verhindern wollen. Die eigentliche Umgestaltung ist die entstehende Konsequenz der Interaktion dieser beiden Kräfte. Der Wettbewerb der Wirtschaft auf den regionalen, nationalen und globalen Märkten verlangt Flexibilität und Veränderung, so dass der Wandel durchgeführt werden muss und nicht nur darüber diskutiert werden darf. Dieser Druck durch die Unternehmensführung stößt auf Gegendruck durch die Beschäftigten, die diese Umwälzung verhindern oder verzögern wollen. Gründe dafür sind mancherlei Ängste, wie die Angst vor dem Verlust des Arbeitsplatzes, die Angst vor Lohnkürzungen, die Angst vor dem Neuen, vor der Übernahme neuer Aufgaben, Überforderung, Karriere-Knick u. a.

Das Management kann diese Ängste der Mitarbeiter abbauen, durch offene Kommunikation, Garantie des Arbeitsplatzes, Weiterbildung bzw. Umschulung der Mitarbeiter, um den neuen Anforderungen gewachsen zu sein. Erfahrene Manager und Projektleiter erkennen, wie sie mit dieser Reaktion konstruktiv umgehen müssen. Auch Kurt Lewin hielt es für den besseren Weg, den Gegendruck diplomatisch abzubauen und nicht nur die vorantreibenden Kräfte zu verstärken.

Der Ökonom und Managementexperte Peter F. Drucker (1909–2005) stellt dazu fest: „Irgendetwas zu beenden, aufzugeben, stößt immer auf heftigen Widerstand. In allen Organisationen hängen die Menschen immer am Veralteten – an den Dingen, die funktionieren sollten, es aber nicht taten, oder an Dinge, die einst produktiv waren und es nicht länger sind. ... Die erbitterte und emotionale Debatte darüber, was aufgegeben werden soll, lässt keinen los. Etwas zu beenden oder aufzugeben ist deshalb schwierig, aber nur für eine recht kurze Zeit. Wiedergeburt kann beginnen, sobald die Toten begraben sind“ (Drucker, 2009, S. 99 f.).

Wir erleben einen radikalen Wandel der Marktsituation und damit der Kraftfelder. Die Produkte, die in der Vergangenheit ein hohes Wachstumspotenzial hatten, sind heute nicht mehr gefragt. Der Markt ist gesättigt. Vor allem die kostengünstigeren Produkte aus Asien üben auf regionale Anbieter großen Druck aus. Deshalb werden von den Führungskräften eine kontinuierliche Innovationsfähigkeit und kreative Strategien erwartet, um die vorhandenen Potenziale in ihren Unternehmen optimal zu entwickeln. Bei dieser Kreativitätstechnik findet ein Wechsel zwischen Einzel- und Teamarbeit statt.

Lit.: Brunner, A.: Kreativer denken. Konzepte und Methoden von A-Z. Lehr- und Studienbuchreihe Schlüsselkompetenzen. München 2008; Csikszentmihalyi, M.: Kreativität. Wie Sie das Unmögliche schaffen und Ihre Grenzen überwinden. Stuttgart 1997; Czichos, R.: Creaktivität & Chaos-Management. München/Basel 1993; Drucker, P. F. mit Jim Collins, Philip Kotler u. a.: Die fünf entscheidenden Fragen des Managements. Weinheim 2009; Higgins, J. M./Wiese, G. G.: Innovationsmanagement. Kreativitätstechniken für den unternehmerischen Erfolg. Berlin, Heidelberg, New York 1996; Lewin, K.: Defining the »Field at a given time«. In: Psychological Review, 50, 1943, pp. 292–310. Republished in: Resolving Social Conflicts & Field Theory in Social Science. Washington, D.C.: American Psychological Association, 1997; Pohl, M.: Kreative Kompetenz. Kreativität entwickeln – Ideen finden – Probleme lösen. Berlin 2012; Stephan, M.: Theorien der Industrieevolution. In: Burr, W. (Hrsg.): Innovation. Theorien, Konzepte und Methoden der Innovationsforschung. Stuttgart 2014, S. 220–266.

kreative Herausforderung (creative challenge): eine Kreativitätstechnik, die von dem britischen Psychologen und Kreativitätsforscher Edward de Bono (*1933) entwickelt wurde. Sie besteht in der systematischen Infragestellung und Herausforderung der Ist-Situation. In den Unternehmen sollte man nicht davon ausgehen, dass die gegenwärtig praktizierte Methode die einzige mögliche und beste ist, denn sie stellt oft nur eine von mehreren Optionen dar. Die kreative Herausforderung wird auch als Zustand der kreativen Unzufriedenheit bezeichnet. Dies kann auf Mängel oder Unzulänglichkeiten hindeuten und der Grund sein, über Lösungen und Alternativen nachzudenken.

Durchführung:
Eine kreative Herausforderung zeichnet sich durch folgende Merkmale aus:

Warum wird eine Aufgabe so und nicht anders erledigt?
Könnte man sie auch anders lösen?

Edward de Bono betont aber, dass die kreative Herausforderung nicht auf Kritik beruht, weil sie sich sonst nur mit unbefriedigenden Lösungen auseinandersetzt. Dies würde die Anwendungsmöglichkeiten der Kreativität einschränken.

Vorteile:
Die Wettbewerbsfähigkeit und das Wachstum eines Unternehmens werden vor allem von zwei Faktoren bestimmt, von der Qualität und der Innovationsfähigkeit. Wer die kreative Herausforderung ernst nimmt, sichert sich einen Wettbewerbsvorteil auf dem Weltmarkt. (vgl. de Bono, 1996, S. 98–112)

Einsatzmöglichkeiten:
De Bono empfiehlt, „sich den Status quo bewusst zu machen, mögliche Alternativen zu erkunden und diese dann mit der bestehenden Methode zu vergleichen" (de Bono, 1996, S. 99). Diese Kreativitätstechnik kann sowohl individuell als auch im Team durchgeführt werden.

Lit.: De Bono, E.: Serious creativity. Using the power of lateral thinking to create new ideas. New York: HarperCollins 1992; dt. Ausg.: Serious creativity. Die Entwicklung neuer Ideen durch die Kraft lateralen Denkens. Stuttgart 1996.

kreatives Problemlösen (Creative Problem Solving; Abk.: CPS): eine strukturierte Methode zur Lösungsfindung von Problemen durch eine neuartige Reaktion, zu deren Ideen kreatives Denken erforderlich ist. Diese Methode wurde von dem US-amerikanischen Werbepsychologen Alex F. Osborn (1888–1966) und dem US-amerikanischen Psychologen Sidney J. Parnes (1922–2013) entwickelt. Folgende Phasen der Problemlösung werden unterschieden:

1. Untersuchung der Fakten; die Erfassung von Informationen über ein Problem (fact finding)
2. Problemfindung (problem finding)
3. Ideenfindung (idea finding)

4. Lösungsfindung (solution finding)
5. Anerkennung bzw. Akzeptanz der gefundenen Lösung (acceptance finding). (Amabile, 1996, p. 245 f.)

Der US-amerikanische Kreativitätsforscher Joy Paul Guilford (1897–1987) unterscheidet zwei Arten von Problemen: solche, für die es nur eine richtige Lösung gibt, wozu konvergentes Denken erforderlich ist, und Probleme, für die sich unterschiedliche Lösungsmöglichkeiten anbieten. Dazu ist die Fähigkeit zum divergenten oder kreativen Denken erforderlich. Bei einer schwierigen Aufgabe stellt sich zunächst die Frage nach der Problemfindung. Durch die Interaktion mit dem Gegenstand lässt sich das Problem z. T. bereits erkennen, bevor der kreative Prozess einsetzt. Es ist eine Art Problemfindungsprozess mit offenem Ausgang. Aus einer vagen Problemsituation heraus muss das eigentliche Problem erst definiert werden, damit eine optimale Lösung ermöglicht wird. Dazu bedarf es der Fähigkeit zum divergenten oder kreativen Denken und der Problemsensitivität. Es kommt darauf an, die richtigen Fragen zu stellen und das Problem so zu formulieren, dass sich eine oder mehrere Lösungsmöglichkeiten daraus ableiten lassen. Verfügt eine Person über allgemeine kreative Fähigkeiten, wie Problemsensitivität, Flüssigkeit, Flexibilität und Originalität, so ist auch die Wahrscheinlichkeit einer kreativen Problemlösung gegeben. Die Denk- und Problemlösungsstrategien beinhalten die Informationssuche, Informationsselektion, Risikofestlegung, die überschaubare Begrenzung des Problemgebietes und das Auffinden eines vorher nicht bekannten Lösungsweges, mit dessen Hilfe man von einem gegebenen Anfangszustand zu einer gewünschten Zielstellung gelangen kann. Die Lösung eines Problems erfordert die Erfassung des Kerns eines Problems, die Fähigkeit, für die Bearbeitung eines Problems den optimalen Ansatz zu finden, und die Fähigkeit, sich richtig zu entscheiden. Siegfried Preiser (*1943) und Nicola Buchholz nennen drei Merkmale einer Problemsituation:

1. Problemdruck. Die Ausgangssituation bzw. der Istzustand werden als unbefriedrigend eingeschätzt. Die Notwendigkeit und Wichtigkeit einer Lösung wird erkannt. Ohne Problemdruck fehlt der Antrieb, etwas zu verändern.
2. Fehlende Eindeutigkeit: der Lösungsweg ist unklar, so dass mehrere Optionen denkbar sind.

3. Offenheit für Neues, für originelle, auch ungewöhnliche Problemlösungen, um sich nicht auf konventionelle Lösungsmöglichkeiten zu beschränken. (vgl. Preiser/Buchholz 2004; vgl. auch Preiser, 2006, S. 52 f.)

Bei zahlreichen Problemen kommt es auf den entscheidenden Einfall an. Erst die → Umstrukturierung des Problems bringt mitunter die gewünschte Lösung. Der britische Psychologe Frederic Charles Bartlett (1886–1969) unterscheidet zwischen dem Denken in geschlossenen Systemen und einem Denken im „offenen Raum“, das solche Systeme durchbricht (systemtranszendierendes Denken). Es ist kein zielgerichtetes Denken, so dass ihm viele Möglichkeiten offenstehen, oder es hat ein bestimmtes Ziel, weiß aber noch nicht, welcher Weg weiterführt und welcher eine Sackgasse ist. Bartlett bezeichnet es als „adventurous thinking“ (abenteuerliches, experimentierfreudiges, auch risikofreudiges Denken) und meint, dass es das Denken des Forschers und Experimentators ist. (Bartlett, 1958)

Robert W. Weisberg meint, dass kreative Produkte oder Lösungen sich langsam und schrittweise in einem kreativen Prozess entwickeln, indem sich jedes Teilstück unmittelbar auf das vorhergehende aufbaut. Mit Hilfe von Versuchsaufgaben beschreibt er die Kreativität als eine Leistung, die aus den gewöhnlichen Denkprozessen gewöhnlicher Menschen hervorgeht. Indem wir beim Problemlösen unser Verhalten ständig modifizieren und dadurch mit den immer wieder neuartigen Situationen umgehen können, finden – nach Weisbergs Auffassung – große bewusste oder unbewusste Erkenntnissprünge nicht unbedingt statt. Die vertraute Art, mit einem Problem umzugehen, entwickelt sich ganz allmählich zu etwas Neuem. Demnach ist das kreative Problemlösen von vergangenen Erfahrungen abhängig, woraus er schlussfolgert, dass man Kreativität nicht lehren kann, indem man jemandem rät, sich von seinen vergangenen Erfahrungen zu lösen.

Für die Fähigkeit zum kreativen Problemlösen sind detaillierte Sachkenntnisse und neuartige Gedankenkombinationen erforderlich. Doch wirkliches Problemlösen beruht nicht auf bloßem Fachwissen, sondern indem man aufgrund seiner Fähigkeiten zum Problemlösen etwas Neues entwickelt. Beim kreativen Problemlösen kommt es darauf an, vor der Suche nach Antworten zunächst einmal die richtigen Fragen zu stellen. „Beim kreativen Problemlösen wird durch eine neuartige Reaktion ein gegebenes Problem gelöst“ (Weisberg, 1989, S. 18). Dazu stellt Walter Hussy fest: „Allerdings ist dann jeder gelungene Problemlösevorgang kreativ, denn immer wird ... eine Neuverknüpfung der problemrelevanten Informationen erforderlich." Hussy hebt drei Aspekte hervor: Die Art der Neuverknüpfung beim kreativen Prozess

(a) ist selten,
(b) bezieht sich auf ein umfangreiches bereichsspezifisches Faktenwissen
(c) und folgt keinem gängigen Lösungsweg."

Zu a:
Mit dem Schlüsselbegriff „selten" meint Hussy, „dass nur ganz wenige Personen diesen Weg zur Verknüpfung der problemrelevanten Informationen beschreiten" (Hussy, 1993, S. 118). Dieses Kriterium ist von den beiden anderen Aspekten nicht unabhängig, denn je freier die Kombinationsmöglichkeiten und je umfangreicher die Kombinationsgrundlagen, desto seltener sind meist die resultierenden Lösungen.

Zu b:
Mit der Zunahme des Umfangs des spezifischen Faktenwissens steigt exponentiell die Vielfalt der Verknüpfungsmöglichkeiten.

Zu c:
Das dritte Kriterium ist in enger Beziehung mit der Fähigkeit zu sehen, Fixierungen, also Festlegungen, auf den unterschiedlichen erkenntnismäßigen Verarbeitungsebenen zu erkennen und aufzubrechen. Je weniger Festlegungen vorliegen und je besser vorliegende Fixierungen überwunden werden können, „desto vielfältiger werden die Möglichkeiten zur Neuverknüpfung von Informationen und desto größer ist die Wahrscheinlichkeit, einen Lösungsweg zu finden, der keinem gängigen Denkschema entspricht." Das trifft besonders für Problemstellungen zu, die umfangreiches Faktenwissen erfordern. (Hussy, 1993, S. 123 f.)

Diese Kreativitätstechnik eignet sich für Einzel- und Teamarbeit. → kreativer Problemlösungsprozess

Lit.: Amabile, T. M.: Creativity in context: Update to the social psychology of creativity. Boulder, Colorado: Westview Press, 1996; Arbinger, R.: Psychologie des Problemlösens. Eine anwendungsorientierte Einführung. Darmstadt 1997; Bartlett, F. C.: Denken und Begreifen. Experimente der praktischen Psychologie. Köln 1952; Bartlett, F. C.: Thinking. An experimental and social study. Allen and Unwin university books. London 1958; Brander, S./Kompa. A./Peltzer, U.: Denken und

Problemlösen. Einführung in die kognitive Psychologie (WV-Studium; Bd. 131). Opladen [2]1989; Bugdahl, V.: Kreatives Problemlösen (= Reihe Management), Würzburg 1991; Funke, J./Birbaumer, N.: Denken und Problemlösen. Göttingen 2006; Gomez, P./Probst, G.: Die Praxis des ganzheitlichen Problemlösens. Vernetzt denken, unternehmerisch handeln, persönlich überzeugen. Bern/Stuttgart/Wien [3]1999; Hussy, W.: Denken und Problemlösen. (Grundriss der Psychologie. Eine Reihe in 21 Bänden, hg. von Herbert Selg und Dieter Ulich; Bd. 8). Urban Taschenbücher; Bd. 557. Stuttgart/Berlin/Köln 1993; Isaksen, S. G./Stead-Dorval, K. B./Treffinger, D. J.: Creative approaches to problem solving. A framework for innovation and change, 3th ed., Los Angeles 2011; Meadow, A./Parnes, S. J.: Evaluation of training in creative problem-solving. In: Journal of Applied Psychology 43, 1959, pp. 189–194; Mencke, M.: Kreativitätstechniken – Kreative Problemlösung und Entscheidungsfindung. Berlin 2012; Osborn, A. F.: Applied imagination: Principles and procedures of creative problem-solving. Scribner: New York 1953; 2. edition 1963; Parnes, S. J.: Instructors manual for semester courses in creative problem solving. Creative Education Foundation Press. Buffalo, New York 1960; Parnes, S. J.: Student workbook for creative problem-solving courses and institutes. University of Buffalo, New York 1961; Preiser, S.: Kreativität. In: Schweizer, K. (Hrsg.): Leistung und Leistungsdiagnostik. Heidelberg 2006, S. 51–67; Preiser, S./Buchholz, N.: Kreativität. Ein Trainingsprogramm für Alltag und Beruf. Heidelberg [2]2004; Runco, M. A. (Ed.): Problem finding, problem solving, and creativity. Norwood, New Jersey 1994; Schaffar, G.: Radikale Innovationen und grundsätzliche Problemlösungen finden – ein Praxishandbuch. Zen oder die Kunst, die richtige Erfindung zu machen. Gelnhausen 2012; Treffinger, D. J./Isaksen, S. G./Stead-Dorval, B.: Creative Problem Solving. An Introduction, 4th ed., Waco/Texas 2006; Vogt, H. M.: Persönlichkeitsmerkmale und komplexes Problemlösen. Der Zusammenhang von handlungstheoretischen Persönlichkeitskonstrukten mit Verhaltensweisen und Steuerungsleistungen bei dem computersimulierten komplexen Szenario UTOPIA. München und Mering 1998; Weisberg, R. W.: Creativity. What you, Mozart, Einstein and Picasso have in common. New York 1986; dt. Ausg: Kreativität und Begabung. Was wir mit Mozart, Einstein und Picasso gemeinsam haben. Heidelberg 1989.

kreativer Problemlösungsprozess (creative problem solving process): Er wurde von dem US-amerikanischen Werbepsychologen Alex F. Osborn (1888–1966) entwickelt, der auch das → Brainstorming eingeführt hat. Der Problemlösungsprozess ist ein Vorgang aktiver Informationsaufnahme und -verarbeitung bei der Bewältigung eines Problems. Er wird auch als

Prozess der Strukturerkennung und ⟶ Umstrukturierung gekennzeichnet. Die Problemlösung erfolgt, ähnlich dem kreativen Prozess in mehreren Phasen. Ein Drei-Phasen-Modell besteht aus:

1. Problemerkennung und Problemdefinition;
2. Problembefragung und Problemformulierung;
3. Ideenfindung zur Lösung des Problems.

Das Vier-Phasen-Modell lautet:

1. ⟶ Problemanalyse
2. Ideenfindungsphase
3. Bewertungsphase
4. Umsetzungsphase

Dean Keith Simonton (*1948) veröffentlichte 1988 seine „Chance-configuration-theory" (Zufall-Gestalt-Theorie) der Kreativität. Sie enthält zwei zentrale Komponenten für kreative Problemlösungen:

1. Die Erzeugung von Variabilität durch die Kombination und Rekombination der verfügbaren kognitiven Elemente eines Problemfeldes, und
2. das Erkennen oder Herstellen von stabilen, sinnstiftenden und neuen Konfigurationen aus der Wandlungsfähigkeit der Elemente.

Um ein Problem erfolgreich lösen zu können, muss man sich gelegentlich davon »lösen«. Es kann auch eine Kurskorrektur nötig werden, um die vorgesehene Lösung den neuen Anforderungen anzupassen. Bei zahlreichen Erfindungen oder technischen Entwicklungen handelt es sich um eine Weiterentwicklung bereits vorhandener Ideen. Bei der Kombination von alternativen Vorschlägen zur Verbesserung eines Gegenstandes kann mitunter die Idee zu einer Neuschöpfung entstehen. So kann auch durch eine Zufallskombination die Lösung eines Problems gefunden werden. ⟶ Trial-and-error-Methode.

Helmut Schlicksupp (1943–2010) gliedert den kreativen Problemlösungsprozess in neun Phasen:

1. Auseinandersetzung der Person mit ihrer Umwelt: Dabei werden Unzulänglichkeiten bzw. Probleme erkannt, die nach einer Lösung verlangen und damit kreatives Denken und Handeln auslösen. Völlige Zufrieden-

heit mit der vorhandenen Situation wirkt sich dagegen kreativitätshemmend aus.

2. → Problemanalyse: Dabei werden die Größe und Bedeutung des Problems für die eigenen Interessen, Absichten und Ziele eingeschätzt. Danach erfolgt die Visualisierung des Problems, z. B. durch → Ablaufanalyse, durch Pfeil- oder Blockdiagramm oder durch → Mind Mapping®; anschließend Zerlegung komplexer Probleme in Teilprobleme, die in eine sinnfällige Reihenfolge der Bearbeitung gebracht werden.
3. Problemdefinition
4. Informationssammlung zur Lösungsvorbereitung
5. Erste Lösungsansätze und Absinken des Problems in das Unterbewusstsein (Inkubation)
6. Plötzliche Erleuchtung (Geistesblitz)
7. Überprüfung und Ausarbeitung der Ideen
8. Präsentation der ausgewählten Idee
9. Realisierung der Lösung (vgl. Schlicksupp, 1999, S. 27–31).

Walter Hussy (*1946) meint, von einem kreativen Problemlöseprozess sei erst dann zu sprechen, „wenn eine gelungene Problemlösung auf einem *neuen Weg* erreicht wurde“ (Hussy, 1993, S. 119). In der Praxis werden meist fünf Problemgruppen unterschieden:

1. Analyseprobleme
2. Suchprobleme
3. Konstellationsprobleme
4. Konsequenzprobleme
5. Auswahlprobleme

Ein Analyseproblem setzt große Sachkenntnis voraus. Die Schwierigkeit besteht im Erkennen der Problem-Strukturen. Diese sind sichtbar zu machen und die Zusammenhänge aufzuzeigen. Ohne gründliche Problemanalyse ist eine befriedigende Lösung kaum möglich.

Suchprobleme zielen auf das Suchen von alternativen Lösungen, wobei Analogien, Assoziationen und Bisoziationen von großer Bedeutung sind. Um ein Suchproblem handelt es sich auch, wenn die Schwierigkeit darin besteht, bestimmte Lösungen aus einem bereits existierenden Lösungsspektrum zu selektieren. Mit Hilfe von Suchkriterien, die durch die Definition des Problems vorgegeben sind, wird der Suchvorgang durchgeführt. Die

Wahrscheinlichkeit, neue Lösungen zu finden, wird dadurch erhöht. Suchkriterien (auch Suchregeln genannt), sind:

1. Die systematische Zerlegung von Problemen in ihre Bestandteile, um eine systematische Strukturierung zu erreichen.
2. Abstrahierung vom Ursprungsproblem
3. Bildung von Analogien, um die Ähnlichkeit oder Entsprechung von Gegenständen, Ideen, Sachverhalten oder Problemstellungen aus anderen Bereichen zu prüfen, denn auch in anderen Wissensbereichen können Lösungen für ein Problem liegen.
4. Anknüpfung und Assoziation, mit dem Ziel, möglichst zahlreiche verwertbare Ideen durch einen ungehinderten Gedankenfluss zu erreichen.
5. Bildliches Denken: Gut visualisierte Probleme sind anschaulicher und lassen sich dadurch einfacher lösen. Damit wird gleichzeitig die rechte Gehirnhälfte genutzt.

Bei Konstellationsproblemen geht es um die Anwendung vorhandenen Wissens an neue Gegebenheiten. Bei Konsequenzproblemen wird durch die Befolgung erkannter Gesetzmäßigkeiten das Problem bzw. die Aufgabe gelöst. Bei einem Auswahlproblem werden Alternativen nach bestimmten Kriterien auf ihren Nutzen für ein vorgegeben Ziel hin untersucht. Es wird auch zwischen gut- und schlechtstrukturierten Problemen unterschieden. Bei schlechtstrukturierten Problemen sind nicht alle Bestandteile eines Problems bekannt und Zusammenhänge nur begrenzt erkennbar. Dies erfordert eher eine intuitive, ungerichtete Suche nach Lösungsmöglichkeiten.

Marco Mencke nennt 10 Stufen des Problemlösungsprozesses:

1. Problemsammlung
2. Problemauswahl
3. Problemdefinition
4. Problemanalyse, Ursachenanalyse
5. Zielsetzung
6. Entwicklung möglicher Lösungen
7. Bewertung und Entscheidungsfindung
8. Aktionsplanung
9. Umsetzung
10. Erfolgskontrolle (Mencke, 2012, S. 46 f.)

Diese Kreativitätstechnik eignet sich für Einzel- und Teamarbeit.

Lit.: Hussy, W.: Denken und Problemlösen. (Grundriss der Psychologie. Eine Reihe in 21 Bänden, hg. von Herbert Selg und Dieter Ulich; Bd. 8). Urban Taschenbücher; Bd. 557. Stuttgart/Berlin/Köln 1993; Linneweh, K.: Kreatives Denken. Techniken und Organisation produktiver Kreativität, 6. Aufl., Rheinzabern 1994; Mencke, M.: Kreativitätstechniken – Kreative Problemlösung und Entscheidungsfindung. Berlin 2012; Osborn, A. F.: Applied imagination: Principles and procedures of creative problem-solving. Scribner: New York 1953; 2th ed. 1963; Ders.: Is education becoming more creative? An address given at the seventh annual Creative Problem-Solving Institute, University of Buffalo, 1961; Ders.: Development in creative education. In: Parnes, S. J./Harding, H. F. (Eds.): A source book of creative thinking. New York 1962, pp. 19–29; Rustler, F.: Denkwerkzeuge der Kreativität und Innovation. Das kleine Handbuch der Innovationsmethoden. St. Gallen/Zürich, 4. Aufl., 2016; Schlicksupp, H.: 30 Minuten für mehr Kreativität. Offenbach 1999; Simonton, D. K.: Scientific genius: A psychology of science. Cambridge: Cambridge University Press 1988.

kreatives Schreiben (creative writing); kreative Schreibtechnik (creative writing technique): Schreiben ist kreatives Nachdenken, Sortieren und Strukturieren von Gedanken. Es ist ein mentaler Problemlösungsprozess, der sich auf die Produktion eines schriftlichen Textes bezieht. Im Unterschied zum alltäglichen Aufschreiben, zum Schriftverkehr in den Verwaltungen, zu amtlichen Schreiben, z. B. der Schriftform beim Abschluss von Rechtsgeschäften, der Erarbeitung von Gesetzestexten, von Bedienungsanleitungen usw. steht beim kreativen Schreiben der schöpferische Aspekt im Vordergrund. Beim Schreiben erhalten wir Klarheit über unsere Gedanken und Ideen. Erst durch das Schreiben erschließen sich Zusammenhänge. Das Notieren unserer Gedanken, Ideen und Geistesblitzen ist sehr wichtig, um diese zu sichern und zu einem späteren Zeitpunkt kritisch zu bewerten, um daraus eventuell Projektideen und Lösungsvorschläge zu entwickeln. Das Schreiben kann Beruf oder Berufung sein, wenn es auf intrinsischer Motivation beruht. Die Abgrenzung zwischen kreativem Schreiben und literarischer Kreativität ist nicht eindeutig, da diese Begriffe oft synonym verwendet werden. Wenn es sich um die Erarbeitung und Gestaltung von Dichtkunst handelt (Gedichte, Novellen, Kurzgeschichten, Romane, Autobiographien, Hörspiele, Drehbücher, u. a., also um das Hervorbringen literarischer Werke in Lyrik und Prosa, ist der Begriff »literarische Kreativität« geeigneter. Die Devise der Schriftsteller lautet: „Kein Tag ohne eine

Zeile". Sie „vergleichen ihre Fähigkeit oft mit einem Muskel, der täglich trainiert werden muss" (Gardner, [2]1998, S. 84). Wenn sich der Autor in kreativer Hochstimmung befindet, kann sein Gedankenfluss unbeschwert zirkulieren.

Durchführung:
Die Durchführung des Schreibens ist individuell sehr unterschiedlich. Der Sprachwissenschaftler Udo Hahn unterscheidet aus analytischer Sichtweise drei Phasen des kreativen Schreibens:

1. Planung: die Problemstellung, d. h. die Schreibaufgabe wird festgelegt. Es erfolgt die Faktensammlung bzw. Materialsammlung durch kreatives Denken, durch Phantasie und Nachdenken oder von externen Informationsquellen (z. B. durch Literaturstudien, durch Erzählungen anderer Personen). Auch das Lesepublikum wird bereits in die Planung einbezogen (An wen richtet sich der Text?; mögliche Interessenten, Nutzer und Käufer der beabsichtigten Publikation). All diese Komponenten fließen in die Schreib- und Publikationsplanung ein.
2. Produktion: In dieser Phase erfolgt die Formulierung (die sogenannte Versprachlichung) und die Niederschrift des geplanten Textes.
3. Textrevision: Dabei wird kontrolliert, ob der erarbeitete Text inhaltlich und strukturell dem vorher anvisierten Schreibplan entspricht. Es erfolgt die Überprüfung der sprachlichen Form. (vgl. Hahn, U. in: Strube, 1996, S. 610)

Die Gedanken und Überlegungen zu einem Problem oder zu einem wichtigen Thema, das von großem Interesse ist, sollten täglich notiert werden. Dazu kann ein Notizbuch oder ein Tagebuch geführt werden, das die gedankliche Entwicklung widerspiegelt. Auch Gedankensplitter, Zitate, Ideen, Stichwörter, Begriffe, rezipierte Anregungen und Sichtweisen sollten aufgezeichnet werden, um sie später auszuwerten und zu nutzen. Bei fremdem Gedankengut ist unbedingt die Quellenangabe zu vermerken. Empfehlenswert ist die ständige Schreibbereitschaft, um unvorhergesehene plötzliche Einfälle sofort zu notieren, damit sie nicht verloren gehen, denn erst durch die Schriftform werden die flüchtigen Gedanken gesichert. Die Notizen können auch anderen Personen mitgeteilt werden, wenn man deren Meinung oder Ratschläge dazu einholen möchte.

Vorteile:

1. Das Schreiben zwingt zur Formulierung der Gedanken und lässt sich leichter kommunizieren.
2. Es trägt zur begrifflichen Klarheit bei. Unscharfe Formulierungen oder schwer Mitteilbares reizt und spornt an. Es fordert uns zur weiteren Ausarbeitung auf.
3. Schreiben schafft nutzbare Ergebnisse. Es beendet den mündlichen Zustand, in dem man sich gedanklich immer wieder um dieselbe Fragestellung bewegt.
4. Erst durch das Aufschreiben erhalten die Gedanken und Ideen eine Struktur. Man kann die Notizen jederzeit prüfen, konkretisieren und detailliert ausarbeiten. Man kann auch zum ersten Entwurf zurückkehren und diesen durch neue Überlegungen ergänzen, bestätigen oder verwerfen und anschließend durch einen besseren, qualitativ ausgereifteren Text ersetzen.
5. Schreiben schafft ein externes Gedächtnis. Was notiert wurde, kann nicht mehr vergessen werden. (vgl. dazu Wieke, 2002, S. 75 f.)

Nachteile:
Das Nachdenken über ein Problem kann mitunter sehr zeitaufwendig sein, ohne zu einer Lösung zu gelangen. Es können auch längere Schreibblockaden auftreten, die erst überwunden werden müssen. Es ist kaum nachzuvollziehen, wieviel Anstrengungen es kostet, ein Werk von der ersten Idee bis zum fertigen Druckmanuskript niederzuschreiben. Welch unglaublicher Fleiß, wieviel durchgearbeitete Nächte am Schreibtisch, welch kräftezehrendes Ringen sind für die Erarbeitung und Gestaltung eines Manuskripts erforderlich. In der Literatur gibt es keine Wunderkinder, wie sie die Musikgeschichte kennt. Ein Kind verfügt noch nicht über den nuancenreichen Wortschatz und über all die stilistischen Ausdrucksmöglichkeiten, die zum Schreiben eines Gedichts, einer Novelle oder eines Romans erforderlich sind. Auch die Technik des Schreibens muss erst allmählich erworben werden. Ein angehender Schriftsteller sucht zunächst nach literarischen Vorbildern, schult an diesen seinen sprachlichen Ausdruck, bis er seinen eigenen Stil findet. Das Schreiben gelingt nur, wenn man sich in einer kreativen Stimmung befindet und innerlich darauf eingestellt ist. Bedeutsam ist auch der kreative Ort.

Einsatzmöglichkeiten:
Kreatives Schreiben umfasst auch wissenschaftliche Publikationen und Forschungsarbeiten, Hypothesen, philosophische Texte, Werbetexte u. a., wenn diese neu, originell und einfallsreich sind, d. h., eine schöpferische Leistung darstellen, im Sinne des Planens, Entwerfens, Gestaltens, Erfindens und Entdeckens. Das Schreiben dient auch als Therapie. Die Erlernbarkeit des kreativen Schreibens erfolgt in Schreibwerkstätten und in speziellen Studiengängen. Möglichkeiten des kreativen Schreibens im digitalen Zeitalter, das Experimentieren mit Twitter, Blogs, Facebook & Co. zeigt Stephan Porombka. (Porombka, 2012) ⟶ Fast Writing ⟶ Free Writing

Lit.: Carey, L. J./Flower, L.: Foundations for Creativity in the Writing Process. In: Glover, J. A./Ronning, R. R./Reynolds, C. R. (Hrsg.): Handbook of Creativity. New York 1989, S. 283–303; Gardner, H.: Frames of mind. The theory of multiple intelligences. New York 1983; dt. Ausg.: Abschied vom IQ. Die Rahmen-Theorie der vielfachen Intelligenzen. Stuttgart [2]1998; Gesing, F.: Kreativ schreiben. Handwerk und Techniken des Erzählens, Köln 2014; Heimes, S.: Schreib es dir von der Seele. Kreatives Schreiben leicht gemacht. Göttingen 2010; Dies.: Kreatives und therapeutisches Schreiben. Ein Arbeitsbuch. Göttingen [3]2011; Körber, F.: Kreativität und kreatives Schreiben. Ist kreatives Schreiben lehr- bzw. lernbar? München/Ravensburg 2008; Ortheil, H.-J.: Schreiben dicht am Leben: Notieren und Skizzieren. (Reihe: Kreatives Schreiben, hg. von Hanns-Josef Ortheil). Mannheim 2012; Pogoda, G. M.: Kreativ Schreiben. Von der Idee zum Text. Wirkungsvoll formulieren für Schule, Studium, Beruf, Literatur, Selbsterfahrung (mvg-paperbacks; 08655), Landsberg am Lech 2000; Porombka, S.: Schreiben unter Strom. Experimentieren mit Twitter, Blogs, Facebook & Co. (Reihe: Kreatives Schreiben, hg. von Hanns-Josef Ortheil). Mannheim/Zürich 2012; Pyerin, B.: Kreatives wissenschaftliches Schreiben. Tipps und Tricks gegen Schreibblockaden, Weinheim/Basel [3]2007; Rico, G. L.: Writing the natural way. Using right-brain techniques to release your expressive powers. Los Angeles 1983. Dt. Ausgabe: Garantiert schreiben lernen. Sprachliche Kreativität methodisch entwickeln – ein Intensivkurs auf der Grundlage der modernen Gehirnforschung, 11. Aufl., Reinbek bei Hamburg 2001; Schärf, C.: Schreiben Tag für Tag. Journal und Tagebuch. (Reihe: Kreatives Schreiben, hg. von Hanns-Josef Ortheil). Mannheim/Zürich 2011; Scheidt, J. vom: Kreatives Schreiben. Frankfurt am Main [3]2003; Schmitz, A. D.: Handbuch des Kreativen Schreibens für den Unterricht in der Sekundarstufe I. Donauwörth 2001; Späker, B.: Zwei Modelle des Schreibens – Schreibprozess- und Schreibentwicklungsmodelle im Vergleich. Essen 2006; Strube, G., in Verbindung mit B. Becker u. a. (Hrsg.): Wörterbuch der Kognitionswissenschaft. Stuttgart 1996; Werder, L. v.: Lehrbuch des kreativen Schreibens. 4. Aufl., Berlin 2004; Werder, L. v./Schulte-Steinicke, B.: Schreiben von Tag zu Tag: Wie das Tagebuch zum kreativen Begleiter wird. Ein Handbuch für die Praxis. Düsseldorf 2008; Wieke, Th.: Kreativität im Job. Wie Sie Ideen entwickeln und Denkblockaden lösen. (Don't panic!). Frankfurt/M. 2002.

kreative Verfahren (creative procedures): Anleitungen für kreatives Denken und zur Lösungsfindung. Sie lösen Denkblockaden, fördern die Entscheidungsfindung, ermöglichen bewusste Entwicklungen und motivieren unbewusst die Erkenntnisgewinnung. Die Anwendung kreativer Verfahren erfolgt in einzelnen Phasen:

1. Problembewusstsein, Problemstellung und Zieldefinition;
2. Gewinnung und Auswertung von Daten (hier: Gedanken, Ideen);
3. Lösung/Erkenntnis;
4. Anwendung. (Boldt, 2011, S. 46 f.)

Kreative Verfahren werden einzeln und im Team durchgeführt.

Lit.: Boldt, K.-W.: Erfolg durch Kompetenz. Das Wissen zur Optimierung eigener Fähigkeiten. Darmstadt 2011.

Kreativität 2.0: auch als „New Code Creativity" bezeichnet; ein Strukturmodell der angewandten Kreativität; von Michael Luther (*1958) entwickelt. Es ist interdisziplinär und funktional. Luther nennt es die „Infrastruktur der Kreativität". Sie umfasst drei Dimensionen:

1. Die interdisziplinäre Dimension: Von den zahlreichen Arten der Kreativität bildet jede ein eigenständiges Fachgebiet mit autarken Regeln und Prinzipien, eigenen Namen und Modellen, sowie mit selbstständigen „Werkzeugen" und Formaten.
2. Die systematische Dimension: Kreativität ist ein System mit zahlreichen Komponenten, Elementen und Facetten, die miteinander verbunden sind. Verändert man einen beliebigen Teil davon, hat das Auswirkungen auf das Gesamtsystem.
3. Die funktionale Dimension: Die einzelnen Komponenten der Angewandten Kreativität besitzen jeweils eine Reihe spezifischer Aspekte, „Auslöser" und „Hebelpunkte" (vgl. Luther, 2013, S. 45f.).

Lit.: Luther, M.: Das große Handbuch der Kreativitätsmethoden. Wie Sie in vier Schritten mit Pfiff und Methode Ihre Problemlösungskompetenz entwickeln und zum Ideen-Profi werden. Bonn 2013.

L

Lexikon-Methode → Reizwortanalyse

Little-Technik (oder Little-by-Little-Technik; eigtl. Arthur-D.-Little-Technik); auch als Gordon-Technik, Operational Creativity (operationale Kreativität) oder Didaktisches Brainstorming bezeichnet. Sie wurde in den 1950er Jahren von dem US-amerikanischen Erfinder und Psychologen William J. J. Gordon (1919–2003) entwickelt und 1956 veröffentlicht. Er arbeitete lange Zeit für die Arthur D. Little Inc. in Cambridge, Massachusetts. Sie war die erste Unternehmensberatung der Welt. (vgl. Burr, 2014, S. 95) Während dieser Zeit entwickelte er diese Kreativitätstechnik, die Ähnlichkeiten mit dem klassischen → Brainstorming aufweist und eine Weiterentwicklung darstellt. Sie unterscheidet sich nur durch ihre stufenweise Herangehensweise an das Problem. Gordon entwickelte auch die Kreativitätstechnik → klassische Synektik.

Durchführung:
Zunächst kennt nur der Moderator die zu lösende Aufgabe, die er den Teilnehmern einstweilen verschweigt, um Einmischungen zu vermeiden und zu verhindern, dass sich die Mitwirkenden vorschnell auf bestimmte Lösungen festlegen. Diese Vorgehensweise dient dem psychologischen »Warmwerden« der Beteiligten, um in kleinen Schritten („little steps“, daher der Begriff „Little-Technik) die Assoziationsbereitschaft anzuregen und die Problematik zu umreißen.

In der ersten Sitzung stellt der Moderator bzw. der Koordinator zunächst nur allgemeine Fragen, die sich entfernt auf die Aufgabenstellung beziehen, d. h., die Problemformulierung erfolgt nur andeutungsweise. Auf diese Weise möchte er auch weit entfernte Ideen bzw. Lösungsansätze zulassen und damit ein zu frühes Einengen des Suchfeldes verhindern. Die Aufmerksamkeit der Teilnehmer wird also erst allmählich auf die konkrete Zielstellung gelenkt. Erst danach wird das Problem immer mehr eingekreist.

In der zweiten Sitzung wird der Moderator spezifischer und erst beim dritten Durchgang wird er konkret. Es ist eine fortschreitende Enthüllung bzw. Offenbarung (progressive revelation).

Vorteile:
Durch ein schrittweises Heranführen an das Problem soll zunächst ein Grundverständnis erreicht werden. Zugleich werden auch weit entfernt liegende Ideen und Anregungen zur Aufgabenstellung gesammelt. Dadurch können auf unterschiedlichen Ebenen und Gebieten Lösungsansätze entwickelt werden.

Nachteile:
Diese Technik setzt eine entsprechende Vorbildung voraus, auch beim Moderator. Gefragt sind vor allem Analogiedenken, Systemdenken und laterales Denken. Der Nachteil dieser Methode ist der immense Zeitaufwand, weil die Problemlösung meist erst im Verlauf mehrerer Sitzungen erfolgt.

Einsatzmöglichkeiten:
Diese Kreativitätstechnik ermöglicht eine präzise Problemdefinition und eignet sich besonders für Analyseprobleme sowie für die Suche nach komplexen Lösungen. Die Durchführung erfolgt im Team.

Lit.: Brown, G. J.: Operationale Kreativität: eine Strategie zur Veränderung des Lehrers. In: Mühle, G./Schell, C. (Hrsg.): Kreativität und Schule (Erziehung in Wissenschaft und Praxis, hg. von Andreas Flitner, Bd. 10), München [3]1973, S. 195–203; Burr, W. (Hrsg.): Innovation. Theorien, Konzepte und Methoden der Innovationsforschung. Stuttgart 2014; Gordon, W. J. J.: Operational approach to creativity. In: Harvard Business Review, 34, 1956, pp. 41–56; Gregory, C. E.: The management of intelligence. Scientific problem solving and creativity. New York 1967; dt. Ausg.: Die Organisation des Denkens. Kreatives Lösen von Problemen. Frankfurt am Main/New York 1974; Scheitlin, V.: Kreativität. Das Handbuch für die Praxis. Zürich 1993.

LOBIM©: **L**ösungs-**O**rientierte **B**ionische **I**nnovations-**M**ethode (solution-oriented bionic innovation method): Sie wurde von dem Entwicklungsingenieur und TRIZ-Moderator Nick Eckert entwickelt und integriert den Erfindungsreichtum der Natur in den Ideenfindungsprozess. LOBIM© kombiniert → TRIZ und → Bionik und bildet eine Synthese der Innovation technischer Systeme mit der Evolution biologischer, also natürlicher Systeme. Eckert erweitert damit die Grundprinzipien von TRIZ durch die evolutionären Prinzipien aus der Bionik und Biokybernetik. Ihm geht es dabei besonders um die systematischere Nutzbarmachung bionischer Lösungen für konkrete Fragestellungen in der Entwicklung. Er wirbt dafür, gezielt biologische Analogien für technische Problemlösungen zu nutzen, „um neue, außergewöhnliche Ideen zu generieren“ (Eckert, 2017, S. 5).

LOBIM© bietet „Anregungen für die Suche konkreter Problemlösungen unter Zuhilfenahme von vorhandenen technischen und biologischen Lösungen“ (Eckert, 2017, S. 83). Diese Methode dient dazu, nachhaltige und umweltschonende Problemlösungen zu finden. Diese Kreativitätstechnik kann sowohl individuell als auch im Team durchgeführt werden.

Lit.: Eckert, N.: Innovationskraft steigern mit LOBIM©. Eine praxisnahe Methodenkopplung von TRIZ und Bionik. Renningen 2017.

Lotusblüten-Technik (Lotus Blossom Technique): auch Lotus Blossom-Method oder MY-Technik genannt, nach seinem Entwickler, dem japanischen Unternehmensberater und Präsidenten von Clover Management Research, Yasuo Matsumura. Er zeichnete seinen Entwurf auf ein Lotusblütenmuster. Die Muster breiten sich vom Zentrum etwa gleichmäßig nach allen Seiten hin aus, vergleichbar mit der Anordnung von Blütenblättern, daher der Name Lotusblüten-Technik. Es ist eine Ideenfindungstechnik, die auf dem Prinzip der kontinuierlichen Verbesserung bereits vorhandener Erfindungen, Produkte oder Entwürfe beruht. Die Aufgabenstellung, das Kernthema, führt zu immer größer werdenden Kreisen und Ideen, die nachfolgend selbst zu Zentren für weitere Vorschläge werden.

Durchführung:

1. Ein Bogen Papier wird mit acht „Ideenblättern“ umgeben, vergleichbar den Blättern einer Lotusblüte. Das Problem bzw. die zu lösende Aufgabe wird in der Mitte notiert. Sie bildet das Zentrum des Lotusblüten-Diagramms.
2. Für das zentrale Thema entwickelt jeder Teilnehmer seine Vorschläge, Anregungen und Lösungsansätze und notiert sie einzeln auf die acht „Ideenblätter“. Sie bilden das innere Quadrat A-H des Lotusblüten-Diagramms.
3. Aus jedem Blütenblatt wird das Zentrum einer neuen Ideenfindung. Dadurch haben sich bei jedem Teilnehmer rund um das Thema acht Zentren gebildet, zu denen jeweils wieder acht Ideen und Lösungen gefunden werden sollen.
4. Anschließend werden alle Vorschläge gemeinsam gesichtet und bewertet.

Die „Ideenblätter“ können nach einem ersten Durchgang jeweils zum Zentrum für die nächste Stufe der Ideenfindung werden. Dieser Vorgang kann sooft wiederholt werden, bis eine große Anzahl von Ideen zur Aufgabenstellung entstanden ist. Wenn das Thema für eine Arbeitsgruppe zu speziell ist, können offene Fragen und Probleme auch als Kernthema an andere Gruppen weitergegeben werden, die auf diesem Gebiet über größere Erfahrungen und Sachkenntnisse verfügen. (vgl. Schwarz-Geschka, 2010, S. 401)

Einsatzmöglichkeiten:
Diese Technik eignet sich besonders für Produktverbesserungen bzw. zur Weiterentwicklung bestehender Produkte oder Prozesse. Die Lotusblüten-Technik wird im Team durchgeführt.

Lit.: Luther, M.: Das große Handbuch der Kreativitätsmethoden. Wie Sie in vier Schritten mit Pfiff und Methode Ihre Problemlösungskompetenz entwickeln und zum Ideen-Profi werden. Bonn 2013; Schwarz-Geschka, M.: Kreativität und Kreativitätstechniken in Japan. In: Harland, P. E./Schwarz-Geschka, M. (Hrsg.): Immer eine Idee voraus. Wie innovative Unternehmen Kreativität systematisch nutzen. Lichtenberg (Odw.) 2010, S. 393–410.

M

Majaro-Matrix: eine Ideenbewertungsmatrix, auch „Ideenplatzierungsmatrix“ genannt (Blumenschein/Ehlers, 2007, S. 131–140); von dem Innovationsberater Simon Majaro entwickelt. Die zu bewertenden Ideen werden auf einem Schema mit 10 Feldern eingetragen. Anhand einer ansteigenden 10-stufigen Skala werden die Dimensionen »Kreativität« und »Innovation« eingetragen. Majaro versteht unter Kreativität die Attraktivität einer Idee, der er folgende Operationalisierungskriterien zugrunde legt: Originalität, Einfachheit, Einzigartigkeit, Eleganz, Anwenderfreundlichkeit, leichte Implementierbarkeit und schwere Kopierbarkeit.

Die Dimension »Innovation« interpretiert Simon Majaro als Ideenverträglichkeit mit den Zielen und Ressourcen und nennt dazu folgende Kriterien: finanzielle Ressourcen, menschliche Ressourcen, Firmenimage, Schutzrecht und Problemlösungsbedarf. In diesen Kategorien werden die Ideen mit Punkten bewertet, wobei 1 die niedrigste und 10 die höchste Kennzeichnung darstellt. Danach werden die Schnittstellen auf beiden Achsen eingetragen, wodurch die Platzierung optisch hervorgehoben wird.

Die Majaro-Matrix ermöglicht, das Potenzial einer Idee, bezogen auf das Unternehmen und sein Umfeld, aufzuzeigen. Diejenigen Vorschläge, die auf beiden Achsen der Matrix hohe Punktbewertungen erzielen, enthalten gute Lösungsansätze und passen gleichzeitig zu den Rahmenbedingungen, innerhalb derer sie umgesetzt werden sollen. (vgl. Blumenschein/Ehlers, 2007, S. 133) Diese Kreativitätstechnik eignet sich für Einzel- und Teamarbeit.

Lit.: Blumenschein, A./Ehlers, I. U.: Ideen-Management. Wege zur strukturierten Kreativität. München 2002; Dies.: Ideen managen. Eine verlässliche Navigation im Kreativprozess. Leonberg 2007; Higgins, J. M./Wiese, G. G.: Innovationsmanagement. Kreativitätstechniken für den unternehmerischen Erfolg. Berlin, Heidelberg, New York 1996; Majaro, S.: The creative gap: Managing ideas for profit. London 1988; Majaro, S.: Erfolgsfaktor Kreativität – Ertragssteigerung durch Ideen-Management. London, Hamburg 1993.

Mapping-Techniken: Sammelbegriff für diejenigen Kreativitätstechniken, die die Zusammenhänge oder Lösungsideen strukturieren oder bildhaft darstellen (visualisieren). Die bekanntesten sind ⟶ Mind Mapping und ⟶ Concept Mapping.

Markt der Möglichkeiten ⟶ Marktplatz-Methode

Marktplatz-Methode (market method): auch Markt der Möglichkeiten genannt; ein Großgruppenverfahren für Konferenzen und Meetings. Dabei wird eine Art Marktplatz-Atmosphäre geschaffen, bei der verschiedene Kleingruppen ihre Aspekte und Lösungsvorschläge zum Generalthema in Form von Marktständen präsentieren und einen regen Informations-, Erfahrungs- und Ergebnisaustausch pflegen. Diese Kreativitätstechnik eignet sich für Gruppen und Großgruppen. (vgl. Luther, 2013, S. 394) ⟶ Barcamp, ⟶ Open Space Technology

Lit.: Luther, M.: Das große Handbuch der Kreativitätsmethoden. Wie Sie in vier Schritten mit Pfiff und Methode Ihre Problemlösungskompetenz entwickeln und zum Ideen-Profi werden. Bonn 2013;

Meilensteinplan (milestone plan): Meilensteine sind die festgelegten Zwischentermine während eines Projektverlaufs. Dazu wird ein Meilensteinplan ausgearbeitet. Er stellt die Grobstruktur des Projekts dar und enthält die zu erbringenden Leistungen, die Controlling-Zeitpunkte, an denen die Teilziele erreicht sein müssen, sowie die Sollwerte der Kosten, die bis zu diesen Terminen angefallen sein dürfen.

Im Innovationsprozess ist die Festsetzung der Meilensteine technologisch bedingt. Sie markieren und „beenden die einzelnen Phasen des Innovationsprozesses, die von unterschiedlicher Länge sein können“ (Littkemann/Derfuß, 2011, S. 579).

Durchführung:
Die Projektteile und einzelnen Arbeitspakete werden für alle Projektphasen exakt aufgelistet. Für die Zeitpunkte des Controllings werden meist markante Abschnitte gewählt.

Am Stichtag findet ein Abgleich statt, um Abweichungen zwischen dem Soll- und dem Istzustand zu erfassen und, wenn es notwendig wird, gegenzusteuern. Zu den Terminen der Meilensteine verlangt der Auftraggeber auch meist die detaillierten Zwischenberichte. Für die Erarbeitung der Zwischenberichte werden die Daten aus den laufenden Arbeitspaketen zusammengetragen und mit den Sollwerten verglichen. (vgl. Pionczyk et al., 2011, S. 40 f.)

Für alle Arbeitspakete, die bis zu einem bestimmten Meilenstein abgearbeitet sein sollen, und für alle Arbeitsaufgaben, die noch in der Phase der Bearbeitung sind, werden die genauen Bearbeitungsstände und geplanten Kosten angegeben. Kommt es zu größeren Abweichungen, werden vom Projektteam Steuerungsmaßnahmen eingeleitet. Auch die Qualitätskriterien werden überprüft.

Vorteile:
Meilensteine führen zur Planungssicherheit, weil dadurch der Grad der Zielerreichung messbar wird.

Nachteile:
Jörn Littkemann und Klaus Derfuß weisen auch auf die negativen Auswirkungen festgelegter Meilensteine (Kontrolltermine) im Innovationsprozess hin und stellen fest: „Es ist damit zu rechnen, dass Innovationscontrolling bei kreativ arbeitenden Forschern und Entwicklern nicht unbedingt auf Gegenliebe stößt. Der kreative Freiraum wird eingeschränkt, es wird Rechenschaft verlangt. Ein Teil der Arbeitszeit geht für die Erfassung von Daten für das Innovationscontrolling verloren. Das Vertrauensverhältnis zwischen technischen und kaufmännischen Bereichen wird – sofern überhaupt vorhanden – gestört. Bei der Einführung eines Innovationscontrollings ist es daher möglich, wenn nicht sogar wahrscheinlich, dass es zu Kreativitätsverlust kommen kann“ (Littkemann/Derfuß, 2011, S. 584 f.).

Aber ohne Kontrolle des Innovationsprozesses bzw. des Projektverlaufs kann es zu Kostenexplosionen und Terminüberschreitungen mit erheblichen negativen Auswirkungen kommen. Wenn diese Situation eintritt, entscheidet der Auftraggeber mitunter bei jedem Meilenstein, ob das Projekt fortgesetzt wird, ob er die Weiterführung nur unter veränderter Zielstellung genehmigt, oder ob das Projekt ganz abgebrochen wird. (vgl. Pionczyk et al., 2011, S. 59)

Einsatzmöglichkeiten:
Der Meilensteinplan liefert konkrete und kontrollierbare Sollwerte für die Kosten- und Terminentwicklung eines Projekts. Er legt fest, welcher Zeitbedarf für die einzelnen Aufgaben und Arbeitspakete besteht. Dabei wird „unterschieden nach tatsächlich benötigter und nach insgesamt verstrichener Zeit“ (Blumenschein/Ehlers, 2007, S. 150). Die Terminplanung und die veranschlagten Kosten sollten realistisch sein.

Für den Meilensteinplan und den Projektzeitplan wird meist eine entsprechende Planungssoftware eingesetzt. Diese Kreativitätstechnik eignet sich für die Teamarbeit.

Lit.: Blumenschein, A./Ehlers, I. U.: Ideen managen. Eine verlässliche Navigation im Kreativprozess. Leonberg 2007; Littkemann, J./Derfuß, K.: Innovationscontrolling. In: Albers, S./Gassmann, O. (Hrsg.): Handbuch Technologie- und Innovationsmanagement. Wiesbaden [2]2011, S. 573–592; Pionczyk, A. in Zusammenarbeit mit der Dudenredaktion: Projektmanagement. Mannheim, Zürich 2011.

Meilenstein-Technik (milestone-technique): Sie dient zum Strukturieren einer geplanten Ideenrealisierung und wurde 1994 von Michael Luther (*1958) entwickelt. Die für die Implementierung von originellen, neuen bzw. ungewöhnlichen Ideen gefundenen Stichworte werden hierbei von Michael Luther als „Meilensteine“ bezeichnet (Luther, 2013, S. 318).

Durchführung:
Einzelne Stichworte (Meilensteine) werden von den Teilnehmern auf Karten oder Post-its notiert. Danach werden die zu einem Meilenstein gehörenden Fragen und Probleme herausgefunden und daneben vermerkt.

1. Die Frage lautet: In welchen Stufen erfolgt die Umsetzung der ausgewählten Lösung? Dazu notieren die Teilnehmer alle erforderlichen Phasen der Realisierung auf Karten oder Post-its. Das kann individuell oder gemeinsam in der Gruppe durchgeführt werden. Dabei sollen so viele Aspekte und Ideen wie möglich gefunden und notiert werden, die bei der Umsetzung entscheidend sein könnten und beachtet werden müssen.
2. Anschließend werden alle Karten eingesammelt und auf einem Tisch ausgelegt bzw. an eine Pinnwand geheftet. Doppelte, übereinstimmende oder ähnliche Vorschläge werden aussortiert, zeitliche Zusammenhänge festgestellt. Danach werden die verbliebenen Karten zeitlich geordnet.
3. Die zeitliche Abfolge (der Zeitstrahl) kann als Grundlage für einen Umsetzungsplan dienen.

Vorteile:
Der Umsetzungsprozess wird strukturiert. Dadurch werden alle wichtigen Phasen und Details erfasst und in die Lösungsfindung integriert.

Nachteile:
Diese Technik ist sehr aufwendig. Der Moderator muss darauf hinweisen, dass auch alle Details berücksichtigt werden müssen.

Einsatzmöglichkeiten:
Im Unterschied zum → Meilensteinplan eines Projektverlaufs dient diese Technik zum Strukturieren einer vorgesehenen Ideenrealisierung. (vgl. Luther, 2013, S. 318) Diese Kreativitätstechnik eignet sich für die Teamarbeit.

Lit.: Luther, M.: Das große Handbuch der Kreativitätsmethoden. Wie Sie in vier Schritten mit Pfiff und Methode Ihre Problemlösungskompetenz entwickeln und zum Ideen-Profi werden. Bonn 2013.

Mentale Modelle (mental models): geistige Abbildungen eines Wirklichkeitsbereichs, die strukturelle Analogien zur Umwelt besitzen, ohne selbst bildhaft im engeren Sinne zu sein.

Mentale Modelle sind schwebende, schemenhafte Skizzen möglicher Problemlösungen in ihren ersten Grundzügen. Sie entstehen nur durch intensives Nachdenken, erzeugen ganzheitliche Vorstellungen und ermöglichen diejenige Flexibilität beim Denken, die für das komplexe Problemlösen benötigt wird. Der Problemfindungsprozess hängt also eng mit der Bildung mentaler Modelle zusammen. Wer diese mentalen Modelle nicht bildet, scheitert an hochkomplexen Aufgaben.

Um analoge Beziehungen zu erkennen, müssen zwei oder mehrere mentale Modelle miteinander verglichen werden. Der Vergleich ist jedoch nur möglich, wenn es gelingt, diese gewissermaßen simultan vor dem geistigen Auge zu erfassen (als Simultankapazität bezeichnet). Daneben ist die Fähigkeit zum analogen Denken entscheidend. (vgl. Rüppell/Vohle, 2004, S. 268) Diese Kreativitätstechnik kann individuell durchgeführt werden.

Lit.: Dutke, S.: Mentale Modelle: Konstrukte des Wissens und Verstehens. Göttingen 1994; Gentner, D./Stevens, A. L.: Mental models. Hillsdale 1983; Johnson-Laird, P. N.: Mental models. Cambridge 1983; Rüppell, H./Vohle, F.: DANTE – Diagnose und Training erfinderischen Denkens. In: Reinmann, G./Mandl, H. (Hrsg.): Psychologie des Wissensmanagements. Perspektiven, Theorien und Methoden. Göttingen et al. 2004, S. 267–276.

Mentale Provokation (mental provocation) → PO-Methode

Metaplan-Technik® (Metaplan-technique): benannt nach der Metaplan GmbH, einer Unternehmensberatung in Quickborn; eine visualisierende Gruppenarbeitstechnik zur Ideenfindung mit Hilfe farbiger Kärtchen; wurde in den 1970er Jahren von den Brüdern Wolfgang und Eberhard Schnelle entwickelt.

Es existieren zwei wichtige Regeln:

1. Butler-Regel: Jeder Teilnehmer ist zugleich Mitdenker und Helfer und ist auch für die organisatorische Vorbereitung zuständig, z. B. für die Besorgung von Arbeitsmaterialien oder Getränken.
2. 30-Sekunden-Regel: Jeder Redebeitrag darf nicht länger als 30 Sekunden dauern. Die anderen Teilnehmer dürfen aber währenddessen ihre eigenen Beiträge an der Pinnwand befestigen.

Durchführung:

1. Die Aufgabenstellung, das zu lösende Problem wird für alle Teilnehmer sichtbar auf der Pinnwand oder auf einem Flipchart notiert.
2. Die Teilnehmer notieren ihre Ideen, Vorschläge und Bemerkungen in Kurzfassung auf Kärtchen; (je Idee eine Karte). Die Ideensammlung ist anonym.
3. Die Kärtchen werden eingesammelt und an der Pinnwand befestigt.
4. Danach beginnt die Auswertung der Ergebnisse und das Clustern, d. h. die Kärtchen werden nach Themengruppen geordnet und gebündelt. Der Moderator sowie leitende Mitarbeiter sollten sich daran beteiligen, ihre Kärtchen aber zunächst zurückhalten, um die Gruppe nicht zu beeinflussen.
5. Die ermittelten Themenschwerpunkte werden in kleineren Gruppen bearbeitet.

Um die Themen abzugrenzen, werden die einzelnen Cluster gekennzeichnet (z. B. durch farbige Umrandungen). Bei den auf den Kärtchen notierten Ideen und Vorschlägen kann es zu Mehrfach-Nennungen bzw. zu ähnlichen Lösungsansätzen kommen. Das lässt darauf schließen, dass diese Aspekte den Teilnehmern besonders wichtig sind. Aus jedem Begriffs-Cluster sollte ein Leitbegriff ausgewählt werden. Anschließend werden diese Anregungen und Leitgedanken mit den Teilnehmern diskutiert und ausgewertet.

Vorteile:
Vorzüge sind das Re-Arrangieren, Ergänzen, Clustern, Ordnen und Gewichten der Lösungsvorschläge. Durch Veränderung der Platzierung an der Pinnwand kann die Rangfolge verändert werden. Die Karten mit den Lösungsvorschlägen bleiben bis zum Ende der Sitzung an der Tafel, so dass die Ideen nicht verloren gehen.

Einsatzmöglichkeiten:
Die Technik dient zum Sammeln und Strukturieren von Ideen und Informationen sowie zur Entscheidungsfindung bei komplexen Problemen. Für die Duchführung der Metaplan-Technik ist ein gut geschulter Moderator notwendig. (vgl. Kníeß, 1995, S. 80–83) Diese Kreativitätstechnik eignet sich für die Teamarbeit.

Lit.: Busch, B. G.: Erfolg durch neue Ideen. (Das professionelle 1 x 1). Berlin 1999; Cloyd, H. u. a.: Gesprächstechnik für Gruppen. METAPLAN-Reihe 2, hg. von der Metaplan GmbH, Quickborn 1973; Knieß, M.: Kreatives Arbeiten. Methoden und Übungen zur Kreativitätssteigerung (Beck-Wirtschaftsberater), München 1995; Schnelle, E. (Hrsg.): Neue Wege der Kommunikation. Veröffentlichungen der Stiftung Gesellschaft und Unternehmen, H. 10, Königstein/Ts. 1978.

Methode 6-3-5 (method 6-3-5): Sie wurde 1969 von dem Unternehmensberater und Managementtrainer Bernd Rohrbach (1927–2002) entwickelt und gilt als „Vorläufer unter den Brainwriting-Methoden“ (Schlicksupp, 1995, S. 185). Die Ziffernfolge 6-3-5 weist auf die äußere Struktur dieser Methode hin und bedeutet, dass sechs Personen jeweils drei Ideen bzw. Lösungsansätze zu einem Problem innerhalb von fünf Minuten zu Papier bringen.

Durchführung:

1. Das Problem wird vorgestellt, besprochen und die genaue Problemstellung wird definiert. Die Einfälle und Vorschläge werden in Formblätter eingetragen (DIN-A4-Format mit 3 Spalten und 6 Zeilen).
2. Jeder Teilnehmer trägt in die oberste Zeile seines Formulars drei Ideen ein. Dazu hat er nur fünf Minuten Zeit.
3. Die Formulare mit den notierten Vorschlägen werden danach (im Uhrzeigersinn) an den nächsten Teilnehmer weitergereicht, der wiederum innerhalb von fünf Minuten drei weitere Einfälle hinzufügt. Diese können eine Variante oder Ergänzung zu den bereits vorliegenden

Ideen darstellen oder auch völlig neu sein. Dieses Verfahren wird solange fortgeführt, bis alle Personen ihre Gedanken notiert haben, so dass im Idealfall nach 30 Minuten diese schriftliche Ideenentwicklung beendet werden kann.

Abschließend erfolgt eine Auswertung aller Ideen, wobei die aussichtsreichsten Lösungsvorschläge ausgewählt werden. Im Idealfall können also 3 x 6 x 6, also 108 Lösungsvorschläge zum vorgegebenen Problem notiert werden.

Vorteile:
Diese Methode fördert das frei assoziative Denken und kann Synergieeffekte auslösen, weil man z. B. auch die Ideen des Vorgängers aufgreifen, modifizieren und weiterentwickeln kann. Sie ist ein Kreativitätsstimulus für das Spielerische im Menschen, eine Art Gruppenspiel, bei dem verkrustete Strukturen und Denkschablonen sowie eingeschliffene Antworten abgebaut werden sollen, um der Phantasie freien Lauf zu gewähren.

Vorteile dieser Methode sind auch das selbstbestimmte, ungestörte Nachdenken, das Vermeiden von Spannungen und Gruppenkonflikten und eine bessere Identifikationsmöglichkeit der Urheber bestimmter Lösungsansätze. Dominante Personen, die z. B. eine → Brainstorming-Sitzung beherrschen würden, werden ausgebremst und zurückhaltende Teilnehmer werden aktiviert. Diskussionen könnten außerdem die Denkabläufe stören. Im Anschluss an die Ideenfindung kann eine Auswertung bzw. eine erste Grobbewertung der Vorschläge stattfinden. Dazu werden alle ausgefüllten Formulare eingesammelt und können noch einmal in der Runde kursieren. Jeder Teilnehmer wählt auf allen Formularen die drei besten Ideen aus und kennzeichnet sie mit einem Kreuz. Diejenigen Vorschläge, die die meisten Kreuze erhalten haben, werden verlesen und von den Teilnehmern später in einem Brainstorming-Verfahren vertieft und weiter verifiziert. Der beste Lösungsvorschlag wird kritisch beurteilt und in die endgültige Form gebracht. Die gefundene Idee wird ausgearbeitet sowie auf ihre Durchführbarkeit und Brauchbarkeit überprüft. Danach kann die Phase der Erprobung, Akzeptierung und Verwirklichung bis zur Marktreife einer Idee oder eines Produkts erfolgen.

Nachteile:
Diese Methode ist weniger spontan als das Brainstorming. Da sich die Teilnehmer nicht mündlich austauschen können, ist eine unmittelbare Reaktion

auf die notierten Vorschläge nicht möglich. Es erfolgt keine Anregung und Orientierung durch einen Moderator.

Ein Nachteil dieser Methode ist auch die Zeitvorgabe, die sich kreativitätshemmend auswirken kann, denn nicht allen Teilnehmern gelingt es, in fünf Minuten drei Lösungen vorzuschlagen. Es kommen auch Doppelnennungen vor. Auf Grund dieser Nachteile entwickelte der Kreativitätsforscher Helmut Schlicksupp (1943–2010) den → Brainwriting-Pool.

Einsatzmöglichkeiten:
Diese Methode dient der Ideenfindung und eignet sich besonders zur Lösung von Such-, Analyse- und Konstellationsproblemen, z. B. in den Entwicklungsbereichen, bei Produktentwicklungen und Innovationen, in Planungsbereichen, bei Markt- und Produktanalysen, bei der Suche nach geeigneten Werbe- und Marketingideen oder im Design-Bereich. Sie ist auch für komplexe Problemlösungsprozesse geeignet. (vgl. Schröder, 2005, S. 165 f.) Die Durchführung erfolgt im Team.

Lit.: Rohrbach, B.: Kreativ nach Regeln: Methode 635 – eine neue Technik zum Lösen von Problemen. In: Absatzwirtschaft, H. 10, Oktober 1969, S. 73–76; Ders.: Techniken des Lösens von Innovationsproblemen. In: Spezialgebiete des Marketing (Schriften zur Unternehmensführung, Bd. 16), Wiesbaden 1971; Schlicksupp, H.: Innovation, Kreativität und Ideenfindung, Würzburg [3]1989; Ders.: Führung zu kreativer Leistung. So fördert man die schöpferischen Fähigkeiten seiner Mitarbeiter (Praxiswissen Wirtschaft; 20), Renningen-Malmsheim 1995; Schröder, M.: Heureka, ich hab's gefunden! Kreativitätstechniken, Problemlösung und Ideenfindung. Herdecke/Bochum 2005.

Methode 6 x 6 → Phillips-66-Methode

Milestone-technique → Meilenstein-Technik

Mind Mapping®: auch: Mind Maps (zusammengesetzt aus mind: Geist, Verstand, Gedanken, und map: Karte, Landkarte; eine Art Landkarte des Geistes, Gedankenkarten oder mentale Landkarten); eine Kreativitätstechnik zur Steigerung des geistigen Potenzials, die die Einfälle und Gedanken wie auf einer Landkarte verzeichnet. Mind Maps stellen grafische Projektionen des semantischen Gedächtnisses dar, gewissermaßen ein neuronales Netzwerk. Diese Technik wurde Anfang der 1970er Jahre von dem britischen Pädagogen und Intelligenzforscher Tony Buzan (*1942) entwickelt und dient der exakten Beschreibung eines Problems.

Durchführung:
Für die Erstellung und Visualisierung der Mind Maps haben sich folgende Richtlinien bewährt:

1. das Thema, das Problem oder das Schlüsselwort wird in die Mitte eines Papierbogens geschrieben und eingekreist. Alle sich daraus ergebenden Teilprobleme und Einflussgrößen werden als Haupt- oder Nebenäste abgezweigt, die in verschiedenen Farben dargestellt werden können. So entstehen assoziative oder konzeptionelle Gedankenketten, deren Inhalte (Knoten) linear verbunden sind. Die konzeptionellen Verknüpfungen erfolgen meist mit Pfeilen, um die Verbindungen zu verdeutlichen.
2. Die Inhalte (Ideen, Assoziationen) werden als Schlüsselworte oder als kurze Texte formuliert.
3. Die Texte werden waagerecht angeordnet.
4. Wichtiges wird durch Schriftwahl, Symbole, Bilder, Grafiken oder Farben hervorgehoben. Sie erleichtern die Orientierung.
5. Jeder neue Einfall wird auf dieser mentalen Landkarte hinzugefügt und richtig platziert, so dass allmählich ein Plan zur Lösung des Problems entsteht. Dabei können ausschlaggebende Informationen im Zentrum stehen und weniger bedeutende an den Rändern des Blattes. Um die Übersichtlichkeit zu erhöhen, können auch Informationen farbig hinterlegt und eingerahmt werden. Auch Aufzählungen sind möglich. Durch diese Gruppierungen wird die Map strukturiert. Zusätzliche Querverbindungen (Linien oder Pfeile) zwischen den Inhalten bzw. Assoziationen erweitern die Gedankenkarte zu einem kognitiven Netz (neuronales Netzwerk).
6. Die Verbindungen zwischen den inhaltlichen Knoten können beschriftet werden, um die Zusammenhänge, Ursachen und Wirkungen sichtbar zu machen. (vgl. Boldt, 2011, S. 49)

Mind Maps werden meist im Uhrzeigersinn gelesen. Bei geänderter Reihenfolge empfiehlt es sich, die Haupt- und Nebenäste zu nummerieren. Durch bildliche Vernetzungen erleichtert diese Methode die Strukturierung und Visualisierung von Ideen, das schnelle Erfassen inhaltlicher Zusammenhänge und Abhängigkeiten und hilft, Problemlösungsansätze zu erkennen. Es ist eine Art Denken in vernetzten Strukturen. Dabei nutzt diese Kreativitätstechnik die Erkenntnisse der Gehirnforschung, das Potenzial beider Gehirnhälften.

Wenn sich ein neuer inhaltlicher Schwerpunkt bzw. ein neues Thema anbahnt, das im Mind Map nicht mehr platziert werden kann, wird die betreffende Stelle mit einem Sternchen oder mit einem anderes Symbol markiert und ein neues Mind Map erstellt und mit einem Namen oder einem Begriff versehen. Auf diese Weise wird die Darstellung verlinkt.

Wenn einem nichts mehr einfällt, wird empfohlen, ein oder mehrere leere Äste einzuzeichnen, um den Ideenfluss anzuregen. Diese Art der Informationssammlung und –verarbeitung bezeichnet Tony Buzan auch als radiales Denken, weil die Darstellung einem Radialbild entspricht.

Vorteile:
Vorteile des Mind-Mapping® sind:

1. Die Zentral- oder Hauptidee wird deutlicher hervorgehoben.
2. Die relative Bedeutung jeder Idee kommt besser zur Geltung. Wichtige Ideen befinden sich in der Nähe des Zentrums, weniger wichtige in den Randzonen.
3. Die Vernetzungen und Verknüpfungen werden sofort sichtbar.
4. Der Erinnerungsprozess und die Wiederholungstechnik werden effektiver und schneller.
5. Neue Informationen können leicht in die bestehende Struktur eingezeichnet und integriert werden.
6. Jede „gedankliche Landkarte" unterscheidet sich durch Form und Inhalt von den anderen.
7. Die Informationen und Ideen lassen sich z. B. bei der Vorbereitung von Referaten, Aufsätzen u. a. jederzeit leicht abrufen. Neue Ideenverknüpfungen können dazu spontan einfallen. (vgl. Neubeiser, 1993, S. 75)

Die Mind-Mapping®-Methode ist eine geeignete Möglichkeit, um Probleme und Einfälle zu strukturieren und visuell mit seinen Verflechtungen darzustellen.

Mind Mapping fördert Assoziationen und hilft auch beim Lernprozess, denn der Lernstoff, der semantisch, bildlich und farblich präsentiert wird, erleichtert das Einprägen und wird im Gedächtnis besser gespeichert als nur abstrakte, sprachliche oder symbolische Informationen. (vgl. Schuler/Görlich, 2007, S. 95)

Nachteile:
Auf Grund der Informationsfülle können Mind Maps auch ziemlich unübersichtlich werden, so dass es wichtig ist, darauf zu achten, gut lesbar zu schreiben und überschaubar zu arbeiten.

Einsatzmöglichkeiten:
Die wichtigsten Anwendungsbereiche dieser Methode sind: Problemanalyse, Konzeptentwicklung, Planungsaufgaben, Protokollerstellung, Prüfungsvorbereitung, für Seminare (zur Aufbereitung von Lehr- und Lernstoff), für das Wissensmanagement, z. B. für Übersichten über Themengebiete, zur Stoffsammlung (für Journalisten und Autoren zur Vorbereitung auf Veröffentlichungen), für die Organisationsvorbereitung (zur Terminplanung für Beruf und Freizeit, Reisevorbereitung u. ä.), um Gedanken und Einfälle zu sammeln (z. B. ein persönliches Ideen-Mind-Map erstellen), zur Präsentation, zum Gedächtnistraining u. a.

Mind Maps lassen sich beliebig erweitern und auch mit Hilfe von Computerprogrammen (Mind Map-Software) erstellen. Im computergestützten Mapping (Computer Based Mapping, CBM) integriert die Software diverse Dateiformate als Links in die Maps (z. B. Texte, Tabellen, Datenbanken, Bilder). Dadurch wird der Aufbau von Wissensnetzwerken ermöglicht, die im Team verwendet werden können. Mit Hilfe der Software kann auch ein bestimmter Knoten im Netzwerk als neues Schlüsselwort, Problem oder Hauptthema dargestellt werden, um von dort aus eine neue Gedankenkarte zu beginnen. Es gibt auch Softwarepakete mit integrierten Funktionen zur Projektentwicklung (z. B. Gantt-Diagramme). (vgl. Boldt, 2011, S. 49)

Mind Maps können als Entscheidungshilfe zum Notieren, Ordnen und Zusammenfassen von Informationen dienen sowie als Gedankenstütze für freie Vorträge und Referate, weil die individuelle grafische Gestaltung schneller zu erfassen ist als herkömmliche Gliederungen. Diese Technik eignet sich vor allem für die individuelle Durchführung.

Lit.: Beyer, M.: Brain Land. Mind mapping in action, Paderborn [3]1997; Boldt, K.-W.: Erfolg durch Kompetenz. Das Wissen zur Optimierung eigener Fähigkeiten. Darmstadt 2011; Buzan, T.: Mind-Map – die Erfolgsmethode. Die geistigen Möglichkeiten steigern und optimal nutzen. München 2005; Buzan, T./Buzan, B.: The mindmap book. London 1993; dt. Ausg.: Das Mind-Map-Buch. Die beste Methode zur Steigerung Ihres geistigen Potenzials, 5. Aufl., Landsberg am Lech 2002; Buzan, T./Buzan, B.: The Mind Mapping Book. London 2004; Buzan, T.: Speed Reading. Schneller lesen – mehr verstehen – besser behalten. Landsberg am Lech, 7. Aufl. 2000; Buzan, T./Dottino, T./Israel, R.: Gehirngerecht führen. Die eigenen Potenziale und die der Mitarbeiter entdecken und ausschöpfen. Landsberg am Lech 2000; Buzan, T./Israel, R.: Brain Selling. Kopftraining für Verkäufer. Landsberg am Lech 1996; Buzan, T./Israel, R.: Der Weg zum Verkaufsgenie. Ungenutzte Potenziale entdecken, verborgene Talente ausschöpfen, ungeahnte Erfolge erzielen. Landsberg am Lech 2000; Buzan, T./North, V.: Business Mind Mapping®. Visuell organisieren – übersichtlich strukturieren – Arbeitstechniken optimieren. München 1999; Eipper, M.: Sehen – Erkennen – Wissen. Arbeitstechniken rund um Mind Mapping. Renningen ²2001; Fleing, E.: Die 10 besten Programme, um Mind Maps zu erstellen. Köln 2012; Neubeiser, M.-L.: Die Logik des Genialen. Mit Intuition, Kreativität und Intelligenz Probleme lösen. Wiesbaden 1993; Nückles, M./Gurlitt, J./Pabst, T./Renkl, A.: Mind Maps und Concept Maps. Visualisieren, Organisieren, Kommunizieren. München 2004; Schuler, H./Görlich, Y.: Kreativität. Ursachen, Messung, Förderung und Umsetzung in Innovation. (Praxis der Personalpsychologie. Human Resource Management kompakt, hg. von Heinz Schuler, Rüdiger Hossiep, Martin Kleinmann und Werner Sarges, Bd. 13). Göttingen et al. 2007.

Mini-c to Big-C ⟶ Little-c to Big-C

Mitsubishi-Brainstorming (MBS): auch Mitsubishi-Methode genannt. Eine japanische Kreativitätstechnik der freien Assoziation, die zur Ideenfindung dient. Sie wurde bei Mitsubishi Plastics Industries entwickelt.

An einer Sitzung nehmen etwa 10–15 Personen teil. Die Beratung dauert drei bis vier Stunden.

Durchführung:

1. Der Moderator gibt die Aufgabenstellung bekannt.
2. Jeder Teilnehmer notiert dazu seine Ideen auf einem Blatt. Diese Aufwärmphase dauert etwa 10 Minuten.
3. 1. Runde: Jeder Teilnehmer stellt seine Ideen vor, und der Moderator notiert diese auf einem Flipchart. Unterdessen soll jeder Anwesende weitere Gedanken und Vorschläge notieren.
4. 2. Runde: Alle weiteren Anregungen werden präsentiert.
5. Jede Idee wird vom Urheber detailliert beschrieben und erklärt.
6. Es erfolgen Fragen und Antworten zu den vorgestellten Ideen und Lösungsansätzen. Dadurch können auch neue Vorschläge angeregt werden.

7. Der Moderator fasst alle Ideen zu einer Illustration zusammen (Idea-Map).
8. Die Ideen werden diskutiert. Es erfolgt eine erste Bewertung. (vgl. Schwarz-Geschka, 2010, S. 399)

Vorteile:
Diese Methode soll dazu dienen, bei den Teilnehmern eine anfängliche Zurückhaltung zu überwinden, um die Quantität der Ideen und Lösungsvorschläge zu steigern und auch ungewohnte, originelle Einfälle zu erzeugen.

Einsatzmöglichkeiten:
Diese Kreativitätstechnik wird vorwiegend bei der Entwicklung neuer Produkte eingesetzt. (vgl. Winckler-Ruß, 2010, S. 335) Die Durchführung erfolgt im Team.

Lit.: Schwarz-Geschka, M.: Kreativität und Kreativitätstechniken in Japan. In: Harland, P. E./Schwarz-Geschka, M. (Hrsg.): Immer eine Idee voraus. Wie innovative Unternehmen Kreativität systematisch nutzen. Lichtenberg (Odw.) 2010, S. 393–410; Winckler-Ruß, B.: Kreativitätstechniken – ein Wegweiser durch den Dschungel. In: Harland, P. E./Schwarz-Geschka, M. (Hrsg.): Immer eine Idee voraus. Wie innovative Unternehmen Kreativität systematisch nutzen. Lichtenberg (Odw.) 2010, S. 321–341.

Mittel-Zweck-Analyse → Funktionsanalyse

Monitoring: eine Methode, um die Belastung der Informationsverarbeitung einer Versuchsperson zu prüfen. Dabei muss der Proband einen bestimmten Reiz beachten und so schnell wie möglich darauf reagieren. Das Monitoring zählt zu den metakognitiven Fertigkeiten und gehört zur Gruppierung kreativitätsbedingender oder -begünstigender Eigenschaften. Die Durchführung erfolgt individuell.

Lit.: Anderson, J. R.: Cognitive psychology and its implications. New York [2]1985; dt. Ausg.: Kognitive Psychologie. Heidelberg 1988.

Morphologischer Kasten (morphological box); auch morphologische Analyse (morphological analysis), morphologische Methode (morphological method). Der Begriff „Morphologie“ wurde 1796 von Johann Wolfgang von Goethe (1749–1832) eingeführt, abgeleitet aus dem Griechischen „morphe“: Gestalt und „logos“: Wort oder Lehre. Den Formgesetzen der Natur nachspürend, begründete Goethe die Wissenschaft von der Morphologie. Er bezeichnete damit „die Lehre von der Gestalt, der Bildung und Umbildung der organischen Körper“ (Goethe. In: WA, II, 6. Bd., S. 293).

Der Morphologische Kasten wurde 1966 von dem schweizerisch-amerikanischen Astrophysiker Fritz Zwicky (1898–1974) entwickelt. Er ist eine systematisch-analytische Methode der Ideenfindung, bei der zahlreiche Faktoren unterschiedlichster Art durch Kombination miteinander in Beziehung gesetzt werden können.

Um eine neue Lösung zu entwickeln, wird das Problem in Teilprobleme zerlegt (Dekomposition), für die Einzellösungen gesucht werden. Aus den Teillösungen werden neue Gesamtlösungen gebildet (Komposition).

Durchführung:
Der morphologische Problemlösungsansatz besteht aus folgenden Phasen:

1. Die Gestaltungsfaktoren werden analysiert. Alle unabhängigen Merkmale, Faktoren oder Parameter eines Gesamtproblems werden in Problemelemente (Teilprobleme) aufgeteilt und in einer Tabelle aufgelistet.
2. Für die Teilprobleme werden Lösungen gesucht und in der Tabelle eingetragen.
3. Danach werden alle denkbaren Varianten eines Merkmals hinzugefügt. Diese Varianten kombinieren die Teilnehmer – entweder systematisch oder intuitiv – zu neuen Lösungen bzw. zur Gesamtlösung.
4. Analyse und Auswahl der bestmöglichen Lösung.

Die erzielten Resultate werden protokolliert.

Vorteile:
Von Vorteil sind die gute Übersichtlichkeit und die Protokollierung der Ideenfindung. Diese Methode liefert zwar keine radikalen Neuerungen, dafür aber innovative Varianten zu einem meist unveränderten Grundkonzept. (Geschka, 2011, S. 27) Durch die Kombination der Teillösungen ergeben sich viele neue Gesamtlösungen von unterschiedlicher Qualität. Das morphologische Lösungssystem ist immer wieder verwendbar. (Geschka/Zirm, 2011, S. 285)

Nachteile:
Als nachteilig erweist sich der hohe Schwierigkeitsgrad. Der „Morphologische Kasten“ ist eine anspruchsvolle Technik und daher „nur bei klar abgegrenzten Problemstellungen von geringer Komplexität empfehlenswert“

(Blumenschein/Ehlers, 2007, S. 106). Auch der Zeitbedarf ist schlecht planbar. Bei der Bildung mehrerer Gesamtlösungen kann die Tabelle unübersichtlich werden. Eine Vielzahl möglicher Lösungen erschwert die Auswahl. Diese Technik erfordert vom Anwender ein hohes Maß an Analysefähigkeit und Abstraktionsvermögen sowie ein umfangreiches Fachwissen auf dem betreffenden Gebiet. Dadurch wird der Teilnehmerkreis vorwiegend auf Experten begrenzt. Außerdem ist diese Technik nur eingeschränkt gruppentauglich. (vgl. Schlicksupp, 1989, S. 69 ff.; Beitz, 1996, S. 211)

Einsatzmöglichkeiten:
Der „Morphologische Kasten" dient der Ideenfindung und Ideenverdichtung. Durch die stark strukturierte Vorgehensweise ist er besonders in technischen Berufen anwendbar. „Es gilt: Je konkreter das Problem definiert ist, umso wirkungsvoller lässt sich der Morphologische Kasten einsetzen" (Blumenschein/Ehlers, 2007, S. 106). Er ist vor allem für vielschichtige und komplexe Probleme geeignet und dient der systematischen Suche nach neuen Lösungsideen und der Kombination von Teillösungen. Dadurch sollen Mängel an bisherigen Ergebnissen erkannt und neue Lösungswege aufgezeigt werden. Diese Methode eignet sich, wenn die Idee für ein neues Produkt bereits feststeht, aber noch nicht konkretisiert wurde. Sie wird auch für den Entwurf und die Präsentation von Konzeptionen eingesetzt, z. B. in der Werbung oder in der Personalentwicklung. Gerhard Werst empfiehlt die morphologische Analyse nicht nur als Ideenfindungsmethode, sondern auch als Ideen-Sortiersystem sowie als System zur Bildung von alternativen Lösungen, denn durch das Aneinanderreihen, Sortieren und Ordnen nach bestimmten Kriterien erhalte man einen Überblick zu den Strukturen eines Problems. Deshalb sei die Feststellung: ›Die Idee hat jetzt langsam Gestalt angenommen‹ durchaus berechtigt. (Werst, 1994) Morphologische Modelle können auch am Computer erstellt werden. Eine Variante dazu ist der morphologische Würfel, der dreidimensional grafisch dargestellt wird. Er erfordert räumliches Vorstellungsvermögen. Die Durchführung erfolgt individuell.

Lit.: Allen, S. M.: Morphological creativity. Englewood Cliffs, NJ: Prentice-Hall 1962; Beitz, L.-E.: Schlüsselqualifikation Kreativität. Begriffs-, Erfassungs- und Entwicklungsproblematik (Personal – Organisation – Management; Bd. 4), Hamburg 1996; Blumenschein, A./Ehlers, I. U.: Ideen managen. Eine verlässliche Navigation im Kreativprozess. Leonberg 2007; Geschka, H.: Kreativität in Projekten. In: Gassmann, O. (Hrsg.): Praxiswissen Projektmanagement. Bausteine, Instrumente,

Checklisten. München [2]2006, S. 153–181; Geschka, H.: Auf einen Blick. So werden Sie kreativ. In: Harvard Business Manager. Edition 2/2011: Kreativität. Wie Sie Ideen entwickeln und umsetzen, S. 26–27; Geschka, H./Zirm, A.: Kreativitätstechniken. In: Albers, S./Gassmann, O. (Hrsg.): Handbuch Technologie- und Innovationsmanagement. Wiesbaden [2]2011, S. 279–302; Goethe, J. W.: Vorarbeiten zu einer Physiologie der Pflanzen. Betrachtung über Morphologie überhaupt. In: Goethes Werke, hg. im Auftrage der Großherzogin Sophie von Sachsen. 4 Abteilungen mit insgesamt 133 Bänden (in 143 Büchern): II. Abt.: Naturwissenschaftliche Schriften (Bd. 1–15); Weimar 1887–1919. Nachdruck: München 1987. [nebst] Bd. 144–146: Nachträge und Register zur IV. Abt.: Briefe, hg. von Paul Raabe. Bde. 1–3. München 1990 [Weimarer Ausgabe: WA]; Schlicksupp, H.: Innovation, Kreativität und Ideenfindung (Management-Wissen), Würzburg [3]1989; Werst, G.: Die Morphologische Analyse zur Bildung von Alternativen. Neustadt/Weinstraße 1994; Zwicky, F.: Morphological astronomy. Berlin 1957; Ders.: Discovery, invention, research in the morphological view of the world. New York 1969; dt. Ausg.: Entdecken, Erfinden, Forschen im morphologischen Weltbild. München, Zürich 1971; Ders.: Morphologische Forschung. Wesen und Wandel materieller und geistiger struktureller Zusammenhänge. Glarus/Schweiz 1989.

Morphologische Matrix (morphological matrix): auch morphologisches Tableau oder Problemfelddarstellung genannt. Diese Methode wurde, wie der → Morphologische Kasten, von Fritz Zwicky (1898–1974) entwickelt. Sie ist eine Art »Rasterfahndung« nach Ideen und stellt eine Vereinfachung des dreidimensionalen Kastenprinzips dar. Die Teilaspekte eines Problems werden systematisch kombiniert. Anschließend wird aus den gewonnenen Formen ein vollständiges Raster der möglichen Lösungsideen entwickelt. Diese Methode kann sowohl einzeln als auch in der Gruppe angewendet werden. Zur Beschleunigung der Rastereintragung empfiehlt es sich, ein Formblatt zu verwenden bzw. Flipchart, Pinnwand oder Tafel.

Durchführung:
Die Durchführung erfolgt in einem mehrstufigen Prozess, von der Problemanalyse bis zur Synthese, zur Lösungsfindung. Die Parameter und die Merkmale werden in die Kopfzeile und in die Vorspalte der Matrix eingetragen.

1. Das Objekt wird zunächst in möglichst unabhängige Teilsysteme gegliedert, die beliebig miteinander kombinierbare Funktionen aufweisen.
2. Für die einzelnen Teilsysteme werden möglichst mehrere verschiedene Lösungen gesucht.
3. Die Lösungen der Teilsysteme werden miteinander kombiniert, um neue Gesamtlösungen hervorzubringen.
4. Die Kombinationen werden bewertet und die beste, d. h. die geeignetste Lösung für das Ausgangsproblem wird ausgewählt. (vgl. Möhrle, 2010, S. 345–347)

Einsatzmöglichkeiten:
Die Morphologische Matrix kann bei systematischen, strukturierten Problemen angewandt werden. Diese Kreativitätstechnik eignet sich vor allem für die individuelle Durchführung.

Lit.: Möhrle, M. G.: Gelenkte Kreativität mit MorphoTRIZ – Verschmelzung von morphologischem und widerspruchsorientiertem Problemlösen (TRIZ). In: Harland, P. E./Schwarz-Geschka, M. (Hrsg.): Immer eine Idee voraus. Wie innovative Unternehmen Kreativität systematisch nutzen. Lichtenberg (Odw.) 2010, S. 343–364.

Morphologische Methode → morphologischer Kasten

Morphologisches Tableau → morphologischer Kasten

MorphoTRIZ: eine Technik zur systematischen Gewinnung kreativer Problemlösungen, die mit Hilfe der netzwerkorientierten → Funktionsanalyse das morphologische Verfahren gezielt mit dem widerspruchsorientierten Problemlösen (→ TRIZ) verknüpft. MorphoTRIZ wurde von dem Innovationsforscher Prof. Dr. Martin G. Möhrle entwickelt und im Jahr 2010 veröffentlicht.

Durchführung:
Diese Technik umfasst acht Phasen:

1. Suche nach nützlichen Funktionen, auch aus der Perspektive und Erwartungshaltung des Anwenders;
2. Suche nach schädlichen Funktionen, auch aus der Anwendersicht sowie aus unternehmerischem Standpunkt;

3. Erstellung eines funktionsanalytischen Diagramms; Ergänzung durch weitere, vor allem nützliche Funktionen, die die Zweck-Mittel-Beziehung unterstützen.
4. Wechsel der Betrachtungsweise hin zu einer Ursache-Wirkungs-Beziehung. Alle wichtigen Funktionen werden mit den geeigneten Verknüpfungen in das Diagramm eingetragen.
5. Das funktionsanalytische Diagramm wird kritisch hinterfragt.
6. Aufzeigen der Widersprüche, die sich in dem funktionsanalytischen Diagramm verbergen. Daraus sollen wichtige Fragen abgeleitet werden, die noch der Klärung bedürfen. Dabei lassen sich morphologisches und widerspruchsorientiertes Problemlösen miteinander verbinden. Diese Phase lässt sich in zwei Abschnitte unterteilen:
   6.1. Morphologisches Denken in klassischer Form. Dabei wird zu jeder unterstützenden Funktion eine Liste möglicher Lösungen erstellt.
   6.2. In diesem Abschnitt wird aus dem bisherigen Lösungsansatz ein Widerspruch abgeleitet.
7. Suche nach erfinderischen Lösungen, um die Widersprüche zu überwinden. Durch die geschickte Verknüpfung bisher unabhängiger nützlicher Funktionen ergeben sich neue Lösungsmöglichkeiten.
8. Kombination der verschiedenen Teillösungen zu einer Gesamtlösung. Bewertung der vorgeschlagenen Lösungskonzepte, z. B. durch die Nutzwertanalyse, durch ganzheitliche Vergleiche oder durch Methoden des Multi Criteria Decision Making. (vgl. Möhrle, 2010, S. 354–360)

Vorteile:
Durch geschickte Verknüpfung der Kreativitätstechniken »Morphologie« und »TRIZ« sind die Erfolgsaussichten größer, eine geeignete Problemlösung zu erzielen.

Nachteile:
Die Anzahl der Lösungsmöglichkeiten ist begrenzt. Martin G. Möhrle nennt auch die Nachteile seiner Methode: „MorphoTRIZ ist dann nicht geeignet, wenn in einem zu gestaltenden System weder die funktionale Struktur geändert werden soll noch widerspruchsbezogene Lösungen erforderlich sind. Hier bietet sich das morphologische Problemlösen in seiner ursprünglichen Form an. MorphoTRIZ ist auch dann nicht erforderlich, wenn singuläre Widersprüche zu lösen sind" (Möhrle, 2010, S. 360). Hier kann die Kreativitätstechnik TRIZ in seiner ursprünglichen Form zur Anwendung kommen.

Einsatzmöglichkeiten:
Die Verbindung zwischen dem morphologischen Problemlösen und der TRIZ-Methode „ist besonders dann geeignet, wenn eine Problemsituation tiefer analysiert werden soll als in der klassischen Morphologie" (Möhrle, 2010, S. 343). Diese Kreativitätstechnik kann sowohl individuell als auch im Team durchgeführt werden.

Lit.: Möhrle, M. G.: How combinations of TRIZ tools are being used in companies – results of a cluster analysis. In: R&D Management, Vol. 35, 2005, Iss. 3, pp. 285–296; Möhrle, M. G.: What is TRIZ? From conceptual basics to a framework for research. In: Creativity and innovation management, vol. 14, 2005, no. 1, pp. 3–13; Möhrle, M. G.: Ideenexploration und –bewertung im Rahmen der Gründungsplanung (Pre-Seed-Phase). In: Freiling, J./Kollmann, T. (Hrsg.): Entrepreneurial Marketing. Besonderheiten, Aufgaben und Lösungsansätze für Gründungsunternehmen. Wiesbaden 2007, S. 255–272; Möhrle, M. G.: Gelenkte Kreativität mit MorphoTRIZ – Verschmelzung von morphologischem und widerspruchsorientiertem Problemlösen (TRIZ). In: Harland, P. E./Schwarz-Geschka, M. (Hrsg.): Immer eine Idee voraus. Wie innovative Unternehmen Kreativität systematisch nutzen. Lichtenberg (Odw.) 2010, S. 343–364.

N

Napoleon-Technik (Napoleon technique): wird auch als: „Promi-Methode", „Creative Hero" (kreativer Held), „Superheldentechnik", „Wise Counsel Technique" (Weiser Rat-Technik) und „Creating a Personal Hall of Fame" (Kreiere bzw. erschaff' dir eine persönliche Ruhmeshalle) bezeichnet; eine Imaginationstechnik, bei der für die Lösung eines Problems eine prominente Persönlichkeit fiktiv befragt wird. Dabei wird versucht, das Problem aus der Sicht dieses Prominenten zu lösen. Die angenommene fiktive Identität soll eine ungewöhnliche Perspektive bei der Lösung des Problems ermöglichen. So können Sie sich fragen, was würden z. B. Napoleon, Einstein oder eine andere von Ihnen gewählte Persönlichkeit in diesem Falle tun.

Bei dieser Technik wird Rat bei einem imaginären Helfer oder Coach gesucht. Im fiktiven Dialog mit diesem weisen Ratgeber werden ungewöhnliche Gedanken und Ideen entwickelt, auch Idealvorstellungen.

Durchführung:

1. Nach der Aufgabenstellung wählen Sie eine besonders kreative Persönlichkeit aus der Geschichte oder Gegenwart, mit der man z. B. eine Erfindung, Entdeckung, Komposition oder ein anderes bedeutendes Werk verbindet. Auch literarische Gestalten oder kreative Helden der Kino-Leinwand sind möglich.
2. Stellen Sie dieser Person gezielte Interview-Fragen, die von den Gruppenteilnehmern beantwortet werden sollen, z. B.: Was würde diese Person zu meinem Problem sagen und wie würde sie es lösen? Die Fragen werden an ein Flipchart geschrieben und die fiktiven Antworten dazu gesammelt.
3. Das erdachte Feedback kann in einem Brainstorming-Verfahren erfolgen.
4. Anschließend werden die Antworten auf das zu lösende Problem übertragen. Das kann auch in kleinen Gruppen erfolgen. Danach werden die Ergebnisse im Plenum vorgestellt. (vgl. Luther, 2013, S. 255 f.)

Vorteile:
Die Empathie (das Einfühlungsvermögen) in eine berühmte Persönlichkeit mit Vorbildwirkung (z. B. Wissenschaftler, Erfinder, Künstler u. a.) kann zu ungewöhnlichen Lösungsansätzen und Ergebnissen führen, weckt aber auch eine gewisse Sehnsucht nach Größe, um diesen kreativen Genies nachzueifern.

Nachteile:
Für realitätsbezogene und rational denkende Teilnehmer ist diese Technik sehr gewöhnungsbedürftig. Man könnte diese Träumer und Visionäre für größenwahnsinnig halten. Diese Technik kann als Einzel- oder Gruppentechnik durchgeführt werden.

Lit.: Higgins, J. M./Wiese, G. G.: Innovationsmanagement. Kreativitätstechniken für den unternehmerischen Erfolg. Berlin, Heidelberg, New York 1996; Luther, M.: Das große Handbuch der Kreativitätsmethoden. Wie Sie in vier Schritten mit Pfiff und Methode Ihre Problemlösungskompetenz entwickeln und zum Ideen-Profi werden. Bonn 2013; Michalko, M.: Thinkertoys. A handbook of business creativity. Berkeley Ca, Ten Speed Press 1991; Weidenmann, B.: Handbuch Kreativität. Ein guter Einfall ist kein Zufall! Weinheim, Basel 2010.

Nebenfeldintegration (integration of surrounding field): Diese Kreativitätstechnik wurde 1977 von dem Wirtschaftsingenieur und Unternehmensberater Helmut Schlicksupp (1943–2010) entwickelt. Da ein Problem auch von seinem Umfeld, von seiner Umgebung beeinflusst wird, sollen mit dieser Methode auch die Nebenfelder des Problems in die Lösungsfindung einbezogen werden, um seine Wechselwirkungen zu berücksichtigen.

Zunächst werden für das zu lösende Problem alle wichtigen Nebenfelder bestimmt, mit denen eine Wechselwirkung besteht oder angenommen wird. Von den dabei gefundenen Bestandteilen werden mögliche Lösungsvorschläge abgeleitet, kritisch beurteilt und weiterentwickelt. Danach werden sie und ihre einzelnen Elemente in die angestrebte Lösung integriert.

Durchführung:
Die Durchführung erfolgt in folgenden Schritten:

1. Problemstellung
2. Problemklärung
3. Neuformulierung des Problems
4. Bestimmung der Nebenfelder

5. Benennung der einzelnen Elemente aus den Nebenfeldern
6. Lösungsfindung. Dazu wird jedes Element daraufhin untersucht, wie es sich auf die Gesamtlösung auswirkt.
7. Auswertung. (Wack/Detlinger/Grothoff, 1998, S. 125 f.)

Vorteile:
Die Ideen und Vorschläge werden nicht isoliert betrachtet, sondern im Zusammenhang mit dem Umfeld, in dem sie wirken sollen. Mit Hilfe dieser Technik können die Lösungsvorschläge besser dem Problemumfeld angepasst werden, so dass sie sich in die Erarbeitung einer Gesamtlösung integrieren lassen. Ein Vorteil dieser Kreativitätstechnik besteht darin, dass dadurch das Risiko verringert wird, wichtige Details zu übersehen. Aus den Nebenfeldern werden einzelne Bestandteile frei assoziiert, um daraus Lösungsvorschläge abzuleiten. (vgl. Bugdahl, 1991, S. 114)

Nachteile:
Diese Kreativitätstechnik ist eher für Fortgeschrittene geeignet. Es ist wichtig, darauf zu achten, wie sich die Lösungsansätze für das Problemumfeld eignen und wie die Lösungsumsetzung selbst durch die Struktur des Umfeldes beeinflusst wird.

Einsatzmöglichkeiten:
Optimal ist eine Gruppengröße von fünf bis sieben Teilnehmern. Sie ermitteln etwa fünf bis zu 15 Nebenfelder. Damit erhalten sie einen größeren Überblick über das Problem. Die Nebenfeldintegration berücksichtigt, dass Lösungsideen nicht isoliert betrachtet werden, sondern in ihrem Zusammenhang zum Umfeld gesehen werden. Diese Kreativitätstechnik eignet sich zur Detaillierung und Konkretisierung bereits grob umrissener Lösungsansätze.

Lit.: Bugdahl, V.: Kreatives Problemlösen (= Reihe Management), Würzburg 1991; Luther, M.: Das große Handbuch der Kreativitätsmethoden. Wie Sie in vier Schritten mit Pfiff und Methode Ihre Problemlösungskompetenz entwickeln und zum Ideen-Profi werden. Bonn 2013; Wack, O. G./Detlinger, G./Grothoff, H.: Kreativ sein kann jeder. Kreativitätstechniken für Leiter von Projektgruppen, Arbeitsteams, Workshops und von Seminaren. Ein Handbuch zum Problemlösen. Hamburg [2]1998.

Negativkonferenz (negative transfer): Umkehrung der klassischen Brainstorming-Methode. Anstelle von Lösungen werden Probleme gesucht. Die gewonnenen Probleme werden für ein separates Brainstorming verwendet. Synonyme bzw. ähnliche Bezeichnungen sind: Destruktiv-konstruktives Brainstorming, Negativ-positiv-Brainstorming, → Kopfstandtechnik

Negativ-positiv-Brainstorming → Kopfstandtechnik

NetScouting: ergebnisorientierte, gezielte Recherche im Internet; Netzerkundung; die Online-Themenrecherche durch sogenannte NetScouts. NetScouting ist die Suche im World Wide Web nach ungewöhnlichen Ideen, nützlichen Informationen, Vorbildern und Beispielen (Inputs) aus den unterschiedlichsten Branchen und Ländern. Diese werden gesammelt, geordnet, katalogisiert und ausgewertet und dienen als Anregung für eigene Projekte. Für die Internet-Recherchen werden die wichtigsten Suchmaschinen und Social-Media-Portale genutzt.

Durchführung:
Die NetScouts sollten folgende Informationen liefern:

1. Screenshot (digitale Fotografie, Bildschirmfoto) der gefundenen Internetseite;
2. URL (Uniform Resource Locator): die Adresse, unter der bestimmte Angebote im Internet abgerufen werden können. URL gibt außerdem meistens Auskunft über die Art der Information.
3. inhaltliche Details und/oder Beschreibung der Suchtreffer. (vgl. Schnetzler, 2006, S. 129)

Für die Internet-Recherche sollte eine Zeitvorgabe erfolgen, um sich nicht endlos im World Wide Web zu verzetteln. Die Auswertung der Ergebnisse und die Zusammenfassung erfolgt durch den Moderator, der hierbei als Ideenmanager fungiert. Die gefundenen Ergebnisse werden in einem NetScouting-Ordner abgelegt und dienen dem Team als Informationsquelle und zur Inspiration. Wichtige Erkenntnisse und Querverweise zu bestehenden Ideen werden in der Datenbank vermerkt.

Vorteile:
Diese Kreativitätstechnik liefert in kürzester Zeit wichtige Inputs aus dem World Wide Web. NetScouting vermittelt neue Informationen und Erkenntnisse. Dadurch können auch eigenständige, neue Ideen gewonnen werden.

Nachteile:
NetScouting ist auf Grund der Informationsflut im Internet eine Aufgabe für Fachleute. Dazu benötigt man Internet-Spezialisten, die die Suchmaschinen kennen und spezielle Webseiten durchforsten, alle Suchtricks und die jeweilige Sprache beherrschen, in der sie das NetScouting durchführen. Es sollten unbedingt die englischen Webseiten gezielt durchsucht werden, um neueste Informationen zu erhalten. Auch in anderen Sprachen sollte recherchiert werden, die für die zu lösende Aufgabenstellung wichtig sind. Wenn z. B. der asiatische Markt erkundet wird, sind Personen aus diesen Ländern gefragt, die die Recherchen in ihrer Muttersprache durchführen können. Die Aufgabe muss exakt formuliert werden, um keine verschwommenen Ergebnisse zu erzielen. NetScouting benötigt ein Briefing. Der Zeitaufwand ist ziemlich hoch, denn das Team benötigt meist mehr als einen Tag für die Internet-Recherche.

Einsatzmöglichkeiten:
NetScouting kann bei der Verbesserung von Produktionsabläufen und beim Lösen von Strukturproblemen helfen. Im Internet finden sich dazu zahlreiche Beispiele von anderen Unternehmen. NetScouting eignet sich für Projekte, für das Anwerben von Mitarbeitern, für neue Arbeitsmodelle, für die Mitarbeiter- und Kundenzufriedenheit, für den Bereich der Arbeitspsychologie, für interne Weiterbildungsmaßnahmen u. a. (vgl. Schnetzler, 2006, S. 127–131; vgl. Aerssen/Buchholz, 2018, S. 575) Diese Kreativitätstechnik kann individuell oder im Team durchgeführt werden.

Lit.: Aerssen, B. v./Buchholz, Ch. (Hrsg.): Das große Handbuch Innovation. 555 Methoden und Instrumente für mehr Kreativität und Innovation im Unternehmen. München 2018; Cole, T.: Erfolgsfaktor Internet. Warum kein Unternehmen ohne Vernetzung überleben wird. München 1999; Schnetzler, N.: Die Ideenmaschine. Methode statt Geistesblitz – Wie Ideen industriell produziert werden, 5. Aufl., Weinheim 2006.

Netzwerkorientierte Funktionsanalyse (network-oriented functional analysis): eine Variante der → Funktionsanalyse, die ihm Rahmen des methodischen Erfindens entwickelt wurde und mit vernetzten Funktionsstrukturen arbeitet. Die Durchführung beginnt zunächst mit einer unscharf formulierten Idee, einer Anregung oder einem Lösungsvorschlag. Anschließend wird dieser Lösungsansatz aus unterschiedlichen Blickwinkeln bzw. Perspektiven betrachtet und in einem vernetzten Diagramm erfasst. Dabei werden die nützlichen und die schädlichen Funktionen eingetragen und Verbindungen zwischen diesen Funktionen hergestellt. (vgl. Möhrle, 2010, S. 351) Diese Kreativitätstechnik eignet sich für die Teamarbeit.

Lit.: Möhrle, M. G.: Gelenkte Kreativität mit MorphoTRIZ – Verschmelzung von morphologischem und widerspruchsorientiertem Problemlösen (TRIZ). In: Harland, P. E./Schwarz-Geschka, M. (Hrsg.): Immer eine Idee voraus. Wie innovative Unternehmen Kreativität systematisch nutzen. Lichtenberg (Odw.) 2010, S. 343–364;

NHK-Brainstorming (NBS): auch NHK-Methode genannt; wurde von Hiroshi Takahashi in der japanischen Rundfunk- und Fernsehanstalt NHK entwickelt.

Durchführung:

1. Problemdefinition. Den Teilnehmern wird das Thema des Workshops im Vorfeld mitgeteilt.
2. Jeder Teilnehmer bringt zur gestellten Aufgabe mindestens fünf Ideen zum Workshop mit, die er auf Karten notiert hat. Diese Methode der ersten Sammlung von Vorschlägen bereits vor einem Workshop erleichtert den Einstieg in die Ideenfindungsphase und vermeidet eine vorzeitige Anpassung der Lösungsansätze.
3. Es erfolgt die Ideenbearbeitung. Jeder Mitwirkende erläutert seine Lösungsvorschläge, während die anderen Gruppenmitglieder während des Vortrags neue Ideen entwickeln und notieren.
4. Die Karten mit den Ideen werden eingesammelt und auf einem Tisch ausgebreitet.
5. Die Karten werden nach thematischen Schwerpunkten geordnet und in Gruppen zusammengefasst. Diese erhalten einen Titel. Ausgehend von diesen Anregungen entwickeln die Teilnehmer in einer weiteren Runde zusätzliche Vorschläge oder Lösungsansätze und notieren sie auf Karten.
6. Die Karten mit den notierten Ideen werden nun spezieller und intensiver nach thematischen Gesichtspunkten geordnet. Die Titel der einzelnen Themenschwerpunkte werden in der ersten Reihe auf dem Tisch platziert. Die entwickelten Lösungsvorschläge werden den anderen Teilnehmern vorgestellt. Der Moderator notiert alle Lösungsvorschläge sichtbar auf einem Flipchart oder auf einer Tafel.

7. Auswertung der entwickelten Lösungsvorschläge im Hinblick auf die gestellte Aufgabe. (vgl. Schwarz-Geschka, 2010, S. 400; Higgins/Wiese, 1996, S. 155)

An einer Sitzung nehmen fünf bis acht Personen teil. Die Beratung dauert etwa zwei bis drei Stunden. Um diese Technik zu verfeinern und um eine umfangreichere Anzahl von Lösungsvorschlägen zu erhalten, kann die gleiche Aufgabenstellung auch einem größeren Teilnehmerkreis mitgeteilt werden. Dabei werden mehrere Teams von je fünf bis acht Mitwirkenden gebildet, die parallel ihre Ideen und Anregungen nach dem Ablaufschema entwickeln. Anschließend werden alle Lösungsansätze gesammelt und im Plenum vorgestellt.

Einsatzmöglichkeiten:
Diese Kreativitätstechnik wird bei konkreten Problemstellungen verwendet und dient auch dem Training von Managern. Diese Methode hat Ähnlichkeit mit der → Kartenumlauftechnik und wird im Team durchgeführt.

Lit.: Higgins, J. M./Wiese, G. G.: Innovationsmanagement. Kreativitätstechniken für den unternehmerischen Erfolg. Berlin, Heidelberg, New York 1996; Michalko, M.: Erfolgsgeheimnis Kreativität. Was wir von Michelangelo, Einstein & Co. lernen können. Landsberg am Lech 2001; Schwarz-Geschka, M.: Kreativität und Kreativitätstechniken in Japan. In: Harland, P. E./Schwarz-Geschka, M. (Hrsg.): Immer eine Idee voraus. Wie innovative Unternehmen Kreativität systematisch nutzen. Lichtenberg (Odw.) 2010, S. 393–410.

NIE-Technik: Abk. für „Neue Ideen Erfinden“ (new ideas invent): Es handelt sich um eine Weiterentwicklung der „Provokativen Operation“ (→ PO-Methode), die auf den britischen Psychologen und Kreativitätsforscher Edward de Bono (*1933) zurückgeht. Die NIE-Technik wurde von Joern J. Bambeck und Antje Wolters entworfen.

Durchführung:
Der Ablauf erfolgt in fünf Stufen:

1. Problemdefinition
2. Notieren Sie die Selbstverständlichkeiten des Problems.
3. Stellen Sie NIE-Formulierungen als Verneinungen bzw. als Umkehrungen der Aussagen dar, die Sie in der zweiten Phase aufgestellt haben.

4. Suchen Sie anhand der NIE-Formulierungen nach neuen Ideen.
5. Wählen Sie die besten Ideen aus und setzen Sie diese um. (Nöllke/Beermann/Schubach, 2012, S. 103)

Diese Kreativitätstechnik eignet sich für die individuelle Durchführung.

Lit.: Bambeck, J. J./Wolters, A.: Brain Power. Nutzen Sie Ihre Mentalkraft. Bindlach 2001; Nöllke, M./Beermann, S./Schubach, M.: Kreativ im Job. Techniken und Spiele. Freiburg im Breisgau 2012.

NM-Methode (NM-method): eine Technik der systematischen Problemspezifizierung. Sie wurde 1970 von dem japanischen Physiker Masakazu Nakayama entwickelt. NM ist benannt nach den Anfangsbuchstaben seines Nachnamens und Vornamens, denn im Japanischen steht zuerst der Nachname. Diese Technik verbindet die → KJ-Methode mit Elementen der → klassischen Synektik. Die Gruppe sollte bis zu sechs Personen umfassen.

Durchführung:

1. Jeder Teilnehmer analysiert zunächst den Kern des Problems (Faktensammlung). Alle Einzelinformationen zu einem Problem werden auf Kärtchen geschrieben.
2. Zu den Informationskarten werden Analogien oder visuelle Anregungen durch Abbildungen gesucht und auf Kärtchen notiert.
3. Anschließend werden diese Ideenkärtchen mit den notierten Analogien von den Gruppenteilnehmern hinsichtlich ihrer Merkmale und Funktionen diskutiert.
4. Daraus sollen Lösungsmöglichkeiten abgeleitet werden. Dazu werden die Analogien geprüft und Übertragungsmöglichkeiten auf das Ausgangsproblem gesucht.

Vorteile:
Die NM-Methode soll die Intuition fördern und dabei helfen, Bildinhalte aus dem Gedächtnis hervorzurufen. Diese Technik kann sowohl individuell als auch in Gruppen angewandt werden. Die Gruppengröße wird mit sechs Personen angegeben.

Einsatzmöglichkeiten:
Diese Methode eignet sich für komplexe Such- und Konstellationsprobleme und wird bei der Entwicklung neuer Produkte, bei technischen Entwicklun-

gen und bei Werbeideen verwendet. Die NM-Technik kann auch individuell durchgeführt werden. Der Lösungsprozess kann bis zu drei Stunden dauern. (vgl. Weiler, 1997, S. 62; Luther, 2013, S. 150; Gawlak 2014, S. 102 f.) Von dieser Methode existieren mehrere Varianten. (vgl. Schwarz-Geschka, 2010, S. 405)

Lit.: Gawlak, M.: Kreativitätstechniken im Innovationsprozess. Von den klassischen Kreativitätstechniken hin zu webbasierten kreativen Netzwerken. Hamburg 2014; Luther, M.: Das große Handbuch der Kreativitätsmethoden. Wie Sie in vier Schritten mit Pfiff und Methode Ihre Problemlösungskompetenz entwickeln und zum Ideen-Profi werden. Bonn 2013; Nakayama, M.: A new approach to creativity. NM-method. In: Chi-E.: Wisdom 1971 (ohne Seitenangabe); Nakayama, M.: Memorandum on creative thinking. In: Chi-E.: Wisdom, 202, No. 10, Vol. 9, March 1978 (ohne Seitenangabe); Nakayama, M.: Induction, deduction, abduction. In: Chi-E.: Wisdom, No. 10, Vol. 9, March 1978 (ohne Seitenangabe); Nakayama, M.: Creative thinking course training text 4. Creative Engineering Institute, Tokyo 1988; Nakayama, M.: Buddah's theorem on problem solving. Tokyo 1992; Schwarz-Geschka, M.: Kreativität und Kreativitätstechniken in Japan. In: Harland, P. E./Schwarz-Geschka, M. (Hrsg.): Immer eine Idee voraus. Wie innovative Unternehmen Kreativität systematisch nutzen. Lichtenberg (Odw.) 2010, S. 393–410; Weiler, P.: Kreativitätstraining. Mind Mapping. München 1997.

Nominal Group Technique (NGT): Nominale Gruppentechnik; eine Technik für komplexe Problemlösungssituationen. Sie wurde 1968 von dem US-amerikanischen Management-Experten André L. Delbecq (1936–2016) und dem niederländischen Wirtschaftswissenschaftler Andrew Henry van de Ven (*1945) entwickelt. Der Begriff „nominal“ bezieht sich darauf, dass hierbei ein direkter mündlicher Austausch der Gruppenmitglieder nicht möglich ist, die Ergebnisse der einzelnen Teilnehmer aber trotzdem zu einem Gruppenergebnis zusammengefasst werden. Das Team wird auch als synthetische Gruppe bezeichnet. Diese Technik verbindet die Wirkungsweise echter Teams mit der von synthetischen Gruppen. (vgl. Brander/Kompa/Peltzer, 1989, S. 225) Die Größe der Gruppe wird mit 6-12 Teilnehmern angegeben. Der Moderator wirkt hier gleichzeitig als Protokollant, der die von den Teilnehmern vorgetragenen Ideen auf einer Tafel oder einem Flipchart sichtbar macht.

Durchführung:

1. Entwicklung der Ideen: Der Moderator erläutert das Problem bzw. die Fragestellung und notiert sie auf einer Tafel (z. B. Whiteboard). Die Teilnehmer sitzen in einem Raum, aber ohne miteinander zu sprechen. Sie notieren ihre Ideen und Vorschläge zum gestellten Problem, z. B. auf vorbereiteten Karten. Durch diese reflektierende Phase wird der Anpassungsdruck zu den Ideen dominierender Teilnehmer umgangen.
2. Registrierung der Ideen: Nach fünf bis zehn Minuten findet ein strukturierter Austausch der individuellen Ideen statt. Der Moderator fordert die Teilnehmer nacheinander auf, ihre erste Idee vorzutragen. Wiederholungen sind zu vermeiden. Diese Phase wird solange fortgeführt, bis alle Ideen vorgestellt wurden. Jeder Teilnehmer darf pro Durchgang nur einen Vorschlag äußern. Dadurch wird die Gleichwertigkeit garantiert. Der Protokollant schreibt sie sichtbar für alle auf das Whiteboard oder Flipchart. Während dieser Ideensammlung ist keine Diskussion zugelassen. Erst wenn alle Vorschläge eingegangen sind, beginnt die Diskussion.
3. Klassifizierung der Ideen: Jede notierte Idee wird in der Gruppe besprochen, und zwar in der gleichen Reihenfolge, wie sie registriert wurden. Eventuelle Unklarheiten oder Verständnisschwierigkeiten werden ausgeräumt. Bei Nachfragen sollte eine zusätzliche Erklärung durch den Urheber der Idee knappgehalten werden, um zu vermeiden, dass dieses Feedback dazu genutzt wird, die anderen Teilnehmer von seiner Idee zu überzeugen.
4. Die Wahl der Lösungsideen: Die Durchführung der Nominalen Gruppentechnik kann zu Listen von 20 bis zu 100 Ideen führen. In der vierten Phase muss die Liste überprüft und auf die „besten“ Lösungen reduziert werden. Jeder Teilnehmer notiert in geheimer Abstimmung seine subjektive Rangfolge hinsichtlich der Qualität der Vorschläge. Die fünf besten Ideen schreibt er auf eine Karteikarte. Anschließend gibt der Moderator die erreichte Punktzahl für die entsprechenden Ideen bekannt. Bei gleicher Punktzahl wird ein zweiter Wahlgang durchgeführt, um am Ende die „beste“ Idee zu ermitteln.

Vorteile:
Durch die schriftliche Ideenfindung und die davon strikt getrennte Bewertung soll eine gleichmäßige Beteiligung aller Teilnehmer gewährleistet werden. Die »Nominal Group Technique« ist eine erfolgreiche Möglichkeit, um in der Gruppenentscheidung die Beeinflussung durch dominante Teilnehmer zu reduzieren. Durch diese Technik wird der Teamgeist gestärkt. Die am Ende der Sitzung stattfindende geheime Abstimmung sorgt für die Berücksichtigung aller Lösungsansätze und gewährleistet eine relativ fehlerfreie Zusammenfassung von individuellen Kompetenzen. Das Gruppenergebnis wird mathematisch ermittelt, durch Verrechnung der zahlenmäßigen Bewertungen, z. B. entsprechend der durchgeführten Rangfolge der Lösungsvorschläge. Dadurch entsteht eine objektive Zusammenfassung von gleichberechtigten Einzelmeinungen.

Die nominale Gruppentechnik hat z. B. gegenüber der → Delphi-Methode den Vorteil, dass Verständnisprobleme besser geklärt werden können. Eine Entscheidung kann bereits nach einer einzigen Sitzung getroffen werden.

Nachteile:
Die Problemdiskussionen enthalten zwei unterschiedliche Phasen mit typischen Rollenverteilungen und Prozessen:

1. die Ideenfindung mit der Suche nach Lösungsmöglichkeiten für das Problem;
2. die Bewertung mit Informationssynthese, d. h. das Herausfiltern von brauchbaren Vorschlägen und die Auswahl von gültigen Lösungen.

In interagierenden Gruppen kommt es meist zur Vermischung beider Phasen zur gleichen Zeit. Das wirkt sich aber für den Lösungsprozess nachteilig aus, weil durch die vorzeitige Bewertung die Ideenerzeugung unterdrückt wird. Auch die Unabhängigkeit der Beurteiler ist nicht immer gewährleistet.

Einsatzmöglichkeiten:

1. bei der Identifizierung der kritischen Variablen in einer speziellen Problemsituation;
2. bei der Feststellung der Schlüsselelemente eines Programms zur Durchsetzung bestimmter Lösungsansätze;
3. bei der Festlegung von Prioritäten unter Berücksichtigung der zu erreichenden Ziele und gewünschten Ergebnisse. (vgl. Brander/Kompa/Peltzer, 1989, S. 225 f; vgl. Higgins/Wiese, 1996, S. 156–159)

Diese Kreativitätstechnik wird im Team durchgeführt.

Lit.: Brander, S./Kompa. A./Peltzer, U.: Denken und Problemlösen. Einführung in die kognitive Psychologie (WV-Studium; Bd. 131). Opladen [2]1989; Delbecq, A. L./Van de Ven, A. H./Gustafson, D. H.: Group techniques for program planning. Glenview, Illinois 1975; Higgins, J. M./Wiese, G. G.: Innovationsmanagement. Kreativitätstechniken für den unternehmerischen Erfolg. Berlin, Heidelberg, New York 1996; Van de Ven, A. H./Delbecq, A. L.: Nominal versus interacting group processes for committee decision-making effectiveness. In: Academy of Management Journal, 14, 1971, pp. 203–212.

Nutzwertanalyse (benefit value analysis): eine Methode zur Ideenbewertung; auch als Scoring-Modell (Bewertungsmodell) bezeichnet. Sie ist ein Verfahren zur Lösung eines Entscheidungsproblems. Bei der Nutzwertanalyse werden Alternativen einer Problemlösung einander so gegenübergestellt, dass sie nach der Erfüllung bestimmter Kriterien benotet werden können. Die einzelnen Kriterien werden nach ihrer Bedeutung gewichtet. Dadurch kann ein differenziertes Beurteilungsbild entstehen. (vgl. Gomez/Probst, 1999, S. 175) Mit ihrer Hilfe erfolgt die Variantenauswahl anhand von mehreren Zielkriterien und deren Gewichtung. Die Kriterien können sowohl qualitativ als auch quantitativ sein. Die jeweiligen Merkmalsausprägungen der Varianten werden nach einem Maßstab einheitlich bestimmt. (Hartschen/Scherer/Brügger, 2012, S. 100)

Götz Schaude nennt folgende Kriterien:

1. Neuigkeitsgrad
2. Produktlebenszyklusdauer
3. Nachahmbarkeit/Schutzfähigkeit
4. Nutzen/Vorteil
5. Anbieter/Nachfragesituation
6. Marktvolumen
7. Kaufanreiz für potenzielle Kunden (Schaude, 1995, S. 65)

Jiri Scherer schlägt folgende Bewertungskriterien vor:

1. Kann ich die Idee kurz und klar formulieren?
2. Interessiert mich diese Idee?
3. Wie groß ist der Markt für diese Idee?
4. Wie gut ist der Zeitpunkt für diese Idee?
5. Habe ich die Fähigkeiten, diese Idee umzusetzen?

6. Kann ich meine Stärken einbringen?
7. Hat diese Idee einzigartige Verkaufsargumente (Unique Selling Propositions)? (Scherer, 2009, S. 105)

Durchführung:
Für die Nutzwertanalyse wird ein Bewertungsformular vorbereitet (bzw. eine Bewertungsmatrix). Jedes Team-Mitglied bewertet die Kriterien der Ideen und Lösungsvorschläge. Für jedes Kriterium werden Punkte verteilt.

Die einzelnen Bewertungskriterien werden mit einer Gewichtung zwischen 0 und 1 versehen. Dabei muss die Summe aller Gewichtungen gleich 1 sein. Die eigentliche Bewertung erfolgt analog zum Kriterienkatalog. Jede Idee wird auf ihre spezifische Möglichkeit hin untersucht, das jeweilige Kriterium zu erfüllen. Die Bewertungen werden mit der Gewichtung der ihnen zugeordneten Kriterien multipliziert. Anschließend werden die einzelnen Werte addiert. (vgl. Müller-Prothmann/Dörr, 2014, S. 78 f.) Kai-William Boldt bewertet die Alternativen für jedes Kriterium nach einer Skala von 1 (schlechtester Wert) bis 10 (höchster Wert). (Boldt, 2011, S. 41)

Jeder Teilnehmer gibt seine Benotung bekannt. Bei Übereinstimmung oder bei Abweichung werden die Noten in den Bewertungsbogen eingetragen. Größere Abweichungen werden in der Gruppe diskutiert, bis eine Übereinkunft erzielt ist. Die Noten werden eingetragen und multipliziert. Diejenigen Ideen, die die meisten Punkte erhalten haben, bieten gute Erfolgsaussichten und können in die Implementierungsphase aufgenommen werden. Die senkrecht addierten Werte ergeben den Nutzwert. (vgl. Schaude, 1995, S. 65)

Vorteile:
Die Nutzwertanalyse ist eine Weiterentwicklung des Kriterienkatalogs als Bewertungsmethode. Die Auswahl von Ideen wird um eine Gewichtung der einzelnen Kriterien erweitert. Das Ergebnis der Ideenbewertung erhält dadurch eine höhere Bedeutung für die abschließende Entscheidung.

Nachteile:
Als Kriterien werden meist die naheliegendsten Aspekte genommen. Bei der Beurteilung von Strategien z. B. die Marktanteils- und Gewinnentwicklung, die Investitionsintensität oder das eingegangene Risiko. Aber es müssen auch die Rahmenbedingungen berücksichtigt werden. (vgl. Gomez/Probst, 1999, S. 175)

Einsatzmöglichkeiten:
Die Nutzwertanalyse dient der Bewertung und Auswahl der Lösungsansätze und ermöglicht eine Art Ranking, eine qualitative Beurteilung der Strategie-Alternativen. Diese Kreativitätstechnik eignet sich für die Arbeit im Team. → Erweiterte Nutzwertanalyse

Lit.: Boldt, K.-W.: Erfolg durch Kompetenz. Das Wissen zur Optimierung eigener Fähigkeiten. Darmstadt 2011; Gomez, P./Probst, G.: Die Praxis des ganzheitlichen Problemlösens. Vernetzt denken, unternehmerisch handeln, persönlich überzeugen. Bern/Stuttgart/Wien [3]1999; Hartschen, M./Scherer, J./Brügger, Ch.: Innovationsmanagement: Die 6 Phasen von der Idee zur Umsetzung. Offenbach [2]2012; Müller-Prothmann, T./Dörr, N.: Innovationsmanagement. Strategien, Methoden und Werkzeuge für systematische Innovationsprozesse. München [3]2014; Schaude, G.: Kreativitäts-, Problemlösungs- und Präsentationstechniken. Eschborn [3]1995; Scherer, J.: Kreativitätstechniken. In 10 Schritten Ideen finden, bewerten, umsetzen. Offenbach [2]2009.

O

OE-Methode → Organisationsentwicklung

Offenes Problemlösungsmodell (OPM): (Model for Open Problem Solving): eine Weiterentwicklung des kreativen Problemlösungsmodells (CPS: Creative Problem Solving). Es wurde von dem Kreativitätsforscher, Innovations- und Unternehmensberater Horst Geschka (*1938) entworfen und beruht auf einem Problemlösungszyklus, der aus vier Stufen besteht:

1. Problemklärung, die präzise Ausarbeitung des Problems. Bei komplexen Problemstellungen kann dafür ein eigener Lösungszyklus eingeschaltet werden. Es ist sinnvoll, komplexe Probleme in einzelne Teilprobleme zu gliedern. In dieser Phase können folgende Kreativitätstechniken zum Einsatz kommen: → Mind Mapping, Kurz-Brainstorming, → W-Fragen, → Checklisten, → Ishikawa-Analyse, → Progressive Abstraktion, Sechs Schritte der Problemklärung (nach Geschka), → Kepner/Tregoe-Methodik, Widerspruchsorientierte Problemformulierung (TRIZ).
2. Ideenfindung: Die Ideen- und Informationssammlung kann aus unterschiedlichsten Quellen kommen. Aus einer Vielzahl von Vorschlägen und Einfällen werden Lösungsansätze entwickelt; die Problemlösung ist offen; alle Ideen werden zugelassen; das Thema wird ausgelotet.
3. Ideenauswahl: Hier erfolgt die Fokussierung (Ideenverdichtung und Strukturierung) der verwertbaren Vorschläge, die realisierbar, wirkungsvoll, effizient und wirtschaftlich sind.
4. Umsetzung: Hier erfolgt die Realisierung bzw. die Entscheidung über die nächsten Schritte, welche Ideen weiterverfolgt werden und welche Folgeaktivitäten durchzuführen sind. In der Unternehmenspraxis erfolgt diese Entscheidung meist nicht durch die Gruppenteilnehmer, sondern durch ein Management-Gremium. (Geschka/Zirm, 2011, S. 291)

Das „Offene Problemlösungsmodell“ (OPM) löst sich von der festen Stufenfolge des Kreativen Problemlösungsmodells (Creative Problem Solving: CPS), indem so viele Problemlösungszyklen nacheinander durchlaufen werden, bis eine geeignete realisierbare Lösung erzielt ist. Die wichtigsten Merkmale und Vorteile sind:

1. Das OPM-Modell ist flexibel einsetzbar. Die Problembearbeitung kann bei einer unbefriedigenden Situation oder einem konkreten Problem ansetzen und durch die Bearbeitung weiterer Zyklen beliebig fortgeführt werden.
2. Innerhalb einzelner Phasen können unterschiedliche Techniken und Problemlösungsmethoden angewandt werden.
3. Das OPM-Modell ermöglicht die Bearbeitung und Weiterverfolgung mehrerer alternativer Lösungsansätze, falls sich bestimmte Lösungsstrategien nach dem Durchlaufen weiterer Zyklen als unbrauchbar erweisen.

Die Durchführung erfolgt im Team.

Lit.: Geschka, H.: Kreativität in Projekten. In: Gassmann, O. (Hrsg.): Praxiswissen Projektmanagement. Bausteine, Instrumente, Checklisten. München [2]2006, S. 153–181; Ders.: Das offene Problemlösungsmodell (OPM) und andere Problemlösungsstrategien. In: Preiß, J. (Hrsg.): Jahrbuch der Kreativität. Köln 2010, S. 82–100; Geschka, H./Zirm, A.: Kreativitätstechniken. In: Albers, S./Gassmann, O. (Hrsg.): Handbuch Technologie- und Innovationsmanagement. Wiesbaden [2]2011, S. 279–302.

Open Innovation: die Öffnung des Innovationsprozesses nach außen. Im Unterschied zur „Closed Innovation", bei dem der Innovationsprozess ausschließlich innerhalb der eigenen Unternehmensgrenzen erfolgt, wird bei der „Open Innovation" gezielt mit externen Beteiligten an der Problemlösung gearbeitet. Die Konzentration auf eine offene unternehmerische Perspektive wurde zuerst 2003 durch den US-amerikanischen Wirtschaftswissenschaftler Henry W. Chesbrough (*1956) präsentiert, der den Begriff »Open Innovation« prägte. Er vertrat die Auffassung, dass offene Systeme gegenwärtig erfolgreicher sind als geschlossene Systeme. (vgl. Müller-Prothmann/Dörr, [3]2014, S. 50)

In der Zeit beschleunigter Globalisierung ist Open Innovation zu einem wichtigen Wettbewerbsfaktor geworden. Die Verkürzung der Produktlebenszyklen und ein höherer Innovationsdruck sind die treibenden Faktoren, die zu Optimierungsanstrengungen des Innovationsprozesses führen. (vgl. Gassmann/Enkel, 2006) Kunden, Lieferanten und andere Beteiligte werden direkt in den Innovationsprozess eingebunden und damit zu aktiv agierenden Partnern.

Durchführung:
Die Prinzipien der „Open Innovation" lauten:

- Interne als auch externe Ideen sind bestmöglichst zu nutzen, um erfolgreich zu sein.
- Es erfolgt eine enge Zusammenarbeit mit Experten innerhalb und außerhalb einer Organisation.
- Es ist besser, ein erfolgreicheres Geschäftsmodell zu entwickeln als unbedingt Erster am Markt zu sein.
- Die Forschungs- und Entwicklungsergebnisse müssen nicht lediglich aus dem eigenen Unternehmen stammen, denn externe Forschungen und Entwicklungen können zu einem erheblichen Wertzuwachs führen.
- Die Verwertung der eigenen Forschungs- und Entwicklungsergebnisse muss nicht nur intern erfolgen, sondern kann auch durch Lizenzvergabe an Dritte profitabel sein. Das führt zu einer größeren Arbeitsteilung im globalen Wissens- und Innovationswettbewerb. (vgl. Müller-Prothmann/Dörr, 2011, S. 51)

Vorteile:
Während der Kunde im geschlossenen Innovationsmanagement meist nur eine passive Rolle einnimmt, werden im Prozess der „Open Innovation" die Kunden direkt in den Innovationsprozess einbezogen und somit zu aktiv agierenden Partnern. Die unternehmerische Logik von „Open Innovation" besteht in der gegenseitigen Abhängigkeit und in der „Buy Side". Durch das „Open Innovation"-Modell werden die Chancen zur erfolgreichen Entwicklung von Innovationsprojekten erhöht.

Einsatzmöglichkeiten:
„Open Innovation" gibt es in drei Varianten:

1. Der Outside In Process: Das Unternehmen übernimmt und nutzt die Ideen und das Wissen von externen Akteuren, z. B. von Kunden, Lieferanten und anderen Partnern. Das externe Wissen wird in das Unternehmen integriert. Es kann auch ein intensives Technologiesourcing aus Universitäten oder aus anderen Unternehmen eingesetzt werden, um die Firma für neue Impulse zu öffnen.

2. Der Inside Out Process: Er beschreibt die Nutzung internen Wissens außerhalb der Organisation. Die Ideen des Unternehmens werden nach außen gegeben, z. B. an die Konkurrenz. Die entwickelten Technologien können in Form von Technologie-Lizenzen anderen Branchen genutzt werden und finden dadurch weitreichende Verbreitung. Dieser Effekt wird auch als → Cross-Industry-Prinzip oder Cross-Industry Innovation bezeichnet.
3. Der Coupled Process: Hier werden das Inside-Out-Prinzip mit dem Outside In Prozess verbunden, sodass ein gegenseitiges Geben und Nehmen entsteht. Ideen und Technologien werden aus anderen Branchen und Bereichen aufgenommen, aber auch wieder abgegeben. Der Coupled Process ist darauf gerichtet, einen Markt für Innovationen zu schaffen. Dazu werden die verschiedenen Beteiligten aktiv in den Entstehungsprozess eingebunden, während sich durch einen hohen Externalisierungsgrad, d. h. durch ein großes Ausmaß von Innovationen, die nach außen verlagert werden, ein Markt um diese herum entstehen soll. Dieser intensive Austausch kann durch strategische Allianzen und Innovationsnetzwerke ermöglicht werden. (vgl. Müller-Prothmann/Dörr, [3]2014, S. 52; vgl. auch Gawlak, 2014, S. 23)

Dieses Geschäftsmodell ist ein bedeutendes Konstrukt in der Unternehmensforschung. Die Kunden werden am Ideenfindungs- und Innovationsprozess beteiligt und können sich aktiv mit dem Unternehmen und seinen Produkten auseinandersetzen. Oft werden die Projekte als Wettbewerb im Internet ausgeschrieben, wobei mit attraktiven Preisen geworben wird. Dies hat zugleich einen wirksamen PR-Effekt für das Produkt und den Hersteller. Es erfolgt eine enge Zusammenarbeit mit Experten innerhalb und außerhalb des Unternehmens.

Lit.: Albers, S./Gassmann, O. (Hrsg.): Handbuch Technologie- und Innovationsmanagement. Wiesbaden [2]2011; Burr, W. (Hrsg.): Innovation. Theorien, Konzepte und Methoden der Innovationsforschung. Stuttgart 2014; Chesbrough, H. W.: Open Innovation. How companies actually do it. In: Harvard Business Review 2003, 81 (7), pp. 12–14; Chesbrough, H. W.: Open Innovation. The new imperative for creating and profiting from technology. Harvard Business School Publishing (HBS Press), Boston/Massachusetts 2006; [1. ed. 2003]; Chesbrough, H. W.: Open Business Models: How to thrive in the new innovation landscape. Harvard Business School Publishing (HBS) Press, Boston/Massachusetts 2006; Chesbrough, H. W.: Open Innovation: Researching a new paradigm. Oxford 2006;

Chesbrough, H. W.: Why companies should have open business models. In: MIT Sloan Management Review 2007, 48 (2), pp. 22–28; Chesbrough, H. W.: Open Service Innovation. Rethinking your business to grow and compete in a new era. Jossey-Bass, San Francisco 2011; Chesbrough, H. W./Vanhaverbeke, W./West, J.: Open Innovation. Researching a new paradigm. Oxford University Press, Oxford 2008; Gassmann, O./Enkel, E.: Open Innovation. Münster 2006; Gassmann, O./Enkel, E.: Open Innovation. Die Öffnung des Innovationsprozesses erhöht das Innovationspotenzial. In: Zeitschrift für Organisation, 75. Jg., Nr. 3, 2006, S. 132–138; Gassmann, O./Friesike, S.: 33 Erfolgsprinzipien der Innovation. München 2012; Gawlak, M.: Kreativitätstechniken im Innovationsprozess. Von den klassischen Kreativitätstechniken hin zu webbasierten kreativen Netzwerken. Hamburg 2014; Gay, B.: Open Innovation and entrepreneurship. In: Carayannis, E. G. (Ed.): Encyclopedia of creativity, invention, innovation, and entrepreneurship. Volume 1–3. New York, Heidelberg, Dordrecht, London 2013, vol. 3, pp. 1403–1410; Möslein, K.: Innovation als Treiber des Unternehmenserfolgs – Herausforderungen im Zeitalter des Open Innovation. In: Zerfaß, A. et al. (Hrsg.): Kommunikation als Erfolgsfaktor im Innovationsmanagement. Strategien im Zeitlalter der Open Innovation. Wiesbaden 2009, S. 3–22; Müller-Prothmann, T./Dörr, N.: Innovationsmanagement. Strategien, Methoden und Werkzeuge für systematische Innovationsprozesse. München [3]2014; Prandl, S.: Open Innovation. Ein Vergleich zwischen Investitions- und Konsumgüterindustrie. Mit Praxisbeispielen von Siemens, Telefónica Germany, Krones, Maschinenfabrik Reinhausen, Strama-MPS und Hyve. Hamburg 2014.

Open Space Technology (Offene Raum-Technologie); ein Forum der offenen Tagungs- und Konferenzgestaltung; um 1985 von dem Organisationsberater Harrison H. Owen in den USA entwickelt. Er nutzte die Tatsache, dass kreative Gedanken und originelle Lösungsvorschläge oft am Rande von Seminaren und Konferenzen erfolgen, vor allem in den Kaffeepausen und abendlichen Zusammenkünften. In ungezwungener Atmosphäre kann der Ideenfluss der Teilnehmer frei zirkulieren. In den Pausengesprächen werden meist die gehörten Referate kritisch bewertet und Gegenargumente frei geäußert, weil zahlreiche Teilnehmer eine gewisse Scheu haben, diese offen im Plenum anzusprechen. Dabei werden persönliche Konktakte geknüpft, oft neue Aspekte und Sichtweisen geäußert und wertvolle Informationen ausgetauscht. Auf Grund dieser Erfahrungen verbesserte Owen die Seminar- und Konferenzgestaltung, um den Bedürfnissen der Teilnehmer den größtmöglichen Spielraum zu gewährleisten. Bei der Gruppenarbeit wirkt sich ein zwangloses Umfeld positiv auf den Gedankenfluss aus. Dieses kreative Feld kann damit Synergieeffekte auslösen. Die Open-Space-Methode nutzt einen offenen Raum, in dem viele Menschen zum Gedankenaustausch zusammenkommen. Davon erhofft man sich einen intensiven Gedankenaustausch mit zahlreichen Ideen und Lösungsvorschlägen, also ein hohes kreatives Potenzial. Ein solches Meeting, an dem bis zu tausend Teilnehmer anreisen, dauert meist mehrere Tage. Im Open Space organisieren die Teilnehmer selbst ihr kreatives Feld. Jeder Teilnehmer kann frei wählen, an welchen Zusammenkünften er mitwirken will und wie er sich daran beteiligen möchte. Es besteht sogar die Möglichkeit, einen eigenen Workshop zu einem selbstgewählten Thema oder Problem anzubieten, wenn es den Rahmen der Konferenz nicht sprengt und wenn sich genügend Teilnehmer dafür interessieren. Dazu erhält der Anbieter die Gelegenheit, sein Thema im Plenum vorzustellen und zu begründen, warum gerade diese Problematik wichtig ist. Das gesamte Workshop-Angebot (mit festgelegten Zeiten und Räumlichkeiten) wird allen Teilnehmern zugänglich gemacht, z. B. auf einem Aushang an der Pinnwand. Dazu sind folgende Angaben erforderlich:

Bezeichnung und Nummer des Workshops
Thema/Aufgabenstellung
Anbieter
Interessenten
Ort/Raum, in dem der Workshop stattfindet
Uhrzeit (Der Beginn wird festgelegt, während das Ende offen ist. Die Dauer eines Workshops beträgt etwa zwischen 90 und 120 Minuten).

Für diese offene Form der Großveranstaltung gelten folgende Kriterien:

1. Gleichbehandlung aller Teilnehmer
2. Gruppenprozess – spontan geäußerte Ideen können kreative Lösungen enthalten;
3. Beginn und Ende der Sitzungen sind flexibel, ohne festgelegte Zeitvorgaben.
4. Werden keine Ideen und Vorschläge mehr eingebracht, wird das Meeting beendet.

„Das Gesetz der zwei Füße“ besagt, dass die Abstimmung mit den Füßen erfolgt, d. h., der Teilnehmer geht in die Gruppe bzw. in den Workshop, deren Thematik ihn interessiert. Wenn er feststellt, dass er dort nichts Neues erfährt oder selbst nichts dazu beitragen kann, verlässt er leise diese Gruppe und begibt sich in eine andere.

Bei den Teilnehmern werden zwei Typen unterschieden: „Hummeln“ und „Schmetterlinge“. Als Hummeln werden diejenigen Personen bezeichnet, die von einer Gruppe zur anderen „fliegen“, dort kurz verweilen und weiterziehen. Damit sammeln und transportieren sie gleichzeitig Informationen und wirken somit befruchtend. Die Schmetterlinge fliegen ebenfalls von einem Thema zum nächsten, vertiefen aber keines davon. Man findet sie beim Kaffee, auf der Dachterrasse oder im Garten. Sie dienen als Kommunikationszentrum, als kreative Interaktion. (vgl. Sikora, 2001, S. 115)

Durchführung:
Ablauf der Open-Space-Methode:

1. Begrüßung und Eröffnung des Diskussionsforums durch den Moderator (erstes Treffen im Plenum)
2. kurze Einführung in das Thema der Veranstaltung; Grundlagen (Kriterien) für die gemeinsame Arbeit
3. Verfahrensweise der Gruppenarbeit: die Teilnehmer tragen sich für die einzelnen Workshops ein, die sie besonders interessieren.
4. Die Gruppen stellen ihre Ergebnisse im Plenum vor. Auch Anschlussprojekte und ein Ausblick auf das nächste Zusammentreffen werden vorgestellt. Die Teilnehmer, die auch weiter daran mitarbeiten möchten, tragen sich in eine Liste ein. Am Ende der Veranstaltung werden die gewonnenen Erkenntnisse, Ideen und Lösungsvorschläge im Plenum ausgetauscht (Feedback).

Zu jedem Workshop gibt es ein oder mehrere Arbeitsblätter. Die Teilnehmer können darauf ihre Notizen, spontanen Ideen, Anregungen, Geistesblitze, Skizzen oder Mind Mappings festhalten.

Alle Ergebnisse der einzelnen Arbeitsgruppen werden protokolliert und den Teilnehmern zugänglich gemacht. Am Ende der Tagung bzw. der Konferenz erhalten sie eine Dokumentation mit allen Protokollen, die in den Workshops angefertigt wurden. Eine Zusammenfassung der wichtigsten Ergebnisse kann auch nach jedem Beratungstag auf einer Pinnwand im Plenum, im Eingangsbereich des Veranstaltungsortes, in der Cafeteria oder im Speiseraum erfolgen. Das sorgt zusätzlich für Gesprächsstoff, für die Auswertung und das Feedback in den Pausen.

Vorteile:
Die offene und ungezwungene Atmosphäre fördert kreative Ideen und Anregungen, indem die Teilnehmer ihre individuellen Erfahrungen frei äußern können. Mintunter gibt es auch sogenannte „Meckerrunden", in denen die Teilnehmer ihren Frust zu den Themen oder zu den Vertretern bestimmter Meinungen loswerden können.

Nachteile:
Der Nachteil solcher Großveranstaltungen besteht in dem hohen Organisationsaufwand. Für die Leitung sind professionelle Moderatoren erforderlich. Es bedarf gründlicher Vorbereitung.

Einsatzmöglichkeiten:
Die Open Space Technology eignet sich besonders für Hauptversammlungen, Konferenzen und Meetings, an denen die gesamte Belegschaft oder ein Großteil der Mitarbeiter eines Unternehmens mitwirken, wobei relevante Generalthemen im Focus der Beratung stehen. Für die Diskussion einer Vielzahl möglicher Themen in den Workshops sind genügend Beratungsräume notwendig. Mitunter können auch innerhalb eines großen Saales durch verschiebbare Wände separate Bereiche abgegrenzt werden.

Nach diesem Vorbild wurden weitere Großgruppenmethoden entwickelt, wie das → Barcamp oder die → Marktplatz-Methode.

Lit.: Bergmann, U.: Erfolgsteams – der ungewöhnliche Weg, berufliche und persönliche Ziele zu erreichen. Landsberg 1998; Burow, O.-A.: Ich bin gut – wir sind besser. Erfolgsmodelle kreativer Gruppen. Stuttgart 2000; Maleh, C.: Open Space. Effektiv arbeiten mit großen Gruppen. Ein Handbuch für Anwender, Entscheider und Berater. Weinheim 2000; Noack, K.: Kreativitätstechniken. Schöpferisches Potenzial entwickeln und nutzen. Berlin 2005; Owen, H. H.: Open Space Technology. San Francisco: Berrett-Koehler Publishers 1997; Dass.: (Large Print). A user's guide. San Francisco 2009; Petersen, H. C.: Open Space in Aktion. Kommunikation ohne Grenzen. Paderborn: Junfermann 2000; Sartorius, V.: Die besten Kreativitätstechniken. New Business Line – Arbeitstechniken. Redline: München 2010; Sikora, J.: Handbuch der Kreativ-Methoden. Bad Honnef [2]2001.

Operational Creativity → Little-Technik

Osborn-Checkliste: eigtl. Checkliste für neue Ideen (check list for new ideas); nach ihrem Erfinder, dem amerikanischen Werbepsychologen Alex F. Osborn (1888–1966) benannt, der diese Kreativitätstechnik entwickelt hat.

Durchführung:
Die Checkliste besteht aus sogenannten „Spornfragen", die die kreative Lösungssuche anspornen sollen:

1. Anders verwenden! – Gibt es eine andere Verwendungsmöglichkeit oder ein anderes Einsatzgebiet dafür?
2. Adaptieren – eine Idee oder ein Produkt den neuen Anforderungen anpassen. Gibt es dazu Parallelen? Welche Vergleiche lassen sich anstellen?
3. Modifizieren – die Idee oder das Produkt abwandeln, verändern. Kann man Bedeutung, Farbe, Bewegung, Klang, Geruch, Form, Größe verändern bzw. hinzufügen? Was lässt sich noch verändern?
4. Vergrößern (magnifizieren) – die Idee oder das Produkt in größeren Dimensionen (Abmessungen) vorstellen; etwas hinzufügen, erweitern;
5. Verkleinern: in kleineren Dimensionen denken; lässt sich das Produkt kleiner, kompakter gestalten? Auf welche Bestandteile kann man verzichten, ohne die Funktion zu beeinträchtigen?
6. Substituieren (ersetzen, austauschen) – Was kann an der Idee oder am Produkt ersetzt werden? Was kann an deren Stelle treten? Welches andere Material kann für das Produkt verwendet werden?
7. Neuordnen bzw. umstellen, umgruppieren (rearrangieren) – Lässt sich die Reihenfolge ändern bzw. Ursache und Wirkung umstellen? Kann man Komponenten, Details, Strukturen austauschen und verändern?
8. Umkehren: Ist das Gegenteil möglich? Lassen sich Ursache und Wirkung positiv oder negativ vertauschen? – ein gedanklicher Rollentausch, um die Idee oder das Problem aus einer anderen Perspektive, gewissermaßen spiegelverkehrt zu betrachten, wodurch sich evtl. ein neuer Lösungsansatz ergibt.
9. Kombinieren – Lässt sich die Idee oder das Produkt mit anderen Ideen oder Produkten kombinieren? Die Verknüpfung der Idee mit anderen Vorstellungen, ihre Einbeziehung in größere Zusammenhänge oder ihre Zerlegung in einzelne Teile.

Gelegentlich wird noch ein weiterer Punkt hinzugefügt:

10. Transformieren – Lässt sich die Idee auf ein anderes Problem übertragen, umformen oder umwandeln?

Es empfiehlt sich, für jedes Problem eine eigene Checkliste anzulegen, die auch weitere Fragestellungen beinhalten kann.

Vorteile:
Mit Hilfe der Osborn-Checkliste kann eine bereits bekannte Idee oder ein vorliegendes Produkt neu hinterfragt, aus einer anderen Perspektive betrachtet bzw. verfremdet werden, um daraus originelle Produktideen bzw. Lösungsansätze für ein Problem zu finden. Die Checkliste erleichtert das Anpassen, Umstrukturieren und Übertragen von Ideen auf das gesuchte Problem. So können z. B. Veränderungsmöglichkeiten eines Produkts systematisch herausgefunden werden. Durch die Spornfragen wird die Vielfalt möglicher Veränderungen aufgezeigt.

Nachteile:
Für die Findung einer völlig neuen Lösung oder Idee ist diese Kreativitätstechnik nicht geeignet. Keine Neukonstruktion, sondern Variation eines bereits bestehenden Produkts. Es findet eine starke Ausrichtung auf das Ausgangsproblem statt.

Einsatzmöglichkeiten:
Diese Methode eignet sich für Verbesserungen, Veränderungen und für die Neugestaltung von Produkten oder Herstellungsverfahren. Diese Technik kann sowohl von Gruppen als auch von Einzelpersonen durchgeführt werden und ist auch als Nachbearbeitung einer Brainstorming-Sitzung geeignet.
→ Brainstorming; → Innovations-Checkliste

Lit.: Brunner, A.: Kreativer denken. Konzepte und Methoden von A-Z. Lehr- und Studienbuchreihe Schlüsselkompetenzen. München 2008; Osborn, A. F.: Development in creative education. In: Parnes, S. J./Harding, H. F. (Eds.): A source book of creative thinking. New York 1962, pp. 19–29.

P

Paradoxes Brainstorming → Kopfstand-Technik

Pareto-Prinzip (Pareto principle): auch Pareto-Effekt, Pareto-Analyse, Pareto-Diagramm oder 80-zu-20-Regel; benannt nach dem italienischen Wirtschaftswissenschaftler und Soziologen Vilfredo Federico Pareto (1848–1923). Er untersuchte 1906 die Verteilung des Grundbesitzes in Italien und stellte fest, dass sich etwa 80 Prozent des Vermögens im Besitz von 20 Prozent der Bevölkerung befanden. Die 80-zu-20-Regel lässt sich auf zahlreiche Beispiele übertragen.

Paretos These lautet: 20 Prozent des Aufwands ergeben meist 80 Prozent des Ergebnisses. Die übrigen 20 % des Ergebnisses benötigen aber oft die restlichen 80 % des Aufwands. Ein Freizeit-Jogger erzielt z. B. mit wenig Training bereits etwa 80 % seiner möglichen Leistung, aber ein Leistungssportler muss dagegen sehr hart trainieren, also einen enormen Aufwand betreiben, um die restlichen 20 % seiner möglichen Leistung zu erzielen.

„20 Prozent der Kunden sorgen für 80 Prozent des Umsatzes, 20 Prozent der Fehler für 80 Prozent der Reklamationen, 20 Prozent einer Sitzung für 80 Prozent der Ergebnisse“ (Gassmann/Friesike, 2012, S. 247). In der täglichen Arbeit unterliegen wir zahlreichen Ablenkungen und Routinearbeiten. Um effizient zu arbeiten, sollten wir uns auf diejenigen 20 Prozent unserer Tätigkeit konzentrieren, die für 80 Prozent der Ergebnisse sorgen.

Durchführung:
Mit Hilfe der Pareto-Technik werden alle anstehenden Aufgaben aufgelistet und anschließend nach ihrer Bedeutung, Dringlichkeit und Wertigkeit geordnet, die sie für die erfolgreiche Erfüllung der Zielsetzung besitzen. (vgl. Luther, 2013, S. 320)

„Schnelle, agile Unternehmen unterscheiden sich von den langsamen nicht dadurch, wie schnell sie eine Aufgabe erledigen, sondern wie viel Zeit sie effektiv für die Aufgabe aufbringen. Sie arbeiten, anstatt zu koordinieren, sie handeln, anstatt zu reden“ (Gassmann/Friesike, 2012, S. 247).

Vorteile:
Das Pareto-Prinzip kann zur Entscheidungsfindung herangezogen werden, wenn es darum geht, Tätigkeiten zu erkennen, die auf Grund fehlender

Wirksamkeit weggelassen oder zu einem späteren Zeitpunkt erledigt werden können.

Nachteile:
Das Pareto-Prinzip, die 80-zu-20-Regel, ist nur eine Faustregel und kein präzises Maß. „Die Aufteilung kann auch 70/30 oder 90/10 betragen." Paretos Theorie kann „man zwar auf ein breites Spektrum von Fragen in Bezug auf Mitarbeiter, Produkte, Ressourcen, Kunden und Zulieferer anwenden, ... aber die genaue Aufteilung variiert von Fall zu Fall" (McGrath/Bates, [2]2014, S. 330).

Pareto weist selbst darauf hin, dass diese Regel nur gilt, wenn die Komponenten des Systems unabhängig voneinander sind. Durch gegenseitige Abhängigkeit, wie z. B. in einer Organisation wird die Situation verändert. Das Pareto-Prinzip wird häufig kritiklos für eine Vielzahl von Problemen eingesetzt, ohne dass die Anwendbarkeit im Einzelfall belegt ist. Es ist keine allgemeingültige Technik und verleitet dazu, ungeliebte Tätigkeiten oder Projektaufgaben nicht mehr vollständig abzuschließen. Es gibt aber zahlreiche Aufgaben, Probleme und Projekte, die den vollen Einsatz der Mitarbeiter erfordern und für die eine achtzig prozentige Erledigung nicht ausreicht.

Einsatzmöglichkeiten
Das Pareto-Prinzip eignet sich, um das Verhältnis von Aufwand und Nutzen, aber auch von Ursache und Wirkung zu ermitteln. 80 Prozent der täglichen Arbeit werden von 20 Prozent der Beschäftigten und in 20 Prozent des Arbeitstages erledigt, oder wie es der US-amerikanische Unternehmensberater und Managementexperte Stephen R. Covey (1932–2012) kurz und bündig formuliert: „80 Prozent der Ergebnisse entstammen 20 Prozent der Tätigkeiten" (Covey, 2019, S. 181).

Aber auch das gehört dazu: 80 % der Probleme werden von 20 % der Mitarbeiter verursacht. 80 % der Qualität können in 20 % der eingeplanten Zeit erzielt werden. 100 % dauern ca. fünfmal länger. Das Ziel kreativer Tätigkeit besteht darin, mit 20 Prozent des Einsatzes 80 Prozent der Probleme zu lösen. (vgl. Mencke, 2006, S. 173 f.)

Wichtig sind dabei die Schwerpunktbildung, Prioritätensetzung und Konzentration auf das Wesentliche, um schnell zu erkennen, wo die Hauptprobleme liegen. Dadurch können Maßnahmen zur Beseitigung eingeleitet werden. Auch hier gilt das Pareto-Prinzip, denn 20 % der Probleme verursachen meist 80 % des Ärgers. (vgl. Kraus, 2005, S. 88)

Das Pareto-Prinzip wird meist im Projekt- und Zeitmanagement eingesetzt. Diese Technik eignet sich für Einzel- und Teamarbeit.

Lit.: Covey, S. R.: Die 7 Wege zur Effektivität. Prinzipien für persönlichen und beruflichen Erfolg. 52. Aufl., Offenbach 2019; Gassmann, O./Friesike, S.: 33 Erfolgsprinzipien der Innovation. München 2012; Kraus, G.: Managementbegriffe. Planegg bei München 2005; Luther, M.: Das große Handbuch der Kreativitätsmethoden. Wie Sie in vier Schritten mit Pfiff und Methode Ihre Problemlösungskompetenz entwickeln und zum Ideen-Profi werden. Bonn 2013; McGrath, J./Bates, B.: Der 5 Minuten Manager. Die wichtigsten Management-Theorien auf den Punkt. Kulmbach [2]2014; Mencke, M.: 99 Tipps für Kreativitätstechniken. Ideenschöpfung und Problemlösung bei Innovationsprozessen und Produktentwicklung. (Das professionelle 1 x 1). Berlin 2006.

Perspektivwechsel (change of perspective): auch Perspektivwechselfähigkeit (Blumenschein/Ehlers, 2007, S. 14) oder Perspektivenerweiterung genannt (Pohl, 2012, S. 116); Perspektivwechsel ist ein Instrument des kreativen Denkens und bietet die Möglichkeit, das Problem aus einem neuen, ungewohnten Blickwinkel zu betrachten und eingefahrene Denk- und Verhaltensmuster zu verlassen. Wenn man die eigene Position verlässt, um das Problem aus einem anderen Blickwinkel oder aus der entgegengesetzten Perspektive betrachtet, kann dies zur Ideen- und Lösungsfindung beitragen bzw. diese beeinflussen und bewirken. Die einseitige Betrachtungsweise blockiert oft die Lösungsfindung. Diese wird erleichtert, wenn das Problem aus der Perspektive verschiedener Personen oder Gruppen betrachtet wird. Annette Blumenschein und Ingrid Ute Ehlers unterscheiden:

- *den räumlichen Perspektivwechsel* ⟶ Walt-Disney-Strategie
- *den sinnesbezogenen Perspektivwechsel*: Die Wahrnehmung mit allen Sinnen erhöht die Sensibilität für das Problem. „Je sensibler Ihre Wahrnehmung ausgebildet ist, umso mehr Aufnahmekanäle schaffen Sie für kreative Denkprozesse. Und diese trainierten Sinne ermöglichen und fördern das ›Er-Sinnen‹ von neuen Ideen“ (Blumenschein/Ehlers, 2007, S. 18).
- *den interdisziplinären Perspektivwechsel*: Der interdisziplinäre Perspektivwechsel erhöht die Ideenvielfalt und damit die Lösungsmöglichkeiten. Die multiple Perspektive fördert das Wahrnehmungsvermögen, erweitert die Sicht auf das Problem und damit die Interpretationsmöglichkeit. „Kreativität heißt, Perspektiven wechseln zu können“ (Pohl, 2012, S. 9).

Durchführung:

1. Festlegung der Teilnehmer, die sich möglichst aus unterschiedlichen Bereichen, Abteilungen oder Fachgebieten zusammensetzen sollten. Interdisziplinäre Forschungsteams verfügen über eine reiche Wissensbasis und bündeln das Expertenwissen unterschiedlicher Fachrichtungen. Sie suchen nach allgemeingültigen Strukturen und Analogien, die sich auf das spezielle Problem übertragen lassen.
2. Präsentieren Sie Ihre Ideen auch vor fachfremden Personen und Außenstehenden.
3. Bevorzugen Sie gemischte Arbeits- und Projektteams, in denen unterschiedliche Fachdisziplinen beteiligt sind.
4. Um über eine reiche Wissensbasis zu verfügen, wird empfohlen, die entsprechende Fachliteratur zum Thema zu studieren und auszuwerten, auch Zeitungen, Fachzeitschriften und andere Informationsquellen.
5. Bei Produktentwicklungen sollten Sie auch Fachpersonal aus anderen Bereichen einbeziehen. (vgl. Blumenschein/Ehlers, 2007, S. 26)

Vorteile:
Gegenüber einer einzelnen Meinung und einseitiger Betrachtung ermöglichen der Perspektivwechsel die Vernetzung der Sichtweisen und eine facettenreiche Lösungsfindung. Die Probleme werden schneller erkannt, weil fachübergreifend vielfältige Wahrnehmungen zur Verfügung stehen. Dadurch können innovative Ideen freigesetzt werden. Durch unterschiedliche Sichtweisen werden der wissenschaftliche Erfahrungsaustausch und die Meinungsvielfalt gefördert. Besteht das Team aus verschiedenen Altersstufen, wird auch ein generationsübergreifender Know-how-Transfer ermöglicht. Die Zusammensetzung der Gruppe sollte auch gleichberechtigt bzw. ausgewogen aus Männern und Frauen bestehen. Dies gewährleistet „eine gender-orientierte Vielfalt." Setzen sich die Teams aus interkulturellen Teilnehmern zusammen, so entwickelt sich „ein kulturübergreifendes Prozessverständnis, das sich in internationalen Projekten als Wettbewerbsvorteil herausstellt" (Blumenschein/Ehlers, 2007, S. 24 f.).

Diese Vorteile gelten in allen Arbeits- und Projektgruppen, nicht nur in Expertenteams. Zur Förderung des interdisziplinären Perspektivwechsels wird empfohlen, öfters Mitarbeiter aus anderen Branchen hinzuzuziehen.

Nachteile:
Diese Technik erfordert von allen Teilnehmern ein hohes Maß an Empathie, um das Problem unter mehreren Aspekten und aus anderen Blickwinkeln zu betrachten.

Einsatzmöglichkeiten:
Diese Methode eignet sich für Lösungen im Bereich der Produkt-, Nutzen- und Zielgruppenveränderung; zur Analyse und Lösung von Problemen, wenn andere Positionen gefragt sind, und zur Analyse und zur Lösung von sozialen Konflikten oder Problemen. (vgl. Pohl, 2012, S. 117) Diese Kreativitätstechnik eignet sich für die Arbeit im Team. → Fruchtwechsel-Methode

Lit.: Blumenschein, A./Ehlers, I. U.: Ideen managen. Eine verlässliche Navigation im Kreativprozess. Leonberg 2007; Pohl, M.: Kreative Kompetenz. Kreativität entwickeln – Ideen finden – Probleme lösen. Berlin 2012.

Phantasiereise → Geleitete Phantasiereise

Phillips-66-Methode (Phillips-66-Method): auch Diskussion 66, Methode 6 x 6 oder Buzz Session (Sitzung) genannt; (von buzz: summen, murmeln, tuscheln, raunen): eine Variante des → Brainstorming, allerdings ein Speed-Brainstorming oder Kurz-Brainstorming (6-Minuten- Brainstorming). Diese Kreativitätstechnik wurde 1948 von dem US-amerikanischen Wissenschaftler J. Donald Phillips entwickelt. Er war Präsident des Hillsdale College an der Michigan State University in East Lansing.

Durchführung:

1. Bei dieser Technik werden größere Gruppen in Sechser-Teams aufgeteilt. Die Zahl 66 ergibt sich aus der Gruppengröße (6 Teilnehmer) sowie aus der vorgegebenen Zeit für das Kurz-Brainstorming (6 Minuten), d. h., 6 Personen sollen in 6 Minuten möglichst viele Ideen und Lösungsvorschläge zu einem klar definierten Problem entwickeln.
2. Danach trägt der Moderator bzw. ein Sprecher jeder Gruppe die entwickelten Ideen vor, die anschließend im Plenum diskutiert werden.
3. In dieser Phase kann ein weiteres Problem oder Detailproblem in den Sechsergruppen beraten werden.
4. Ideensortierung und Bewertung. Für diese Phase steht aber mehr Zeit zur Verfügung, so dass für die Sitzung insgesamt etwa 30 bis 60 Minuten vorgesehen sind.

Bei dieser Art der Durchführung wird ein Wechsel von Plenumsdiskussion und Kleingruppenarbeit angestrebt. Die Kleingruppen fördern den Austausch unter den Teilnehmern, da sie die Befangenheit abbauen, vor einer großen Gruppe zu sprechen. Ein Moderator und ein Schriftführer sind notwendig. Es sollte angestrebt werden, dass sich alle Gruppenmitglieder an der Diskussion beteiligen. Das Notieren der einzelnen Ideen bzw. die Anfertigung eines Protokolls sind für die anschließende Präsentation im Plenum erforderlich.

Vorteile:
Dieses Speed-Brainstorming kann zu einer starken Aktivierung der Teilnehmer führen, um in sechs Minuten möglichst viele Vorschläge zu unterbreiten. Die Wettbewerbssituation zwischen den Sechsergruppen kann ein zusätzlicher Anreiz sein, um möglichst die meisten oder die besten Ideen zu generieren. Langanhaltende Diskussionen in der Großgruppe können vermieden werden. Durch den mehrfachen Wechsel zwischen den Sechser-Teams und der Großgruppe können auch komplexe Probleme in einem angemessenen Zeitrahmen bearbeitet werden. Die Erfahrungen und die Kenntnisse vieler Teilnehmer können somit in die Lösungsfindung einfließen.

Hinweis: Die Angabe der Gruppengröße sowie die Zeitangabe stellen nur Richtwerte dar. Es sind auch Abweichungen oder Modifizierungen dieser Kreativitätstechnik möglich, z. B. würde eine Diskussion 89 bzw. Methode 8 x 9 bedeuten, dass 8 Teilnehmer ein 9-Minuten-Brainstorming durchführen. (vgl. Aerssen/Buchholz, 2018, S. 292)

Nachteile:
Der Nachteil besteht darin, dass sechs Minuten für die Ideenfindung mitunter nicht ausreichen. Diesen Umstand sollte der Moderator berücksichtigen und die Zeitvorgabe gegebenenfalls anpassen. Für die ungestörte Arbeit in den Kleingruppen sind mitunter separate Räumlichkeiten erforderlich.

Einsatzmöglichkeiten:
Diese Kreativitätstechnik eignet sich für Such- und Analyseprobleme und kann Verwendung finden, wenn in kurzer Zeit eine Vielzahl an Ideen und Vorschlägen generiert werden sollen. Die Anwendung wird empfohlen, wenn neue Produkte, Produktverbesserungen, technische Konstruktionen oder Verfahrenstechniken entwickelt werden sollen, auch zur Verkaufsförderung, um neue Absatzgebiete bzw. Nischen für Produkte zu finden. Ebenso

kann die »Phillips-66-Methode« in der Werbung und Namensfindung von Start-up-Firmen oder für neue Produktnamen eingesetzt werden, außerdem im Dienstleistungsbereich, aber auch bei Führungsproblemen oder bei organisatorischen Problemen. (vgl. Aerssen/Buchholz, 2018, S. 292) Diese Kreativitätstechnik wird im Team durchgeführt.

Lit.: Aerssen, B. v./Buchholz, Ch. (Hrsg.): Das große Handbuch Innovation. 555 Methoden und Instrumente für mehr Kreativität und Innovation im Unternehmen. München 2018; Higgins, J. M./Wiese, G. G.: Innovationsmanagement. Kreativitätstechniken für den unternehmerischen Erfolg. Berlin u. a. 1996; Schröder, M.: Heureka, ich hab's gefunden! Kreativitätstechniken, Problemlösung und Ideenfindung. Herdecke, Bochum 2005.

Planspielmethode (gaming simulation method): Planspiele sind realitätsnahe Modelle, in denen die Teilnehmer als Mitspieler bestimmte Rollen übernehmen und konkrete Entscheidungen treffen. Deren Folgen und Auswirkungen werden auf ihren Realitätsbezug geprüft. Planspielmethoden dienen „zum besseren Verständnis komplexer Systeme und zur gemeinsamen Reflexion über Wissen von Systemen". Eine „gemeinsame Sprache ist von zentraler Bedeutung für die Schaffung sozialer Repräsentationen in Gruppen und Organisationen, für eine im gemeinsamen reflexiven Dialog entwickelte Systemanalyse und für eine kooperative Strategie beim Umgang mit komplexen Systemen" (Kriz, 2004, S. 359).

Durch Planspiele werden die möglichen Auswirkungen von Entscheidungen simuliert, also wirklichkeitsgetreu durchgespielt. Planspiele beinhalten Aspekte eines Regelspiels, d. h. ein System von Regeln zur Strukturierung von Abläufen. Dabei kann sich „kreativ Neues entfalten" (Kriz, 2004, S. 360).

Durchführung:
Das Planspiel beginnt mit der Konstruktion eines Simulationsmodells, das die wesentlichen Faktoren und Eigenschaften der zu simulierenden Prozesse und ihre Wechselwirkungen widerspiegelt. Planspiele beziehen sich dabei immer auf real vorhandene Ressourcen, wie Zeit, Geld, Materialien, Energie u. a.

Die Rollen, die die Teilnehmer im Planspiel übernehmen, enthalten gewisse Freiräume in der Ausgestaltung und in der individuellen Interpretation der Regeln. Die Planspiele beinhalten neben Akteuren und Regeln auch Ressourcen und bilden damit wesentliche komplexere Lebenswirklichkeiten ab.

Willy Christian Kriz unterscheidet zwischen geschlossenen und offenen Planspielen (rigid rule games and free form games). Bei geschlossenen Planspielen erhalten die Teilnehmer genaue Instruktionen im Rahmen eines vorgegebenen Simulationsmodells.

Vorteile:
Die Modellbildung durch Simulationen hat den Vorteil, dass sie als Nachbildung und Untersuchung von Systemabläufen eingesetzt werden kann, „die man in der Wirklichkeit aus Zeit-, Kosten- oder Gefahrengründen nicht real durchführen kann oder will" (Kriz, 2004, S. 359). Typische Beispiele sind das Pilotentraining im Flugsimulator oder die Erforschung und Analyse möglicher Umweltkatastrophen.

Nachteile:
Offene Planspiele sind sehr zeitaufwendig. Sie können sich über mehrere Wochen oder sogar Monate erstrecken, verursachen höhere Kosten und benötigen mehr Personal (Trainer oder Moderatoren) als geschlossene Planspiele.

Einsatzmöglichkeiten:
Planspiele eignen sich zur Unterstützung des Wissens- und Kompetenzerwerbs im Umgang mit komplexen Systemen, bei der Überprüfung von Kompetenzen im Rahmen der Personalauswahl und in beruflichen Trainings- und Bildungsprogrammen. Planspiele können auch als Simulation von Organisationsprozessen „dazu beitragen, konkrete Problemstellungen aus der Praxis einer Organisation zu bearbeiten und Problemlösungen bereitzustellen, die dann als Transfer wieder für die reale Veränderung in der Innovation von Strukturen dieser Organisation genutzt werden" (Kriz, 2004, S. 364).

Planspiele ermöglichen den Umgang mit authentischen realitätsnahen Situationen und unterstützen auch die Förderung von Schlüsselkompetenzen. In einem Unternehmensplanspiel kommunizieren die „Teilnehmer in typischen Rollen (z. B. Führungskraft, Mitarbeiter, Kunde) und bewältigen mit simulierten Ressourcen (z. B. Zeit, Budget, Maschinen) komplexe authentische Aufgabenstellungen" (Kriz, 2004, S. 361). Geschlossene Planspiele werden auch in der Personalentwicklung eingesetzt, z. B. beim Wissenserwerb spezifischer Handlungsroutinen zur Bewältigung wiederkehrender Aufgaben. Die Durchführung erfolgt in der Gruppe.

Lit.: Arai, K./Deguchi, H./Matsui, H. (Eds.): Agent-based modeling meets gaming simulation. Berlin 2005; Geilhardt, Th./Mühlbradt, Th.: Planspiele im Personal- und Organisationsmanagement. Göttingen 1995; Geurts, J./Joldersma, C. & Roelofs, E.: Gaming/Simulation for policy development and organizational change. Tilburg: Tilburg University Press 1998; Klippert, H.: Planspiele. 10 Spielvorlagen zum sozialen, politischen und methodischen Lernen in Gruppen. 5. Aufl., Weinheim, Basel 2008; Kriz, W. C.: Planspielmethoden. In: Reinmann, G./Mandl, H. (Hrsg.): Psychologie des Wissensmanagements. Perspektiven, Theorien und Methoden. Göttingen et al. 2004, S. 359–368; Kriz, W. C. (Hrsg.): Planspiele für die Personalentwicklung. (Schriftenreihe: Wandel und Kontinuität in Organisationen, Bd. 12). Berlin 2011; Kriz, W. C.: Shift from teaching to learning. Individual, collective and organizational learning through gaming simulation. Bielefeld 2014; Rempe, A./ Klösters, K./Slaby, Ch.: Das Planspiel als Entscheidungstraining. Stuttgart [3]2014; Schwägele, S./Zürn, B./Trautwein, F. (Hrsg.): Planspiele – Erleben, was kommt. Entwicklung von Zukunftsszenarien und Strategien. (Zentrum für Managementsimulation Stuttgart – ZMS-Schriftenreihe, Bd. 5), Norderstedt 2014; Shiratori, R./Arai, K./Fumitoshi, K. (Eds.): Gaming, simulations and society. Research, scope and perspective. Berlin 2005; Taylor, J. L.: Instructional planning systems: A gaming-simulation approach to urban problems. Cambridge University Press, Cambridge 2009.

PMI-Methode (PMI-method): Plus – Minus – Interesse; ein Verfahren zur Auswahl von Problemlösungen, von Edward de Bono (*1933) entwickelt. Dabei unterscheidet er zwischen brauchbaren Plus-Ideen (Pluspunkten), unbrauchbaren Minus-Ideen oder Minuspunkten und interessanten Ideen oder interessanten Punkten (= PMI). (de Bono, 2014, S. 26) Gelegentlich wird diese Methode auch PNI genannt, wobei N für „Negativ" steht.) Diese Kreativitätstechnik ermöglicht es, die positiven und negativen Aspekte einer Entscheidungsmöglichkeit besser zu erkennen und gegeneinander abzuwägen. Dabei werden die Plus- und Minuspunkte eines Problems untersucht, um sich über die Folgen einer anstehenden Entscheidung Klarheit zu verschaffen. Gleichzeitig gewinnt man dadurch auch einen Einblick in die offenen Fragen, die „Interesse" erwecken und zur Lösungsfindung „Interessantes" beitragen können.

Durchführung:
Bei dieser Methode werden folgende Regeln empfohlen:

- Sowohl bei den Pluspunkten als auch bei den unbrauchbaren Minuspunkten werden Ideen gesammelt. Die Zeitvorgabe beträgt dazu nur etwa zwei bis drei Minuten. Die interessanten Ideen brauchen mehr Zeit.
- Die Reihenfolge »Plus – Minus – Interesse« sollte unbedingt eingehalten werden.
- Die summierten Punkte werden nicht bewertet, nur Argumente notiert, die in eine bestimmte Richtung weisen.
- Punkte, die sowohl positiv als auch negativ erscheinen, werden in beide Listen aufgenommen.

Bei diesem → Denkwerkzeug geht es darum, einem Thema die volle Aufmerksamkeit zu schenken, indem es unter drei verschiedenen Fragestellungen nacheinander untersucht wird: Zuerst werden die positiven Aspekte herausgefunden, danach werden die Minuspunkte, also die negativen Seiten aufgedeckt, und schließlich alle weiteren Aspekte, die von Interesse sein könnten. Meist sind dies die offenen Fragen. Edward de Bono stellt dazu fest: „Das Element ›Interesse‹ des PMI hat mehrere Funktionen. Es sammelt alle Punkte und Kommentare, die weder positiv noch negativ sind. (Es ist übrigens zulässig, einen Punkt sowohl unter P als auch unter M zu subsumieren.) Das I ermutigt uns zudem, ein Problem bewusst ohne Werturteil zu untersuchen und festzustellen, was an einer Idee interessant ist oder wohin sie führt. Ein einfacher Satz, der dabei hilft, ist: ›Es wäre interessant zu wissen, ob …‹ Dieser Satz erleichtert es, die Idee auszuweiten und nicht als statisch zu behandeln" (de Bono, 2014, S. 31).

1. Jeder Teilnehmer notiert eine Idee oder einen Lösungsvorschlag.
2. Zu diesem Vorschlag werden Argumente gesammelt. Zuerst sind die Vorteile zu benennen, die diese Idee für die Lösungsfindung bietet (also das Plus der Idee – alles Positive); danach werden die Nachteile dieser Lösung zusammengetragen (das Minus – alles Negative). Schließlich werden alle interessanten Auswirkungen erörtert, die sich aus der Realisierung dieser Idee ergeben könnten (Interesse bzw. Interessantes), die aber nicht eindeutig zu Plus oder Minus eingestuft werden können. Es sind Überlegungen, die noch der Klärung bedürfen.

Vorteile:
„PMI ist ein sehr wirksames Denkwerkzeug, … das die Aufmerksamkeit lenkt" (de Bono, 2014, S. 26). Die PMI-Methode soll die Nützlichkeit von

Ideen und Lösungsvorschlägen überprüfen, anstatt bedenkenlos zuzustimmen, sie abzulehnen oder endlose Pro-und-Kontra-Diskussionen darüber zu führen. Dadurch wird das kreative Denken gefördert und die Lösungs- und Entscheidungsfähigkeit bei allen Teilnehmern erhöht.

Nachteile:
Diese Technik erfordert einen erfahrenen Moderator, um alle Teilnehmer zu motivieren, zum Gelingen beizutragen.

Einsatzmöglichkeiten:
„Die Technik eignet sich gut, um subjektive Werturteile und Meinungen ›formlos‹ auszutauschen und gleichberechtigt gegeneinander abzuwägen" (Luther, 2013, S. 301). Sie ermöglicht die ganzheitliche Sichtweise auf das Problem sowie den Perspektivwechsel und vermittelt den Eindruck, dass in jedem Lösungsvorschlag sowohl kreativitätsfördernde als auch kreativitätshemmende und interessante Ideen bzw. Aspekte stecken können, um das Ziel zu erreichen.

Die PMI-Methode „wird Mediatoren, die mit ihren Kunden zusammen Wege aus einem Konflikt suchen, als ein probates Bewertungs- und Entscheidungshilfsmittel für entwickelte Ideen empfohlen" (Novak, 2001, S. 82; vgl. auch Sellnow, 2000, S. 104). Die PMI-Methode eignet sich für die Teamarbeit.

Lit.: De Bono, E.: De Bonos neue Denkschule. Kreativer denken, effektiver arbeiten, mehr erreichen, 6. Aufl., München 2014; Luther, M.: Das große Handbuch der Kreativitätsmethoden. Wie Sie in vier Schritten mit Pfiff und Methode Ihre Problemlösungskompetenz entwickeln und zum Ideen-Profi werden. Bonn 2013; Novak, A.: Schöpferisch mit System. Kreativitätstechniken nach Edward de Bono (Arbeitshefte Führungspsychologie, hg. von Ekkehard Crisand; Bd. 39), Heidelberg 2001; Pohl, M.: Kreative Kompetenz. Kreativität entwickeln – Ideen finden – Probleme lösen. Berlin 2012; Sellnow, R.: Kreative Lösungssuche in der Mediation. In: Zeitschrift für Konfliktmanagement, Heft 3/2000, S. 100–105.

PO-Methode: Provokative Operation (provocative operation); auch mentale Provokation; eine Methode der provokativen Denkoperation und der Reizworttechnik. Diese Kreativitätstechnik wurde 1972 von dem britischen Psychologen und Kreativitätsforscher Edward de Bono (*1933) entwickelt, um Ideensucher zu provozieren und originelle Einfälle zu entwickeln. Dabei werden absichtlich überspitzte, irreale oder widersprüchliche Aussagen formuliert und mit der Vorsilbe »po« versehen. Sie steht für »provocative operation« (herausfordernde, aufreizende Wirkung) und dient als Anreiz für die Ideensuche. Bei der Kombination von Reizwörtern können dadurch neue Begriffe enstehen, die zu originellen Ideen anregen.

De Bono ist der Auffassung, dass „die Provokation ein absolutes unerlässliches Element in jedem selbstorganisierenden Informationssystem" ist. (de Bono, 1996, S. 298) In der Maori-Sprache beziehe sich die Silbe »po« auf das Chaos der Urmaterie. (Nöllke/Beermann/Schubach, 2012, S. 100)

Durchführung:

1. Alle Elemente einer Aufgabenstellung werden erfasst und zusammengestellt.
2. In dieser Phase werden sie provokativ ergänzt oder verfremdet. Dabei wird eine Behauptung formuliert, die die Vorsilbe „po" enthält, als Ausdruck für eine mentale Provokation.
3. Die Aussagen werden gesammelt. Der Moderator achtet darauf, dass sich die Teilnehmer von der Ausgangsfrage provozierend abheben.
4. Die Vorschläge und Antworten werden einzeln auf ihre ursprüngliche Fragestellung übertragen, um dadurch neue Lösungsansätze zu finden. (vgl. Luther, 2013, S. 268)

Vorteile:
Diese Methode beruht auf provokanten Gegenthesen zu den Selbstverständlichkeiten eines Problems. Dadurch kann das Problem schlagartig aus einer anderen Perspektive betrachtet werden. Hierdurch werden mitunter ungewöhnliche Lösungen veranlasst. Eine abwegig erscheinende, „völlig unmögliche" These regt das Denken stärker an als eine halbherzige Behauptung.

Nachteile:
Die PO-Methode ist ungewohnt und gewöhnungsbedürftig. Die Lösungsfindung aus den PO-Formulierungen kann mitunter auch zeitaufwendig sein. Provokative Ideen regen zwar das Denken, vor allem das Querdenken an, sind jedoch keine Garantie für nützliche und praktikable Lösungen.

Einsatzmöglichkeiten:
Diese Methode ist universell einsetzbar und soll dazu führen, aus den gewohnten Denkbahnen auszubrechen, um „kreative Sprünge" zu provozieren. Sie ist die Initialzündung für kreative Ideen. Diese Kreativitätstechnik wird im Team durchgeführt.

Lit.: De Bono, E.: PO. Beyond yes and no. New York 1973; De Bono, E.: Serious creativity. Using the power of lateral thinking to create new ideas. New York: HarperCollins 1992; dt. Ausg.: Serious creativity. Die Entwicklung neuer Ideen durch die Kraft lateralen Denkens. Stuttgart 1996; De Bono, E.: De Bonos neue Denkschule. Kreativer denken, effektiver arbeiten, mehr erreichen, 6. Aufl., München 2014; Luther, M.: Das große Handbuch der Kreativitätsmethoden. Wie Sie in vier Schritten mit Pfiff und Methode Ihre Problemlösungskompetenz entwickeln und zum Ideen-Profi werden. Bonn 2013; Nöllke, M./Beermann, S./Schubach, M.: Kreativ im Job. Techniken und Spiele. Freiburg im Breisgau 2012; Novak, A.: Schöpferisch mit System. Kreativitätstechniken nach Edward de Bono (Arbeitshefte Führungspsychologie, hg. von Ekkehard Crisand; Bd. 39), Heidelberg 2001.

Portfolio-Analyse (portfolio analysis): auch Fundamentalanalyse. Sie ist eine Entscheidungshilfe und beruht auf dem Lebenszyklus der Produkte oder Dienstleistungen. Alle Erzeugnisse durchlaufen von ihrer Entwicklung bis zum Verschwinden vom Markt unterschiedliche Phasen. Die Produkte oder Dienstleistungen werden in einer Matrix mit den Ordinaten „Marktwachstum“ und „Wettbewerbsstärke“ in die entsprechenden Felder eingetragen. Kurt Nagel zählt die Portfolio-Analyse zu den Kreativitätstechniken. Die Teilnehmer (4–8 Personen) sollten aus unterschiedlichen Funktionsbereichen kommen, vorzugsweise auch aus dem Vertriebs- und Controlling-Bereich.

Durchführung:
Definieren Sie drei Kriterien, nach denen Sie Ihre Ideen bewerten wollen. Bewertungskriterien sind z. B.:

Neuheitswert
Implementierungskosten
Erfolgschancen
Gewinnpotenzial
Einfachheit
Marktpotenzial
Wert für das Unternehmen
Imagegewinn
Akzeptanz (intern oder extern)
Nutzen für die Kunden
Risiken u. a. (Scherer, 2009, S. 109)

Wählen Sie zwei Bewertungskriterien und tragen Sie diese in die Achsen einer Matrix ein. Ein drittes Kriterium wird anhand der Kreisgröße dargestellt. Die visuelle Darstellung in einer Matrix erleichtert die Entscheidung.

Vorteile:
Die Portfolio-Analyse hat eine große strategische Bedeutung. Mit Hilfe dieser Technik kann der Marktanteil und das Marktwachstum ausgewählter Produkte untersucht werden. Außerdem wird das Leistungspotenzial eines Unternehmens aufgezeigt und analysiert.

Nachteile:
Von Nachteil kann die einseitige Betonung der quantitativen Kriterien sein, vor allem wenn ein lineares Denken dominiert.

Einsatzmöglichkeiten:
Mit Hilfe der Portfolio-Analyse lässt sich feststellen, welche Produkte sich besonders gut absetzen lassen, welche zu den Problemprodukten gehören, und welche Vermarktungsstrategien empfehlenswert sind. Dabei ergibt sich die Klassifikation: Nachwuchsprodukte, Starprodukte, Cashcows (cash cows: Milchkühe) und Auslaufprodukte (poor dogs: eigtl. arme Hunde). (vgl. Schröder, 2005, S. 111; Nagel, 2009, S. 96) Diese Kreativitätstechnik wird im Team durchgeführt.

Lit.: Nagel, K.: Kreativitätstechniken in Unternehmen. Das Radar-System. München 2009; Scherer, J.: Kreativitätstechniken. In 10 Schritten Ideen finden, bewerten, umsetzen. Offenbach [2]2009; Schröder, M.: Heureka, ich hab's gefunden! Kreativitätstechniken, Problemlösung und Ideenfindung. Herdecke, Bochum 2005.

PRINCE2®: Hierbei handelt es sich um ein Akronym, gebildet aus **PR**ojects **IN C**ontrolled **E**nvironments (Projekte in geplanten, »kontrollierten« Umgebungen). PRINCE2® ist eine strukturierte Technik für ein effektives Projektmanagement. Sie wurde 1989 unter der Bezeichnung PRINCE von der Central Computer and Telecommunications Agency (CCTA) in Großbritannien als Regierungsstandard für IT-Projekte entwickelt. 1996 wurde diese Technik vom britischen Office of Government Commerce (OGC) weiterentwickelt und unter dem Begriff »PRINCE2®« veröffentlicht.

Durchführung:
Der Projektmanagement-Standard PRINCE2® beschreibt sieben Grundprinzipien, sechs Themen (Wissensbereiche) und sieben Prozesse. Die Durchführung eines PRINCE2®-Projekts erfolgt unter Berücksichtigung von sechs Faktoren:

1. Kosten
2. Zeitrahmen
3. Qualität
4. Umfang
5. Risiken
6. der erwartete Nutzen des Projekts.

„Ein Projekt ist erst dann erfolgreich, wenn neben den Zeit-, Kosten- und Qualitätszielen auch der erwartete Nutzen erreicht wurde“ (Bohinc, 2019, S. 201).

Diese Projektmanagement-Technik enthält drei Hauptelemente:

1. die Prinzipien
2. die Themen (Wissensbereiche)
3. die Prozesse

Die sieben Grundprinzipien von PRINCE2® sind:

1. die kontinuierliche unternehmerische Rechtfertigung des Projekts. Dieses Prinzip ergibt sich aus der Perspektive des Benefit Managements. Das Projekt muss dem Unternehmen Nutzen und Gewinn erbringen (Anwendungserfolg).
2. Lernen aus Erfahrungen: Diese sind bei der Projektdurchführung regelmäßig in einem Logbuch zu notieren.
3. Festgelegte Rollen und Verantwortlichkeiten: Dadurch werden die Interessen des Unternehmens, der Nutzer und der Lieferanten vertreten.
4. Leitung der Managementphasen: Planung, Steuerung und Überwachung des Projekts.
5. Führen nach dem Ausnahmeprinzip: Für die Zuständigkeiten der festgelegten Rollen und Verantwortlichkeiten wird ein Rahmen festgelegt. Innerhalb dieses Bereiches können die Mitarbeiter eigenständig handeln.
6. Produktorientierung: Die erzeugten Produkte müssen hohe Qualitätsanforderungen erfüllen.
7. Anpassung an die Projektumgebung: PRINCE2® muss für jedes Projekt bzw. für jedes Unternehmen angepasst werden, um die spezifischen Anforderungen des Umfelds zu erfüllen.

Die sechs Themen (Wissensbereiche) von PRINCE2® sind:

1. Business Case: Geschäftsszenario zur betriebswirtschaftlichen Bewertung eines Projekts; der Nachweis über Ziele, Nutzen, Wirtschaftlichkeit bzw. Rentabilität;
2. Organisation: Festlegung der Rollen und Verantwortlichkeiten;
3. Qualität: Anforderungsmanagement und die Spezifikation des Projekts;
4. Pläne: die Terminplanung und die verschiedenen Planungsebenen;
5. Änderungen, Risiken und Chancen erkennen und feststellen, welche Auswirkungen sie auf das Projekt haben. Verantwortlich dafür sind das Konfigurationsmanagement, das Veränderungsmanagement und das Issue-Management (Wissensmanagement).
6. Fortschritte: der Entwicklungsstand des Projekts. Dazu zählen die Aufgabenbereiche Steuerung und Controlling, Toleranz und Puffermanagement sowie das Berichtswesen. (vgl. Schelle, 2014, S. 245; Bohinc, 2019, S. 201 f.)

Die Durchführung der Projektmanagement-Technik PRINCE2® besteht aus sieben Prozessen:

1. Planung und Vorbereitung des Projekts
2. der Beginn, die Projektaufnahme
3. die Lenkung
4. Überwachung und Steuerung einer Teilstrecke
5. Managen der Projektlieferung
6. Leitung eines Teilabschnitts
7. Projektabschluss

Vorteile:
PRINCE2® wird als die erfolgreichste Benchmarking-Methode der letzten Jahre bezeichnet. (vgl. Kaiser/Simschek, 2018) Es gibt einen Projektlenkungsausschuss, in dem der Auftraggeber, der Auftragnehmer und die späteren Nutzer der Projektergebnisse vertreten sind. Der Business Case dient der betriebswirtschaftlichen Bewertung eines Projekts und wird während der Projektabwicklung anhand des Projektfortschritts regelmäßig aktualisiert bzw. auf seine weitere Gültigkeit hin aktualisiert.

Einsatzmöglichkeiten:
Der Projektmanagement-Standard PRINCE2® hat sich in der Praxis bewährt und ist für alle Projektarten anwendbar. → Benchmarking

Lit.: Bohinc, T.: Grundlagen des Projektmanagements. Methoden, Techniken und Tools für Projektleiter, 7. Aufl., Offenbach 2019; Kaiser, F./Simschek, R.: PRINCE2®. Die Erfolgsmethode einfach erklärt. 2., überarbeitete Aufl. München 2020; Schelle, H. unter Mitarbeit von Roland Ottmann: Projekte zum Erfolg führen. Projektmanagement systematisch und kompakt. (Beck-Wirtschaftsberater im dtv) 7. Aufl., München 2014.

Problem reversal (Problemumkehrung) → Kopfstand-Technik

Problemanalyse (problem analysis): ein analytischer Prozess der Informationsbeschaffung zur Aufgabenstellung. Dabei kommt es darauf an, das Problem zu erkennen, einzugrenzen und für die Phase der Ideenfindung vorzubereiten. Durch Trennung von Ursachen und Symptomen wird der eigentliche Kern des Problems erkannt und definiert (Problemdefinition). Zunächst gilt es, das Problem so konkret und detailliert wie möglich zu benennen. Dazu hilft die Untersuchung der Problemkette, um die Ursachen des Problems zu ergründen. „Denn nur ein konkret beschriebenes und definiertes Problem lässt sich lösen" (Hagmaier, 2012, S. 40).

Das Problem wird in mehrere Einzelaspekte (Teilkomplexe) zerlegt. Daraufhin wird versucht, den Kern des Problems herauszufiltern. Was ist das eigentliche Anliegen und worin besteht das Ziel? (Zielklärung). Es erfolgt die Analyse der Fakten, der Variablen, der Bedingungen und der Kriterien für die Lösungsfindung.

Durchführung:
Das Ausgangsproblem wird in sieben Phasen (Teilkomplexe) gegliedert:

1. Beschreibung der Ausgangssituation; Problembeschreibung und Unterteilung in kleinere Problem-Einheiten. Beschreibung des Ziels. Die Kernfrage lautet: Was soll verändert werden?
2. Beschreibung der Ist-Soll-Differenz, des Ist-Soll-Vergleichs: Was ist das Problem, und was soll erreicht werden?
3. Suche und Feststellung der Ursachen: Warum ist das Problem entstanden?
4. Ermittlung der bekannten Lösungsmöglichkeiten;
5. Diagnose der Schwachstellen an den bisherigen Lösungsansätzen;

6. Feststellung der wesentlichen Lösungskriterien: Welche Bedingungen muss die Lösung erfüllen?
7. Verknüpfung der einzelnen Problemelemente (Teilbereiche) als Ausgangspunkt für die sich anschließende Lösungsfindung. (vgl. Luther, 2013, S. 139)

„Auch das Unterteilen von Unterproblemen ist eine Analyse, während es sich beim Beurteilen von Unterproblemen ... um eine Synthese handelt" (Gregory, 1974, S. 81). Einer der schwierigsten und wichtigsten Aspekte bei der Problemanalyse ist die Feststellung der Lösungskriterien. Erst dadurch wird es möglich, eine Bewertung der verschiedenen Alternativen durchzuführen. Die genaue Problemanalyse verbirgt mitunter bereits einen möglichen Lösungsansatz. Aus dem Problem die richtigen Fragen abzuleiten, kann für die Lösungsfindung entscheidend sein.

Vorteile:
Es erfolgt eine gründliche Analyse des Ausgangsproblems. Schwierigkeiten und Hemmnisse können dadurch leichter erkannt und beseitigt werden. Eine gründliche Problemanalyse ermöglicht die Entwicklung geeigneter Lösungsstrategien, um alle wichtigen Komponenten des Problems und dessen Zusammenhänge zu erkennen. Die Problemanalyse kann auch zu einer präzisen Neuformulierung der Problemstellung führen.

Nachteile:
Ungenaue oder oberflächliche Analysen führen zu Schwachstellen, so dass wichtige Zusammenhänge des Problems nicht erkannt werden. Das kann dazu führen, dass erarbeitete Lösungen das eigentliche Problem verfehlen, so dass unnötig Zeit und Geld investiert wurde. Unter den Mitarbeitern eines Unternehmens können gegensätzliche oder konkurrierende Problemauffassungen entstehen, die Durchsetzungskonflikte verursachen. Das kann auch dazu führen, dass Probleme in ihrer tatsächlichen Tragweite und mit allen Auswirkungen auf das Unternehmen nicht erkannt werden. (vgl. Schlicksupp, 1989, S. 17) Eine gründliche Problemanalyse ist sehr zeitaufwendig. Es ist aber darauf zu achten, dass dabei die Lösungsfindung nicht vergessen wird.

Einsatzmöglichkeiten:
Die Problemanalyse dient dazu, „ein zunächst nicht überschaubares oder komplexes Problem zu strukturieren und für eine Problemlösung aufzubereiten" (Schaude, 1995, S. 16). Sie dient also der Vorbereitung für die

eigentliche Lösungsfindung. Diese Kreativitätstechnik eignet sich für die Teamarbeit, kann aber auch individuell durchgeführt werden. Für die Problemanalyse sind folgende Kreativitätstechniken nützlich: → Progressive Abstraktion, → Suchfeldauflockerung, → Hypothesenmatrix, → KJ-Methode oder → Funktionsanalyse. (vgl. Schlicksupp, 1989, S. 139)

Lit.: Gregory, C. E.: The management of intelligence. Scientific problem solving and creativity. New York 1967; dt. Ausg.: Die Organisation des Denkens. Kreatives Lösen von Problemen. Frankfurt am Main, New York 1974; Hagleitner, S.: Kreativität als Beruf. Wenn die Kür zur Pflicht und der Ausnahmezustand zur Regel wird. Graz [2]2011; Hagmaier, A.: 30 Minuten Problemlösungen. In 30 Minuten wissen Sie mehr! Offenbach [2]2012; Luther, M.: Das große Handbuch der Kreativitätsmethoden. Wie Sie in vier Schritten mit Pfiff und Methode Ihre Problemlösungskompetenz entwickeln und zum Ideen-Profi werden. Bonn 2013; Schaude, G.: Kreativitäts-, Problemlösungs- und Präsentationstechniken. Eschborn [3]1995; Schlicksupp, H.: Innovation, Kreativität und Ideenfindung (Management-Wissen), Würzburg [3]1989.

Problemfelddarstellung → Erkenntnismatrix → Morphologische Matrix

Problemgruppen (problem groups): auch Problemtypen oder Problemarten: die Klassifizierung des zu lösenden Problems, um die dafür geeignete Methode zu ermitteln. Der Problemlösungsprozess beginnt mit der Prüfung, um welchen Problemtyp es sich handelt. Es wird zwischen gut strukturierten (gen. auch wohl strukturierten) und schlecht strukturierten Problemen unterschieden.

Gut strukturierte Probleme sind Routineprobleme, bei denen der Lösungsweg bekannt ist und keine speziellen Methoden erforderlich sind. Diese Probleme können logisch und konsequent gelöst werden, weil alle Elemente des Problems bekannt sind, die in einem gesetzmäßigen Zusammenhang stehen. Meist ist hierbei nur eine Lösung möglich.

Bei schlecht strukturierten Problemen sind nicht alle Bestandteile eines Problems bekannt und Zusammenhänge nur begrenzt erkennbar. Dies erfordert eher eine intuitive, ungerichtete Suche nach Lösungsmöglichkeiten. Wenn also kein Lösungsweg erkennbar ist, handelt es sich um ein schlecht strukturiertes, d. h. unscharfes, verschwommenes Problem (deshalb auch als diffuses Problem bezeichnet), z. B. wenn es sich um die Entwicklung eines neuen Produkts handelt bzw. um die Konzeption der Marketing-Strategie für ein neues Produkt. (vgl. Schaude, 1995, S. 14)

Dabei sind mehrere alternative Lösungen möglich. Die optimale Lösung ist nicht eindeutig bestimmbar. Hierbei sind entsprechende Problemlösungsmethoden anzuwenden.

In der Praxis werden meist fünf Problemgruppen unterschieden:

1. Analyseprobleme
2. Suchprobleme
3. Konstellationsprobleme
4. Konsequenzprobleme
5. Auswahlprobleme

1. Bei Analyseproblemen sind Strukturen, Wirkungszusammenhänge oder Gesetzmäßigkeiten zu erkennen. Dies setzt eine große Sachkenntnis voraus. Die Schwierigkeit besteht im Erkennen der Problemstrukturen. Diese sind sichtbar zu machen und die Zusammenhänge aufzuzeigen. Ohne eine gründliche → Problemanalyse ist eine befriedigende Lösung kaum möglich.
2. Suchprobleme zielen auf das Suchen von alternativen Lösungen, wobei Analogien, Assoziationen und → Bisoziationen von großer Bedeutung sind. Um ein Suchproblem handelt es sich auch, wenn die Schwierigkeit darin besteht, bestimmte Lösungen aus einem bereits existierenden Lösungsspektrum zu selektieren. Mit Hilfe von Suchkriterien, die durch die Definition des Problems vorgegeben sind, wird der Suchvorgang durchgeführt. Die Wahrscheinlichkeit, neue Lösungen zu finden, wird dadurch erhöht.
   Suchkriterien (auch Suchregeln genannt) sind:
   a. Die Zerlegung von Problemen in ihre Bestandteile, um eine systematische Strukturierung zu erreichen.
   b. Abstrahierung vom Ursprungsproblem. In diesem Stadium kommt es vor, dass das Problem nicht mehr bewusst durchdacht, aber unbewusst weiterbearbeitet wird, also die unbewusste Kombination von Gedanken und Informationen erfolgt. Das vorübergehende Außerachtlassen des Ursprungsproblems lenkt den Blick auf das kreative Umfeld.
   c. Bildung von Analogien, um die Ähnlichkeit oder Entsprechung von Gegenständen, Ideen, Sachverhalten oder Problemstellungen aus anderen Bereichen zu prüfen, denn auch in anderen Wissensbereichen können Lösungen für ein Problem liegen.

d. Anknüpfung und Assoziation, mit dem Ziel, möglichst zahlreiche verwertbare Ideen durch einen ungehinderten Gedankenfluss zu erreichen.
e. Bildliches Denken: Gut visualisierte Probleme sind anschaulicher und lassen sich dadurch einfacher lösen.

3. Bei Konstellationsproblemen geht es um die Anwendung vorhandenen Wissens an neue Gegebenheiten.
4. Bei Konsequenzproblemen wird durch die Befolgung erkannter Gesetzmäßigkeiten das Problem bzw. die Aufgabe gelöst.
5. Bei einem Auswahlproblem werden Alternativen nach bestimmten Kriterien auf ihren Nutzen für ein vorgegebenes Ziel hin untersucht.

Daneben gibt es auch heuristische Probleme, bei denen mögliche Lösungsansätze erst zu entdecken sind und die – bei Erfolg – zu kreativen Lösungen führen. (Preiser, 2006, S. 52) Diese Kreativitätstechnik eignet sich für die Einzel- und Teamarbeit.

Lit.: Arbinger, R.: Psychologie des Problemlösens. Eine anwendungsorientierte Einführung. Darmstadt 1997; Backhaus, K./Erichson, B./Plinke, W./Weiber, R.: Multivariate Analysemethoden. Eine anwendungsorientierte Einführung. Berlin: 2003; Brander, S./Kompa. A./Peltzer, U.: Denken und Problemlösen. Einführung in die kognitive Psychologie (WV-Studium; Bd. 131). Opladen [2]1989; Bugdahl, V.: Kreatives Problemlösen (= Reihe Management), Würzburg 1991; Preiser, S.: Kreativität. In: Schweizer, K. (Hrsg.): Leistung und Leistungsdiagnostik. Heidelberg 2006, S. 51–67; Schaude, G.: Kreativitäts-, Problemlösungs- und Präsentationstechniken. Eschborn [3]1995; Schlicksupp, H.: Innovation, Kreativität und Ideenfindung (Management-Wissen). Würzburg [3]1989.

Problemlösen → komplexes Problemlösen → kreatives Problemlösen → kreativer Problemlösungsprozess

Problemlösungsbaum (problem solving-tree) eine Kreativitätstechnik, bei der das Problem stufenweise in seine einzelnen Bestandteile zerlegt wird. Das äußere Erscheinungsbild dieser Methode ähnelt der hierarchisch verästelnden Struktur eines Baumes mit Haupt- und Nebenästen. Dabei wird von einer übergeordneten Komponente ausgegangen, die zu untergeordneten Aspekten verzweigt wird, wodurch Details aufgezeigt werden.

Durchführung:
Der Ablauf erfolgt in folgenden Stufen:

1. Problembeschreibung und → Problemanalyse;
2. Erste Spontanlösungen dazu können in einem Brainstorming-Verfahren gefunden werden. Anschließend ist innerhalb der Gruppe zu diskutieren und zu prüfen, welche Lösungsmöglichkeiten realisierbar sind.
3. Der Problemlösungsbaum wird in hierarchischer Struktur mit Ober- und Unterebenen in Haupt- und Nebenästen auf einer Pinwand oder einer Flipchart entwickelt. Dazu werden auch alternative Lösungsansätze und Ideen aufgezeigt und eingetragen.

Vorteile:
Der Problemlösungsbaum erleichtert die Strukturierung der Problembereiche und ermöglicht einen guten Gesamtüberblick über mögliche Lösungsalternativen. Bisher unabhängig voneinander betrachtete Lösungsaspekte können leicht kombiniert werden.

Nachteile:
Als nachteilig erweist sich das relativ starre Schema, in das die Ideen und Lösungsvorschläge eingetragen werden. Welche Aspekte in welche Gliederungsebene gehören, ergibt sich aus der speziellen Aufgabenstellung, kann aber bei den Teilnehmern zu Kontroversen führen. Bei mehr als vier oder fünf aufeinanderfolgenden Gliederungsstufen, d. h. bei sehr genauen Differenzierungen, kann die Darstellung unübersichtlich werden. Dann empfiehlt es sich, zu einem komplexen Sachverhalt mehrere Problemlösungsbäume anzulegen.

Einsatzmöglichkeiten:
Diese Kreativitätstechnik eignet sich sowohl für die individuelle Arbeit als auch für die Gruppenarbeit, fordert jedoch fundiertes Fachwissen über das entsprechende Aufgabengebiet. Diese Methode zeigt damit Alternativen auf, die sich zu einer ungelösten Aufgabe anbieten und eignet sich für Analyse- und Konstellationsprobleme, die nicht eindeutig definiert sind.

Eine Variante zu dieser Methode ist der → Relevanzbaum. Dabei wird der Problemlösungsbaum durch ein Bewertungsverfahren ergänzt. (vgl. Schlicksupp, 1989, S. 99) Vergleichbare Darstellungen sind sogenannte Entscheidungsbäume und Organigramme. → Mind Mapping®

Lit.: Schlicksupp, H.: Innovation, Kreativität und Ideenfindung (Management-Wissen). Würzburg [3]1989; Schröder, M.: Heureka, ich hab's gefunden! Kreativitätstechniken, Problemlösung und Ideenfindung. Herdecke, Bochum 2005.

Problemsensitivität (sensitivity of problems): das Aufspüren und Erkennen von Problemen und Definieren entsprechender Problem- und Fragestellungen; eine kreative Fähigkeit, die sich offen und kritisch gegenüber der materiellen und sozialen Umwelt verhält, um Probleme und Verbesserungsmöglichkeiten, Widersprüche, Unzulänglichkeiten und Neuigkeiten zu entdecken. Diese Fähigkeit ist für die Phase der Präparation, der Problemwahrnehmung und der → Problemanalyse kennzeichnend. Es geht darum, für Probleme überhaupt erst empfänglich zu sein, um sie als solche zu erkennen. Das Finden von Problemen ist ebenso wichtig wie das Finden von Lösungen.

Problemsensitivität ist das „Bemerken von neuen Problemen dort, wo scheinbar keine vorhanden sind, oder in einem Bereich, in dem Probleme nicht scharf definiert sind." – „Man muss im Normalen das Ungewöhnliche sehen können und dort, wo andere Leute kein Problem sehen, plötzlich etwas problematisch finden; umgekehrt muss man auch im Ungewöhnlichen das Normale sehen und erfassen können" (Lenk, 2000, S. 95 f.).

Albert Einstein (1879–1955) vertrat die Auffassung: „Die Formulierung eines Problems ist häufig wesentlicher als die Lösung, die nur eine Frage mathematischer oder experimenteller Fertigkeiten sein kann. Eine neue Frage aufzuwerfen, neue Möglichkeiten oder alte Fragen aus einem neuen Blickwinkel zu betrachten, erfordert kreative Vorstellungskraft und kennzeichnet wirklichen Fortschritt in der Wissenschaft" (Einstein/Infeld, 1938, S. 92).

„Kreative Menschen sind u. a. ungewöhnlich empfindlich für alles, was sie sehen, hören, berühren etc. Sie reagieren z. B. intensiv darauf, wie sich ein Stück Holz oder ein Klumpen Ton anfühlen, Empfindungen, die weniger Sensitive nicht kennen. Ein sensitives Kind versetzt sich z. B. so stark in die Personen, die es malt, dass es fühlt wie diese. ... In der Kunst verhilft die kreative Aktivität dazu, eine sensitive Offenheit nicht nur für Farben, Formen, Oberflächen etc., sondern auch für Menschen und ihre Gefühle (social awareness) aufzubauen. Eine solche Offenheit auf sozialem Gebiet kann man der Kreativität auch auf Gebieten, die nichts mit der Kunst zu tun haben, zusprechen" (Landau, 1971, S. 41 f.). Diese Kreativitätstechnik kann sowohl individuell als auch im Team durchgeführt werden.

Lit.: Einstein, A./Infeld, L.: The evolution of physics. New York 1938. (dt. Ausgabe: Die Evolution der Physik. Reinbek bei Hamburg 1995); Landau, E.: Psychologie der Kreativität. (Psychologie und Person; Bd. 17). München/Basel [2]1971; [3]1974;

Dies.: Kreatives Erleben. München/Basel 1984; Lenk, H.: Kreative Aufstiege. Zur Philosophie und Psychologie der Kreativität (= suhrkamp taschenbuch wissenschaft 1456). Frankfurt am Main 2000.

Produkt-Ideenfindungstechnik → Attribute Listing

Produktlebenszyklus (product life cycle): Dieses Modell veranschaulicht den Werdegang bzw. den typischen Lebenslauf eines Produktes (in Analogie zum menschlichen Leben) „vom erstmaligen Anbieten bis zum Ausscheiden aus dem Markt und mit seinen Auswirkungen auf das Unternehmen" (Blumenschein/Ehlers, 2007, S. 167).

Durchführung:
Der Produktlebenszyklus gliedert sich in vier Phasen:

1. Entstehungs- oder Markteinführungsphase eines Produktes (Dominanz der Innovatoren bzw. der frühen Anwender). In dieser Phase geht es vor allem darum, die Idee bzw. das Produkt auf dem Markt erfolgreich zu platzieren, die Vorzüge zu betonen, Kritiker zu überzeugen und die Berührungsängste mit dem neuen Produkt abzubauen.
2. Wachstumsphase: Der Bekanntheitsgrad der neuen Idee bzw. des neuen Produktes nimmt zu. Die Idee bzw. das Produkt werden mehr und mehr akzeptiert. Eventuelle Schwachstellen wurden beseitigt. In diesem Entwicklungsstadium steigen Umsatz und Umsatzrendite verhältnismäßig stark an. Die Stückkosten sinken mit der Verbesserung des Produktionsverfahrens, und es gibt noch wenig Konkurrenten (Dominanz der „frühen Mehrheiten").
3. Reifephase: Das Produkt hat einen hohen Bekanntheitsgrad erreicht und ist auf dem Markt endgültig etabliert. Es hat viele überzeugte Anwender gefunden. Der Zuwachs an neuen, begeisterten Kunden nimmt jedoch langsam ab. „Der noch in der Wachstumsphase bestehende Innovationsvorsprung reduziert sich allmählich, da die Neuartigkeit der Idee durch flächendeckende Anwendung und Imitation der Grundidee durch andere zunehmend verblasst. Verbesserte und zeitgemäßere Alternativen lassen sich bereits jetzt parallel einführen. Ist die Sättigung erreicht, lassen sich keine weiteren Zuwachsraten mehr verbuchen. Die Ursprungsidee hat ihre Attraktivität verloren, ist nicht mehr auf dem neuesten Stand" (Blumenschein/Ehlers, 2007, S. 169). Durch steigenden Wettbewerb und Preisreduktion sinken die Gewinnmargen.

4. Niedergangsphase, Degenerationsphase; auch als Sättigungs- oder Alterungsphase eines Produktes bezeichnet. Das Produkt kann in dieser Form nicht mehr weiter am Markt bestehen. Es gibt immer mehr Wettbewerber und billige Ersatzprodukte oder Plagiate. Die Umsatzrendite sinkt, das Unternehmen macht Verluste. (vgl. Blumenschein/Ehlers, 2007, S. 168 f.; Füser, 2007, S. 59; Stephan, 2014, S. 226)

Das Unternehmen sieht sich in der Pflicht, eine neue, zumindest überarbeitete und optimierte Version des Produkts zu präsentieren, die die bisherige Version ablöst und wieder einen neuen Produktlebenszyklus in Gang bringt. Die Designer, Produktentwickler, Innovatoren, Mitarbeiter der Forschungs- und Entwicklungsabteilungen u. a. müssen eine „kreative Unzufriedenheit" mit dem bisher Erreichten zu ihrem Prinzip machen, um wieder Neues hervorzubringen. (vgl. Blumenschein/Ehlers, 2007, S. 169)

Vorteile:
Der Produktlebenszyklus ist ein Indikator für die Marktreaktion bzw. für die Akzeptanz einer Idee oder eines Produkts. Anhand der Produktlebenszyklus-Kurve lässt sich erkennen, „dass es generell besser ist, der Erste am Markt zu sein, als unbedingt sofort perfekt sein zu wollen. Dies gilt vor allem aus Gründen der Marktabschöpfung. Schnelligkeit hilft, rascher am Markt lernen zu können, sich zunehmend präziser auf die Kundenwünsche auszurichten und entsprechende Produktverbesserungen sofort zu initiieren, um den Wettbewerbsvorteil gegenüber Dritten zu wahren" (Füser, 2007, S. 61).

Nachteile:
„Ständig steigende Innovationskosten zwingen zu einer Verkürzung der Amortisationsdauer aufgrund permanent sinkender Produktlebenszyklen" (Füser, 2007, S. 11 f.).

Einsatzmöglichkeiten:
Die Zielsetzungen der Produktlebenszyklus-Modelle richten sich auf konkrete Handlungs- bzw. Strategieanweisungen für den Marketingbereich sowie für das Management. „So sollen Marketingmanager durch gezielte Maßnahmen aus dem Marketing-Mix verschiedene Kundensegmente adressieren können, Produktmanager sollen aus diesen Modellen Investitions- und Desinvestitionsentscheidungen ableiten" (Stephan, 2014, S. 226). Diese Kreativitätstechnik eignet sich für die Teamarbeit, kann aber auch individuell durchgeführt werden. → Portfolio-Analyse

Lit.: Blumenschein, A./Ehlers, I. U.: Ideen managen. Eine verlässliche Navigation im Kreativprozess. Leonberg 2007; Füser, K.: Modernes Management. Business Reengineering, Benchmarking, Wertorientiertes Management und viele andere Methoden. (Beck-Wirtschaftsberater im dtv), 4. Aufl., München 2007; Stephan, M.: Theorien der Industrieevolution. In: Burr, W. (Hrsg.): Innovation. Theorien, Konzepte und Methoden der Innovationsforschung. Stuttgart 2014, S. 220–266.

Prognosemethode → Delphi-Methode

Prognosetechniken (forecast techniques): Sie dienen der Gewinnung von Informationen zum zukünftigen Projektverlauf, zu möglichen Projektsituationen (Szenarien) bzw. zu voraussichtlichen Projektdaten. Prognosen erfolgen auf der Basis verfügbarer Daten zu einem bestimmten Projektzeitpunkt (z. B. Deadline, Stichtag). Prognosetechniken lassen sich nach folgenden Kriterien unterscheiden:

1. nach der Art der Informationsgewinnung, z. B. intuitiv durch die → Delphi-Methode, durch Expertenbefragung oder durch die → Szenario-Technik, bzw. analytisch, z. B. durch Extrapolation, Mittelwertbildung, Sättigungsmethode;
2. nach dem Prognosezeitraum: kurzfristig, mittelfristig oder langfristig; → Zukunftswerkstatt
3. nach dem Prognoseergebnis. Es kann qualitativ oder quantitativ sein, z. B. → Trendextrapolation.

Für bestimmte Projektdaten werden die Einzelprognosen häufig durch Mehrfachprognosen oder durch bestimmte Prognosebereiche abgesichert. Die Führungskräfte, Teamleiter oder andere Entscheidungsträger können dabei zu ganz unterschiedlichen Prognosen gelangen, z. B. optimistische, planmäßige, wahrscheinliche oder pessimistische Vorhersagen. Eine falsche Prognose und ein fehlerhafter Projektbudgetplan führen meist dazu, dass die zu erwartenden Gesamtkosten eines Projekts nach der Fertigstellung oft viel höher ausfallen als dies geplant war. (vgl. Motzel, 2006, S. 143 f.)

Vorteile:
Die gewonnenen Erkenntnisse bei der Lösung komplexer Aufgaben und Projekte dienen als Grundlage, um Aussagen über zukünftige Entwicklungen zu prognostizieren.

Nachteile:
Komplexe Problemsituationen sowie technologische, ökologische oder gesellschaftliche Faktoren lassen sich nicht exakt voraussagen, weil unvorhersehbare Entwicklungen und Ereignisse eintreten können, die von den Erwartungen abweichen. Risikofaktoren sind z. B. der Wegfall von Absatzmärkten durch ein Handelsembargo, die Entwicklung zukünftiger Märkte u. a.

Einsatzmöglichkeiten:
Die Anwendung der Prognosetechniken erfolgt z. B. in der Forschung und Entwicklung, in der Produktentwicklung, im Marketingbereich, in der Unternehmensplanung sowie auf den Gebieten, in denen technische, wirtschaftliche oder soziale Entwicklungen frühzeitig prognostiziert werden sollen. Diese Kreativitätstechnik eignet sich für die Arbeit im Team. → Delphi-Methode, → Szenario-Technik → Zukunftswerkstatt.

Lit.: Motzel, E.: Projektmanagement Lexikon. Begriffe der Projektwirtschaft von ABC-Analyse bis Zwei-Faktoren-Theorie. Weinheim 2006.

Progressive Abstraktion (progressive abstraction): sich entwickelnde (stufenweise fortschreitende) Verallgemeinerung; die Entwicklung eines Problems vom Einzelnen zum Allgemeinen; eine Methode zur systematischen Problemerkennung und Problemdurchdringung. Sie wurde um 1972 von dem Kreativitätsforscher und Innovationsberater Horst Geschka (*1938) am Battelle-Institut in Frankfurt am Main entwickelt und zählt zu den Analysemethoden. Dabei geht es vor allem darum, Zusammenhänge zu finden, Hintergründe offenzulegen und zum eigentlichen Kern des Problems vorzudringen. Die zentralen Fragen lauten: „Worum geht es eigentlich?" bzw. „Worauf kommt es wirklich an?"

Durchführung:
Folgende Vorgehensweise wird empfohlen:

1. Beschreibung des Problems;
2. Sammeln erster Spontanlösungen. Ausgehend von einer vorläufigen Problemdefinition werden in Form eines Kurz-Brainstormings erste Ergebnisse ermittelt.
3. Kritische Prüfung der entstandenen Vorschläge. Falls diese nicht oder nur unzureichend zur Problemlösung beitragen, sollte man sich auf die Ausgangsfrage konzentrieren: „Worauf kommt es hier eigentlich

an?“ – „Was ist unbefriedigend und besser lösbar?“ Die Teilnehmer sollen hierzu ihre Vorschläge notieren.

4. Um das Problem einzukreisen und zu einer Lösung zu gelangen, empfiehlt es sich erneut nachzufragen, worauf es vor allem ankommt.
5. Das Problem kann durch weitere Fragen abstrahiert und aus einem neuen Blickwinkel betrachtet werden, bis die Kernfrage erkannt wird und sich die Lösungssuche abzeichnet.
6. Nachdem das Problem erkannt wurde, besteht die Möglichkeit, mit Hilfe weiterer Kreativitätstechniken neue Ideen und Lösungsmöglichkeiten zu generieren. (vgl. Schröder, 2005, S. 242 f.)

Vorteile:
Diese Kreativitätstechnik dient dazu, das Ziel zu erkennen und Lösungen zu suchen. Durch konsequentes Fragen dringt man zum Kern des Problems vor. Dies regt dazu an, die Blickrichtung zu ändern. Durch gezieltes Fragen wird versucht, das eigentliche Problem bzw. die Ursache des Problems herauszufinden, indem die jeweils nächsthöhere, weiter abstrahierte Ebene herausgefiltert wird. Abstraktion bedeutet die gedankliche Verallgemeinerung einer Situation oder Problemstellung. Das Wesentliche wird vom Unwesentlichen getrennt. Mit Hilfe dieser Kreativitätstechnik kann man von einer ungenau formulierten Problemauffassung zu einer detaillierten Formulierung, also zum tatsächlichen Kern des Problems gelangen. Für die Lösung von Innovationsproblemen ist eine gründliche → Problemanalyse unverzichtbar. Mit Hilfe der progressiven Abstraktion können alle wichtigen Faktoren und Komponenten einer problematischen Situation und deren Zusammenhänge erkannt werden.

Nachteile:
Durch die fortschreitende Verallgemeinerung besteht die Gefahr, dass man über das Ziel hinausgeht. Das Problem wird dann nicht einfach auf die nächste Stufe der Abstraktion gehoben, sondern zu weit weg vom Kernproblem analysiert. Man sollte daher die Realität nicht aus den Augen verlieren.

Einsatzmöglichkeiten:
Die Progressive Abstraktion ist besonders geeignet zur Ideenfindung im Veränderungsmanagement sowie bei der Erstellung der Anforderungsliste an ein neues Produkt. Diese Technik kann sowohl von Gruppen als auch von Einzelpersonen durchgeführt werden. (vgl. Boos, 2007, S. 102)

Lit.: Alter, U./Geschka, H./Schaude, G./Schlicksupp, H.: Methoden und Organisation der Ideenfindung. Battelle Institut, Frankfurt/M. 1973; Blumenschein, A./Ehlers, I. U.: Ideen-Management. Wege zur strukturierten Kreativität. München 2002; Boos, E.: Das große Buch der Kreativitätstechniken. München 2007; Geschka, H./Reibnitz, U. v.: Kreativität in der Werbung. München 1977; Dies.: Vademecum der Ideenfindung. Battelle-Institut, 4. Aufl., Frankfurt am Main 1980; Geschka, H./ Schaude, G./Schlicksupp, H.: Modern techniques for solving problems. In: International studies of management & organization, 1976/77, pp. 45–63; Schaude, G.: Kreativitäts-, Problemlösungs- und Präsentationstechniken. Eschborn [3]1995; Schröder, M.: Heureka, ich hab's gefunden! Kreativitätstechniken, Problemlösung und Ideenfindung. Herdecke/Bochum 2005; Warfield, J. N., Geschka, H., Hamilton, R.: Methods of idea management. Battelle Institute & The Academy of Contemporary Problems. Columbus/Ohio 1975.

Progressives Brainstorming (progressive brainstorming): wird auch als Stop-and-go-Technik bzw. als Stop-and-go-Brainstorming bezeichnet. Diese Kreativitätstechnik wurde 1960 von Joseph Mason entwickelt. Dabei handelt es sich um eine Variante des Gruppen-Brainstormings. Im Unterschied zum klassischen → Brainstorming, bei dem möglichst zahlreiche spontane Einfälle und Vorschläge der Mitarbeiter zu einem Projekt gesammelt werden, wechseln sich hierbei mehrere kurze Phasen der Ideenproduktion (ca. 10 Minuten) mit ebenso kurzen Phasen der kritischen Bewertung ab.

Das Ziel dieser Technik besteht darin, innerhalb von 60 Minuten eine übersichtliche Auswahl an brauchbaren Ideen zu erhalten und die weniger nützlichen Vorschläge frühzeitig zu erkennen und auszusondern. Die Gruppenanzahl beträgt zwischen vier und sieben Teilnehmern. (vgl. Gawlak, 2014, S. 89)

Durchführung:
Die Vorgehensweise erfolgt in drei Phasen:

1. Eine Gruppe beginnt mit einer Ideensammlung zu einer bestimmten Aufgabe.
2. Nach 10 Minuten erfolgt eine kurze Unterbrechung, die am besten mit einem Platzwechsel der Teilnehmer verbunden wird. Die gewonnenen Vorschläge und Ideen werden eingesammelt und kritisch bewertet, hinterfragt und kommentiert. Damit können Einwände sofort berücksichtigt werden.

3. Im Anschluss erfolgt eine neue Phase der Ideenfindung, die wiederum 10 Minuten dauert. Danach werden die eingereichten Anregungen, Einfälle und Lösungsvorschläge erneut bewertet.

Die Anzahl der Teilnehmer sollte zwischen vier und sieben Personen betragen.

Vorteile:
Mit Hilfe dieser Technik können unmittelbar Schwachstellen aufgedeckt und kritische Anmerkungen zu vorangegangenen Ideen in eine ergänzende Lösungsfindung einbezogen werden.

Nachteile:
Der rasche Wechsel zwischen den Phasen der Ideenproduktion und den Zeitabschnitten, in denen die kritische Bewertung erfolgt, ist gewöhnungsbedürftig. Diese Kreativitätstechnik ist daher eher für Fortgeschrittene geeignet. Ein Moderator ist unverzichtbar. (vgl. Luther, 2013, S. 181)

Einsatzmöglichkeiten:
Diese Kreativitätstechnik eignet sich zur Gewinnung einer übersichtlichen Auswahl an Einfällen, Anregungen und brauchbaren Ideen. Durch die unmittelbare Bewertung im Team können daraus geeignete Lösungsansätze entwickelt werden.

Lit.: Gawlak, M.: Kreativitätstechniken im Innovationsprozess. Von den klassischen Kreativitätstechniken hin zu webbasierten kreativen Netzwerken. Hamburg 2014; Luther, M.: Das große Handbuch der Kreativitätsmethoden. Wie Sie in vier Schritten mit Pfiff und Methode Ihre Problemlösungskompetenz entwickeln und zum Ideen-Profi werden. Bonn 2013.

Projektstartsitzung → Kick-off

Prototyping: Prototyp, Muster, erster Entwurf. Mit einem Prototyp werden die technische Ausführung einer Designidee und ihre Funktion geprüft, bevor sie dem Kunden präsentiert werden. Der Prozess stellt eine Angleichung und Anpassung einer Idee an seine spätere Form dar, bis zur Realisierung und Marktreife eines Prototyps. Es sind verschiedene Qualitätsstufen und Feinheitsgrade möglich, von der einfachen Skizze bis zum ausgereiften Modell (Verfeinerung). Neben Zeichnungen kommen auch Knetmasse und Bastelmaterial zum Einsatz. Die Phase des Prototyping steht meist am Ende eines Innovationsprozesses, kann aber auch früher einsetzen, um Ideen zu entwickeln und den Entwurf zu verbessern. Beim Prototyping wird das Wiederholungsprinzip angewendet, das Prinzip der iterativen Schleifen.

Durchführung:
Prototypen können in drei Kategorien eingeteilt werden:

1. Work alike: (vergleichbar gestalten): das Funktionsprinzip bzw. die Technologie des Prototyps wird erläutert.
2. Behave alike (sich entsprechend verhalten): ein Prototyp, der die Verhaltensweise eines Produkts, einer Dienstleistung oder eines Geschäftsmodells verdeutlicht.
3. Look alike (sich ähnlich sehen): ein Prototyp, der das Aussehen eines Produkts verdeutlicht, wird vorgestellt.

Die Ausführung erfolgt in fünf Stufen:

1. Oft bestehen erste Entwürfe nur aus wenigen Details oder Begriffen, die auf einer Karte notiert werden. Die Idee wird ausführlich beschrieben oder gezeichnet. Dafür können 30 bis 40 Minuten eingeplant werden.
2. Es sollten mehrere Versionen angefertigt werden, die den anderen Teilnehmern vorgestellt werden, um Rückmeldungen zu den verschiedenen Varianten zu erhalten.
3. Die einzelnen Varianten werden im Team vorgestellt und getestet. Durch das Feedback wird geprüft, ob das Prinzip der Idee von den anderen Gruppenteilnehmern verstanden wird.
4. Es wird entschieden, welche Variante des Prototyps ausgeführt wird.
5. Es folgt die Wiederholungsschleife, das Testen und Verfeinern. Der erste Entwurf wird weiterentwickelt und auf der Grundlage der Rückmeldungen verfeinert. (vgl. Rustler, 2016, S. 216 f.)

Vorteile:
Das Prototyping verhindert vorschnelle, einseitige Bewertungen und Entscheidungen. Vorhandene Schwachstellen können rechtzeitig erkannt und beseitigt werden, bevor das Produkt in die Serienproduktion geht. Das Prototyping lässt sich auch mit anderen Kreativitätstechniken kombinieren. (vgl. Aerssen/Buchholz, 2018, S. 651)

Nachteile:
Das Prototyping funktioniert nicht, wenn eine Idee für ein Produkt oder für eine Dienstleistung vorher nicht zusammen mit dem Kunden entwickelt

und getestet wurde. Von Nachteil ist der hohe Aufwand an Entwicklungszeit und an Tests, denn Ideen lassen sich nicht schnell zu Prototypen entwickeln.

Einsatzmöglichkeiten:
Prototyping eignet sich für Produktentwicklungen, Erfindungen, Innovationen und Problemlösungen. Der Prototyp wird in der Praxis getestet, und die Kunden werden um Reaktionen gebeten. Nach dem Feedback werden entsprechende Veränderungen und Verbesserungen der Prototypen bzw. der Konzepte und Ergebnisse vorgenommen, „bis ein optimales, nutzerorientiertes Produkt entstanden ist. Dieser Iterationsschritt (eine Wiederholungsphase) kann sich auf alle bisherigen Schritte beziehen" (Aerssen/Buchholz, 2018, S. 277). Diese Kreativitätstechnik eignet sich für die Teamarbeit. Eine Variante zu dieser Kreativitätstechnik ist das → Rapid Prototyping.

Lit.: Aerssen, B. v./Buchholz, Ch. (Hrsg.): Das große Handbuch Innovation. 555 Methoden und Instrumente für mehr Kreativität und Innovation im Unternehmen. München 2018; Ambrose, G./Harris, P.: Design Thinking: Fragestellung, Recherche, Ideenfindung, Prototyping, Auswahl, Ausführung, Feedback. München [2]2013; Berzbach, F.: Kreativität aushalten. Psychologie für Designer. Mainz [3]2012; Brown, T.: Designer als Entwickler. In: Harvard Business Manager. Edition 2/2011: Kreativität. Wie Sie Ideen entwickeln und umsetzen, S. 16–25; Brown, T./Katz, B.: Chance by design. How design thinking can transform organizations and inspire innovation. HarperCollins Publishers, New York NY 2009; Carayannis, E. G. (Ed.): Encyclopedia of creativity, invention, innovation, and entrepreneurship. Volume 1–3. New York, Heidelberg, Dordrecht, London 2013, Vol. 1, pp. 73–116; Eppler, M. J./Hoffmann, F./Pfister, R. A.: Creability. Gemeinsam kreativ – Innovative Methoden für die Ideenentwicklung in Teams. Stuttgart [2]2017; Erbeldinger, J./Ramge, T.: Durch die Decke denken: Design Thinking in der Praxis. München [2]2014; Gürtler, J./Meyer, J.: 30 Minuten Design Thinking. In 30 Minuten wissen Sie mehr! Offenbach [2]2014; Hinz, K./Weller, B.: Diversity braucht Universal Design. In: Knaut, M. (Hrsg.): Kreativwirtschaft. Design – Mode – Medien – Games – Kommunikation – Kulturelles Erbe. Bd. 1 der Schriftenreihe: Beiträge und Positionen der Hochschule für Technik und Wirtschaft (HTW) Berlin, hg. von Michael Heine, Präsident der HTW Berlin. Berlin 2011, S. 18–25; Kelley, T., with J. Littman: The art of innovation: Lessons in creativity from IDEO, America's leading design firm. New York et al. 2001; Kelley, T./Littman, J.: Das IDEO Innovationsbuch. Wie Unternehmen auf neue Ideen kommen. München 2002; Knaut, M. (Hrsg.): Kreativwirtschaft. Design – Mode – Medien – Games – Kommunikation – Kulturelles Erbe. Bd. 1 der Schriftenreihe: Beiträge und Positionen der Hochschule für Technik und Wirtschaft (HTW) Berlin, hg. von Michael Heine, Präsident der HTW Berlin. Berlin 2011; Kumar, V.: 101 Design methods. A structured approach for driving innovation in your organization. Hoboken/New Jersey 2013; Lenk, H.: Kreative Aufstiege. Zur Philosophie und Psychologie der Kreativität (= suhrkamp taschenbuch wissenschaft 1456). Frankfurt am Main 2000; Lockwood, Th.: Design thinking. Integrating innovation, customer experience, and brand value. New York 2009; Meyer, J.-U.: Das Edison-Prinzip. Der genial einfache Weg zu erfolgreichen Ideen. Frankfurt am Main/New York 2008; Plattner, H./ Meinel, Ch./Weinberg, U.: Design-Thinking. Innovation lernen – Ideenwelten öffnen. München 2009; Pricken, M.: Kribbeln im Kopf. Kreativitätstechniken & Denkstrategien für Werbung, Marketing und Medien. 11. Aufl., Mainz 2010; Ders.: Clou. Strategisches Ideenmanagement in Marketing, Werbung, Medien & Design. Mainz 2010; Pricken, M./Klell, C.: Kribbeln im Kopf – Creative Sessions. Mainz [3]2010; Puccio, G. J./Cabra, J. F.: Organizational creativity. A Systems approach. In: Kaufman, J. C./Sternberg, R. J. (Eds.): The Cambridge handbook of creativity. (Cambridge handbooks in psychology). Cambridge University Press. Cambridge et al. 2010, pp. 145–173; Reckwitz, A.: Die Erfindung der Kreativität. Zum Prozess gesellschaftlicher Ästhetisierung (suhrkamp taschenbuch wissenschaft). Berlin 2012; Rustler, F.: Denkwerkzeuge der Kreativität und Innovation. Das kleine Handbuch der Innovationsmethoden. St. Gallen, Zürich, 4. Aufl., 2016; Salvador, T./Genevieve Bell et al.: Design Ethnography. In: Design. Management Journal, 10, 1999, pp. 35–41; Shamiyeh, M.: Creating desired futures. Solving complex business problems with design thinking. Basel 2010; Wagner, A. C.: Design 2.0 – Chancen für einen kreativen Kulturwandel. In: Knaut, M. (Hrsg.): Kreativwirtschaft. Design – Mode – Medien – Games – Kommunikation – Kulturelles Erbe. Bd. 1 der Schriftenreihe: Beiträge und Positionen der Hochschule für Technik und Wirtschaft (HTW) Berlin, hg. von Michael Heine. Berlin 2011, S. 26–29.

Pro-und-Contra-Liste (pros-and-cons list; list of pros and cons): auch Pro-und-Contra-Matrix. Diese Kreativitätstechnik dient der Erfassung und Auflistung der positiven und negativen Aspekte eines Vorhabens, das Sammeln von Bewertungskriterien, die für ein Projekt sprechen bzw. die Zusammenstellung von Argumenten und Einwänden, die die Schwachstellen eines Projekts aufzeigen, also das Für und Wider eines Projekts.

Durchführung:

1. Für das Bewertungsschema wird ein Formular mit einer zweispaltigen Entscheidungsmatrix vorbereitet.
2. Anschließend notieren Sie zuerst alle positiven Aspekte einer Idee oder eines Lösungsvorschlages. Dabei gilt der Grundsatz, eine Idee zunächst durch einen positiven Filter zu betrachten, also die Pro-Faktoren (die PROs) aufzulisten.
3. Danach werden die negativen Aspekte zusammengestellt (die CONTRAs).
4. Bei der Auswertung sollte die Frage im Vordergrund stehen, welche Argumente des Projekts sind überzeugender und letztlich ausschlaggebend, die positiven oder die negativen? Es ist vorteilhafter, von mehreren Mitarbeitern eine Pro-und-Contra-Liste anfertigen zu lassen, um Abweichungen im subjektiven Urteil vergleichen zu können.

Vorteile:
Diese Technik ist ein einfaches Bewertungsschema, das schnell zu Resultaten führt. Mit Hilfe der Pro-und-Contra-Liste werden zahlreiche Beurteilungsaspekte ermittelt, so dass die Vor- und Nachteile einer Entscheidung miteinander verglichen werden können.

Nachteile:
Obwohl mit Hilfe dieser Technik ein schneller Überblick über die Vor- und Nachteile eines Projekts erzielt werden kann, „ist sie ein eher oberflächliches, äußerst pragmatisches Bewertungsinstrument, dessen Resultate unbedingt im Rahmen vertiefender Betrachtungsstufen überprüft werden müssen“ (Blumenschein/Ehlers, 2007, S. 122). Die Bewertung sollte auch nicht unter dem quantitativen Aspekt erfolgen, welche Seite der Liste länger ist, die Pro- oder die Contra-Spalte.

Einsatzmöglichkeiten:
Die Unternehmensberaterinnen Annette Blumenschein und Ingrid Ute Ehlers sind der Auffassung: „Diese Technik gilt inzwischen annähernd als Universalinstrument bei Besprechungen und im Managementalltag. Immer wenn eine schnelle Voreinschätzung zur Entscheidungsfindung benötigt wird, wird gerne darauf zurückgegriffen“ (Blumenschein/Ehlers, 2007, S. 121 f.). Die Pro-und-Contra-Liste sollte aber nicht die alleinige Entscheidungsbasis sein, um vorschnelle Fehlurteile auszuschließen. (vgl. Blumenschein/Ehlers, 2007, S. 121–123) Diese Kreativitätstechnik eignet sich für die Arbeit im Team.

Lit.: Blumenschein, A./Ehlers, I. U.: Ideen-Management. Wege zur strukturierten Kreativität. München 2002; Dies.: Ideen managen. Eine verlässliche Navigation im Kreativprozess. Leonberg 2007.

Provokationstechnik (provocation technique): eine Konfrontationstechnik. Sie wurde von dem britischen Psychologen und Unternehmensberater Edward de Bono (*1933) entwickelt und dient der Ideenfindung. Mit Hilfe von Provokationen werden bestehende Annahmen und Sichtweisen in Frage gestellt. Dabei handelt es sich um mentale Provokationen. Die Provokationstechnik „existiert in vielen Variationen und gehört zu den wichtigsten Kategorien von Kreativitätstechniken" (Aerssen/Buchholz, 2018, S. 653). In der Ideenfindungsphase werden bewusst Provokationen benutzt, um verkrustete Denkstrukturen aufzubrechen und Kreativitätsblockaden zu überwinden. Hierbei kommt es auf das unbefangene Generieren vieler Ideen an, so abwegig sie auch zunächst erscheinen mögen, um daraus neuartige, originelle Lösungsmöglichkeiten zu gewinnen. Provokationen dienen hierbei als Mittel zum Zweck und können „kreativitätsfördernd oder kreativitätsauslösend sein" (Lenk, 2000, S. 93).

Edward de Bono verwendet das Hilfswort »PO«, das für Provokative Operation steht. Aus einer Liste der Selbstverständlichkeiten werden Provokationen abgeleitet. Provokationen können Zufallsbegriffe oder gezielte Einwände und Verfälschungen von Fakten sein. Auch Alltagsobjekte oder zunächst banal erscheinende Vorkommnisse können in Frage gestellt werden, eine mentale Provokation auslösen, um daraus Einfälle, Verbesserungen und Lösungsvorschläge zu entwickeln. „Sogar schockierende Provokationen können zielführend sein" (Aerssen/Buchholz, 2018, S. 653).

Durchführung:
Die Durchführung der Provokationstechnik erfolgt in folgenden Schritten:

1. Eine Streitfrage oder eine ungelöste Aufgabe werden für die Problemlösung ausgewählt.
2. Zunächst werden dazu realitätsnahe Erklärungen oder Behauptungen geäußert.
3. Daraus werden Provokationen entwickelt, d. h., die Stellungnahmen werden in Frage gestellt.
4. Aus den Argumenten und Gegenargumenten sollen neue Ideen und Anregungen entwickelt werden.
5. Die spontanen Einfälle, Impulse, Sichtweisen oder Lösungsvorschläge werden begutachtet. (vgl. Aerssen/Buchholz, 2018, S. 653)

Vorteile:
Die Provokationstechnik trägt dazu bei, die Betriebsblindheit zu überwinden und neue Ideen, Impulse und Sichtweisen zu ermöglichen. Sie fördert die Teamkreativität, dient der geistigen Flexibilität, kann Kreativitätsblockaden und fehlende Inspirationen überwinden, „denn nur gute, provokative oder energiereiche Provokationen zwingen uns, ... weiter zu gehen, um zu neuen Ideen zu gelangen" (Novak, 2001, S. 27). Auch die Provokation ist eine Operation des kreativen Denkens. Dazu „gehört ein scheinbar unvernünftiger Schritt, der gemacht wird, um unsere Ideen in eine andere Richtung zu lenken", z. B. Negieren, Übertreiben, Umkehren oder Wunschdenken (de Bono, 1989, S. 251). Es ist die Infragestellung von Bewährtem oder Eingefahrenem.

Nachteile:
Die Provokationstechnik ist zunächst gewöhnungsbedürftig. Die Provokationen dürfen nur mental sein. Sie könnten sonst falsch verstanden werden und persönlich oder beleidigend sein. Der Moderator soll Beispiele nennen und den Teilnehmern die Hemmungen nehmen.

Einsatzmöglichkeiten:
Mentale Provokationen sollen als Anregung dienen, um zu neuen Ideen zu gelangen. „Wichtig ist bei Provokationen, dass diese lediglich Hilfsmittel sind, um neue Ideen zu entwickeln. Es geht nicht darum, sie zu bewerten, sondern zu schauen, wohin einen die Provokationen führen können in Bezug auf neue Ideen zu dem jeweilig gesetzten Fokus. Gerade bei Provokationen ist die Disziplin des Fokus sehr wichtig, d. h.: *Wo* oder *warum* suche ich neue Ideen? Gerät der Fokus aus dem Blickfeld, besteht die Gefahr, neue Ideen zu entwickeln, die mit dem gesetzten Fokus gar nichts zu tun haben" (Novak, 2001, S. 33).

Auch Führungskräfte sollten „eine Innovationsatmosphäre pflegen, in der es jederzeit möglich ist, gewohnte Auffassungen und etablierte Lösungsmuster provozierend anzugreifen" (Schlicksupp, 1995, S. 119).

Der Kreativitätsforscher Horst Geschka (*1938) schreibt dazu: „Die Konfrontationstechniken sind anspruchsvoller als → Brainstorming und → Brainwriting. Sie erfordern ein gewisses Training und einen Moderator, der die Methode beherrscht. Sie sind dann anzuwenden, wenn ausgesprochen originelle Ideen gesucht werden oder schwierige technische Problemstellungen zu ›knacken‹ sind. In der Projektarbeit wird man auf diese Methoden nur bei ausgesprochen schwierigen Aufgaben zurückgreifen"

(Geschka, 2006, S. 163). Diese Kreativitätstechnik eignet sich vorwiegend für die Arbeit im Team.

Lit.: Aerssen, B. v./Buchholz, Ch. (Hrsg.): Das große Handbuch Innovation. 555 Methoden und Instrumente für mehr Kreativität und Innovation im Unternehmen. München 2018; De Bono, E.: Chancen. Das Trainingsmodell für erfolgreiche Ideensuche. Düsseldorf/Wien/New York 1989; Ders.: Die positive Revolution. Konstruktiv denken und effektiv handeln. Düsseldorf/Wien 1994; Ders. Serious creativity. Using the power of lateral thinking to create new ideas. New York: HarperCollins 1992; dt. Ausg.: Serious creativity. Die Entwicklung neuer Ideen durch die Kraft lateralen Denkens. Stuttgart 1996; Ders.: Edward De Bono's Denkschule. Zu mehr Innovation und Kreativität (Business Training, Bd. 1105). München/Landsberg am Lech [2]1990; Dass.: (Sonderausgabe). München 1995; De Bonos neue Denkschule. Kreativer denken, effektiver arbeiten, mehr erreichen, 6. Aufl., München 2014; Geschka, H.: Kreativität in Projekten. In: Gassmann, O. (Hrsg.): Praxiswissen Projektmanagement. Bausteine, Instrumente, Checklisten. München [2]2006, S. 153–181; Kreuz, P./Förster, A.: Alles, außer gewöhnlich. Provokative Ideen für Manager, Märkte, Mitarbeiter. Berlin/München 2007; Lenk, H.: Kreative Aufstiege. Zur Philosophie und Psychologie der Kreativität (= suhrkamp taschenbuch wissenschaft 1456). Frankfurt am Main 2000; Novak, A.: Schöpferisch mit System. Kreativitätstechniken nach Edward de Bono (Arbeitshefte Führungspsychologie, hg. von Ekkehard Crisand; Bd. 39), Heidelberg 2001; Schlicksupp, H.: Führung zu kreativer Leistung. So fördert man die schöpferischen Fähigkeiten seiner Mitarbeiter (Praxiswissen Wirtschaft; 20), Renningen-Malmsheim 1995.

Q

Quality Function Deployment (QFD): Darstellung der Qualitätsfunktion; eine japanische Methode der Qualitätssicherung und der kundenorientierten Produktplanung. Sie wurde 1966 von Yoji Akao (*1928), Professor of Management Engineering, Tamagawa University entwickelt. Die erste Anwendung dieser Qualitätstechnik erfolgte 1972 im japanischen Schiffbau und fand alsbald weltweite Verbreitung in der Industrie. (vgl. Möhrle, 2011, S. 310)

Die Kundenorientierung wird in alle Stufen der Produktentwicklung einbezogen. Die Anforderungen des Kunden oder des Anwenders bilden hierbei die Grundlage der gesamten Entwicklung. Das Ziel des Quality Function Deployment besteht darin, nicht ein perfektes Produkt zu entwickeln, sondern vor allem die von den Kunden gewünschten Merkmale als Grundlage für die technische Entwicklung zu berücksichtigen. Das neue Produkt soll all diese Merkmale aufweisen und in höchstem Maße gebrauchstauglich sein. Dazu wird eine Matrix erstellt, die die Kundenanforderungen („Was?") den Produktmerkmalen („Wie?) gegenüberstellt und bewertet.

Durchführung:

1. Ermittlung der Kundenanforderungen
2. Priorisierung der einzelnen Anforderungen durch den Kunden;
3. Einrichtung einer Korrelationsmatrix (QFD-Matrix). Darin werden alle Lösungsmöglichkeiten mit den Anforderungen verknüpft.
4. Bewertung der Beziehung zwischen Anforderung und Lösung sowie Ermittlung der Lösung mit dem höchsten Erfüllungsgrad.
5. Bildung von Beziehungen zwischen den verschiedenen Lösungsmerkmalen. (vgl. Müller-Prothmann/Dörr, 2014, S. 82)

Als Werkzeug zur Umsetzung der Kundenwünsche und Qualitätsanforderungen dient eine Struktur, die als „House of Quality" bezeichnet wird. Dabei handelt es sich um ein Analyse-, Kommunikations- und Planungsinstrument für jede Phase der Produktentwicklung. Die Werkzeuge des QFD sind Qualitätstabellen und werden in der Struktur im „House of Quality" angewandt, das verschiedene Matrizen, Listen und Tabellen umfasst, die in mehreren Übertragungsschritten während der technischen Entwicklung verwendet werden. Diese Transformation erfolgt nach den Untersuchungen des »American Supplier Institute« in Dearborn, Michigan in vier Stufen:

1. Produktplanung
2. Teileplanung
3. Prozessplanung
4. Produktionsplanung

Mit Hilfe von Matrizen und Tabellen werden die Kundenanforderungen durch gewichtete Relationen mit den Qualitätsmerkmalen verknüpft. (vgl. Möhrle, 2011, S. 311)

Die Methode Quality Function Deployment wurde in den USA von Bob King, einem Schüler von Yoji Akao, weiterentwickelt. Er hat die Systematik neu strukturiert, ohne Elemente wegzulassen, und weitere Matrizen hinzugefügt. Seine wesentliche Ergänzung betrifft die Integration der Konzeptauswahlanalyse in das QFD.

Vorteile:
Quality Function Deployment erhöht die Produktqualität und führt zu einer Verkürzung der Entwicklungszeit und zu einer Verringerung der Entwicklungskosten, weil sich die Produktentwicklung auf das Wesentliche konzentriert. (vgl. Möhrle, 2011, S. 311)

Diese Qualitätstechnik dient der Realisierung der Kundenwünsche, erhöht die Kundenzufriedenheit und gewährleistet ein frühzeitiges Erkennen von Engpässen oder Schwachstellen. Mögliche Fehler eines Produkts werden dadurch frühzeitig erkannt. Vorteile sind ein schnellerer Entwicklungsbeginn, weniger Änderungsaufwand, verkürzte Produktionszeiten, profitable Angebote und zufriedene Kunden. (vgl. Müller-Prothmann/Dörr, 2014, S. 81) Mit Hilfe dieser Technik entstehen auch weniger Probleme und Reklamationen nach der Produkteinführung.

Quality Function Deployment fördert auch die Kommunikation zwischen Mitarbeitern aus verschiedenen Funktionsbereichen während der Neuproduktentwicklung.

Nachteile:
Die Bearbeitung von Ideen und Innovationsvorhaben nach der QFD-Methode verlangt eine hohe fachliche Kompetenz vom Projekt- und Teamleiter sowie von den Mitarbeitern, eine gewissenhafte Planung und einen erheblichen Arbeits- und Zeitaufwand.

Einsatzmöglichkeiten:
Quality Function Deployment ist eine umfassende Methode zur Produktplanung und Produktverbesserung, die eine Kundenorientierung über den gesamten technischen Entwicklungsprozess ermöglicht. Sie sollte bereits in einem frühen Entwicklungsstadium der Produkteinführung durchgeführt werden, um die Kundenwünsche und Qualitätsanforderungen zu berücksichtigen. Quality Function Deployment ist „die optimale Technik, um bei Vor- und Produktentwicklung die wesentlichen Merkmale richtig zu definieren und damit den gesamten Innovationsprozess zu beschleunigen" (Müller-Prothmann/Dörr, 2014, S. 81). Diese Kreativitätstechnik eignet sich für die Arbeit im Team.

Lit.: Akao, Y.: Quality Function Deployment (QFD). Integrating customer requirements into product design. New York 1990; Akao, Y.: QFD – Quality Function Deployment. Wie die Japaner Kundenwünsche in Qualität umsetzen. Landsberg/Lech 1992; Akao, Y.: Eine Einführung in Quality Function Deployment (QFD). In: Liesegang, G. (Hrsg.): QFD – Quality Function Deployment. Landsberg/Lech 1992, S. 15–34; Chan, L.-K./Wu, M.-L.: A systematic approach to Quality Function Deployment with an illustrative example. In: Omega, 33 (2), 2005, pp. 119–139; Cristiano, J. J./Liker, J. K./White, C. C.: Customer-driven product development through Quality Function Deployment in the U.S. and Japan. In: Journal of Product Innovation Management, 17 (4), 2000, pp. 286–308; Herzwurm, G./Schockert, S./Mellis, W.: Joint requirements engineering. QFD for rapid customer focused Software and Internet-Development (Vieweg Business Computing). Braunschweig u. a. 2000; Jovanov, E.: Service-QFD: Mit Quality Function Deployment zu innovativen Dienstleistungen. Düsseldorf 2011; King, B: Better design in half the time. Implementing QFD – Quality Function Deployment in America, 3. ed., GOAL/QPC, Methuen, MA 1989; King, B: Quality Function Deployment. Doppelt so schnell wie die Konkurrenz. München [2]1994; King, B./Schlicksupp, H.: The idea edge – Transforming creative thought into organizational excellence. Methuen, MA 1998; Knorr, Ch./Friedrich, A.: QFD – Quality Function Deployment. Mit System zu marktattraktiven Produkten. München 2016; Möhrle, M. G.: Werkzeuge für Entwicklungsmethodiken. In: Albers, S./Gassmann, O. (Hrsg.): Handbuch Technologie- und Innovationsmanagement. Wiesbaden [2]2011, S. 303–320; Müller-Prothmann, T./Dörr, N.: Innovationsmanagement. Strategien, Methoden und Werkzeuge für systematische Innovationsprozesse. München [3]2014; Saatweber, J.: Kundenorientierung durch Quality Function Deployment. Systematisches Entwickeln von Produkten und Dienstleistungen. Düsseldorf

[2]2007; Zischka, S.: Zielgerichtete Qualitätsplanung in der Produktentwicklung. Projektspezifisches Quality-Deployment. (Hannoversche Berichte zum Qualitätsmanagement, 5). Aachen 2000.

Quint-Essenz© (quintessence): Quintessenz, von lat. quinta essentia: fünftes Wesen, fünfte Substanz. Bei dem griechischen Philosophen Aristoteles (384–322 v. Chr.) ist der Äther das fünfte Element, neben Feuer, Wasser, Luft und Erde. Da der Äther als das vorzüglichste, feinste, alles durchdringende Element galt, bezeichnet man mit Quintessenz den Kern, das Wesen einer Sache.

Quint-Essenz© ist eine Kreativitätstechnik, die von den Unternehmensberaterinnen Annette Blumenschein und Ingrid Ute Ehlers entwickelt wurde. Ein Problem oder eine Aufgabenstellung wird aus fünf unterschiedlichen Sichtweisen untersucht. Diese entsprechen dem „Fünfklang der inneren Stimmen", der Stimme des Analytikers, der Stimme des Impulsiven, des Optimisten, des Pessimisten und der Stimme des Emotionalen. Diese Technik ermöglicht eine Erfolgsdiagnose mit ganzheitlicher Sichtweise.

Durchführung:
Der Fünfklang der inneren Stimmen entspricht:

1. Die Stimme des Analytikers:
Er geht vorsichtig und besonnen ans Werk. Bevor er die Lösung bewertet, verschafft er sich einen Überblick, überprüft die Fakten der Ausgangssituation und plant darauf aufbauend die nächsten Schritte. Er sammelt Informationen, wertet diese aus und strukturiert seine Vorgehensweise. Sein Hauptaugenmerk richtet sich auf taktisch kluges Vorgehen und Strategieentwicklung.

2. Die Stimme des Impulsiven:
Er veranstaltet ein Ideenfeuerwerk. Er versprüht Geistesblitze und Assoziationen, aber seine Einfälle sind ungeordnet. Am liebsten möchte er alles gleichzeitig und sofort in die Tat umsetzen. Der Impulsive ist der Vertreter der kreativen Unzufriedenheit. Unermüdlich sucht er nach Alternativen, nach Veränderungs- und Verbesserungsmöglichkeiten. Dabei drängt er sich auch gern in den Vordergrund.

3. Die Stimme des Optimisten:
Ähnlich wie der Impulsive freut sich auch der Optimist über jede neue Idee und versucht nur das Positive zu sehen. Alles erscheint ihm machbar

und möglich, wenn man es nur richtig anstellt. Jeder Lösungsvorschlag ist willkommen und sollte wohlwollend geprüft werden. Diese positive Einstellung ist eine wichtige Grundlage für die Entwicklung und Umsetzung innovativer Ideen und Konzepte.

4. Die Stimme des Pessimisten:
Der Pessimist beurteilt jeden Vorschlag kritisch und spürt Schwachstellen, Schwierigkeiten und Risiken auf. Er wirkt kreativitätshemmend und will neue Ideen und Anregungen gar nicht erst ausprobieren. – Aber durch ihn werden die vielleicht zu einseitig positiv bewerteten Lösungsvorschläge des Optimisten ausbalanciert und relativiert.

5. Die Stimme des Emotionalen:
Die emotionale Stimme vertritt das „Bauchgefühl", die Intuition. Zahlreiche Entscheidungen werden nicht rational getroffen, sondern intuitiv, aus dem „Bauchgefühl" heraus. Es entsteht ein unmittelbares, plötzliches Erfassen oder Erkennen des Sachverhalts oder des Problems durch einen plötzlichen Einfall oder durch Eingebung, wodurch der Lösungsweg bzw. die Zusammenhänge unerwartet aufgezeigt werden. Intuition ist eine Form der direkten Erkenntnis, die auf der spontanen, blitzschnellen Kombination von äußerer und innerer Wahrnehmung oder Vorstellung, von Inspiration und Ahnung beruht, die jedoch ohne Kontrolle des bewussten Denkens abläuft. Sie kann eine Vorahnung oder ein „sicheres Gefühl" sein und lässt sich nicht logisch erklären. Das Lösen von Problemen erfordert sowohl Intuition als auch Logik. Die Intuition erfolgt meist erst nach intensiver Vorarbeit und unbewusst, d. h., der Manager, Ingenieur, Designer, Künstler oder Wissenschaftler erlebt die plötzliche Problemlösung, ohne sich über den Weg der Ideenfindung bewusst zu sein. Es scheint, dass bei der Intuition unbewusst auch die im Gedächtnis gespeicherte Erfahrung und zahlreiche Fakten und Erkenntnisse einfließen. Erfindungen, Entdeckungen bzw. neue Ideen erfolgen oft auf dem Wege der Intuition.

Michael Knieß bezeichnet die Intuition als „eine unbewusste Intelligenz", als „das ›richtige Gefühl/Gespür‹, wodurch das unmittelbar Wesentliche erkannt werden kann", und meint: „Intuition kann daher als *eine* Quelle der Kreativität betrachtet werden. Die andere Quelle kreativ zu wirken ist ... die Rationalität. Wichtig ist, dass beide Möglichkeiten sich nicht gegenseitig ausschließen, sondern ergänzen und wechselseitig verstärken" (Knieß, 1995, S. 1 f.).

Intuition und Zufall sorgen bei Erfindungen und Entdeckungen mitunter für den entscheidenden Geistesblitz, wodurch sich die lange gesuchte Lösung eines Problems ganz unvermittelt einstellt. Die zielgerichtete Intuition ist deshalb ein Bestandteil kreativer Problemlösung. → Semantische Intuition

Die abschließende Urteilsbildung sollte noch einmal analytisch geprüft werden, indem die gesammelten Argumente verglichen und von allen Seiten betrachtet werden. Daraus wird anschließend ein Fazit gebildet, also die Quintessenz des Problems bzw. der Aufgabenstellung. Die weiteren Schritte bis zur Umsetzung der Idee können daraus abgeleitet werden. (vgl. Blumenschein/Ehlers, 2007, S. 126–129)

Vorteile:
Diese Technik versetzt Sie in die Lage, alle Perspektiven zu überblicken und einzunehmen. Die Frage lautet nicht „Richtig oder falsch?“, sondern jede Meinung wird gleichberechtigt behandelt und trägt zur Entscheidungsfindung bei. Diese Vielfalt führt zu einer gründlicheren Ideenanalyse als eine einseitige Betrachtungsweise. Im Prozessverlauf von der Idee zur Innovation berücksichtigt diese Technik gleichermaßen die harten und die weichen Fakten. Die harten Fakten bzw. Fähigkeiten (hard skills) sind die Fachkompetenzen, und die weichen Fakten bzw. Fähigkeiten (soft skills) sind die Schlüsselqualifikationen.

Mit der Anwendung dieser Technik gelingt eine Ideen-Überprüfung, die die Sachebene und die Beziehungsebene in einem Fazit (Hauptgedanken) vereint. Der Einsatz dieser Technik fördert auch die Teamfähigkeit der Mitarbeiter „mit lernbezogenem Mehrwert“ (vgl. Blumenschein/Ehlers, 2007, S. 167).

Einsatzmöglichkeiten:
Diese Technik dient zur ganzheitlichen Sichtweise und Bewertung der vorgeschlagenen Ideen und Lösungsansätze, um zu einer Entscheidungsfindung zu gelangen. Sie kann auch zum Einsatz kommen, wenn Sie zwischen mehreren Lösungsmöglichkeiten schwanken. Die Durchführung erfolgt im Team.

Lit.: Blumenschein, A./Ehlers, I. U.: Ideen managen. Eine verlässliche Navigation im Kreativprozess. Leonberg 2007; Knieß, M.: Kreatives Arbeiten. Methoden und Übungen zur Kreativitätssteigerung (Beck-Wirtschaftsberater), München 1995.

R

Random Input-Technik (random input-technique): Zufall-Eingabe-Technik; Zufallsmethode. Diese Kreativitätstechnik wurde 1968 von dem britischen Psychologen und Kreativitätsforscher Edward de Bono (*1933) entwickelt. Hierbei erfolgt die Lösungssuche nach dem Zufallsprinzip. „Immer wenn wir neue Ideen brauchen, ist ein kreativer Fokus erforderlich. Wir suchen ein Wort, das in keinem Zusammenhang mit der Situation steht, und schweißen beides zusammen" (de Bono, 1996, S. 168). Diese Kreativitätstechnik beruht auf der Erkenntnis, „dass unser Gehirn wie ein selbstorganisierendes Informationssystem funktioniert, das situationsspezifische Handlungsmuster codiert, speichert und abruft …" (de Bono, 1996, S. 169). Dabei werden Eindrücke, Bilder, Szenen, Wörter oder Töne aus vielen zufälligen Quellen erfasst und diese als Anregung und Inspiration für die Lösungsfindung einbezogen.

Durchführung:
Die Vorgehensweise ist vergleichbar mit der → Reizwortanalyse:

1. Es wird eine möglichst umfangreiche Quelle von Begriffen bereitgestellt, z. B. ein Wörterbuch, Zeitungen und Zeitschriften. Es können auch Objekte oder Zufallsbilder als Input verwendet werden, z. B. ein zufällig aufgeschlagenes Foto in einer Zeitschrift kann ebenso spontane Einfälle auslösen.
2. Eine beliebige Seite wird aufgeschlagen und ein Begriff auf dieser Seite, der zuerst ins Auge springt, wird ausgewählt, möglichst ein Substantiv. Um einen Zufallsbegriff zu ermitteln, wird auch folgende Möglichkeit empfohlen: Schließen Sie die Augen und tippen Sie mit dem Finger auf eine Buch- oder Zeitungsseite. Das Wort, auf das Sie getippt haben, wählen Sie aus.
3. Der ausgewählte Begriff bzw. das Bild werden als Anregung für die Lösungsfindung verwendet.

Dabei geht es um Informationen, die Inspirationen auslösen. Zufällige Eindrücke erhält man auch beim Lesen, beim Besuch von Ausstellungen und Messen, bei Kino- oder Theatervorstellungen u. a. Aus zufällig ausgewählten Begriffen sollen neue Ideen entwickelt werden. Selbst bei weit auseinanderliegenden Begriffen, die auf den ersten Blick in keinem Zusammenhang stehen, können mentale Verbindungen hergestellt werden. Der Zufallsbegriff wird an den kreativen Fokusbereich angeknüpft (Input). Scheinbar unlogische Begriffe miteinander zu verknüpfen, wirkt wie eine provokative Reizaussage. Diese kann jedoch das Denken in Bewegung bringen. Verblüffende Zufälle haben zu kreativen Lösungen von weitreichender Bedeutung geführt, wobei zahlreiche Erfindungen und Entdeckungen, Ideen und Problemlösungen auf dem Wege der Intuition erfolgten.

Beispiel:
Durch Zufall entdeckte 1928 der britische Bakteriologe Sir Alexander Fleming (1881–1955) das Penicillin. Schimmelpilz hatte versehentlich eine Bakterienkultur verunreinigt. Nur weil Fleming diesen Schimmelpilz aufmerksam betrachtete und untersuchte, gelang ihm eine der wichtigsten Entdeckungen der Medizin. Allerdings gelang es ihm nicht, das Penicillin zu isolieren. Erst 1939 gewannen der Pathologe Sir Howard W. Florey (1898–1968) und der Biochemiker Sir Ernst B. Chain (1906–1979) erstmals den Wirkstoff in reiner Form. Für ihre bahnbrechende Entdeckung erhielten Fleming, Florey und Chain 1945 den Nobelpreis.

Vorteile:
Diese Kreativitätstechnik soll eingeschliffene Denk- und Handlungsmuster durchbrechen, neue Sichtweisen eröffnen und unkonventionelle Lösungen anregen. Durch die Random Input-Technik erhöhen sich die Chancen, neue Horizonte zu erschließen. Wir brauchen einen Zufallsgenerator, um eine Reizaussage zu entwickeln, die uns neue Denkimpulse vermittelt. „Der Zufallsbegriff hat als Ideengenerator deshalb einen so großen Reiz, weil die Methode praktisch und einfach anzuwenden ist. Ein Begriff stellt ein vielschichtiges Bündel aus Funktionen, Konzepten, Details und Assoziationen dar“ (de Bono, 1996, S. 174). Edward de Bono bezeichnet die Random Input-Technik als eine „provokative Technik“, eine „mentale Provokation“ (de Bono, 1996, S. 170 und 174).

Nachteile:
Es gibt keine Garantie, dass die Random Input-Technik jedes Mal funktioniert und die gewünschte Lösung eintritt. Die Zufallstechnik lässt sich nicht überlisten. Ein Zufallsbegriff oder ein anderer Input kann mit einer Idee nicht verknüpft werden, die bereits im Ansatz vorhanden war. Begriffskombinationen lassen sich nicht erzwingen. Edward de Bono empfiehlt: „Es geht

nicht darum, den Zufallsbegriff mit einer bestehenden Idee zu verknüpfen, sondern eine Reiz-Aussage zu schaffen und mit dieser mentalen Provokation eine Lawine neuer Ideen loszutreten“ (de Bono, 1996, S. 173).

Einsatzmöglichkeiten:
Die Random Input-Technik dient zur Ideenfindung und ist geeignet, festgefahrene Situationen zu überwinden. Sie wird vor allem in der Kreativwirtschaft eingesetzt, vor allem in der Werbung und im Marketingbereich. Sie wird auch von Architekten, Designern, Künstlern, Musikern, Komponisten, Regisseuren, Drehbuchautoren, Rockbands u. a. genutzt. (vgl. de Bono, 1996, S. 168) „Die Random Input-Technik ist zweifellos hervorragend geeignet, neue Gedankenketten und Ideen zu entwickeln, auf die man durch logische Konstruktion oder analytische Prozesse nie gekommen wäre“ (de Bono, 1996, S. 172). Auch in anderen Bereichen, wie z. B. im Dienstleistungsbereich, bei der Entwicklung von Haushaltsprodukten, bei Prozess- und Sozialinnovationen u. a. kann sie verwendet werden. Die Durchführung erfolgt im Team.

Varianten der Random Input-Technik sind die → Reizwortanalyse, die → Bisoziationstechnik und die → Galeriemethode.

Lit.: De Bono, E.: Serious creativity. New York 1992; dt. Ausg.: Serious creativity. Die Entwicklung neuer Ideen durch die Kraft lateralen Denkens. Stuttgart 1996; Ders.: De Bonos neue Denkschule. Kreativer denken, effektiver arbeiten, mehr erreichen, 6. Aufl., München 2014.

Random Word-Technik: eine Kreativitätstechnik nach Edward de Bono (*1933); Assoziationen werden anhand eines Zufallsworts hervorgerufen. Dies kann z. B. durch das willkürliche Aufschlagen eines Wörterbuchs oder Lexikons erfolgen. Bereits 1958 hat Charles S. Whiting eine Technik eingeführt, um durch das Zufallsprinzip aus ungewohnter Perspektive neue und originelle Ideen zu entwickeln. Diese Kreativitätstechnik eignet sich für die Teamarbeit, kann aber auch individuell durchgeführt werden. Ähnliche Techniken sind → Reizwortanalyse (auch Reizwort-Technik), → Reizbild-Analyse, → Superposition, → Forced relationship.

Lit.: De Bono, E.: Serious creativity. New York 1992; dt. Ausg.: Serious creativity. Die Entwicklung neuer Ideen durch die Kraft lateralen Denkens. Stuttgart 1996; Ders.: De Bonos neue Denkschule. Kreativer denken, effektiver arbeiten, mehr erreichen, 6. Aufl., München 2014; Whiting, Ch. S.: Creative thinking. New York 1958.

Rapid Product Development (RPD): Schnelle Produkt-Entwicklung (SPE): In der Zeit beschleunigter Globalisierung ist die Produktneuentwicklung zu einem wichtigen Wettbewerbsfaktor geworden. So entscheiden die Entwicklung neuer Produkte, die schnelle Marktreife und Markteinführung zunehmend über den Erfolg und die Wettbewerbsfähigkeit eines Unternehmens. Bei der Ausführung werden verschiedene konkurrierende Lösungsalternativen aufgezeigt und geprüft. Das erfolgt in parallel verlaufenden Wiederholungsschleifen (Iterationszyklen) und an ihre zeitnahe Anpassung an sich verändernde Marktbedingungen, Kundenwünsche und Erkenntnisfortschritte. Diese Kreativitätstechnik weist Ähnlichkeiten mit dem Evolutionsmodell „Survival of the fittest“ (Überleben der Tüchtigsten) auf.

Durchführung:
Entscheidend sind die zuvor gesetzten Maßstäbe, wie Kosten, Haltbarkeit, Funktion, Aussehen u. a. Diese Maßstäbe entscheiden über die einzelnen Lösungsvarianten und über die Auswahl für die abschließende Entwicklungsphase. Ein wichtiger Aspekt dieser Kreativitätstechnik ist die Herstellung und das Testen von einfachen Prototypen. Diese werden in kürzester Zeit und ohne hohen Kostenaufwand hergestellt. Dadurch werden Vor- und Nachteile einer Entwicklungsidee schnell erkannt. Ohne größere Budgetverluste können diese Entwürfe auch wieder verworfen werden, wenn die Testergebnisse negativ sind. Die wichtigsten Kriterien sind:

1. Konzentration auf frühe Entwicklungsphasen;
2. parallele Entwicklung alternativer Lösungskonzepte;
3. schnelle Wiederholungsschleifen über kurze Zeiträume von der Konstruktionsidee bis hin zur Bewertung;
4. späte Festlegung und Spezifikation des Endprodukts;
5. schnelle Herstellung von physischen, virtuellen und hybriden Prototypen;
6. frühes Feedback der Ergebnisse;
7. Optimierung der erfolgsrelevanten Faktoren: Kosten, Zeit und Qualität. (vgl. Müller-Prothmann/Dörr, [3]2014, S. 47)

Vorteile:
Die Kreativitätstechnik »Rapid Product Development« verkürzt die Entwicklungszeit eines Produkts und erlangt dadurch die schnellere Marktreife von Neuprodukten.

Nachteile:
Verzögert sich die Entwicklung eines Produkts, besteht das Risiko, dass sich Entwicklungsziele, Kundenanforderungen oder die Marktlage ändern. Trotz einer schnelleren Innovationsdynamik müssen die differenzierten Kundenwünsche berücksichtigt werden. Die erfolgreiche Umsetzung der einzelnen Konzepte und Methoden wird jedoch maßgeblich von einer neuen Struktur des Gestaltungs- und Entwicklungsprozesses bestimmt. Diese Technik stellt hohe Anforderungen an den Moderator bzw. Trainer oder Innovationscoach sowie an das Team und erfordert Fachkenntnisse über die Marktlage und über die Kundenanforderungen.

Einsatzmöglichkeiten:
»Rapid Product Development« ist ein Teilgebiet der Produktionsautomatisierung. Dadurch können neue Produkte schneller entwickelt und eingeführt werden. Angesichts des zunehmenden globalen Wettbewerbsdrucks gewinnt diese Technik an Bedeutung. Ein Spezialgebiet dazu ist das »Rapid Micro Product Development (RMPD)«, das in den 1990er Jahren von dem deutschen Unternehmen microTEC speziell für Mikrobauteile entwickelt wurde. Dieses international patentierte Verfahren ermöglicht die Herstellung von dreidimensionalen Bauteilen direkt aus den CAD-Daten, ohne dabei Werkzeuge einzusetzen. In gleicher Weise werden auch multifunktionale Systeme in Serie angefertigt. Diese Kreativitätstechnik eignet sich für die Teamarbeit.

Lit.: Bullinger, H.-J.: Forschungs- und Entwicklungsmanagement: Simultaneous Engineering, Projektmanagement, Produktplanung, Rapid Product Development. Wiesbaden, Berlin, New York 2013; Cooper, R. G./Edgett, S. J.: Lean, rapid, and profitable. New product development. Burlington 2009; Götzen, R.: Die Freiheit der werkzeuglosen Fertigung. In: Mikroproduktion. Nr. 2, 2008, S. 47–50; Müller-Prothmann, T./Dörr, N.: Innovationsmanagement. Strategien, Methoden und Werkzeuge für systematische Innovationsprozesse. München [3]2014; Radeka, K./Johnson, R.: High velocity innovation: How to get your best ideas to market faster. Franklin Lakes, New Jersey/USA 2019.

Rapid Prototyping: die schnelle Entwicklung von Prototypen für neue Produkte und Serviceleistungen, aber auch, um neue Ideen, Entwürfe und erste Ausführungen eines Produkts zu testen und weiterzuentwickeln. Diese Technik wurde in den 1980er Jahren entwickelt. Dabei handelt es sich um ein Teilgebiet der Produktionsautomatisierung, das die Beschleunigung des Entwicklungsprozesses beinhaltet. Bei den Produktmustern werden mehrere Arten unterschieden:

- Papier-Prototypen: Skizzen und Zeichnungen auf Papier;
- physische Prototypen: handgefertigte Modelle aus Holz, Legobausteinen, Knetmasse o. ä. Mit Hilfe von 3D-Druckern können aus computergenerierten Daten schichtweise physische Modelle (Prototypen) für die Testphase hergestellt werden, so dass das Produktdesign bereits originalgetreu erzeugt wird.
- virtuelle Produktmuster: vorstellbare, künstliche Entwürfe, Videos;
- hybride Modellstrukturen: Sie ermöglichen einen schnellen Wechsel zwischen physischen und virtuellen Modellen und nutzen die Vorteile beider Varianten. Hybride Prototypen bilden die Grundlage für neue Produktgestaltungs- und intelligente Digitalisierungsstrategien.

Durchführung:

1. Eine Idee für ein neues Produkt oder für eine innovative Dienstleistung, die z. B. bei einem → Brainstorming entwickelt wurde, wird ausgewählt. Dazu werden ein oder mehrere Prototypen hergestellt, die diese Idee darstellen. Die Aufgabe kann im Team gelöst werden, indem jeder ein Modell baut. Danach werden die Entwürfe miteinander verglichen, wobei Gemeinsamkeiten und Unterschiede festgestellt werden. Die Schwerpunkte werden bei der ersten Ausführung eines Produkts meist unterschiedlich gesetzt.
2. Testphase: Der Prototyp wird geprüft. Es geht um die praktische Erprobung, wie der Kunde das Entwurfsmodell beurteilt. Dies kann bei einer Straßenumfrage erfolgen, bei anderen Mitarbeitern im Unternehmen oder bei Freunden und Familienangehörigen. Diese sollen den Prototyp kritisch begutachten, was ihnen daran gefällt oder nicht gefällt, was man daran verbessern müsste. Bei diesem Eignungsverfahren sollte der Entwickler die Reaktionen der Testpersonen zunächst nur aufmerksam beobachten, dazu nur wenig Informationen preisgeben, um den Tester nicht in eine bestimmte Richtung zu lenken. Das hilft, um viele Kundeninformationen zu sammeln. Die Erkenntnisse aus den Prototypen lassen sich visuell leichter vermitteln. So können die Tests z. B. gefilmt werden, um die Leistung von Prototypen zu dokumentieren. Sehen Sie sich diese Aufzeichnungen wiederholt an. Wie haben Sie gefragt? Welche Antworten haben Sie

erhalten? Achten Sie dabei auch auf die Mimik und Gestik. Haben die Testpersonen ihre ehrliche Meinung gesagt? Diese Methode ist auch hilfreich, um einen neuen Service am Kunden zu testen.

3. In dieser Phase wird das Feedback der Testpersonen gemeinsam im Team ausgewertet. Nach der Testphase geht die Entwicklung der Prototypen in den nächsten Zyklus. Das bedeutet das Lernen am Objekt und die Konstruktion neuer Prototypen, um das Gelernte einzubeziehen und erneut zu testen. Welche neuen Ideen sind dadurch entstanden? So werden die Ideen nahe am Kunden kontinuierlich weiterentwickelt. (vgl. Eppler, Hoffmann, Pfister, 2017, S. 172 f.) „Prototypen sollten nur so viel Zeit, Aufwand und Geld kosten, wie nötig ist, um hilfreiches Feedback zu liefern und eine Idee weiterzuentwickeln. Je ›ausgereifter‹ ein Prototyp erscheint, desto unwahrscheinlicher ist es, dass seine Schöpfer Feedback ernst nehmen oder davon profitieren. Ziel des Prototypenbaus ist nicht das fertige Produkt. Der Prototyp dient dazu, die Stärken und Schwächen der Idee zu ergründen und zu erkennen, in welche Richtungen sich weitere Prototypen entwickeln könnten“ (Brown, 2011, S. 18).

Vorteile:
Das „Rapid Prototyping“ hat den Vorteil, schnell Ideen zu entwickeln, diese zu testen, das Kundenfeedback einzuholen und die Ideen weiterzuentwickeln. Fehlerquellen können bereits in den frühen Phasen der Produktentwicklung entdeckt und korrigiert werden. Diese Technik liefert bei der Suche nach Lösungen schnelle Ergebnisse und erhöht die Wettbewerbsfähigkeit durch eine höhere Produktvielfalt bei gleichbleibend hoher Qualität und dennoch geringeren Betriebskosten. Das erfolgt auf Grund einer günstigen Lagerhaltung und wegfallender Ersatzteillogistik. Es entstehen Produkte, die auf die Kundenwünsche abgestimmt werden. Auch können zeitnahe Anpassungen an sich verändernde Marktbedingungen vorgenommen werden.

Nachteile:
„Die Prototypen, die ›entwickelt‹ werden, sind nicht perfekt. Sie sind noch weit vom fertigen Produkt oder Service entfernt …“ (Eppler, Hoffmann, Pfister, 2017, S. 172).

Einsatzmöglichkeiten:
Die Kreativitätstechnik „Rapid Prototyping“ eignet sich vor allem für die Entwicklung neuer Produkte und Serviceleistungen, aber auch, um neue Ideen, Entwürfe und erste Ausführungen eines Produkts zu testen und weiterzuentwickeln. Diese Technik hilft dabei, um herauszufinden, welche Ideen am Markt erfolgreich sein könnten. Durch die schnelle Entwicklung einfacher Prototypen und das kontinuierliche Testen und Verbessern der Ideen findet man heraus, was die Kunden wirklich brauchen. (vgl. Eppler, Hoffmann, Pfister, 2017, S. 175)

Zur schnellen Herstellung von Prototypen, Werkzeugen und Fertigprodukten werden additive Fertigungsverfahren eingesetzt. Dazu werden unterschiedliche Materialien genutzt, z. B. Polymere, Metalle, Keramiken, Papier u. a. Wichtige Anwendungsgebiete sind die Konstruktionstechnik, Fertigungstechnik, Bekleidungsindustrie und Medizintechnik, aber auch in der Kunst, Architektur und Archäologie kann das „Rapid Prototyping“ angewendet werden. Diese Kreativitätstechnik eignet sich für die Arbeit im Team.

Varianten des „Rapid Prototyping“ sind: „Rapid Tooling“, die schnelle Herstellung von Werkzeugen, und „Rapid Manufacturing“, die schnelle Anfertigung von Bauteilen und Fertigprodukten. → Virtual Prototyping

Lit.: Berger, U., Hartmann, A., Schmid, D.: 3D-Druck – Additive Fertigungsverfahren: Rapid Prototyping, Rapid Tooling, Rapid Manufacturing. Haan-Gruiten [2]2019; Bertsche, B./Bullinger, H.-J. (Hrsg.): Entwicklung und Erprobung innovativer Produkte – Rapid Prototyping. Grundlagen, Rahmenbedingungen und Realisierung. Berlin, Heidelberg, New York 2007; Brown, T.: Change by Design: How Design Thinking transforms organizations and inspires innovation. New York 2009; Ders.: Designer als Entwickler. In: Harvard Business Manager. Edition 2/2011: Kreativität. Wie Sie Ideen entwickeln und umsetzen, S. 16–25; Eppler, M. J./Hoffmann, F./Pfister, R. A.: Creability. Gemeinsam kreativ – Innovative Methoden für die Ideenentwicklung in Teams. Stuttgart [2]2017; Fastermann, P.: 3D-Druck/Rapid Prototyping: Eine Zukunftstechnologie – kompakt erklärt. Berlin/Heidelberg 2012; Dies.: 3D-Drucken: Wie die generative Fertigungstechnik funktioniert. Berlin/Heidelberg 2014; Gebhardt, A.: Rapid Prototyping – Werkzeuge für die schnelle Produktentstehung. München [2]2000; Kumar, V.: 101 Design methods. A structured approach for driving innovation in your organization. Hoboken 2012; Stickdorn, M./Schneider, J.: This is Service Design Thinking. Amsterdam 2012; Trapp, W. G.: Von Prototypen zur Produktion. Industriethemen-Fachberichte. München 2007.

Reduktionstechnik (technique of reduction): Bei dieser Technik erfolgt die Komprimierung und Konzentration auf das Wesentliche. Es ist eine gezielte Radikalkur, um die Probleme und die Informationsflut auf die wichtigsten Fakten und Details zu reduzieren. Die klare und prägnante Problembeschreibung hat die größte Ausdruckskraft. Dadurch werden die Assoziationsabläufe intensiviert und die Vorstellungskraft wird verstärkt. (vgl. Scheitlin, 1993, S. 278) Es kommt darauf an, den Problemen auf den Grund zu gehen, um das Wesentliche zu erkennen und verständlich zu beschreiben.

Wichtige Fragen hierbei sind:

- Was ist das Ziel?
- Wie formulieren wir es leicht fassbar?
- Wie gehen wir planerisch richtig vor?
- Welche Personen müssen für die Problemlösung gewonnen werden?
- Wie motivieren wir sie am besten?
- Was ist entscheidend für den Nutzen?
- Was ist erstrangig und was ist zweitrangig?
- Was wird der Kunde, der Endverbraucher am meisten gewichten? Was ist für ihn am Wichtigsten?
- Wie gehen wir am sichersten vor? Welcher Weg ist der Effizienteste?
- Mit welcher Argumentation verkaufen wir die Idee am wirksamsten?

Diese Fragen sind eine Orientierungshilfe bei der Reduktion und Konzentration auf das Wesentliche und Vordringliche. Die Erziehung zum Kern des Problems muss für den Kreativen zu einer Art Geisteshaltung werden. Um den Kern des Problems schnell zu erfasssen, sind Disziplin und Wahrnehmungsvermögen erforderlich, die richtige Reihenfolge ist zu beachten, und das Verhältnis zwischen Aufwand und Ergebnis zu berücksichtigen. (vgl. Scheitlin, 1993, S. 277 f.) Die Durchführung erfolgt im Team.

Lit.: Scheitlin, V.: Kreativität – das Handbuch für die Praxis. Zürich 1993.

Reizbildanalyse (stimulating picture analysis): auch Reizbild-Methode, visuelle Konfrontation oder Visuelle Bildkarten-Stimulation (VIBIS). (vgl. Luther, 2013, S. 262) Die Methode basiert auf dem Prinzip der Bisoziation bzw. der Zufallsmethode. Anstelle von Begriffen, wie bei der → Reizwortanalyse, kommt hier die Bildsprache zum Einsatz. Zufällig ausgewählte Abbildungen werden frei assoziiert, um einen neuen Kontext herzustellen.

Es sind „Reizbilder“, die mit dem Thema nichts direkt zu tun haben und die die Phantasie der Teilnehmer anregen sollen.

Die Reizbildanalyse wurde gemeinsam von Horst Geschka (*1938), Götz R. Schaude (*1943) und Helmut Schlicksupp (1943–2010) am Battelle-Institut in Frankfurt am Main entwickelt. (vgl. Schaude, 2010, S. 386)

Dazu gibt es drei unterschiedliche Ansätze:

1. Die von Geschka, Schaude und Schlicksupp entwickelte Technik arbeitet mit vorgegebenen konkreten Bildmotiven.
2. Eine Variante, die von dem französischen Psychosoziologen Guy Aznar entworfen wurde, arbeitet mit vorgegebenen abstrakten Bildmotiven. → Synapse
3. Eine Schülerin von Guy Aznar, Natacha Dagneaud, lässt die Teilnehmer mit Collagen aus Zeitschriftenmotiven arbeiten.

Durchführung:
Zu 1:
Die von Geschka, Schaude und Schlicksupp entwickelte Reizbildanalyse hat folgendes Ablaufschema:

1. In der Mitte des Tisches werden sogenannte „Reizbilder“ ausgelegt oder an den Wänden aufgehängt. Welches Motiv bei den Teilnehmern die meisten Emotionen, Gedanken und Assoziationen auslöst, wird ausgewählt und besprochen.
2. Freies Assoziieren: Die Anregungen, Gedanken, Einfälle und Gefühle, die das ausgewählte Motiv auslöst („Reizbild-Elemente“) werden stichwortartig notiert (z. B. auf Karteikarten), anschließend auf einer Pinnwand angebracht und übersichtlich gruppiert.
3. Die Ideen und Vorschläge werden nun einzeln besprochen und auf mögliche Bezugspunkte zu der Aufgabenstellung hinterfragt. Es findet also eine Rückkopplung (bisoziative Verbindung) statt. Durch die Verknüpfung werden Analogien gebildet, die nach den üblichen, routinierten Denkmustern nicht zusammengehören. Das gesuchte Problem wird somit in einen neuen Kontext gestellt. Die Analogien werden schriftlich festgehalten und anschließend ausgewertet, um daraus Lösungsmöglichkeiten zu erkennen. (vgl. Brunner, 2008, S. 275–282)

Zu 2:
Die Variante des französischen Psychosoziologen Guy Aznar hat folgende Phasen der Durchführung:

1. Er zeigt den Teilnehmern abstrakte Bilder und lässt sie zu einer vorgegebenen Aufgabe Lösungen aus den Motiven ableiten (z. B. „Entwickeln Sie einen neuen Duschkopf! – Die Lösung steckt im Bild!“).
2. Da die Teilnehmer keine konkrete Struktur im Bild erkennen, versuchen sie Lösungen in das abstrakte Bild hineinzuprojizieren. Dies regt unbewusst ihre Phantasie und ihre Vorstellungskraft an, die mit der Aufgabenstellung in Beziehung gesetzt wird. (vgl. Schaude, 2010, S. 388)

Zu 3:
Natacha Dagneaud hat ebenfalls die Bedürfnisse der Kunden analysiert. Ihr Ansatz lässt die verbraucherspezifischen Bedürfnisse unbewusst in die Ideenfindung der Teilnehmer einfließen. Diese Kreativitätstechnik ist für Aufgaben geeignet, bei denen sich der Hersteller durch intensives Einbringen der Kundenwünsche von anderen Wettbewerbsanbietern absetzen will.

1. Die Teilnehmer erhalten eine konkrete Aufgabenstellung, z. B. „Was sollte ein innovativer Duschkopf können?“
2. Die Teilnehmer erhalten Zeitschriften, die sie unter Zeitdruck durchblättern müssen, um nach Motiven zu suchen, die mit der Aufgabenstellung in einem möglichen Zusammenhang stehen. Der Zeitdruck beim Auswählen der Motive erfolgt deshalb, damit das Team nicht lange überlegen kann und ihr Unterbewusstsein die Auswahl trifft.
3. Die Motive werden aus den Zeitschriften herausgerissen und an das Moderatorenteam übergeben. Diese entwickeln daraus Collagen, die sie den Teilnehmern als Anreiz zur Ideenfindung zeigen.
4. Diese Methode ist allerdings mit einem hohen organisatorischen Aufwand verbunden. (vgl. Schaude, 2010, S. 389 f.)

Vorteile:
Die Reizbildanalyse bedarf geringer Vorbereitung und ist auch für größere Gruppen geeignet. Durch die Bildsprache können innovative Anregungen ausgelöst werden, so dass diese Technik eine relativ hohe Erfolgsaussicht bietet. Der Gedankenaustausch und das freie Assoziieren durch die „Reiz-

bild-Elemente" fördern das Zusammenwirken des Teams. Die Gruppe kann zur Vorbereitung auch zunächst Ideen in einem Brainstorming-Verfahren sammeln.

Nachteile:
Die Anwendung dieser Methode und die Auswahl der verwendeten Motive erfordern vom Moderator viel Erfahrung. Das Finden geeigneter Analogien für die Problemlösung kann mitunter sehr zeitaufwendig sein und setzt bei allen Teilnehmern Bereitschaft und Offenheit voraus. Eine falsch ausgewählte Motivwahl kann sich kreativitätshemmend auswirken.

Einsatzmöglichkeiten:
Diese Methode bietet sich für technische und kreative Fragestellungen und Probleme an. Sie kann auch zur Anwendung kommen, wenn besonders originelle Ideen gesucht werden oder komplizierte Aufgaben zu lösen sind. Diese Kreativitätstechnik eignet sich für die Teamarbeit. → visuelle Synektik

Lit.: Brunner, A.: Kreativer denken. Konzepte und Methoden von A-Z. Lehr- und Studienbuchreihe Schlüsselkompetenzen. München 2008; Geschka, H.: Visual confrontation – A creative technique for stimulating ideas through pictures. In: Richards, T. et al. (Eds.): Creativity and innovation: Learning from practice. Delft (TNO) 1991, pp. 121–123; Geschka, H./ Schaude, G. R./Schlicksupp, H.: Modern techniques for solving problems. In: Chemical Engineering, vol. 80, 1973, no. 18, pp. 91–97; Dass. in: Portraits of complexity. Applications of systems methodologies to societal problems. Battelle Monograph. Columbus (Ohio) 1975, pp. 1–7; Luther, M.: Das große Handbuch der Kreativitätsmethoden. Wie Sie in vier Schritten mit Pfiff und Methode Ihre Problemlösungskompetenz entwickeln und zum Ideen-Profi werden. Bonn 2013; Schaude, G.: Ideenfindung mit Konfrontationstechniken. In: Harland, P. E./Schwarz-Geschka, M. (Hrsg.): Immer eine Idee voraus. Wie innovative Unternehmen Kreativität systematisch nutzen. Lichtenberg (Odw.) 2010, S. 383–391.

Reizwortanalyse (stimulating word analysis or random entry: eigtl. zufälliger Zugang); auch Reizwort-Technik, Lexikon-Methode, Katalog-Methode oder Warenhaus-Methode genannt, weil bei dieser Technik, wie in einem Kaufhaus zwischen den Gegenständen aller Art ausgewählt wird. Dabei werden die Merkmale und Besonderheiten dieser Waren mit dem gesuchten Problem in Beziehung gesetzt. Die Reizwortanalyse wurde um 1972 von den Innovationsberatern Horst Geschka (*1938) und Götz R. Schaude (*1943) am

Battelle-Institut in Frankfurt am Main entwickelt. Diese Methode ist in den USA unter der Bezeichnung → Forced Relationship bekannt. (Schlicksupp, 1995, S. 191)

Als Vorläufer dieser Technik kann der britische Naturforscher Francis Galton (1822–1911) gelten. Er hatte den Assoziationsversuch entwickelt, eine Methode der experimentellen Psychologie und der psychologischen Diagnostik, die u. a. der Erforschung gedanklicher Verknüpfung von Vorstellungen sowie einzelner Fragen der Denkpsychologie dient. Dabei werden einer Person einzelne Reizwörter vorgesprochen. Daraufhin soll sie jeweils mit dem ersten ihr dazu einfallenden Wort reagieren.

Bei dieser Technik wird das Zufallsprinzip angewandt. Die Methode basiert auf der „erzwungenen", ungewohnten bzw. zwangsläufig hergestellten Verknüpfung zwischen Gegenständen, Ideen und Produkten, die auf den ersten Blick keinerlei Beziehungen zueinander haben. Man öffnet ein Wörterbuch, ein Lexikon oder einen Katalog und wählt daraus zufällig ausgewählte Begriffe. Durch dieses spontane Aufschlagen wird ein Reizwort gefunden, dass mit dem gesuchten Problem meist gar nichts zu tun hat, sondern aus einem völlig fremden Bereich kommt, z. B. aus der Pflanzenwelt, aus dem Tierreich oder aus der Technik. Durch Assoziation und Analogiebildung wird versucht, einen Lösungsvorschlag zu finden bzw. neuartige Ideen zu entwickeln. Dabei notiert man alle Möglichkeiten, die zu dem betreffenden Reizwort einfallen. Danach sucht man sich das nächste Reizwort heraus, denn es kommt auf die Vielfalt möglicher Einfälle an, die zur Ideenfindung beitragen. Diese auf Zufall basierende Reizwort-Suche kann mehrmals wiederholt werden.

Durchführung:
Es empfiehlt sich folgende Vorgehensweise:

1. schriftliche Definition des Problems;
2. Suche nach problemfremden Reizwörtern. Zufällig ausgewählte Begriffe werden aus einem Nachschlagewerk ausgewählt.
3. Die Reizwörter werden nach bestimmten Merkmalen, Prinzipien und Strukturen analysiert, also nach Eigenschaften, die mit diesen Reizwörtern in Verbindung gebracht werden.
4. Zwischen den Kriterien der Reizwörter und dem gesuchten Problem werden Analogien und Beziehungen hergestellt, die der Lösungsfindung dienen sollen. Die gefundenen Merkmale, die Ähnlichkeiten aufweisen, werden auf das gesuchte Problem übertragen.

Vorteile:
Die Reizwortanalyse kann ohne jeglichen Aufwand betrieben werden. Reizwörter können ein Denkanstoß sein, um die Ideenflüssigkeit und unbewusste Denkprozesse zu aktivieren und die Lösungssuche in völlig neue Richtungen zu lenken. Mit dieser Technik wird die geistige Flexibilität trainiert, um festgefahrene Denkmuster zu durchbrechen.

Götz R. Schaude weist darauf hin, dass es vorteilhafter ist, wenn die Begriffe (Reizwörter) vom Team selbst vorgeschlagen werden, als wenn sie zufällig aus einem beliebigen Text oder aus einem Lexikon stammen (Lexikon-Methode). „Die Identifikation der Teilnehmer und ihre Bereitschaft, mit den Reizwörtern zu arbeiten, ist bei den selbst erdachten wesentlich höher, als wenn sie aus fremden Quellen stammen. Wichtig ist vor allem, dass es sich um Gegenstände und nicht um abstrakte Begriffe handelt; denn nur Gegenstände liefern die nötigen Reize“ (Schaude, 2010, S. 385).

Nachteile:
Ein zufällig aufgeschlagener Begriff im Wörterbuch ist selbstverständlich kein Ersatz für kreatives Denken und gesundes Urteilsvermögen. Manche Teilnehmer fühlen sich gehemmt, ungewöhnliche Assoziationen zu äußern. Bei dieser Technik sollte eine längere Eingewöhnungsphase eingeplant werden. Es wird „eine strukturgebende Moderation benötigt, um in der Phase des Rücktransfers ein zu starkes Abdriften der Beiträge ins Uferlose zu verhindern“ (Blumenschein/Ehlers, 2007, S. 115).

Einsatzmöglichkeiten:
Diese Kreativitätstechnik eignet sich für technische oder verfahrenstechnische Lösungen für neue Produkte oder Verfahren, zur Ideenfindung bei der Suche nach neuen Konzepten, bei der Produktplanung, im Marketingbereich, in der Werbung, für Produktnamen, Werbebotschaften, in der Unternehmensplanung und im Dienstleistungsbereich.

Bei der Reizwortanalyse wird das Zufallsprinzip angewandt. Es handelt sich gewissermaßen um ein planvolles Herbeiführen von Zufällen. Diese Kreativitätstechnik eignet sich für die Arbeit im Team. → Bisoziation, → Random Input-Technik, → Superposition

Lit.: Blumenschein, A./Ehlers, I. U.: Ideen managen. Eine verlässliche Navigation im Kreativprozess. Leonberg 2007; Brunner, A.: Kreativer denken. Konzepte und Methoden von A-Z. Lehr- und Studienbuchreihe Schlüsselkompetenzen. Oldenbourg Verlag München 2008; Bugdahl, V.: Kreatives Problemlösen (=

Reihe Management), Würzburg 1991; Geschka, H.: Techniken der Zukunft, Heft 2, 1972; Geschka, H./Reibnitz, U. v.: Kreativität in der Werbung. München 1977; Dies.: Die Szenario-Technik – ein Instrument der Zukunftsanalyse und der strategischen Planung. In: Töpfer, A./Afheldt, H. (Hrsg.): Praxis der strategischen Unternehmensplanung. Landsberg am Lech [2]1986, S. 125–170; Geschka, H./ Schaude, G. R./Schlicksupp, H.: Modern techniques for solving problems. In: International studies of management & organization, 1976/77, pp. 45–63; Schaude, G.: Kreativitäts-, Problemlösungs- und Präsentationstechniken. Eschborn [3]1995; Schaude, G.: Ideenfindung mit Konfrontationstechniken. In: Harland, P. E./Schwarz-Geschka, M. (Hrsg.): Immer eine Idee voraus. Wie innovative Unternehmen Kreativität systematisch nutzen. Lichtenberg (Odw.) 2010, S. 383–391; Schlicksupp, H.: Führung zu kreativer Leistung. So fördert man die schöpferischen Fähigkeiten seiner Mitarbeiter (Praxiswissen Wirtschaft; 20), Renningen-Malmsheim 1995; Zobel, D.: Kreatives Arbeiten. Methoden – Erfahrungen – Beispiele. Renningen 2007.

Reizwort-Technik → Reizwortanalyse

Relevanzbaum (relevance-tree): „Ein Ordnungsschema, das Einflüsse und Abhängigkeiten zwischen Ereignissen und Entwicklungen der Zukunft abbildet“ (Knieß, 1995, S. 125); eine Variante des → Problemlösungsbaums mit integriertem Bewertungsverfahren (vgl. Schlicksupp, 1989, S. 99). Beim Relevanzbaum-Verfahren wird für den zu lösenden Problembereich eine Systematik entwickelt, die sich von übergeordneten zu untergeordneten Gesichtspunkten verzweigt und Details aufzeigt, d. h. es wird nach wichtigen und weniger bedeutsamen Kriterien sortiert. Die Abstufung erfolgt nach der Bedeutung des jeweiligen Beitrags für die Erreichung des Hauptziels. Dadurch wird das Problem allmählich immer detaillierter in einzelne Elemente aufgefächert. Dabei wird in jeder Stufe eine Bewertung der Alternativen vorgenommen, z. B. in bezug auf die ökonomische Bedeutung, auf die Dringlichkeit, technische Realisierbarkeit o. ä. Dies dient dem Ziel, um zu Planungsmaßnahmen oder Diversifikationsrichtungen, zur Definition von Forschungsobjekten oder -bereichen zu gelangen.

Der Relevanzbaum vermittelt durch seine grafische Darstellungsform einen hohen Informationsgehalt. Durch logische Verknüpfungen wird angestrebt, die Bedeutung jedes Mittels zur Verwirklichung eines Ziels darzustellen. Die Knoten im Relevanzbaum stellen die Ziele bzw. die Mittel zur Erreichung dieser Ziele dar und dessen Kanten die Beziehungen zwischen den Zielen und Mitteln. Miteinander vergleichbare Ziele oder

Mittel werden auf einer Ebene angeordnet. Durch die Verbindungen zwischen den einzelnen Ebenen ergeben sich die Relevanzbeziehungen. Die Bewertung der einzelnen Elemente erfolgt nach ihrer Wichtigkeit (Relevanz) zur vorangegangenen Ebene. Im Unterschied zum → Morphologischen Kasten, der nur die Kombinationsmöglichkeiten aufzeigt, veranschaulicht der Relevanzbaum, wie mit Hilfe von Teillösungen eine Gesamtlösung erreicht werden kann.

Durchführung:

1. Analyse: Die Einzelziele, Merkmale sowie die Kriterien eines Problems werden aufgelistet.
2. Die gesammelten Informationen werden im Team nach der Wichtigkeit oder in einer hierarchischen Ordnung gegliedert. Dazu wird eine Baumstruktur mit Verästelungen gewählt.
3. Bewertung gleichrangiger Ziele oder ähnlicher Merkmale. Die Angaben können in Prozentzahlen erfolgen. Ein Merkmal wird mit einer hohen Prozentzahl bewertet, wenn es für das Hauptziel sehr wichtig ist. (vgl. Gawlak, 2014, S. 98)

Vorteile:
Mit dieser Methode soll eine ganzheitliche Problemsituation widergespiegelt werden.

Nachteile:
Die Nachteile dieser Methode sind der hohe Zeitaufwand, den eine Relevanzbaum-Analyse erfordert, die Schwierigkeit, alle Faktoren und Einflussgrößen zu formulieren und darzustellen.

Einsatzmöglichkeiten:
Das Relevanzbaum-Verfahren eignet sich für Strukturierungs-, Bewertungs- und Auswahlprobleme bzw. für die Lösung komplexer, innovativer Analyseprobleme, die nicht eindeutig beschrieben sind, d. h. bei denen die vorgegebene Zielstellung undifferenziert ist. Dazu gehören z. B.:

1. Prognosen über künftige politische, soziale und wirtschaftliche Situationen.
2. Vorhersagen über die technische Entwicklung.
3. Die Formulierung von Zielen und Mitteln und die Herleitung eines hierarchischen Systems zwischen diesen.

4. Die Bewertung der ermittelten Ziele und Mittel.
5. Die Auswertung (vgl. Knieß, 1995, S. 125).

Die Relevanzbaum-Analyse wird vorwiegend für die Ideenbewertung verwendet, z. B. bei der Bewertung konkurrierender Entwicklungsprojekte sowie im militärischen Bereich. Dort dient sie als Grundlage für Planungsmodelle (z. B. bei der NASA). Die Durchführung erfolgt im Team. → Sequentielle Morphologie

Lit.: Gawlak, M.: Kreativitätstechniken im Innovationsprozess. Von den klassischen Kreativitätstechniken hin zu webbasierten kreativen Netzwerken. Hamburg 2014; Knieß, M.: Kreatives Arbeiten. Methoden und Übungen zur Kreativitätssteigerung (Beck-Wirtschaftsberater), München 1995; Schlicksupp, H.: Innovation, Kreativität und Ideenfindung (Management-Wissen), Würzburg ³1989; Schröder, M.: Heureka, ich hab's gefunden! Kreativitätstechniken, Problemlösung und Ideenfindung. Herdecke/Bochum 2005.

Rhizom-Modell (rhizome-model): von Rhizom (griech.): Wurzelstock, bewurzelter unterirdischer Spross. Diese Kreativitätstechnik wurde in den 1970er Jahren von dem französischen Philosophen Gilles Deleuze (1925–1995) und dem französischen Psychiater und Psychoanalytiker Félix Guattari (1930–1992) entwickelt. Das Prinzip beruht auf dem Netzwerk. Statt eines hierarchisch strukturierten Baum-Modells entwarfen sie nach dem Vorbild der Botanik das Modell vernetzter Strukturen. Sie begründeten auch das philosophische Konzept der Rhizomatik.

„Bestimmte wurzellose Pflanzen sind über Rhizome im Boden verbunden. Maiglöckchen, Ingwer oder Farbengras haben jeweils ein Flechtwerk, bei dem alle Pflanzen untereinander verbunden sind“ (Aerssen/Buchholz, 2018, S. 682). Im Rhizom-Modell werden ständig neue Stränge und Fasern in einer riesigen Vielfalt produziert. Diese Menge und Variationsbreite entspricht den Hyperlinks des World Wide Web. Diese Hyperlink-Struktur ermöglicht eine Anordnung, um die Vielfalt und die Vernetzung des menschlichen Wissens in seiner Gesamtheit aufzuzeigen. Es ist eine interaktive Form, die sich gerade durch die Mitwirkung der Benutzer weiterentwickelt.

Das Internet ist ein multidimensionaler Hyperraum von Informationen. Die Netzwerke repräsentieren den Trend von linearen Texten hin zu nichtlinearen Hypermedien mit einer gigantischen Anzahl von Querverweisen. Das Internet ermöglicht somit das Eintauchen in neue Wissenswelten, ganz im Sinne des Rhizom-Modells von Gilles Deleuze und Félix Guattari, denn es ist ein gigantisches Netzwerk und hat eine rhizomatische Struktur. Es hat keinen Anfang und kein Ende. Es gibt auch keinen Ist-Zustand, sondern es befindet sich in ständiger Veränderung. (vgl. Schmidt, 1999, S. 11 f.)

Auch Unternehmen müssen sich ständig verändern, um im globalen Wettbewerb zu bestehen. Alle Bereiche bzw. Abteilungen eines Unternehmens sind miteinander verbunden, und die Mitarbeiter arbeiten dennoch unabhängig voneinander.

Durchführung:
Die Durchführung erfolgt in vier Phasen:

1. Sie stehen vor oder in einem Veränderungsprozess. Überprüfen Sie, ob Sie die bisherige Entwicklung Ihres Projekts oder Ihres Unternehmens als Baum-Modell wahrnehmen!
2. Stellen Sie das Baum-Modell in Frage. Wie verändert sich das Bild Ihres Projekts oder Unternehmens, wenn Sie die Sichtweise des Rhizom-Modells anwenden?
3. Stellen Sie fest, wo und wie Elemente untereinander verknüpft sind, wenn Sie alles „horizontal“ betrachten. Was ist bereits miteinander verbunden? Was könnte sich zukünftig gegenseitig beeinflussen, wenn dezentrale Bewegungen in alle Richtungen zugelassen werden?
4. Stellen Sie sich den Veränderungsprozess als einen ständigen Wandel und Umschwung vor. (vgl. Aerssen/Buchholz, 2018, S. 682)

Vorteile:
Das Rhizom-Modell ist eine Alternative zum hierarchisch strukturierten Baummodell und dient der Analyse von Problemen. Es bietet die Möglichkeit, Abläufe und Veränderungen zu erkennen, um daraus Schlussfolgerungen zu ziehen. Das Rhizom-Modell erzeugt Prognosen und Ableitungen, hilft bei Entscheidungen, Bewertungen und beim Feedback. Es macht die Zusammenhänge sichtbar, schafft für den Erfolg den erforderlichen Realitätsbezug und verhindert einseitige Bewertungen und Entscheidungen. Das Rhizom-Modell ist flexibel und bietet optimale Veränderungsmöglichkeiten und Querverbindungen. Es vermittelt eine andere Arbeitseinstellung und Wertorientierung ohne Hierarchien.

Nachteile:
Bei dieser Methode sind die Anforderungen für die Teilnehmer hoch.

Einsatzmöglichkeiten:
Das Rhizom-Modell eignet sich für Unternehmer, Konsumforscher, Mediengestalter, Webdesigner, Computer-Spezialisten und Computer-Freaks, Performer u. a. Die Durchführung erfolgt im Team.

Lit.: Aerssen, B. v./Buchholz, Ch. (Hrsg.): Das große Handbuch Innovation. 555 Methoden und Instrumente für mehr Kreativität und Innovation im Unternehmen. München 2018; Deleuze, G./Guattari, F.: Rhizom. Berlin 1977; Schmidt, A. P.: Der Wissensnavigator. Das Lexikon der Zukunft. Stuttgart 1999.

Ringtauschtechnik → Methode 6-3-5

Risikoanalyse (risk analysis): ein Teilprozess des Risikomanagements in Projekten. Die Risikoanalyse umfasst:

1. Risikoidentifikation
2. Risikobewertung
3. Risikodokumentation

Die Risikoanalyse im Projektmanagement wird meist auf der Grundlage der Stakeholderanalyse bzw. der Umfeldanalyse erstellt. Aus diesen Daten wird die Risikostrategie erarbeitet sowie die Risikoüberwachung und Risikosteuerung während der Projektausführung.

Nach der → PMI-Methode (Plus – Minus – Interesse) kann eine qualitative und eine quantitative Risikoanalyse unterschieden werden. Die qualitative Risikoanalyse ordnet die Risiken nach Priorität für eine weitere Analyse oder Aktion. Die quantitative Risikoanalyse umfasst den Prozess der numerischen Analyse der Auswirkungen identifizierter Risiken auf die gesamten Projektziele. (vgl. Motzel, 2006, S. 190) Vor allem bei Projekten mit hohem Investitionsvolumen ist es erforderlich, rechtzeitig die Risikoidentifizierung und die Risikobewertung durchzuführen sowie geeignete Maßnahmen zu ergreifen, damit das Projekt nicht gefährdet ist. Wenn Probleme zu spät erkannt werden, kann dies dazu führen, dass das Risikomanagement in ein Krisenmanagement umschlägt. Es gilt, alle denkbaren Risiken möglichst zu erfassen und aufzulisten. Dazu dienen Risikokataloge oder Risikochecklisten aus früheren Projekten, die auf Erfahrungswerten beruhen. (vgl. Pionczyk et al., 2011, S. 208 f.) Die Durchführung erfolgt im Team.

Lit.: Motzel, E.: Projektmanagement Lexikon. Begriffe der Projektwirtschaft von ABC-Analyse bis Zwei-Faktoren-Theorie. Weinheim 2006; Pionczyk, A. in Zusammenarbeit mit der Dudenredaktion: Projektmanagement. Mannheim, Zürich 2011.

Roadmapping (von roadmap: Straßenkarte): ein Analyseverfahren, um Projekte, Aktivitäten und Strategien in konkrete Entwicklungsphasen umzusetzen. Roadmapping ist der Blick nach vorn, über den Betrachtungszeitraum hinaus. „Dabei werden die derzeit bekannten Technologien und Produktfamilien in die Zukunft fortgeschrieben und als Generationenfolge dargestellt. Man versucht möglichst präzise abzuschätzen, zu welchem Zeitpunkt notwendige Komponenten verfügbar sind und gebraucht werden" (Stuckenschneider/Schwair, 2011, S. 768).

Durchführung:

1. Zunächst werden alle Arbeitsschritte aufgelistet.
2. Festlegung der Aufgabenverteilung
3. Die Abhängigkeiten zwischen diesen Elementen werden definiert.
4. Festlegung der Reihenfolge und Organisationsstruktur
5. zeitlicher Prozessablauf
6. Festlegung der Meilensteine, Rückkopplungsschleifen, Hürden und Abhängigkeiten (Müller-Prothmann/Dörr, 2014, S. 70).

Vorteile:
Roadmapping ist das Bindeglied zwischen langfristiger Strategie und operativer Projektarbeit.

Nachteile:
Der Nachteil besteht darin, dass sich mit dieser Technik Diskontinuitäten und Entwicklungssprünge nicht vorhersagen lassen. „Bildlich gesprochen, ›fährt‹ man beim Roadmapping auf einer gut ausgebauten Straße, sieht allerdings wenig von dem, was anderswo stattfindet – und vor allem weiß man nie, ob die Straße nicht plötzlich endet und man nicht längst einen anderen Weg hätte einschlagen sollen" (Stuckenschneider/Schwair, 2011, S. 768).

Einsatzmöglichkeiten:
Das Roadmapping eignet sich zur mittel- und langfristigen Planung und Bewertung von Ideen und Innovationsprojekten. Mit Hilfe dieser Methode können Produkte, Dienstleistungen und Technologien entwickelt werden. Diese Kreativitätstechnik eignet sich für die Arbeit im Team.

Lit.: Müller-Prothmann, T./Dörr, N.: Innovationsmanagement. Strategien, Methoden und Werkzeuge für systematische Innovationsprozesse. München [3]2014; Stuckenschneider, H./Schwair, Th.: Strategisches Innovations-Management bei Siemens.

In: Albers, S./Gassmann, O. (Hrsg.): Handbuch Technologie- und Innovationsmanagement. Wiesbaden [2]2011, S. 757–774.

RTSC-Konferenz (Real Time Strategic Change): strategischer Wandel in Echtzeit bzw. in kurzer Zeit; 1994 von Kathleen Dannemiller, Chuck Tyson und Al Davenport entwickelt; eine komplexe Technik zum Verbessern der Zusammenarbeit oder Überprüfen von Visionen, Zielen, Werten und Programmen. Das Hauptaugenmerk der RTSC-Konferenz ist auf die Problemorientierung gerichtet, ähnlich wie bei der → Zukunftswerkstatt. Diese Methode beruht auf der Erkenntnis, dass der Wandel bzw. die Veränderung dann gelingt, wenn bei den Teilnehmern ein positives Spannungsfeld zwischen dem negativen Istzustand und dem positiven Soll-Zustand erzeugt werden kann, d. h. wenn die Mitarbeiter selbst aus dieser Spannung heraus die ersten Schritte zur Veränderung planen, wenn dabei eine große Übereinstimmung zwischen Führungskräften und Mitarbeitern besteht und wenn es gelingt, die Beteiligten für die strategischen Ziele des Unternehmens zu gewinnen.

Das Grundanliegen der RTSC-Konferenz besteht in der Erkenntnis, dass erst die Unzufriedenheit der Mitarbeiter mit dem Ist-Zustand, also mit der bisherigen Situation, die Voraussetzung für Veränderungen ist. Dabei ist eine gemeinsame Informationsbasis herzustellen, die Teilnehmer sind aufzurütteln, und der Wandel ist gemeinsam in Angriff zu nehmen. Die gesamte Belegschaft sollte dabei einbezogen werden, um gemeinsam die Verantwortung zu übernehmen. Diese Methode erfordert in der Vorbereitung eine präzise Ausschreibung.

Durchführung:
Der Ablauf erfolgt in drei Phasen:

1. Aufrütteln: Die Unzufriedenheit mit der bisherigen Situation wird festgestellt. Für alle Teilnehmer wird eine gemeinsame Informationsbasis hergestellt.
2. Die Identifikation mit den Zielen wird angestrebt (Werte, Schlüsselprojekte, Strategien). Die Parameter dazu werden z. B. aus Best-Practice-Beispielen abgeleitet.
3. Erarbeitung der Umsetzung: konkret erreichbare Nahziele festlegen, einen Maßnahmenplan und die Selbstverpflichtung der Mitarbeiter fördern und einfordern.

Vorteile:
Die RTSC-Konferenz fördert Aufbruchstimmung, Tatendrang und Teamgeist. Der Ablauf kann an die konkrete Situation des Unternehmens flexibel angepasst werden. Der Leitgedanke besteht darin, ein hohes Maß an Selbstbeteiligung und Begegnung auf allen hierarchischen Ebenen herzustellen.

Diese Methode betrachtet die Organisation und ihr Umfeld aus verschiedenen Perspektiven. Damit wird die Dringlichkeit von Veränderungen leichter nachvollziehbar. Die Teilnehmer spüren – im Rahmen der vorgegebenen Ziele – ein hohes Maß an Mitbestimmung. Sie können ihre Ideen und Vorschläge engagiert und zielorientiert einbringen.

Nachteile:
Die Organisation ist sehr hierarchisch aufgebaut. Die Unternehmensführung gibt Thema, Ziel und den Ablauf vor und steckt die Rahmenbedingungen ab. Die Vorbereitungsmaßnahmen und die Durchführung der RTSC-Konferenz sind sehr zeitintensiv; z. B. die Vorbereitung der Präsentationen. Es besteht auch ein großer Platz- bzw. Raumbedarf. Mitunter ist auch eine spezielle, externe Moderation erforderlich. (vgl. Luther, 2013, S. 403–407)

Einsatzmöglichkeiten:
Die RTSC-Konferenz dient zum Aufrütteln, zum Entwerfen von Visionen und zum Planen der ersten Schritte und hat das Ziel, einen schnellen Wandel zu ermöglichen. Diese Kreativitätstechnik eignet sich für Gruppen und Großgruppen.

Lit.: Luther, M.: Das große Handbuch der Kreativitätsmethoden. Wie Sie in vier Schritten mit Pfiff und Methode Ihre Problemlösungskompetenz entwickeln und zum Ideen-Profi werden. Bonn 2013.

S

Sandwich-Brainstorming: eine Variante des klassischen → Brainstorming, bei der die Phasen der gemeinsamen und der individuellen Ideenproduktion abwechseln.

Durchführung:

1. Im Team wird nach neuen Ideen gesucht. Diese werden in einen Ideenspeicher übertragen.
2. Auf der Basis des gesammelten Materials produziert jeder Teilnehmer individuell seine Vorschläge und Ideen.
3. Diese Phase erfolgt wieder in Teamarbeit. Die Ergebnisse werden in der Arbeitsgruppe vorgestellt, diskutiert und weiterentwickelt. (vgl. Schröder, 2005, S. 157)

Bei dieser Kreativitätstechnik findet ein Wechsel zwischen Einzel- und Teamarbeit statt.

Lit.: Schröder, M.: Heureka, ich hab's gefunden! Kreativitätstechniken, Problemlösung und Ideenfindung. Herdecke/Bochum 2005.

SCAMPER-Technik (scamper technique; von scamper: herumhüpfen, (herum)tollen, umherlaufen, hasten, ausreißen, davonlaufen; ein Akronym von **S**ubstitute, **C**ombine, **A**dapt, **M**odify, **P**ut to other uses, **E**liminate und **R**everse (= ersetzen, kombinieren, anpassen, verändern, eine andere Verwendungsmöglichkeit finden, entfernen und umkehren). Die SCAMPER-Technik wurde 1997 von Bob Eberle entwickelt und stellt eine Variante der → Osborn-Checkliste dar.

Durchführung:

1. Der Moderator stellt die Technik vor und erläutert den Teilnehmern, wie die Checkliste bearbeitet werden soll.
2. Die einzelnen Elemente der Checkliste (ersetzen, kombinieren, anpassen, verändern, eine andere Verwendungsmöglichkeit finden, entfernen und umkehren) werden im Team nacheinander durchgearbeitet, um dazu Ideen und Lösungsvorschläge zu entwickeln.

3. Die Team-Mitglieder erarbeiten eine abschließende Analyse, die als Ausgangspunkt für die weitere Ideenfindung dient.

Die einzelnen Fragen bzw. Schritte, z. B. bei der Suche nach der Neugestaltung eines Produkts, sind:

Substitute:	das Produkt oder Elemente des Produkts durch etwas anderes austauschen; Frage: Was lässt sich ersetzen?
Combine:	das Produkt bzw. die Produkteigenschaften mit anderen kombinieren;
Adapt:	Welche Teile kann man umstellen, anpassen?
Modify:	Was kann man verändern? (z. B. Größe, Form, Farbe des Produkts)
Put to other uses:	eine andere Verwendungsmöglichkeit finden, z. B. das Produkt für neue Anwendungsbereiche oder Märkte nutzbar machen;
Eliminate:	Welche Merkmale, Funktionen oder Elemente könnte man entfernen, um das Produkt auf das Wesentliche zu reduzieren?
Reverse:	Was könnte man umkehren, ins Gegenteil verkehren?

Vorteile:
Die SCAMPER-Technik dient der Ideenfindung und kann Kreativitätsblockaden überwinden. Es müssen auch nicht zu allen Punkten der Checkliste Ideen gefunden werden, denn auch selektiv angewandt liefert diese Technik sehr gute Ergebnisse. (vgl. Aerssen/Buchholz, 2018, S. 686) Die SCAMPER-Technik ist auch mit anderen Kreativitätstechniken kombinierbar, wie → Brainstorming oder → Mind Mapping.

Nachteile:
Die Durchführung dieser Technik ist oft mit Anfangsschwierigkeiten verbunden. Die Erarbeitung der einzelnen Elemente der Checkliste sollte nicht zu früh beendet werden, um möglichst zahlreiche Ideen und Komponenten zu generieren.

Einsatzmöglichkeiten:
Die SCAMPER-Technik eignet sich für die Projektarbeit sowie für die Weiterentwicklung von Produkten oder Lösungen. Die Schlüsselwörter bzw. die gezielten Fragen sollen die Ideenfindung und die Lösungssuche erleichtern. Diese Kreativitätstechnik eignet sich für die Arbeit im Team.

Lit.: Aerssen, B. v./Buchholz, Ch. (Hrsg.): Das große Handbuch Innovation. 555 Methoden und Instrumente für mehr Kreativität und Innovation im Unternehmen. München 2018; Boos, E.: Das große Buch der Kreativitätstechniken. München 2007; Brunner, A.: Kreativer denken. Konzepte und Methoden von A-Z. Lehr- und Studienbuchreihe Schlüsselkompetenzen. München 2008; Eberle, B.: Scamper. Creative games and activities for imagination development. Waco, Texas. Prufrock Press 1997; Schröder, M.: Heureka, ich hab's gefunden! Kreativitätstechniken, Problemlösung und Ideenfindung. Herdecke/Bochum 2005.

Schwachstellen-Brainstorming (brainstorming of weaknesses; brainstorming of weak spot): eine Variante des klassischen → Brainstorming, bei der die Teilnehmer zunächst die mangelhaften Abschnitte der Problemsituation untersuchen, um daraufhin eine geeignete Lösung zu finden.

Durchführung:

1. Problembeschreibung
2. Analysieren Sie gemeinsam im Team die Ursachen und Schwachstellen des Problems. Erstellen Sie dazu einen Schwachstellen-Katalog, z. B. als → Ishikawa-Diagramm (Ursache-Wirkungs-Diagramm).
3. Anschließend suchen Sie neue Ideen und Lösungsansätze, um die mangelhaften Problembereiche zu beheben. Sind diese sehr umfangreich, empfiehlt es sich, einzelne Themengebiete zunächst in kleinen Gruppen zu bearbeiten und deren Lösungsvorschläge anschließend im Plenum zur Entscheidungsfindung vorzustellen. Auch hierbei gilt, die kreative Phase der Ideensuche konsequent von der Phase der Bewertung zu trennen, d. h. die Einhaltung der Brainstorming-Regeln. Dabei soll zunächst keine Bewertung und Kritik der Vorschläge stattfinden. Erst danach erfolgt eine qualitative Sichtung der vorgeschlagenen Lösungsideen durch eine Jury, wobei die besten Ideen strukturiert und weiterentwickelt werden. Die Trennung zwischen der Phase der Ideenfindung und der Bewertungsphase hat sich in der Praxis bewährt.
4. Die Lösungsvorschläge werden von der gesamten Gruppe bewertet und bei Bedarf ergänzt.
5. Phase der Umsetzung. Dazu erstellen Sie einen Tätigkeitskatalog, in dem Sie festhalten, welche konkreten Schritte für die Umsetzung der Lösung erforderlich sind. (Aufgabenverteilung an die einzelnen Mitarbeiter mit detaillierten Terminvorgaben).

Vorteile:
Mit Hilfe dieser Kreativitätstechnik können praktische Lösungen gefunden werden, um die Schwachstellen einer Problemsituation zu erkennen und zu beseitigen.

Nachteile:
Bei dieser Technik ist das Suchfeld eingeschränkt. Der Blick auf die Schwachstellen führt mehr zu konventionellen Lösungen.

Einsatzmöglichkeiten:
Das Schwachstellen-Brainstorming dient der Ursachenermittlung von Qualitäts-, Organisations- und Ablaufproblemen und eignet sich zur Qualitäts- und Produktverbesserung. Es kann überall dort zum Einsatz kommen, wo Lösungen gesucht werden, um konkrete Mängel zu beseitigen. (vgl. Schröder, 2005, S. 161–163) Die Durchführung erfolgt im Team.

Lit.: Schröder, M.: Heureka, ich hab's gefunden! Kreativitätstechniken, Problemlösung und Ideenfindung. Herdecke, Bochum 2005.

SCORE: eine Technik zur Konfliktlösung und Situationsanalyse. Sie wurde 1987 gemeinsam von Robert B. Dilts und Todd Eppstein entwickelt. SCORE ist ein Akronym und steht für die Bezeichnung:

Symptoms:	Symptome
Cause:	Ursache
Outcome:	Ergebnis, Resultat
Resources:	Ressourcen bezeichnet die Mittel, die benötigt werden, um das Ziel zu erreichen.
Effects:	Auswirkungen, Folgen (vgl. Luther, 2013, S. 137 f.)

Durchführung:
Die Faktoren, die eine Situation herbeigeführt haben (z. B. Ausgangsbedingungen, Personen, Informationen und Ressourcen), werden detailliert untersucht, ausgewertet und in die Konfliktlösung einbezogen.

1. ***Symptoms:*** Symptome bezeichnen die Aspekte des jeweiligen Konflikts, die bewusst wahrgenommen werden. Die Fragen, die in dieser Phase zu beantworten sind, lauten: „Wo stehen wir im Moment?" – „Was ist in Ordnung bzw. was ist nicht in Ordnung?"
2. ***Cause:*** Ursachenforschung. Es wird Aufschluss darüber gesucht: „Welche Aspekte oder Details sind der Anlass für den Konflikt?" – „Welche sind für das Zustandekommen der Symptome verantwortlich?"

3. ***Outcome:*** Ergebnis. „Welcher Zustand soll erreicht werden?“ – „Was ist das Ziel?“ Es erfolgt eine Untersuchung der Aspekte für die persönliche und gemeinsame Zielfindung, die positiv, konkret und eigenverantwortlich formuliert werden soll. Für das Ziel wird ein gemeinsamer Nenner, ein Symbol gesucht, z. B. ein Slogan, Wahrzeichen, Gegenstand, eine Farbe, ein Klang oder ein Wir-Gefühl.
4. ***Resources:*** Ressourcen sind die Mittel, die benötigt werden, um das Ziel zu erreichen, z. B. die Fähigkeiten, Stärken, Potenziale. – Resourcefulness bedeutet Einfallsreichtum, Ideenreichtum. Dabei wird gefragt: „Wie kann jeder Mitarbeiter dazu beitragen, den Konflikt zu lösen?“ – „Gab es in der Vergangenheit bereits ähnliche Situationen und wie wurden sie gelöst?“
5. ***Effects:*** Auswirkungen. Hier werden mögliche Reaktionen und Folgen benannt, die bei der Erreichung des Zieles auftreten können. „Wie wirkt sich die Lösung auf das Umfeld und auf die Beteiligten aus, kurzfristig und langfristig?“ – „Wer oder was ist davon noch betroffen?“ – „Was müsste eventuell noch geändert werden, damit die Lösung von allen Beteiligten akzeptiert wird?“ (vgl. Luther, 2013, S. 137 f.).

Vorteile:
Mit Hilfe der SCORE-Technik können im Falle einer Konfliktsituation die Ursachen analysiert und nach gemeinsamen Lösungen gesucht werden.

Einsatzmöglichkeiten:
Diese Technik kann in schwierigen Situationen und Konflikten angewandt werden, um das Betriebsklima zu verbessern. Der Kreativitätsforscher und Ideencoach Michael Luther (*1958) bezeichnet SCORE als „Einzel-, Partner- und Gruppentechnik“ (Luther, 2013, S. 137).

Lit.: Dilts, R. B. et al.: Know-how für Träumer – Strategien der Kreativität. Paderborn 1994; Luther, M.: Das große Handbuch der Kreativitätsmethoden. Wie Sie in vier Schritten mit Pfiff und Methode Ihre Problemlösungskompetenz entwickeln und zum Ideen-Profi werden. Bonn 2013.

Scribbeln: von scribble: kritzeln, Gekritzel; eine spontane Visualisierungstechnik, um Ideen, Einfälle und Geistesblitze schnell zu skizzieren, ohne Anspruch auf Perfektion. Es „ist das schnelle Umreißen einer visuellen Idee“ (Ambrose/Harris, 2013, S. 76). Die Inspiration wird hierbei zunächst ungefiltert und ungeprüft in einer Rohzeichnung festgehalten.

„Kreative sind leidenschaftliche Scribbler“ (Weidenmann, 2010, S. 123). Berühmt sind z. B. die Skizzenbücher des italienischen Malers, Bildhauers, Ingenieurs und Naturforschers Leonardo da Vinci (1452–1519). Technische Erfindungen späterer Zeit nahm er gedanklich vorweg und stellte sie in Skizzen dar (z. B. U-Boot, Taucherglocke, Fallschirm und Hubschrauber). Er begründete damit die wissenschaftliche und technische Zeichnung. Seine Skizzen vom Vogelflug sind gewissermaßen Momentaufnahmen. Sie entstanden in der Absicht, ihn für den Menschen technisch nutzbar zu machen.

Zahlreiche Kreative skizzieren, um ihre Einfälle, Ideen und Geistesblitze rasch festzuhalten. „Die Skizze kann eine visuelle Idee für ein Design oder ein Designelement schnell vermitteln und während des gesamten Designprozesses eingesetzt werden“ (Ambrose/Harris, 2013, S. 76). „Skizzen sind ein Denkwerkzeug im Designprozess, sie umreißen erste Ideen auf der Makro- und Mikroebene“ (Ambrose/Harris, 2013, S. 78). Dabei kommt es nicht auf die zeichnerische Genauigkeit der Darstellung an. Die Reinzeichnung erfolgt erst danach.

Durchführung:
Zuerst entsteht die Idee. Sofort wird sie bildlich dargestellt (visualisiert). Es entsteht dadurch ein Rückkopplungseffekt. Man betrachtet die Skizze und bemerkt, dass sie die Idee noch nicht genau wiedergibt. Man korrigiert sie oder fertigt eine neue Skizze an. Diese kann wiederum eine neue Idee auslösen. Auch sie entsteht als Scribble auf dem Papier. Ohne diese Zeichnung wäre der Prozess anders verlaufen. Die Scribble-Technik beruht also in der Dynamik von Denken – Zeichnen – Schauen – Denken – Zeichnen – Schauen usw. (vgl. Weidenmann, 2010, S. 124)

1. Zum Scribbeln wird ein schwarzer Stift mit dünner Spitze empfohlen, ein Fineliner, Pinselmarker oder ein Bleistift mit integriertem Radiergummi. Zusätzlich ist ein farbiger Stift (rot oder grün) bereitzulegen.
2. Die Papiergröße sollte im DIN-A4- oder DIN-A3-Format sein. Für erste Rohentwürfe können aber auch kleinere Notizblöcke oder weiße Papiertücher verwendet werden. Darauf kann jeder Teilnehmer auf seinem Platz scribbeln, aber auch Ideen und Stichpunkte notieren.
3. Die Scribbler denken nicht lange nach, sondern beginnen sofort zu skizzieren, wenn ihnen ein Einfall kommt.

4. Die kreativen Profis „scribbeln ständig, wenn sie etwas erklären oder Unterschiede verdeutlichen wollen. Reden und zugleich Scribbeln ergänzen sich perfekt“ (Weidenmann, 2010, S. 124).

Vorteile:
Scribbeln ist eine visuelle Darstellung der entwickelten Ideen. Potenzielle Produkt- oder Designlösungen werden schnell skizziert. Zahlreiche Designer nutzen auch Grafiktabletts, iPhone drawings oder iPhone paintings, statt Bleistift und Papier, um digital zu skizzieren. Die digital skizzierten Ideen können gespeichert, archiviert und an den Auftraggeber verschickt werden. (vgl. Ambrose/Harris, 2013, S. 76)

Nachteile:
Scribbeln dient nicht in erster Linie der Ideenfindung, Ideenbewertung oder –umsetzung, aber diese Technik „ist ein Tool für kreative Prozesse“ (Weidenmann, 2010, S. 123).

Einsatzmöglichkeiten:
Die Scribble-Technik wird vor allem gern von Designern sowie in der Werbebranche genutzt. Der Designer kann skizzieren, wie er sich die Zielgruppe vorstellt. Daraus kann ein Skizzenbuch entstehen. Eine detaillierte Skizze kann auch die Grundlage für einen Prototyp bilden. Diese Kreativitätstechnik kann sowohl individuell als auch im Team durchgeführt werden.

Lit.: Ambrose, G./Harris, P.: Design Thinking: Fragestellung, Recherche, Ideenfindung, Prototyping, Auswahl, Ausführung, Feedback. München [2]2013; Frank, H.-J.: Ideen zeichnen. Ein Schnellkurs für Trainer, Moderatoren und Führungskräfte. Weinheim, Basel 2004; Krisztian, G./Schlempp-Ülker, N.: Ideen visualisieren: Scribble – Layout – Storyboard. Mainz 2004; Weidenmann, B.: Handbuch Active Training. Die besten Methoden für lebendige Seminare. Weinheim, Basel [2]2008; Weidenmann, B.: Handbuch Kreativität. Ein guter Einfall ist kein Zufall! Weinheim und Basel 2010.

Sechs Denkhüte → Hutwechsel-Methode

6 W-Fragetechnik → W-Fragen

Semantische Intuition (semantic intuition): auch Kombi-Methode; eine Kreativitätstechnik, bei der durch die Kombination einzelner Wörter oder Wortteile neue Begriffe entstehen und dadurch Anregungen für neue Ideen gewonnen werden. Diese Technik wurde etwa 1972 von Helmut Schlicksupp (1943–2010) entwickelt.

Semantik ist die Lehre von der Bedeutung der Wörter. Die semantische Intuition beruht darauf, dass man mit bestimmten Begriffen eine bildliche Vorstellung verbindet.

Durchführung:
Diese Kreativitätstechnik wird in sieben Schritten durchgeführt:

1. Das Problem wird zunächst beschrieben und analysiert.
2. Anschließend werden spontane Lösungen gesucht und notiert, z. B. Assoziationen zu einem Produkt, wozu Sie Wörter suchen, die Ihnen zum Problembereich einfallen. Jeder Begriff wird z. B. auf Karten festgehalten, wobei Sie für jedes Wort eine neue Karte nehmen.
3. Die Karten werden verdeckt auf einen Stapel gelegt. Wenn Sie etwa 20 Begriffe haben, ziehen Sie zwei Karten aus dem Stapel und kombinieren Sie diese Begriffe. Versuchen Sie daraus eine Lösung für Ihr Problem zu finden. Die Begriffe (sogenannte Reizwörter) können Sie mit Hilfe einer Zeitschrift, eines Lexikons, Katalogs oder Handbuchs sammeln. Es können sowohl problemfremde Bezeichnungen sein als auch problemnahe oder ähnliche Begriffe. Die gefundenen Begriffe schreiben Sie als Wortliste untereinander oder in die erste Spalte einer Tabelle. Dazu suchen Sie weitere Wörter, die in einer neuen Liste erfasst werden bzw. als zweite Spalte in der Tabelle. Zusammengesetzte Begriffe können Sie teilen.
4. Die Wörter werden beliebig miteinander kombiniert, so dass völlig neue Begriffe entstehen. Notieren Sie jede Lösungsidee, ohne sie zu bewerten. Wenn sich keine Lösung daraus ergibt, nehmen Sie zwei andere Karten vom Stapel und versuchen es erneut. Sie können auch eine dritte Karte als Zusatzkarte ziehen, wenn Ihnen zu den anderen beiden nichts einfällt. Suchen Sie auch nach Wortkombinationen aus anderen Fachgebieten, z. B. aus der Geschichte oder Biologie. Die neu gefundenen Begriffe oder Wortkombinationen werden daraufhin analysiert, ob sie auf das gesuchte Problem übertragen werden können. Eventuell ergeben sich dadurch auch neue Anregungen. Dabei wird geprüft, ob sich hinter diesen Wort-Neuschöpfungen Lösungsansätze für neue Vorschläge oder Produktideen verbergen.
5. Die neu entstandenen Wortbedeutungen stellen Sie sich bildlich vor. Prüfen Sie, ob sich daraus bereits erste Lösungsansätze für Ihr Problem

ergeben. Sie können diese Begriffe einige Zeit auf sich wirken lassen und zur Imaginationsbildung auch entsprechende Musik hören. Halten Sie alle Gedanken und Ideen, die Ihnen dazu einfallen, schriftlich fest.

6. Wenn Sie genügend Ideen dazu entwickelt haben, können Sie diese bewerten. Auch die spontan gefundenen Lösungen werden in die Auswertung einbezogen. Die unbrauchbaren sortieren Sie aus, die geeignet erscheinenden Begriffe erfassen Sie im Ideenspeicher. Die besten Vorschläge werden bei einem Brainstorming bzw. einem Auswertungs-Meeting dem Team bzw. dem Projektleiter vorgelegt.
7. Sie wählen eine Lösung und arbeiten diese detailliert aus. Danach erfolgt die schrittweise Umsetzung der gefundenen Lösung. Dazu können Sie einen Tätigkeitskatalog erstellen. (vgl. Schröder, 2005, S. 195 f.)

Vorteile:
Diese Kreativitätstechnik ist leicht durchzuführen. Fremde, unverbrauchte Reizwörter fördern das interdisziplinäre, grenzüberschreitende Denken, und die ungewohnte Zusammensetzung von Begriffen kann zu überraschenden Ergebnissen führen. Der Kreativitätsforscher Edward de Bono prägte z. B. die Wortkombinationen „Bewegungswert“, „Handlungsdenken“, „Intelligenzfalle“, „Dorfvenus-Effekt“ (de Bono, 2014, S. 215).

Nachteile:
Diese Methode kann sehr zeitaufwendig sein, weil zum gestellten Problem mitunter sehr viele Begriffe miteinander kombiniert werden müssen, bis die zündende Idee gefunden wird. Es wird eine Nachbearbeitung dieser Methode empfohlen, die mindestens im zeitlichen Abstand eines Tages erfolgen sollte.

Einsatzmöglichkeiten:
Diese Kreativitätstechnik eignet sich für Such- und Analyseprobleme, bei der Produktentwicklung, in der Unternehmensplanung, bei Entwurfsplanungen sowie zur Modifizierung von Produkten und Dienstleistungen. Ein bevorzugtes Anwendungsgebiet ist die Werbebranche, zur Findung von Marketing- und Vertriebsideen, wenn z. B. ein Slogan, Name oder Begriff für ein neues Produkt, für eine Dienstleistung oder für ein Unternehmen gefunden werden soll. (vgl. Mencke, 2006, S. 103 f.; Schröder, 2005, S. 194)

Diese Technik kann am PC mit der Excel-Tabelle erstellt werden und eignet sich für Einzel- und Teamarbeit. (vgl. Sartorius, 2010, S. 46 f.)

Lit.: De Bono, E.: De Bonos neue Denkschule. Kreativer denken, effektiver arbeiten, mehr erreichen, 6. Aufl., München 2014; Mencke, M.: 99 Tipps für Kreativitätstechniken. Ideenschöpfung und Problemlösung bei Innovationsprozessen und Produktentwicklung. (Das professionelle 1 x 1). Berlin 2006; Sartorius, V.: Die besten Kreativitätstechniken. New Business Line – Arbeitstechniken. München 2010; Schlicksupp, H.: Innovation, Kreativität und Ideenfindung (Management-Wissen). Würzburg [3]1989; Schröder, M.: Heureka, ich hab's gefunden! Kreativitätstechniken, Problemlösung und Ideenfindung. Herdecke, Bochum 2005; Weidenmann, B.: Handbuch Kreativität. Ein guter Einfall ist kein Zufall! Weinheim und Basel 2010; Zobel, D.: Kreatives Arbeiten. Methoden – Erfahrungen – Beispiele. Renningen 2007.

Sequentielle Morphologie (sequential morphology): sequentiell: schrittweise, nacheinander, aufeinanderfolgend); eine Weiterentwicklung des → Morphologischen Kastens. Bei dieser Kreativitätstechnik werden die Bewertungskriterien bereits zu Beginn des Prozesses in die Lösungsfindung eingebunden. Diese Technik wurde von dem Wirtschaftsingenieur und Unternehmensberater Helmut Schlicksupp (1943–2010) entwickelt.

Durchführung:
Die Durchführung dieser Kreativitätstechnik erfolgt in sieben Stufen:

1. Analyse und Problemerläuterung. Das angestrebte Ziel der Problemlösung muss klar deifiniert werden. Skizzierung aller Faktoren, die mögliche Lösungsansätze enthalten.
2. Festlegung aller wichtigen Parameter. Aus der Aufgabenstellung sind jene Bewertungskriterien abzuleiten, die für die Lösungsfindung qualitativ geeignet erscheinen.
3. Kennzeichnung der Kriterien zur Beurteilung der Lösungsansätze, gemäß ihrer Bedeutung innerhalb der Zielstellung;
4. Bewertung der Einflussfaktoren, also der Kriterien mit Hilfe von Wertziffern (von 0,0 bis 1,0).
5. Es wird ermittelt, inwieweit die Parameter die Kriterien erfüllen. Für jeden Parameter wird ein Wert zwischen 0,0 und 1,0 festgelegt. Das erfolgt in Abhängigkeit jedes Kriteriums. Sind alle Parameter in eine Rangordnung gebracht, beginnt der Aufbau eines Morphologischen Kastens. Die beiden wichtigsten Merkmale hierbei sind: Parameter und deren Ausprägungen.

6. Ermittlung der optimalen Ausprägungskombination der beiden Hauptparameter unter Einbeziehung der Bewertungskriterien. Diese stellt die Kernstruktur der Lösung dar, die noch weiter ausgearbeitet wird.
7. Schrittweise (sequentiell) werden nun die weiteren Merkmale (Parameter) hinzugefügt, entsprechend der Rangfolge und Auswahl der Ausprägungsalternative. Diese Phase wird solange wiederholt, bis alle Merkmale (Parameter) eingruppiert (integriert) sind. Parameter mit sehr niedrigen Wertziffern können ausgesondert werden, denn sie sind für die Lösungsfindung unerheblich. (vgl. Knieß, 1995, S. 114; vgl. Schlicksupp, 1989, S. 87–89)

Vorteile:
Bei der Sequentiellen Morphologie wird das Bewertungsverfahren mit der Struktur eines Morphologischen Kastens verknüpft. Dadurch erhält dieser als Problemlösungsinstrument eine methodische Erweiterung. Daraus ergeben sich folgende Vorteile:

Die Entscheidungsphase wird in den Gesamtablauf integriert. Die wichtigsten Parameter können sicherer und eindeutiger bestimmt werden. Aus der Fülle der morphologisch aufgezeigten Möglichkeiten sind die geeignetsten Lösungen leichter zu identifizieren. Die Bewertung wird frühzeitig in die Lösungsfindung einbezogen. Dadurch entfällt die aufwendige Endauswahl, um die beste Lösung herauszufiltern. (vgl. Schröder, 2005, S. 246)

Die Darstellung ist übersichtlich. Mit Hilfe dieser Technik können auf der Grundlage einer gründlichen Problemanalyse qualitativ hochwertige Lösungen erzielt werden.

Nachteile:
Diese Technik ist relativ aufwendig. Sie bedarf eines fundierten fachlichen Problemwissens.

Einsatzmöglichkeiten:
Die Sequentielle Morphologie ist zur Produktentwicklung und Produktgestaltung geeignet, im Entwicklungs- und Marketingbereich, aber auch für die Bearbeitung sehr komplexer Probleme. Diese Kreativitätstechnik kann sowohl individuell als auch im Team durchgeführt werden.

Lit.: Geschka, H.: Der Ansatz der sequentiellen Morphologie und seine Nutzung im PC-Programm MOSEL. In: Autorenteam (Hrsg.): Erfolg mit Morphologie. Sammelband Nr. 7 der Fritz-Zwicky-Stiftung, Glarus 1993, S. 109–119; Knieß,

M.: Kreatives Arbeiten. Methoden und Übungen zur Kreativitätssteigerung (Beck-Wirtschaftsberater), München 1995; Schlicksupp, H.: Innovation, Kreativität und Ideenfindung (Management-Wissen). Würzburg [3]1989; Schröder, M.: Heureka, ich hab's gefunden! Kreativitätstechniken, Problemlösung und Ideenfindung. Herdecke, Bochum 2005.

SIL-Methode (SIL-method): Abkürzung für »Systematische Integration von Lösungselementen«. Diese Technik wurde 1977 von dem Kreativitätsforscher Helmut Schlicksupp (1943–2010) entwickelt. (Schlicksupp, 1977, S. 119 f.) Sie bildet eine Variante zum → Brainwriting und eignet sich besonders für die Lösung komplexer Probleme. Das Anliegen dieser Methode besteht darin, die Einzelanregungen der Teilnehmer schrittweise zusammenzuführen. Dabei wird die gestellte Aufgabe zunächst einzeln und getrennt bearbeitet. Danach werden alle Ideen und Anregungen nacheinander vorgestellt, wobei eine Verbindung zu allen bisherigen Vorschlägen hergestellt wird.

Durchführung:
Folgende Vorgehensweise wird empfohlen:

1. Zuerst wird die Aufgabenstellung ausführlich analysiert und präzise definiert. Jeder Teilnehmer entwickelt zunächst individuell und möglichst detailliert seine Ideen zum definierten Problem. Dafür werden etwa 10 bis 15 Minuten eingeplant.
2. Der erste Teilnehmer trägt seinen Lösungsvorschlag der Gruppe vor. Er kann ihn in Stichworten erläutern und in Diagrammen, Zeichnungen oder Skizzen optisch veranschaulichen, z. B. auf einer Flipchart oder mit einem Beamer.
3. Danach erfolgt die zweite Präsentation. Die Gruppe entwickelt aus beiden Lösungen eine neue Variante, die möglichst die Vorteile beider Ideen enthält. Nun wird die 3. Idee integriert usw., aber nur Verbesserungen werden zugelassen.
4. Die anderen Teilnehmer versuchen nun diese beiden Vorschläge zu einer gemeinsamen Idee zu verknüpfen, d. h. „aus den Vorzügen der beiden Ideen eine integrierte Lösung höherer Qualität zu bilden", oder sie entwickeln eine neue Variante, die möglichst die Vorteile beider Ideen enthält.
5. Ein weiterer Teilnehmer trägt wieder eine neue Lösungsmöglichkeit vor. Die Gruppe versucht, auch diese mit anderen Ideen zu verbinden.

6. Konzept A wird mit dem neuen Lösungsvorschlag zusammengeführt zu Konzept B.
7. Diese Methode wird solange fortgesetzt, bis eine brauchbare Gesamtlösung gefunden wird. (vgl. Schlicksupp, 1995, S. 183)

Vorteile:
Die SIL-Methode verbindet Einzel- und Gruppenarbeit miteinander. Individuelle und unterschiedliche Vorschläge und Lösungsansätze können zu einem gemeinsamen Ergebnis im Team zusammengeführt werden, wobei die gesamte Gruppe in die Problemlösung einbezogen wird.

Nachteile:
Für den Problemlösungsprozess kann es von Nachteil sein, dass die Teilnehmer auf die bereits vorhandenen Vorschläge fixiert sind. Dadurch ist das Suchfeld für originelle Lösungen eingeschränkt. Ein erfahrener Moderator und gute Teamfähigkeit sind erforderlich. Durch diese Technik werden meist weniger Ideen und Lösungen vorgeschlagen als beim klassischen → Brainstorming, aber diese sind umso ausgereifter.

Einsatzmöglichkeiten:
Die SIL-Methode eignet sich für Analyse-, Such- und Konstellationsprobleme und hilft bei der Verbesserung von Produkten, Verfahren und Prozessen.

Lit.: Hentze, H./Müller, K.-D./Schlicksupp, H.: Praxis der Management-Techniken. München, Wien 1992; Schlicksupp, H.: Kreative Ideenfindung in der Unternehmung. Berlin und New York 1977; Ders.: Innovation, Kreativität und Ideenfindung (Management-Wissen). Würzburg ^{3}1989; Führung zu kreativer Leistung. So fördert man die schöpferischen Fähigkeiten seiner Mitarbeiter (Praxiswissen Wirtschaft; 20), Renningen-Malmsheim 1995.

SMART-Methode (SMART-method): eine Projektmanagement-Technik. Sie wird für die Zieldefinition verwendet, um zu gewährleisten, dass das Ziel eindeutig definiert, messbar, erreichbar, wichtig und zeitlich durchführbar ist. Diese Technik wurde 1981 von George Doran entwickelt. (vgl. Luther, 2013, S. 153) Neben der Problemerkennung und Problemanalyse ist vor allem die Zieldefinition wichtig. Dazu eignet sich die SMART-Formel, die fünf Kriterien enthält. Das Akronym SMART bedeutet:

S = Specific: spezifisch. Das bedeutet, dass das Ziel der Situation angepasst sowie eindeutig und klar definitiert sein muss.

M = Measurable: messbar. Das Ziel muss messbar sein, denn nur messbare Ziele können auch überprüft werden.

A = Attainable: auch achievable: erreichbar, durchführbar. Das A steht auch für attraktiv. Nur attraktive Ziele sind erstrebenswert, erfolgversprechend und entfesseln die intrinsische Motivation. Negativ formulierte Ziele demotivieren und wirken sich kreativitätshemmend aus.

R = Realistic: realistisch. Das R steht auch für relevant. Das Ziel ist für das Unternehmen oder für den Einzelnen bedeutsam.

T = Time-phased (auch als time-bound bezeichnet): terminiert, zeitgebunden, auf einen festgelegten Zeitrahmen bezogen, in dem die Aufgabe erfüllt werden muss. Bei jedem Ziel muss ein konkreter Termin festgelegt werden, bis wann es erreicht sein soll bzw. bis wann einzelne Teilziele realisiert werden sollen. (vgl. Noack, 2005, S. 35; Harmeier, 2009, S. 19)

Das Akronym SMART wurde um zwei Bedeutungen erweitert: **E**xciting und **R**ewarding, so dass auch der Begriff SMARTER verwendet wird. Exciting: erregend im Sinne von Zielen, die eine Herausforderung darstellen, und Rewarding: rentierlich, lohnenswert. Die Beiträge aller Mitwirkenden werden anerkannt. (vgl. McGrath/Bates, [2]2014, S. 352)

Ziele müssen klar definiert, messbar und erreichbar sein. Dabei sind die einzelnen Schritte (Meilensteine) zu beachten, Fristen festzulegen und einzuhalten. Die Ziele sollten mit den Unternehmenszielen übereinstimmen. Rückmeldungen sollen konstruktiv und spezifisch erfolgen, die Selbstwirksamkeitserwartung stärken, bestenfalls regelmäßig informell erfolgen und sich auch auf den Prozess (und nicht nur das Ergebnis) beziehen.

Vorteile:
Ein wesentlicher Vorteil dieser Methode besteht darin, dass sie ziel- und ergebnisorientiert ist (vgl. McGrath/Bates, [2]2014, S. 353). Langfristige Ziele sind die „Wegweiser“. Kurz- und mittelfristige Ziele sind die sogenannten „Aktionsmeilensteine“ (Luther, 2013, S. 153). Die → Zielsetzung gibt der Ideenfindung die Richtung vor, wonach gesucht werden soll.

Nachteile:
Die detaillierte Zielformulierung benötigt Zeit. Kreativen Personen, die vor allem intuitiv ausgerichtet sind, fällt es mitunter schwer, bereits vor Beginn der Ideensammlung das Ziel konkret zu definieren.

Einsatzmöglichkeiten:
Die SMART-Methode eignet sich für strategische Planung, Projektmanagement, Team-Ziele und Leistungskontrollen. Diese Technik dient dazu, das Ziel eines Problemlösungsprozesses konkret festzulegen. (vgl. Luther, 2013, S. 153) Diese Kreativitätstechnik kann sowohl individuell als auch im Team durchgeführt werden. ⟶ Meilensteinplan ⟶ Meilenstein-Technik

Lit.: Harmeier, J.: Originelle Kreativitätstechniken. Kissing 2009; Luther, M.: Das große Handbuch der Kreativitätsmethoden. Wie Sie in vier Schritten mit Pfiff und Methode Ihre Problemlösungskompetenz entwickeln und zum Ideen-Profi werden. Bonn 2013; McGrath, J./Bates, B.: Der 5 Minuten Manager. Die wichtigsten Management-Theorien auf den Punkt. Kulmbach [2]2014; Noack, K.: Kreativitätstechniken. Schöpferisches Potenzial entwickeln und nutzen. Berlin 2005; Oettingen, G.: Die Psychologie des Gelingens. München 2017.

Solo-Brainstorming: auch Einzel-Brainstorming oder individuelles Brainstorming (individual brainstorming). Im Unterschied zum klassischen ⟶ Brainstorming wird diese Kreativitätstechnik individuell durchgeführt. Sie beruht auf dem heuristischen Prinzip der intuitiven Assoziation. Es ist kein Moderator notwendig.

Durchführung:

1. Problemdefinition, Analyse und evtl. Umformulierung des Problems.
2. Formulierung einer Suchfrage.
3. Beginn der Ideensuche. Sie notieren, was Ihnen zur Aufgabenstellung einfällt, um Ihre ersten Gedanken zum vorgegebenen Problem auszuarbeiten. Entwickeln Sie möglichst viele, verschiedene Ideen. Ihre Phantasie kann hierbei zum Finden von Problemlösungen beitragen. Die Anregungen zur Ideenfindung können über persönliche Assoziationsketten, Stichwörter, Reizwörter, Bilder o. ä. erfolgen.
4. Inkubationszeit, gewissermaßen die Bebrütungsphase, in der das „Ausbrüten“ bzw. das Durchdenken des Problems erfolgt. In diesem Stadium werden die einzelnen Gedanken, Informationen und Aspekte eines Problems oft spielerisch und unvoreingenommen, zum Teil auch unbe-

wusst assoziiert. Es erfolgt die Analyse, Informationssammlung und Konzeptbildung, die Problemdefinition und Hypothesenbildung. In diesem Stadium kommt es auch vor, dass das Problem nicht mehr bewusst durchdacht, aber unbewusst weiterbearbeitet wird, also die unbewusste Kombination von Gedanken erfolgt. Deshalb wird dieses Stadium auch als Phase der unbewussten Bearbeitung bezeichnet. Es empfiehlt sich, die Bewertungsphase nicht gleich anzuschließen, sondern damit ein bis zwei Tage zu warten.

5. Ergänzung weiterer Ideen mit anschließender Bewertung. Diese kann nach einigen Tagen erneut überprüft werden, ob sie noch aktuell ist oder ob sich neue Aspekte ergeben.
6. Auswahl der besten Alternative und Erarbeitung der Lösung. (vgl. dazu Schröder, 2005, S. 155)

Vorteile:
Der Vorteil dieser Methode besteht in der örtlichen und zeitlichen Unabhängigkeit. Das eigene Wissen und die eigenen Erfahrungen kommen zur vollen Geltung. Eventuelle Gruppenkonflikte entfallen hierbei. Solo-Brainstorming kann auch am Computer oder Laptop durchgeführt werden. Die Ideen- und Lösungsvorschläge können Sie per E-Mail an andere Personen senden, die Ihre Notizen ergänzen oder weiterentwickeln. (Preiser/Buchholz, 1997, S. 76 f.)

Nachteile:
Von Nachteil ist es, dass die Ideenfindung nicht vom gegenseitigen Austausch innerhalb der Gruppe profitiert, wie beim klassischen Brainstorming.

Einsatzmöglichkeiten:
Das Solo-Brainstorming ist vielseitig einsetzbar, um neue Ideen zu entwickeln. Solo-Brainstorming kann auch mit anderen Kreativitätstechniken kombiniert werden, z. B. mit der → visuellen Synektik.

Lit.: Preiser, S./Buchholz, N.: Kreativitätstraining. Das 7-Stufen-Programm für Alltag, Studium und Beruf. Augsburg 1997; Preiser, S./Buchholz, N.: Kreativität. Ein Trainingsprogramm für Alltag und Beruf. Heidelberg [2]2004; Schröder, M.: Heureka, ich hab's gefunden! Kreativitätstechniken, Problemlösung und Ideenfindung. Herdecke, Bochum 2005.

STAR-Technik (STAR-technique): ein Akronym. Es steht für **S**ituation, **T**ask, **A**ction, **R**esult (Situation, Aufgabe, Handlung, Ergebnis). Bei dieser Technik sollen die eigenen Fähigkeiten hervorgehoben werden, z. B. Flexibilität und Anpassungsfähigkeit. Rückschläge können als Teil einer Geschichte präsentiert werden, die man selbstbewusst erzählen kann.

S = Situation: Schildern Sie Ihre Ausgangssituation;
T = Task (Aufgabe): Legen Sie dar, was Sie tun mussten;
A = Action (Handlung): Beschreiben Sie, wie Sie das Problem gelöst haben;
R = Result (Resultat): Präsentieren Sie das Ergebnis. (vgl. Olson, 2017, S. 115)

Die Durchführung erfolgt im Team.

Lit.: Olson, D. A., unter Mitwirkung von Megan Kaye: Die Psychologie des Erfolgs. Ein praktischer Wegweiser zur Entfaltung der eigenen Potenziale und Stärken. München 2017.

Stop-and-go-Brainstorming → Progressives Brainstorming

Stop-and-go-Technik → Progressives Brainstorming

Storyboarding (von storyboard: „Geschichten-Pinnwand"; im Film und TV, z. B. die Filmstory; eigtl. storybook: Geschichtenbuch: die aus Einzelbildern bestehende Abfolge eines Films zur Erläuterung des Drehbuchs. Diese Methode wurde zuerst 1928 von dem US-amerikanischen Autor und Filmproduzenten Walt Disney (1901–1966) verwendet. Er wollte eine vollständige Animation in seinen Trickfilmen erreichen, was bisher nicht möglich war. Daraufhin wurden die unzähligen Zeichnungen für die Trickfilme in der richtigen Reihenfolge an den Wänden des Studios befestigt. Jede Szene diente als Aufhänger für eine neue Geschichte. Der rasche Überblick über die Szenenfolge reduzierte die Koordinierungsgespräche, erhöhte die Qualität und verschaffte Disney den entscheidenden Wettbewerbsvorteil. Die Szenen konnten jetzt besser beurteilt werden. Die Geschichte (story) wurde gewissermaßen auf einer Tafel (board) erzählt (storyboard). Disneys Mitarbeiter Mike Vance entwickelte daraus die Storyboard-Technik, eine Brainstorming-Variante.

Durchführung:

1. Das Thema bzw. eine Geschichte (die Story) wird an die Wand gepinnt, also auf einem board (Anschlagsbrett, Tafel) mitgeteilt.
2. Die Suche nach der Zielrichtung bzw. nach dem Zweck für ein bestimmtes Thema. Das Ziel wird auf einer Karte notiert.
3. Formulieren von Kopfzeilen (headlines), die wesentlichen Fragen, Merkmale oder Lösungsmöglichkeiten beinhalten. Jede gefundene Überschrift wird notiert und an das Board geheftet.
4. Sonstiges: Hier werden alle Aspekte notiert, die den anderen Kategorien nicht zugeordnet werden können und mitunter eigene Kopfzeilen oder separate Storyboards erfordern.
5. Durchführung eines Brainstormings: Zu jeder Kategorie entwickeln die Teilnehmer Ideen, Vorschläge oder Lösungsansätze und notieren sie auf Karten. Jede Karte wird unter der entsprechenden Rubrik angebracht. Es können auch Lösungen verschiedener Kategorien miteinander kombiniert werden, um als Inspiration für neue Ideen und Einfälle zu dienen.
6. Flexibilität: Storyboards sollen flexibel eingesetzt werden. Wenn die Anzahl der Ideen und Vorschläge zu umfangreich wird, können weitere Kopfzeilen hinzugefügt werden.
7. Der Prozess der Ideenfindung wird so lange fortgesetzt, bis die Gruppe genügend Lösungsvorschläge entwickelt hat oder bis der vorgegebene Zeitrahmen erreicht ist. Ein Storyboard-Brainstorming kann bei Großprojekten auch über einen längeren Zeitraum von einigen Tagen oder Wochen durchgeführt werden, damit die Ideen „ausreifen“, Gestalt annehmen und zur vollen Entfaltung gelangen. (vgl. Michalko, 2001, S. 26 f.)

Diese Kreativitätstechnik beinhaltet einzelne Teilprojekte, z. B. ein

1. - Planungs-Storyboard: Worum geht es? (Aufgabe, Problem, Ziel)
2. - Ideen-Storyboard: Welche Ideen und Lösungsansätze gibt es?
3. - Organisations-Storyboard: Welche Aufgaben müssen erledigt werden? (Aktionsplan)
4. - Kommunikations-Storyboard: Mit wem sind Kontakte zu knüpfen? (z. B. Mitarbeiter, Lieferant, Bank) Welche Kommunikationsmedien sind dafür am besten geeignet, um die Informationen schnell zu vermitteln? (vgl. Luther, 2013, S. 219)

Die Gruppengröße wird mit acht bis zwölf Personen angegeben. Ein Moderator und ein Protokollant sind notwendig. Als Materialien dienen Pinnwände oder Magnettafeln. Zum Hervorheben der Kopfzeilen und Spalten können unterschiedliche Farben verwendet werden. Als Schreibmaterialien dienen große Filzschreiber, Stifte, Kreide, Karteikarten, Post-its u. a.

Vorteile:
Storyboarding hilft, den Gesamtüberblick zu behalten. „So entsteht eine Ideen- und Projektlandschaft, die als roter Faden ein Gesamtprojekt von der Ideenfindung bis zur Umsetzung begleitet" (Luther, 2013, S. 219).

Nachteile:
Ein erfahrener Moderator ist notwendig. Die Technik erfordert ein hohes Maß an Mitarbeit und Motivation, einen großen Zeitaufwand und einen beträchtlichen Materialaufwand.

Einsatzmöglichkeiten:
Diese Kreativitätstechnik eignet sich besonders zum Lösen komplexer Probleme und für große Projektgruppen. Sie kann sich auch über einen längeren Zeitraum hinziehen, z. B. wenn sich das Projekt als Krisenmanagement versteht. (vgl. Higgins/Wiese, 1996, S. 179)

Storyboarding kann in allen Phasen des Problemlösungsprozesses eingesetzt werden, wird aber besonders in der Phase der Entwicklung und Auswahl von Alternativen empfohlen. Wird diese Kreativitätstechnik über einen längeren Zeitraum durchgeführt, empfiehlt es sich, die Storyboards zu fotografieren, um sie bei Bedarf zu einem späteren Zeitpunkt in der gleichen Form wiederherzustellen und weiterzubearbeiten. (vgl. Michalko, 2001, S. 226 f.)

Lit.: Higgins, J. M./Wiese, G. G.: Innovationsmanagement. Kreativitätstechniken für den unternehmerischen Erfolg. Berlin u. a. 1996; Lottier, L. F. Jr.: Storyboarding your way to successful training. In: Public Personnel Management 1986, pp. 421–427; Luther, M.: Das große Handbuch der Kreativitätsmethoden. Wie Sie in vier Schritten mit Pfiff und Methode Ihre Problemlösungskompetenz entwickeln und zum Ideen-Profi werden. Bonn 2013; Michalko, M.: Erfolgsgeheimnis Kreativität. Was wir von Michelangelo, Einstein & Co. lernen können. Landsberg am Lech 2001; Vance, M.: Storyboarding from creativity. A series of audio cassette tapes on creativity, taken from the accompanying booklet to the tape series. Chicago 1982.

Storytelling: eigtl. Geschichtenerzählen; eine Methode des Wissensmanagements, mit der implizite Wissensinhalte in Form von Erfahrungsdokumenten in den Unternehmen dokumentiert und ausgewertet werden. Ziel dieser Methode ist es, bedeutende Ereignisse, z. B. ein erfolgreich verlaufendes Projekt oder erforderliche Umstrukturierungen in der Firma allen Mitarbeiter verständlich und nachvollziehbar zu vermitteln. Durch die Erfahrungsdokumente ist es möglich, Gespräche und Diskussionen und damit auch Lernprozesse anzuregen. Ein Grund dafür ist der erzählende, oft bildhafte und zugleich auch analoge Charakter dieser Methode. Die Geschichten werden in einer verständlichen Sprache verfasst, wecken konkrete Vorstellungen und sind nicht nur rational, sondern auch emotional.

Alle Beteiligten an einem Projekt werden unter dem Aspekt ihrer Erlebnisse, Meinungen und Beobachtungen interviewt. Daraus wird ein Erfahrungsdokument entwickelt, in dem auch die kritischen Punkte und negativen Vorkommnisse benannt werden. Es kann sich z. B. um ein besonders gut oder schlecht gelaufenes Projekt handeln oder um ein anderes Firmenereignis. Kritische Aspekte sind z. B. die hohe Arbeitsbelastung im Projektverlauf, die zahlreichen Überstunden, der Führungsstil des Projektleiters, mangelnde Anerkennung für die Leistungen der Mitarbeiter, die unbefriedigende Unternehmenskultur u. a. Anschließend wird das Erfahrungsdokument in einem Workshop mit allen Beteiligten sowie mit den verantwortlichen Führungskräften der Firma ausgewertet.

Durchführung:
Die Durchführung erfolgt in sechs Phasen:

1. ***Planen:*** Zunächst wird geklärt, welche Zielsetzung mit dem zu erstellenden Erfahrungsdokument im Unternehmen verfolgt werden soll (z. B. Informationen zur Unternehmenskultur, das Wissen über mögliche Schwierigkeiten in der Kommunikation zwischen den Team-Mitgliedern oder bei den Meetings mit externen Partnern). Meist wird ein herausragendes Firmen-Ereignis, z. B. ein Großprojekt ausgewählt, um anhand dieser Erfahrung die Geschichte zu erzählen.
2. ***Interviewen:*** In dieser Phase werden direkt Beteiligte (z. B. der Projektleiter) und indirekt Betroffene (wie Kursteilnehmer oder Lieferanten) zu den ausgewählten Ereignissen interviewt und nach ihren persönlichen Eindrücken, Meinungen und Erlebnissen befragt. Dadurch wird der Sachverhalt aus unterschiedlichen Perspektiven betrachtet. Dazu wird eine Kombination aus erzählenden und halb-

strukturierten Interviews empfohlen. „Die halbstrukturierten Anteile knüpfen mit konkreten Fragen an die verfolgten Zielsetzungen des Unternehmens an; die narrativen Anteile des Interviews geben den Befragten hingegen Raum, neue Aspekte in das Gespräch einzubringen und ihre persönlichen Einstellungen mitzuteilen“ (Neubauer/Erlach/Thier, 2004, S. 352).

3. ***Extrahieren:*** In dieser Phase werden die entscheidenden Aussagen als wörtliche Zitate aus dem Datenmaterial herausgefiltert, den thematischen Schwerpunkten zugeordnet und für das Erfahrungsdokument aufbereitet. Die Zitate sollen die unterschiedlichen Sichtweisen wiedergeben. Als thematische Schwerpunkte gelten Ereignisse und Erzählungen, die in den Interviews immer wieder zum Ausdruck kamen und für die Beteiligten offenkundig eine zentrale Rolle spielten.
4. ***Schreiben:*** Die Themenschwerpunkte werden zu einer aussagekräftigen und glaubwürdigen Geschichte verarbeitet, in der auch emotionale Aspekte eine Rolle spielen, denn das Erfahrungsdokument soll neben den Fakten auch Emotionen auslösen. Es besteht aus mehreren Kurzgeschichten, wobei jede Short Story einen möglichst interessant klingenden Titel erhält. In einem kurzen Vorspann wird erklärt, worum es geht. Der Bericht erfolgt in zwei Spalten. Die rechte Spalte enthält die wörtlichen Zitate der interviewten Personen. In der linken Spalte können die Autoren die Zitate mit provokativen Fragen, erklärenden Erläuterungen oder Meinungen, die zum Nachdenken anregen, kommentieren.
5. ***Validieren:*** Überprüfung der Gültigkeit der Aussagen und Zitate. Der erste Entwurf des Erfahrungsdokumentes geht an alle Beteiligten zurück. Sie erhalten die Gelegenheit, ihre Zitate zu überprüfen, Ergänzungen oder Änderungen vorzunehmen. Dadurch soll die Übereinstimmung des Ergebnisses mit dem tatsächlichen Sachverhalt erzielt werden.
6. ***Verbreiten:*** Nachdem das Erfahrungsdokument von allen Beteiligten gelesen, überprüft und freigegeben wurde, wird der Inhalt gezielt im Unternehmen durch Workshops verbreitet. Unter den Mitarbeitern erfolgt ein Erfahrungs- und Meinungsaustausch. Gemeinsam überlegen sie, wie das Unternehmen aus den Erfahrungen der Vergangenheit Lehren ziehen kann, um sie auch für künftige Projekte zu nutzen. (vgl. Neubauer/Erlach/Thier, 2004, S. 352 f.)

Vorteile:
Die Erfahrungen der Mitarbeiter werden genutzt. Sie kommen zu Wort und erzählen ihre eigene Geschichte. Diese Methode dient der Unternehmenskultur. Es werden Gespräche angeregt, Gewohnheiten in Frage gestellt, die gewonnenen Erkenntnisse reflektiert und dadurch Lernprozesse angestoßen.

Die Kombination von Originalzitaten der Interviewpartner mit Bildern und Analogien ermöglicht es auch nicht leicht zu formulierende Wissensinhalte darzustellen und für eine kritische Auseinandersetzung zu erschließen. Durch die Diskussion der Erfahrungsgeschichte in den Workshops wird das Wissen weitergegeben. Damit unterstützt diese Methode die Wissensgenerierung und Wissenskommunikation in einem Unternehmen. Durch die Auswertung können Erkenntnisse darüber gewonnen werden, warum ein Projekt erfolgreich bzw. nicht erfolgreich war und welche Ursachen, Zusammenhänge und Bedingungen dafür verantwortlich waren.

Die in den Interviews geäußerten Meinungen, Stellungnahmen und Erfahrungen der Mitarbeiter geben Aufschluss über die in der Unternehmenskultur schlummernden Grundhaltungen, Werte und Normen. Während der Durchführung der Storytelling-Methode kann sich Vertrauen entwickeln und festigen, das sich positiv auf das Betriebsklima auswirkt. Das Erfahrungsdokument ist eine authentische, gemeinsam erzählte Geschichte. (vgl. Neubauer/Erlach/Thier, 2004, S. 354 f.)

Das Hauptanliegen der Storytelling-Methode ist jedoch nicht nur die dadurch entstehende Geschichte, sondern vor allem der Erkenntnisgewinn und der Lernprozess für die Mitarbeiter, der dadurch angeregt wird.

Nachteile:
Die Storytelling-Methode verlangt von den Unternehmen die Bereitschaft, ausreichend zeitliche und personelle Ressourcen zur Verfügung zu stellen. Die effektive Anwendung dieser Methode verlangt von den Teilnehmern Offenheit, Vertrauen und Sensibilität. Die Mitarbeiter äußern nur dann offen ihre Meinung, wenn sie ernst genommen werden.

Einsatzmöglichkeiten:
Die Storytelling-Methode wird angewandt, um implizites Wissen und Erfahrungswissen zu wichtigen Vorkommnissen aufzuspüren und in erzählender Form festzuhalten und auszutauschen. (vgl. Neubauer/Erlach/Thier, 2004, S. 351–358) → Storyboarding

Lit.: Friedmann, J.: Storytelling. Einführung in Theorie und Praxis narrativer Gestaltung. utb Stuttgart 2019; Neubauer, A./Erlach, C./Thier, K.: Story Telling – Erfahrungsdokumente zur Weitergabe impliziten Wissens. In: Reinmann, G./Mandl, H. (Hrsg.): Psychologie des Wissensmanagements. Perspektiven, Theorien und Methoden. Göttingen et al. 2004, S. 351–358; Thier, K.: Die Entdeckung des Narrativen für Organisationen. Entwicklung einer effizienten Story Telling-Methode. Hamburg 2004.

Strategie-Analyse (strategic analysis): Sie untersucht die generelle strategische Orientierung sowie das unternehmerische Umfeld und beinhaltet die Konkurrenzanalyse sowie die Branchenstruktur- und Branchendynamikanalyse. Sie liefert auch die Rahmenbedingungen für die Prozess- und Produktinnovationen. Der Wettbewerb der Wirtschaft auf den regionalen, nationalen und globalen Märkten verlangt von den Führungskräften eine kontinuierliche Innovationsfähigkeit und kreative Strategien, um die vorhandenen Potenziale in ihren Unternehmen optimal zu entwickeln.

Der US-amerikanische Managementtheoretiker Michael E. Porter (*1947) ist der Auffassung, dass ein Unternehmen vor allem drei Strategien zielstrebig verfolgen sollte:

1. umfassende Kostenbilanz
2. Differenzierung (Mehrwert)
3. Konzentration auf Schwerpunkte (Kernkompetenzen)

Durch konsequente Realisierung der Zielvorgaben wird darum gerungen, Wettbewerbsvorteile gegenüber den Branchenkonkurrenten zu erreichen. Die kontinuierliche Innovationsfähigkeit kann nur erreicht werden durch:

- die einheitliche Ausrichtung aller Aktivitäten
- die Vermeidung von Fehlentwicklungen
- den Ausbau der Stärken

Durchführung:

1. Analyse der gegenwärtigen Position (Ist-Zustand); Vision/Leitbild: Wo kommen wir her? Wer sind wir und was wollen wir sein? Wo wollen wir hin? Formulierung der Zielvorstellungen
2. Definition der Kerngeschäfte; Überprüfung der Mitbewerber-Situation (der Konkurrenten)
3. Umfeldanalyse und Festlegung der künftigen Strategie

4. Kommunizieren der strategischen Orientierung; Analyse der internen Stärken und Schwächen
5. Erarbeitung der Grundstrategie; Entwicklung der Innovationen

Für die Erarbeitung der strategischen Ausrichtung ist ein Tag vorgesehen. Die Gruppe sollte sich aus vier bis acht Entscheidungsträgern zusammensetzen, die über die erforderlichen Kompetenzen verfügen.

Vorteile:
Strategierelevante Faktoren sind „die Unternehmensziele, die Zeit bis zur Marktreife, Kernkompetenzen oder auch die maximale Investitionshöhe. Damit wird sichergestellt, dass nur die Ideen weiterverfolgt werden, die die Unternehmensentwicklung wesentlich unterstützen" (Hartschen/Scherer/Brügger, 2012, S. 58).

Nachteile:
„Die Strategieentwicklung beruht auf Informationen über die Märkte, Kunden und Nichtkunden, die Technologie in der eigenen Branche und in anderen Branchen, die weltweiten Finanzmärkte und die sich ändernde Weltwirtschaft. Denn dort werden die Ergebnisse erzielt. Innerhalb einer Organisation dagegen gibt es nur Kostenstellen. Wichtige Veränderungen beginnen immer außerhalb einer Organisation" (Drucker, 2008, S. 96).
Die Marktzwänge erfordern Strategieanpassungen. (vgl. Nagel, 2009, S. 97)

Einsatzmöglichkeiten:
Die Strategie-Analyse dient dazu, ergebnisorientiert zu arbeiten und die Pläne in die Tat umsetzen. → SWOT-Analyse

Lit.: Bea, F. X./Haas, J.: Strategisches Management, 6. Aufl., Stuttgart 2012; Corsten, H./Corsten, M.: Einführung in das Strategische Management. (UTB) Stuttgart 2012; Drucker, P. F. mit Joseph A. Maciariello: Daily Drucker. Wirtschaftswissen zum täglichen Gebrauch. Mit Beiträgen von Herrmann Simon und Jim Collins, hg. von Katharina Neuser-von Oettingen. Berlin, Heidelberg 2008; Grant, R. M./Nippa, M.: Strategisches Management – Analyse, Entwicklung und Implementierung von Unternehmensstrategien, 5. Aufl., München 2006; Hartschen, M./Scherer, J./Brügger, Ch.: Innovationsmanagement: Die 6 Phasen von der Idee zur Umsetzung. Offenbach [2]2012; Hungenberg, H.: Strategisches Management in Unternehmen, 7. Aufl., Wiesbaden 2012; Montgomery, C. A./Porter, M. E. (Eds.): Strategy. Seeking and securing competitive advantage. Harvard Business Press. Boston/Mass. 1991; Nagel, K.: Kreativitätstechniken in Unternehmen. Das

Radar-System. München 2009; Porter, M. E.: How competitive forces shape strategy. In: HBR, 57. Jg. 1979, March-April, pp. 137–156; Dass. in: Mintzberg, H./Quinn, J. B.: The strategy process – Concepts and contexts, 2. ed., Prentice Hall, Englewood Cliffs, NJ 1992, pp. 61–70; Porter, M. E.: Competitive Strategy. Techniques for analyzing industries and competitors. New York 1980; dt. Ausg.: Wettbewerbsstrategie. Methoden zur Analyse von Branchen und Konkurrenten, 1. Aufl., Frankfurt am Main 1983; Porter, M. E.: Competitive Advantage. New York 1985; Porter, M. E.: Competitive in global industries. Boston/Mass. 1986; Porter, M. E.: The five competitive forces that shape strategy. Harvard Business Review 57, January 2008, pp. 57–71; Porter, M. E.: Wettbewerbsvorteile: Spitzenleistungen erreichen und behaupten. Frankfurt am Main/New York 2014; Welge, M. K./ Al-Laham, A.: Strategisches Management, 6. Aufl., Wiesbaden 2012.

Strukturierte Assoziationstechniken (techniques of structured association): strukturiertes Assoziieren. Dazu gehören → Walt-Disney-Strategie, → Hutwechsel-Methode, → semantische Intuition.

Stufen-Brainstorming (brainstorming in several steps): eine Variante des klassischen → Brainstormings, bei der die Ideenfindung und Lösungssuche in mehreren Stufen erfolgt. Dabei können die gefundenen Begriffe und Ideen jeweils als Ausgangspunkt für ein eigenes neues Brainstorming genutzt werden. Auf diese Weise löst man sich zunächst vom Problem, um eine größere Anzahl von Assoziationen zu entwickeln. Diese werden anschließend selektiert und in Bezug zur eigentlichen Aufgabe gesetzt, um daraus Lösungsvorschläge zu gewinnen.

Durchführung:
Die Ausführung erfolgt in vier Schritten:

1. Zu einer vorgegebenen Aufgabenstellung wird zunächst ein klassisches Brainstorming durchgeführt.
2. Jeder eingereichte Vorschlag, der wichtig erscheint, kann zum Ausgangspunkt einer eigenen Brainstorming-Sitzung werden.
3. Dieser Vorgang kann, wenn es notwendig ist, mehrfach weiter konkretisiert werden.
4. Die erzielten Ideen, Einfälle und Lösungsvorschläge werden in Bezug zum Ausgangsproblem gesetzt.

Vorteile:
Der Nutzen dieser Technik besteht darin, sich zunächst vom Problem zu lösen, um es aus einer anderen Perspektive zu betrachten. Durch Assoziationen entstehen neue Sichtweisen und Anregungen, die zu der eigentlichen Aufgabe in eine Beziehung gesetzt werden, um daraus Lösungsansätze zu gewinnen. Mit dieser Technik kann eine größere Anzahl an Einfällen und Anregungen erzielt werden.

Nachteile:
Diese Technik kann leicht unübersichtlich werden und ist eher für Fortgeschrittene geeignet. Sie benötigt einen erfahrenen Moderator.

Einsatzmöglichkeiten:
Das Stufen-Brainstorming kann z. B. im Marketing-Bereich, zur Kundengewinnung, im Dienstleistungssektor und in vielen anderen Gebieten eingesetzt werden. (vgl. Luther, 2013, S. 182) Die Durchführung erfolgt im Team.

Lit.: Luther, M.: Das große Handbuch der Kreativitätsmethoden. Wie Sie in vier Schritten mit Pfiff und Methode Ihre Problemlösungskompetenz entwickeln und zum Ideen-Profi werden. Bonn 2013.

Suchfeldauflockerung (loosening of the search field; search box loosening): Diese Technik dient der Betrachtung des Problems aus einer anderen Perspektive und der Aufmerksamkeit verschiedener Funktionsbereiche. Die Auflockerung der Suchrichtung erfolgt durch die Umformulierung des Ausgangsproblems. Damit ändert sich zugleich die Suchrichtung. Ein Problem und Möglichkeiten seiner Lösung können im neuen Licht erscheinen, wenn man es z. B. semantisch umformuliert, es Kindern erklärt oder es sich von fachfremden Personen schildern lässt. (vgl. Schlicksupp, 2008, S. 170)

Durchführung:

1. Das Problem wird nach unterschiedlichen Aspekten hinterfragt. Die Aufgabenstellung oder Teile davon werden getrennt voneinander abgewandelt.
2. Das erfolgt durch semantische oder syntaktische Umformulierung,
3. durch das Suchen nach ähnlichen Begriffen (Synonymen), die das Problem beschreiben,
4. durch die Übersetzung in andere Sprachen,

5. durch fachfremde Personen, von denen man sich das Problem erklären lässt,
6. durch die grafische oder symbolische Darstellung des Problems. (vgl. Knieß, 1995, S. 87)

Auch direkte, persönliche oder symbolische Analogien können zur Lösungsfindung beitragen. Gelungene Suchfragen beginnen häufig mit einem Fragewort, zeigen die persönliche Beziehung des Ideensuchers zur Problemstellung und helfen, verschiedene und originelle Ideen zu erzeugen. (vgl. Schröder, 2005, S. 84–92) Zur Suchfeldauflockerung kann auch ein → Brainstorming durchgeführt werden.

Anschließend werden alle Ergebnisse analysiert, bewertet und die Lösung wird ermittelt.

Vorteile:
Die Suchfeldauflockerung eignet sich besonders zur Lösung von Analyseproblemen mit ungenauer Problemstellung. (Knieß, 1995, S. 87)

Nachteile:
Der Suchraum darf nicht zu stark eingeengt sein, sonst können wertvolle Ideen verborgen bleiben. Der Suchraum darf aber auch nicht unübersehbar weit sein, sonst besteht die Gefahr, dass sich die Ideensucher verzetteln.

Die Fixierung auf ein bestimmtes Problem, bei dem trotz hartnäckiger und intensiver Suche kein nennenswerter Lösungsansatz einfällt, wirkt sich lähmend und kreativitätshemmend aus. Die einseitige, festgefahrene Sicht auf das Problem beruht auf begrenzt-selektiver Wahrnehmung und verhindert somit die Lösungsfindung. Die zunehmende Spezialisierung verhindert oft das Denken in größeren Zusammenhängen und führt nur zu Standardlösungen. Ein interdisziplinärer Erfahrungsaustausch erweitert dagegen die Sichtweise und fördert das kreative Problemlösungsverhalten.

Einsatzmöglichkeiten:
Wenn man bei der Lösung eines Problems nicht vorankommt, kann eine neue Sichtweise des Problems oft nützlich sein. Dazu muss das Problem umformuliert werden. Man ersetzt bestimmte Begriffe, übersetzt die Problemstellung in eine Fremdsprache, lässt sie ins Deutsche zurückübersetzen, erklärt das Problem Nichtfachleuten, lässt es sich von ihnen wiederum erklären (Feedback) oder stellt das Problem in Symbolen, Bildern oder Diagrammen dar. Eine andere Formulierung des Problems eröffnet oft neue Perspektiven. Um die bestmögliche Formulierung zu finden, wird

die Aufgabenstellung durch Synonyme ersetzt und das Problem aus unterschiedlichen Perspektiven betrachtet und bezeichnet. (vgl. Weiler, 1997, S. 56) Diese Kreativitätstechnik eignet sich für die Teamarbeit, kann aber auch individuell durchgeführt werden.

Lit.: Knieß, M.: Kreatives Arbeiten. Methoden und Übungen zur Kreativitätssteigerung (Beck-Wirtschaftsberater), München 1995; Schlicksupp, H.: Humor als Katalysator für Kreativität und Innovation. Würzburg 2008; Schröder, M.: Heureka, ich hab's gefunden! Kreativitätstechniken, Problemlösung und Ideenfindung. Herdecke/Bochum 2005; Weiler, P.: Kreativitätstraining. Mind Mapping. München 1997.

Suchfeldbestimmung (search field determination; identification of search fields): eine Methode, die dazu dienen soll, das erfolglose Umhertasten und spontane Suchverhalten zu vermeiden und Suchfelder gezielt festzulegen. Diese Technik kann mit Hilfe der → Suchfeldauflockerung ergänzt werden.

Wenn sich die Suchfelder z. B. auf die Lösung von Kundenproblemen beziehen, sind drei unterschiedliche Aspekte vordringlich:

1. Marktorientierte Suchfeldbestimmung: Sie zielt auf die direkte Identifikation von Kundenbedürfnissen.
2. Kompetenzorientierte Suchfeldbestimmung: Hier geht man der Frage nach, welche neuen bzw. noch nicht abgedeckten Kundenbedürfnisse ein Unternehmen mit seinen bestehenden Fähigkeiten und Kompetenzen abdecken könnte und welche Bedürfnisse in neuen Märkten befriedigt werden können. Hierbei bemüht man sich um neue Zielgruppen.
3. Kundennutzenorientierte Suchfeldbestimmung. Dabei versetzt man sich in die Rolle des Kunden, um für ihn den Wert des Produktes bzw. der Dienstleistung zu optimieren. Für die Suchfeldbestimmung in diesem Bereich eignet sich eine Kundennutzen-Matrix. Bei der Nutzung eines Produkts oder einer Dienstleistung werden verschiedene Phasen durchlaufen, z. B. von der Information über die Dienstleistung bis hin zur Nutzung und Bezahlung einer Hotelübernachtung. Dabei soll die Suchfeldbestimmung Ansatzpunkte für innovative Lösungen finden, um die Kundenbetreuung zu verbessern, so dass die Verbraucher davon mehr Nutzen haben. (vgl. Hartschen/Scherer/Brügger, 2012, S. 19–24)

Diese Kreativitätstechnik kann individuell oder im Team durchgeführt werden.

Lit.: Hartschen, M./Scherer, J./Brügger, Ch.: Innovationsmanagement: Die 6 Phasen von der Idee zur Umsetzung. Offenbach [2]2012.

Superposition (superposition): Übereinanderschichtung, Übereinanderlegung, Überlagerung; auch Schlichtung, Hierarchie. Eine französische Kreativitätstechnik, die aus einer Kombination der US-amerikanischen Methoden → Forced Relationship und → Attribute Listing besteht. (Hoffmann, 1996, S. 232 f.) Sie wurde 1972 von A. Kaufmann, M. Fustier und A. Drevet entwickelt und stellt die Kombinationsversuche auf eine breitere Basis.

Mit dem zu lösenden Problem werden mehrere Fremdobjekte verbunden. Dabei sind Unordnung und Zufall ausdrücklich erwünscht. Vergleichbar mit dem Durcheinander in einem Mückenschwarm oder mit der Bewegung der Gasmoleküle bei der „Brownschen Molekularbewegung", sollen Denkbewegungen und damit Chancen eröffnet werden, dass durch den Zusammenprall, also durch die schöpferische Konfrontation neue Gedankenkombinationen entstehen. (vgl. Lohmeier, 1985, S. 30 u. 110)

Diese Methode gehört zu den kreativen Reizworttechniken. Ähnlich wie bei der → Reizwort-Analyse wird versucht, durch ein planvolles Herbeiführen von Zufällen die Probleme auf eine neue Art zu lösen.

Durchführung:

1. Zunächst werden einzelne Gegenstände oder Produkte aufgelistet.
2. Danach werden diese in ihre Untergruppen, Bestandteile, Funktionen u. a. gegliedert.
3. Der dritte Schritt ist die Entwicklung von Alternativideen aus den eigentlichen Superpositionen heraus.

Diese Kreativitätstechnik kann individuell oder im Team durchgeführt werden.

Lit.: Hoffmann, Heinz: Kreativität. Die Herausforderung an Geist und Kompetenz. Damit Sie auch in Zukunft Spitze bleiben. München 1996; Kaufmann, A./Fustier, M./Drevet, A.: Moderne Methoden der Kreativität. München 1972; Lohmeier, F.: Bisoziative Ideenfindung. Erforschung und Technisierung kreativer Prozesse. Frankfurt am Main/Bern/New York/Nancy 1985; Pink, R.: Wege aus der Routine. Kreativitätstechniken für Beruf und Alltag. Stuttgart 1996; Dies.: Bewußt kreativ. Ausbrechen aus der Routine; Leistungskick statt Leistungsknick; Die besten Kreativitätstechniken für mehr Erfolg im Beruf (Fit for business; 590). Regensburg/Düsseldorf/Berlin 2000; Wack, O. G./Detlinger, G./Grothoff, H.: Kreativ sein kann jeder. Kreativitätstechniken für Leiter von Projektgruppen, Arbeitsteams, Workshops und von Seminaren. Ein Handbuch zum Problemlösen. Hamburg [2]1998.

SWOT-Analyse (SWOT analysis): Die Bezeichnung »SWOT« setzt sich zusammen aus: S = Strengths (Stärken), W = Weaknesses (Schwächen), O = Opportunities (Chancen, Möglichkeiten) und T = Threats (Gefahren, Hindernisse, Bedrohungen, i.S.v. Risiken). Diese Kreativitätstechnik hieß zunächst SOFT-Analyse (SOFT analysis). Dieses Akronym steht für S = Strengths (Stärken), O = Opportunities (Chancen, Möglichkeiten), F = Faults (Fehler, Mängel, Verschulden) und T = Threats (Gefahren, Risiken).

Die SWOT-Analyse wurde in den 1960er Jahren von dem US-amerikanischen Unternehmens- und Managementberater Albert S. Humphrey (1926–2005) entwickelt. Sie ist eine Projektmanagement-Technik bzw. eine Unternehmensanalyse.

Die SWOT-Analyse wird vor allem im Projektmanagement eingesetzt, um die Stärken, Schwächen, Chancen und Risiken einer Idee rechtzeitig vor der Markteinführung zu erkennen. Diese Technik dient als Grundlage für die Entscheidung, ob eine Idee weiterverfolgt werden soll oder nicht. Auch Produkt- und Dienstleistungen sind vor der Markteinführung sorgfältig zu prüfen und zu testen. Die Produktmanager und Marketingexperten verwenden dazu eine sogenannte SWOT-Matrix.

Durchführung:
Für die Umsetzung empfehlen die Autoren James McGrath und Bob Bates sechs Phasen:

1. Zieldefinition (Soll-Zustand): Zuerst wird die Zielrichtung der Analyse festgelegt: Für welche Idee, welches Produkt, welches Geschäftsmodell soll die SWOT-Analyse angewendet werden?
2. Sobald das Ziel geklärt ist, wählen Sie die Teilnehmer für diese Kreativitätstechnik aus. Das Team sollte aus sechs bis acht Personen bestehen. Sie sollten Erfahrung haben sowie fachliches Wissen und entsprechende Fähigkeiten besitzen, um an der Problemlösung sachkundig mitzuwirken. Im Team sollte keine Hierarchie vorherrschen, indem „die ranghöchste Person die Besprechung an sich reißt" (McGrath/Bates, [2]2014, S. 259).

3. Die Kritik sollte aus den Anfangsphasen des Prozesses verbannt werden. Allen Teilnehmern sollte klar sein, „dass einer kritischen Beurteilung Kreativität vorausgehen muss" (Ebenda).
4. Der Moderator kann eine Liste mit Themen vorlegen, um die Diskussion anzustoßen. Die Teammitglieder sollten ihre Ideen und Vorschläge notieren. Dabei sind die Stärken und Chancen der Idee, des Projekts oder des Unternehmens herauszuarbeiten. Mögliche Nachteile, also Schwächen und Risiken sollten aber ebenfalls benannt werden. Die Ergebnisse können in einer SWOT-Matrix eingetragen werden, so dass beide Analyse-Resultate (Stärken und Chancen sowie Schwächen und Risiken) miteinander vergleichbar sind.
5. Der Moderator fasst die wichtigsten Punkte der gesammelten Anregungen und Lösungsvorschläge zusammen und stellt eine Ideenliste zusammen. Anschließend werden alle Vorschläge einer kritischen Analyse unterzogen.
6. Bei der Überprüfung der Chancen sollten auch versteckte Risiken erkannt werden – und umgekehrt. Und bei der Untersuchung der Stärken sind auch eventuelle Schwächen zu berücksichtigen. (vgl. McGrath/Bates, [2]2014, S. 259 f.)

Die Ideenbewertung erfolgt in vier Hauptkategorien:

1. Produkteigenschaften
2. Zielgruppe
3. Konkurrenz
4. Branchen- und Umfeldrahmenbedingungen (gesellschaftliches und ökonomisches Umfeld)

Das Ziel der SWOT-Analyse besteht darin, den größten Nutzen aus Stärken und Chancen zu erkennen und die Schwächen und Risiken möglichst auszuschließen oder gering zu halten. Auf Grundlage der Ergebnisse werden entsprechende Strategien entwickelt, um das geplante Ziel zu erreichen. Mit Hilfe dieser Methode wird auch sichtbar, was kritisch erscheint, in welchen Bereichen noch Informationsdefizite bestehen und was an der Idee noch verbessert werden muss. Um die Stärken und Schwächen einer Idee zu ermitteln, prüft man die internen Faktoren, wie das Unternehmenspotenzial sowie das Produkt- und Leistungsangebot. Dies erfolgt aus der Position „Innenansicht". Das Chancen-Risiken-Profil stellt man durch die „Außenansicht" fest, d. h. durch externe Faktoren, wie die Branchen- und

Umfeldrahmenbedingungen (gesellschaftliches und ökonomisches Umfeld). Die einzelnen Bestandteile und Facetten der Idee (Stärken und Schwächen, Chancen und Risiken) werden in ein entsprechendes Raster eingetragen, also in die SWOT-Matrix. Sie analysiert folgende Faktoren und Merkmale:

S = Strengthes (Stärken) – Innenansicht
Worin besteht die Idee in ihrem Kern und in ihren Hauptelementen?
Wie hoch sind Neuartigkeit und Originalität der Idee zu bewerten?
Welche Alleinstellungsmerkmale besitzt die Idee? Ist sie eindeutig von Konkurrenzideen oder -produkten abzugrenzen?
Sind klare Kenntnisse über die Zielgruppe, über deren Wünsche und Bedürfnisse vorhanden?
Nützt diese Idee dem Kunden bzw. dem Verbraucher? Argumente für die zu überzeugende Zielgruppe.
Ist diese Idee mit dem Leitbild des Unternehmens vereinbar, mit seiner Unternehmensphilosophie?
Ist die Idee mit den vorhandenen Ressourcen realisierbar?
Gibt es Vorteile durch Informationsvorsprung im Fertigungs- und Umsetzungsprozess?

W = Weaknesses (Schwächen) – Innenansicht
Ist die Idee sehr erklärungsbedürftig?
Nützt die Idee nur einer sehr kleinen Zielgruppe? Ist das Potenzial tragfähig und ausbaubar?
Gibt es Ressourcenengpässe, die sich nicht kurzfristig beseitigen lassen?
Gibt es interne Unstimmigkeiten bzw. Skepsis?
Ist der Wettbewerbsvorsprung der Idee nur von kurzer Dauer?
Wo liegen die Stärken und Schwächen der Konkurrenz?
Welche Reaktionen der Mitbewerber sind zu erwarten? Ist mit Verdrängungskämpfen zu rechnen?
Ist das Budget für Marketingstrategien ausreichend?

O = Opportunities (Chancen, Möglichkeiten) – Außenansicht
Gibt es Trends im ökonomischen Umfeld bzw. innerhalb der Branche, um die Idee zu akzeptieren?
Ist das mit der Idee verbundene Kernthema ein gesellschaftliches Problem? Wird eine Lösung dieses Problems erwartet?
Ist das gesellschaftliche und ökonomische Umfeld sensibilisiert, um diese Idee zu befürworten?

Kann die Markteinführung und Verbreitung der Idee durch ökonomische, technologische oder demografische Entwicklungen gefördert werden?

T = Threats (Risiken, Gefahren, Bedrohungen) – Außenansicht
Beschränkt sich die Idee nur auf eine kurzfristige Modeerscheinung?
Gibt es Gesetze und Verordnungen, die die Einführung der Idee eher verhindern?
Ist Lobbyismus gegen das Kernthema der Idee zu befürchten?
Welche ökonomischen, technologischen oder demografischen Entwicklungen können die Verbreitung der Idee behindern?
Ist das gesellschaftspolitische Umfeld derzeit auf die Idee negativ sensibilisiert, z. B. in Bezug auf genetisch veränderte Nahrungsmittel? (vgl. Blumenschein/Ehlers, 2002, S. 172)

Vorteile:
Mit Hilfe dieser Kreativitätstechnik lassen sich Stärken und Schwächen, Chancen und Risiken einer Idee, eines Projekts oder eines Unternehmens abschätzen.

Zu den Stärken und Schwächen zählen z. B.: die aktuelle Finanzlage, die Kundentreue, Produktpalette, die Fähigkeiten der Mitarbeiterinnen und Mitarbeiter, die Reaktionsfähigkeit des Unternehmens auf veränderte Marktbedingungen oder auf andere Einflussfaktoren, seine Beziehung zu Stakeholdern und die Qualität seines Managements. (vgl. McGrath/Bates, [2]2014, S. 258)

Zu den Chancen und Risiken zählen z. B.: Änderungen des Wettbewerbs, der konjunkturellen Bedingungen, der allgemeinen Finanzlage, der demografischen Kundenstruktur, die Produktpalette, sinkender oder wachsender Marktanteil, Beziehungen zu Stakeholdern und Technologie. (vgl. McGrath/Bates, [2]2014, S. 258)

Die SWOT-Analyse dient auch dazu, die Position eines Unternehmens zu bestimmen und ist die Voraussetzung für die unternehmenseigene Strategieentwicklung sowie für strategische Innovationsentscheidungen. Die eigenen Stärken eines Unternehmens können mit den Einflüssen aus dem Unternehmensumfeld kombiniert und in einer Vier-Felder-Matrix eingetragen werden. Zum Faktor »Chancen« könnte z. B. vermerkt werden, mit der entwickelten Idee oder geplanten Strategie neue Kunden durch neue Produkte oder Dienstleistungen zu gewinnen. (vgl. Aerssen/Buchholz, 2018, S. 695)

Mit Hilfe dieser Kreativitätstechnik wird auch sichtbar, was kritisch erscheint, in welchen Bereichen noch Informationsdefizite bestehen und was an der Idee, am Projekt oder im Unternehmen noch verbessert werden muss.

Nachteile:
Die SWOT-Analyse ist zeitintensiv, speziell wenn sie für mehrere Ideen oder Probleme durchgeführt wird. Es erfordert von den Teilnehmern einige Anstrengungen, für jede Idee alle vier Felder konsequent durchzugehen und zu bewerten. Diese Kreativitätstechnik benötigt einen erfahrenen Moderator, der sich mit der Problematik auskennt. (vgl. Luther, 2013, S. 304)

Die Autoren James McGrath und Bob Bates sind der Auffassung: „Leider werden 80 Prozent aller SWOT-Übungen durch mangelnde Strenge torpediert. Zu oft enthalten sie übertrieben optimistische Aussagen über den gegenwärtigen Stand des Unternehmens und seine Prognose. Die schlimmsten Übeltäter sind dabei leitende Manager, weil sie ›ihr‹ Unternehmen oft durch eine rosarote Brille sehen. Zudem verkennen Manager regelmäßig die Tatsache, dass eine Stärke nur dann eine Stärke ist, wenn sie dem Unternehmen einen Wettbewerbsvorteil gegenüber seinen Konkurrenten verschafft. Gute, engagierte Mitarbeiter sind nur dann eine Stärke, wenn die Konkurrenz schlechte, nicht-engagierte Mitarbeiter hat. Eine Chance existiert hingegen nur dann, wenn das Unternehmen das nötige Engagement, die nötigen Ressourcen und die nötige Sachkenntnis besitzt, um daraus einen Vorteil zu ziehen" (McGrath/Bates, ^{2}2014, S. 259).

Einsatzmöglichkeiten:
Diese Kreativitätstechnik wird vor allem im Projektmanagement eingesetzt, um die Stärken und Schwächen, Chancen und Risiken einer Idee oder eines Produkts rechtzeitig vor der Markteinführung zu erkennen. Sie dient auch zur Qualitätsanalyse, im Rahmen eines Assessments, Reviews oder einer Alternativenbewertung.

Das Assessment dient der Beurteilung und Bewertung des Entwicklungsstands, der Reife oder Kompetenz von Personen oder Organisationen im Projektmanagement nach bestimmten Kriterien und Bewertungsmaßstäben.

Review: auch Audit genannt bezeichnet die Abschlussprüfung, Rechnungsprüfung, Wirtschaftsprüfung, Rechenschaftslegung, Revision.

Bei der Auswertung der SWOT-Analyse geht es darum, den Effekt aus der Kombination von Stärken und Chancen so zu steigern, dass die möglichen Verluste, die sich aus den Schwächen und Risiken ergeben, an Bedeutung verlieren. Mit Hilfe dieser Matrix werden die besten Argumente für die Idee ermittelt und begründet.

Diese Kreativitätstechnik eignet sich für Einzel- und Teamarbeit.

Lit.: Aerssen, B. v./Buchholz, Ch. (Hrsg.): Das große Handbuch Innovation. 555 Methoden und Instrumente für mehr Kreativität und Innovation im Unternehmen. München 2018; Blumenschein, A./Ehlers, I. U.: Ideen-Management. Wege zur strukturierten Kreativität. München 2002; Luther, M.: Das große Handbuch der Kreativitätsmethoden. Wie Sie in vier Schritten mit Pfiff und Methode Ihre Problemlösungskompetenz entwickeln und zum Ideen-Profi werden. Bonn 2013; McGrath, J./Bates, B.: Der 5 Minuten Manager. Die wichtigsten Management-Theorien auf den Punkt. Kulmbach [2]2014; Sartorius, V.: Die besten Kreativitätstechniken. New Business Line – Arbeitstechniken. München 2010.

Synapse (synapse): eigtl. die Kontaktstelle zwischen zwei Nervenzellen oder zwischen einer Nervenzelle und einer Zelle von Erfolgsorganen wie Muskeln oder Drüsen; hier eine Kreativitätstechnik, die von dem französischen Kreativitätsforscher und Psychosoziologen Guy Aznar entwickelt wurde.

Diese Technik verwendet Stimuli und „geistige Kreuzungen" und verlässt dabei die gewohnte Realität. Die Teilnehmer werden mit abstrakten Phantasiebildern (sogenannten Reizbildern) konfrontiert, um einen Verfremdungseffekt zu erzielen. Die Abbildungen sollen „auf jeden Fall ansprechend und ›reiz-voll‹ sein, um ihrer Aufgabe gerecht zu werden" (Luther, 2013, S. 261). Dadurch wird eine nicht vorhersehbare Verknüpfung von Informationen bezweckt. Die Synapse wird als Gruppentechnik durchgeführt, wobei ein Teil der Gruppe kreative Ideen entwickelt und der andere Teil diese bewertet. Diese Technik ist eine Variante der → visuellen Synektik.

Lit.: Luther, M.: Das große Handbuch der Kreativitätsmethoden. Wie Sie in vier Schritten mit Pfiff und Methode Ihre Problemlösungskompetenz entwickeln und zum Ideen-Profi werden. Bonn 2013.

Synektik → klassische Synektik → visuelle Synektik

Synektische Konferenz (synectics conference): eine Variante der → klassischen Synektik, die 1970 von George M. Prince (1918–2009) entwickelt wurde. Sie soll den starren Ablauf der klassischen Synektik auflockern. Hierbei wird eine Diskussionsform angestrebt, bei der die Teilnehmer durch die Bildung möglichst zahlreicher direkter Analogien Lösungsideen entwickeln. → Analogie-Technik

Lit.: Prince, G. M.: The practice of creativity. New York, Evanston, London 1970;

Szenario-Technik (scenario planning): ein Instrument der Zukunftsanalyse und der strategischen Planung. Diese Kreativitätstechnik wurde von dem US-amerikanischen Zukunftsforscher Herman Kahn (1922–1983) Anfang der fünfziger Jahre des 20. Jhs. Entwickelt und 1986 von dem Kreativitätsforscher Horst Geschka (*1938) und der Unternehmensberaterin Ute von Reibnitz (*1951) weiterentwickelt. Diese Technik wurde ursprünglich für militärisch-strategische Studien der US-amerikanischen Regierung für Planungsaufgaben eingesetzt. Kahn bezeichnete diese Methode zunächst als „Future-now thinking" (jetzt die Zukunft denken), später übernahm er den Begriff „Szenario" (scenario) aus der Filmindustrie, der den szenisch gegliederten Entwurf eines Films umschreibt, d. h. die Entwicklungsstufe zwischen Exposé und Drehbuch.

Szenarien sind multiple Zukunftsbilder, Instrumente zur Unterstützung von Entscheidungen für strategische Planungen. Je weiter man versucht, Aufgaben, Probleme und Projekte aus dem kreativen Umfeld der Gegenwart in die Zukunft zu prognostizieren, desto stärker nimmt die Bedeutung der gegenwärtig wirksamen Faktoren ab. Damit öffnet sich das Spektrum möglicher Zukunftsbilder wie ein Trichter.

Auf der Grundlage prognostizierter und plausibler Annahmen werden mehrere Zukunftsbilder entworfen. Dabei werden auch mögliche Störfälle, wie Umwelteinflüsse, plötzlich auftretende politische Veränderungen u. a. berücksichtigt (Was wäre, wenn ...?)

Bei der Szenario-Technik wird auch unterschieden zwischen:

1. Best-Case Scenario: Hier wird der bestmögliche, optimistischste Ausgang angenommen.
2. Worst-Case Scenario: schlimmster Fall; die Annahme des ungünstigsten Falles;
3. Trend Scenario: Es liegt zwischen den beiden Extrem-Szenarien und gilt als das wahrscheinlichste.

Alle drei Szenarien werden in der Vorstellungskraft so konkret wie möglich angenommen und beschrieben, als würden sie wirklich eintreten. Anschließend werden die Umstände analysiert, welche positiven Faktoren zum

Best-Case Scenario und welche negativen Faktoren zum Worst-Case Scenario führen könnten. Anschließend erfolgt die Suche nach Strategien, mit denen man die negativen Faktoren entfernen und die positiven stärken kann. Daraus wird ein Aktionsplan entwickelt. Die möglichen Auswirkungen werden in Betracht gezogen, durchdacht und miteinander verglichen.

Der Psychologe und Trainer Bernd Weidenmann (*1945) empfiehlt: „Üben Sie allein oder im Team mit Sparringspartnern [Kontrahenten, eigtl. Trainingspartner im Boxkampf – E. F.] optimale Reaktionen und Verhaltensweisen", auch im Fall des Worst-Case Scenarios, wenn Ihre Idee bzw. Ihr Lösungsvorschlag schroff abgelehnt wird. Finden Sie beweiskräftige Argumente für Ihre Idee und überlegen Sie sich, wie Sie diese eindrucksvoll und überzeugend vortragen können. Dadurch sind Sie, wenn der ungünstigste Fall eintritt, gegen mögliche Angriffe der Konkurrenten und Widersacher gewappnet. (vgl. Weidenmann, 2010, S. 119)

Durchführung:
Die Vorgehensweise der Szenario-Technik erfolgt in acht Stufen:

1. Definition und Strukturierung des Untersuchungsfeldes. Wichtig ist, dass die Aufgabenstellung möglichst präzise formuliert wird. Im ersten Schritt erfolgt die → Problemanalyse des gegenwärtigen Untersuchungsfeldes, z. B. eine gründliche Marktanalyse, sowie die Planung, bis zu welchem Zukunftshorizont die Szenarien erarbeitet werden sollen. Dies ist auch branchenabhängig. Als Faustregel gilt: die Zeitdauer für die Entwicklung einer Produktinnovation oder einer unternehmerischen Tätigkeit plus ca. 5–8 Jahre.
2. Identifizierung der wichtigsten Einflussbereiche: Erfassung des Problemumfeldes, wie Kunden, Technologie, Wirtschaft, Wettbewerb u. a. In dieser Phase erfolgt die Analyse, Strukturierung und Wirksamkeit der Einflussfaktoren sowie ihrer Beziehungen zueinander. Die ermittelten Ergebnisse werden in einer Vernetzungsmatrix erfasst. Zur Identifizierung der Einflussfaktoren können die Kreativitätstechniken des → Brainwriting angewandt werden, z. B. → Brainwriting-Pool, → Kartenumlauftechnik, → Methode 6-3-5. Auf Grund dieser Analyse wird ein sogenanntes Null-Szenario erarbeitet. Es bildet die gegenwärtige Situation ab und dient der Prüfung des Szenario-Modells.
3. Ermittlung der Entwicklungstendenzen und Bildung sogenannter Deskriptoren für das Umfeld. Ein Deskriptor ist eine Kenngröße, ein Schlüsselwort, wodurch der Inhalt einer Information charakterisiert wird,

der zur Bestimmung von Daten dient (Indexzahlen; der Ist-Zustand wird mit 100 angegeben.) Mit Hilfe dieser Kenngrößen wird z. B. die demografische Entwicklung prognostiziert. Die Bandbreite reicht von eindeutigen Trendprognosen bis hin zu spekulativen Werten. Diese Einflussfaktoren dienen als Kenngrößen und werden festgehalten.

4. Anschließend werden alternative Entwicklungsmöglichkeiten geprüft und abgeglichen. Dazu werden die bisher ermittelten Trends in einer Matrix miteinander in Beziehung gesetzt. Es wird geprüft, welche Tendenzen einander verstärken, sich ausschließen oder sich neutral verhalten.
5. Vorauswahl und Interpretation von drei Zukunfts-Szenarien (Präszenarien): ein optimistisches („Best Case"), ein pessimistisches („Worst-Case") und ein wahrscheinliches („Supposed Case"). Dabei werden alle Einflussfaktoren in die Überlegung einbezogen.
6. Störereignisanalyse: Mögliche Störfaktoren und deren mögliche Auswirkungen werden ermittelt und kritisch untersucht.
7. Ausarbeitung, Formulierung und Präsentation der Szenarien
8. Konzeption von Maßnahmen und Planungen

Vorteile:
Szenarien sind Orientierungshilfen, die es gestatten, aktuelle Probleme systematisch und in einer die Problemsicht bereichernden Weise zu untersuchen. Bei der Planung wird die hypothetische Aufeinanderfolge von Ereignissen zur Beachtung kausaler Zusammenhänge konstruiert. Szenarien bieten die Möglichkeit, frühzeitig die erforderlichen Planungen und Erwartungen auf die erwartete Zukunftsentwicklung auszurichten, aber auch bei unerwarteten Ereignissen entsprechend zu reagieren. Die Szenario-Technik dient dazu, technologische oder gesellschaftliche Trends frühzeitig zu erkennen. Entscheidungsträger (Manager, Führungskräfte u. a.) „verwenden Szenarien, um ihre mentalen Zukunftsmodelle deutlich zu formulieren und dadurch bessere Entscheidungen zu treffen" (Georgantzas/Acar, 1995, p. XVII; Neuhaus, 2008, S. 158).

Nachteile:
Die Szenario-Technik erfordert viel Zeit. Bei der Zukunftsplanung sind keine exakten Berechnungen und Voraussagen möglich. Um die Szenarienplanung dennoch sinnvoll durchzuführen, sollte man sich auf Themen konzentrieren, die für das Unternehmen von entscheidender Bedeutung sind. Hierfür sind quantitative Informationen (Zahlen, Fakten und Prognosen) sowie qualita-

tive Mitteilungen einzuholen und auszuwerten, d. h. die Meinungen von anderen Personen über zukünftige Entwicklungen, was passieren könnte. Empfehlenswert ist darüber hinaus eine Kombination aus quantitativen und qualitativen Quellen. Jedes einzelne Szenario sollte gründlich bewertet werden. Unvorhergesehene Ereignisse können auch die beste Szenarienplanung zunichtemachen. Gegen solche Gefahren muss man gewappnet sein. (vgl. McGrath/Bates, [2]2014, S. 264–266)

Beispiel:
„Der Autohersteller Toyota erlitt nach dem Erdbeben und dem Tsunami 2011 einen riesigen Produktionseinbruch. Toyota hatte zwar Erdbeben eingeplant, aber nicht die Auswirkung eines Tsunamis" (McGrath/Bates, [2]2014, S. 266).

Einsatzmöglichkeiten:
Die Szenario-Technik kann bei der Erarbeitung eines Unternehmensleitbildes, bei der Analyse externer Chancen und Risiken, bei zukunftsweisenden Impulsen in der operativen Planung, zur Überprüfung vorhandener Strategien und als Ausgangspunkt für den Aufbau eines Frühwarnsystems in der Umweltbeobachtung dienen. Mit Hilfe dieser Methode können auch Zukunftsängste, Unsicherheiten und Zweifel reduziert werden. Je weiter man versucht, aus dem kreativen Umfeld der Gegenwart in die Zukunft zu prognostizieren, desto stärker nimmt die Bedeutung der gegenwärtig wirksamen Faktoren ab. Damit öffnet sich das Spektrum möglicher Zukunftsbilder wie ein Trichter (vgl. Abb.). Diese Kreativitätstechnik eignet sich für die Teamarbeit. → Planspielmethode

Lit.: Chermack, S./Lynham, S. A./Ruona, W. E. A.: A review of scenario planning literature. Futures Research Quarterly, 17, No. 2, Summer 2001; Georgantzas, N. C./Acar, W.: Scenario-driven planning. Learning to manage strategic uncertainty. Westport 1995; Geschka, H./Hammer, R.: Die Szenario-Technik in der strategischen Unternehmungsplanung. In: Hahn, D./Taylor, B. (Hrsg.): Strategische Unternehmungsplanung, 5. Aufl., Heidelberg 1990, S. 311–336; Geschka, H./Reibnitz, U. v.: Die Szenario-Technik – ein Instrument der Zukunftsanalyse und der strategischen Planung. In: Töpfer, A./Afheldt, H. (Hrsg.): Praxis der strategischen Unternehmensplanung. Landsberg am Lech [2]1986, S. 125–170; Götze, U.: Szenario-Technik in der strategischen Unternehmensplanung. Wiesbaden 1993; Gregory, L./Duran, A.: Scenarios and acceptance of forecasts. In: Armstrong, J. S. (Ed.): Principles of forecasting. Noorwell 2001, pp. 519–540; Hahn, D./Taylor, B. (Hrsg.): Strategische Unternehmungsplanung – Strategische Unternehmungsführung. Stand und Entwicklungstendenzen, 9. Aufl., Wien 2006; Jia, Ch. D./Engel, L.: Nachdenken auf Vorrat. Praktische Szenario-Arbeit am Beispiel des Projekts Cottbus 2046. In: Priddat, B. P./Seele, P. (Hrsg.): Das Neue in Ökonomie und Management. Grundlagen, Methoden, Beispiele. Wiesbaden 2008, S. 167–180; Kahn, H.: Die Zukunft des Unternehmens. München 1974; Ders.: The next 200 years: A scenario for America and the world. New York 1976; Ders.: Vor uns die guten Jahre. Ein realistisches Modell unserer Zukunft. Wien u. a. 1977; Ders.: Die Zukunft der Welt (1980–2000). Wien u. a. 1980; Ders.: Der kommende Boom. Programm für eine zukunftsorientierte Wirtschafts- und Geldpolitik. Bern/München 1983; Luther, M.: Das große Handbuch der Kreativitätsmethoden. Wie Sie in vier Schritten mit Pfiff und Methode Ihre Problemlösungskompetenz entwickeln und zum Ideen-Profi werden. Bonn 2013; McGrath, J./Bates, B.: Der 5 Minuten Manager. Die wichtigsten Management-Theorien auf den Punkt. Kulmbach [2]2014; Neuhaus, Ch.: Zukunft im Management. Orientierungen für das Management von Ungewissheit in strategischen Prozessen. Heidelberg 2006; Ders.: Auf das Neue vorbereiten. Zur Evolution der Zwecke multipler Zukunfts-Szenarien. In: Priddat, B. P./Seele, P. (Hrsg.): Das Neue in Ökonomie und Management. Grundlagen, Methoden, Beispiele. Wiesbaden 2008, S. 147–166; Reibnitz, U. v.: Szenario-Planung. In: Szyperski, N./Winand, U. (Hrsg.): Handwörterbuch der Planung. Stuttgart 1989, Sp. 1980–1996; Dies.: Szenario-Technik – Instrumente für die unternehmerische und persönliche Erfolgsplanung. Wiesbaden [2]1992; Ringland, G.: Scenario planning. Managing for the future. Chicester 1998; Van der Heijden, K.: Scenarios – the art of strategic conversation. New York 1996; Weidenmann, B.: Handbuch Kreativität. Ein guter Einfall ist kein Zufall! Weinheim/Basel 2010.

T

Take a picture of the problem: Mach dir ein Bild von dem Problem. Diese Imaginationstechnik analysiert das Problem wie durch den Sucher einer Kamera. Verschiedene Problemelemente werden fokussiert und aus unterschiedlichen Perspektiven betrachtet. Die Beobachtungen des Problemlösers schärfen das Verständnis für die Zusammenhänge und können somit zu neuen Lösungsansätzen führen. (Geschka/Zirm, 2011, S. 297 f.) Diese Technik eignet sich für die Teamarbeit.

Lit.: Geschka, H./Zirm, A.: Kreativitätstechniken. In: Albers, S./Gassmann, O. (Hrsg.): Handbuch Technologie- und Innovationsmanagement. Wiesbaden [2]2011, S. 279–302; VanGundy, A. B.: Techniques of structured problem solving. New York 1981.

Think tank: Denkfabrik, Expertenkommission. Damit werden Forschungs- und Entwicklungsabteilungen bzw. Arbeits- oder Projektgruppen bezeichnet, die sich mit neuen Trends beschäftigen sowie zur Erarbeitung kreativer Lösungen eingesetzt werden.

TILMAG-Methode (TILMAG-method): Die Abk. »TILMAG« bedeutet: **T**ransformation **I**dealer **L**ösungselemente in **M**atrizen zur Bildung von **A**ssoziationen und **G**emeinsamkeiten. Diese Kreativitätstechnik wurde 1989 von Helmut Schlicksupp (1943–2010) entwickelt. Das Prinzip beruht auf der Übertragung von Merkmalen problemfremder Begriffe auf die vorgegebene Aufgabenstellung. Schlicksupp beschreibt die Vorgehensweise wie folgt:

Durchführung:

1. Problemdefinition. Dazu wird spontan eine idealtypische Lösung formuliert.
2. Danach erfolgt eine Aufzählung der zu dieser Lösung notwendigen idealtypischen Funktionen und Lösungselemente.
3. Anschließend wird eine Gruppierung der Funktionen und Elemente nach sinnvollen Kriterien vorgenommen. Jeder Gruppe wird ein Oberbegriff zugeordnet.
4. Es wird eine Assoziationsmatrix gebildet, deren Dimensionen aus den gefundenen Oberbegriffen gebildet werden. Dabei soll jeder gebildete Oberbegriff mit jedem kombinierbar sein. Die von der Gruppe zu

jedem Begriffspaar gebildeten spontanen Assoziationen werden in die Spalten der Matrix eingetragen. Sie werden zu Reizwörtern für die Lösungsfindung. Es folgt eine Übertragung der Assoziationen (Reizwörter) auf das Problem, wodurch erste Ideen geliefert werden.
5. In einer weiteren Matrix (der Gemeinsamkeitsmatrix) werden die Assoziationsbegriffe paarweise nach Ähnlichkeiten untersucht.
6. Ideenentwicklung aus der Gemeinsamkeitsmatrix: Die strukturellen Ähnlichkeiten werden auf das Problem übertragen. Die beste Lösung wird ausgewählt und ausgearbeitet.

Vorteile:
Mit Hilfe dieser Technik können die Kombinationsmöglichkeiten ausgeschöpft werden. Die Methode ist logisch und rational, dient der Assoziations- und Analogiebildung und ist auch zur Lösung von komplexen Problemen geeignet. Sie eignet sich auch für die Einzelarbeit.

Nachteile:
Es erfolgt keine Problemverfremdung. Diese Technik erfordert von den Teilnehmern hohe Konzentration und einen großen Zeitaufwand, bis alle Kombinationen durchgeführt sind.

Einsatzmöglichkeiten:
Diese Kreativitätstechnik eignet sich für abgegrenzte sowie komplexe Analyse- und Konstellationsprobleme, zur Produkt- und Verfahrensentwicklung, für die Lösung technischer Probleme, zur Unternehmensplanung sowie für die Planung von Service-Leistungen.

Diese Technik eignet sich für die Teamarbeit. → Synektik

Lit.: Schlicksupp, H.: Innovation, Kreativität und Ideenfindung (Management-Wissen), Würzburg [3]1989, Schlicksupp, H.: Kreativitätstechniken. In: Szyperski, N./Winand, U. (Hrsg.): Handwörterbuch der Planung. Stuttgart 1989, Sp. 930–943; Schlicksupp, H.: Führung zu kreativer Leistung. So fördert man die schöpferischen Fähigkeiten seiner Mitarbeiter (Praxiswissen Wirtschaft; 20), Renningen-Malmsheim 1995; Schröder, M.: Heureka, ich hab's gefunden! Kreativitätstechniken, Problemlösung und Ideenfindung. Herdecke/Bochum 2005.

Trendextrapolation (trend extrapolation): eine → Prognosetechnik. Extrapolation ist ein Näherungswert, der die Funktionswerte in der Zukunft prognostiziert. Das geschieht auf der Grundlage von Erfahrungswerten und Kenntnissen der Ergebnisse, die in der Vergangenheit erreicht wurden.

Aus dieser Analyse wird auf die voraussichtlich zu erwartenden Werte in der Zukunft geschlossen, d. h., es wird extrapoliert. Die Darstellung der Extrapolation kann grafisch erfolgen oder nach mathematischen Vorgaben, z. B. logarithmisch, linear, exponentiell. (vgl. Motzel, 2006, S. 210) Diese Technik eignet sich für die Teamarbeit.

Lit.: Motzel, E.: Projektmanagement Lexikon. Begriffe der Projektwirtschaft von ABC-Analyse bis Zwei-Faktoren-Theorie. Weinheim 2006.

TrendScouting: Trenderkundung, Trendbeobachtung, die Suche nach richtungweisenden Entwicklungen und Techniken.

Durchführung:
TrendScouting wird im Team durchgeführt. Dazu wird Feldforschung betrieben, indem die Team-Mitglieder vor Ort Befragungen und Erhebungen anstellen und Erkundungen einholen, was im Trend ist. Die Personen, die diese Recherchen durchführen, bezeichnet man als „TrendScouts". Ein TrendScout kennt die Kultur des eigenen Landes, das Themengebiet als auch die Kultur des Scouting-Landes und dessen bevorzugte Themenbereiche. TrendScouts achten auf die Besonderheiten anderer Länder. Ihnen fallen auch ungewohnte oder skurrile Eigentümlichkeiten eher auf als den einheimischen Bewohnern. Ein TrendScout ist aufmerksam und untersucht folgende Aspekte:

1. Ort der Suche (Land, Stadt, Branche, Ladenlokale)
2. Zeitdauer der Untersuchung
3. Eigenschaften der gesuchten Objekte
4. Art der Dokumentation

In Interviews werden die Gedanken, Vorschläge und Bedürfnisse einer breiten Konsumentenschicht erfragt und analysiert. Durch konkrete Fragestellungen werden Informationen und Objekte gesammelt.

Arbeitstechniken, die beim TrendScouting zum Einsatz kommen:

1. **TrendBuy:** An verschiedenen Orten werden Objekte gekauft, die zu guten Ideen für das Projekt führen können. Solche Orte können Supermärkte, Basare, Familienläden, Rummelplätze, Bahnhofsshops und viele andere Orte sein, an denen Produkte oder Dienstleistungen zum Verkauf angeboten werden.

2. **TrendTalk:** Der Explorator spricht mit Personen vor Ort im jeweiligen Land oder Untersuchungsgebiet über bestimmte Ideen. Dazu erhält er einen vorher ausgearbeiteten Fragebogen, den er mit verschiedenen Personen ungezwungen durchgeht. TrendTalk ist genau genommen kein Interview, sondern ein persönliches Gespräch, um neue Ideen aus dem jeweiligen Land zu erhalten.
3. **TrendMag:** Publikationen nach Ideen durchsuchen; Ideen werden auch durch zahlreiche Publikationsorgane verbreitet, durch Zeitungen, Zeitschriften, durch Hörfunk und Fernsehen u. a. Der TrendScout durchsucht systematisch die Printmedien, aber auch die digitalen Medien nach neuen Ideen und Trends. Er markiert und kommentiert die wichtigsten Anregungen und Inspirationen.
4. **TrendPhoto:** Der TrendScout fotografiert gute Ideen und Inputs, vor allem, wenn diese nicht gekauft werden können oder nicht einfach zu beschreiben sind. Hierbei kommt die Bildsprache zum Einsatz, denn diese besitzt eine hohe Aussagekraft. Die visuelle Darstellung ist oft schneller und leichter zu vermitteln als umständliche Beschreibungen.
5. **TrendDescription:** Hierbei werden komplexe Abläufe, Verhaltensweisen und Zusammenhänge beschrieben, die sich auf andere Art nicht vermitteln lassen.

Anschließend erfolgt die Phase „IdeaMining“, die Ideengewinnung und Ideenauswertung. Alle gesammelten Objekte und Notizen werden nach vorher festgelegten Kriterien bzw. Themenclustern sortiert, katalogisiert, fotografiert und für die spätere Nutzung in einer Datenbank erfasst und gespeichert. Beim „IdeaMining“ wird nach geeigneten Vorschlägen und Lösungsansätzen gewissermaßen „geschürft“. Aus dieser Datenbank kann anschließend ein Bericht bzw. ein Gutachten erstellt und ausgedruckt werden. Darin werden alle Objekte und Themencluster aufgezeigt. Objekte oder Ideen, die zu einer bereits bestehenden Idee aus einer anderen Projektphase passen, werden dort zugeordnet. (vgl. Schnetzler, 2006, S. 126; vgl. Aerssen/Buchholz, 2018, S. 806)

Vorteile:
TrendScouting vermittelt ein aktuelles Stimmungs- und Realitätsabbild. Mit Hilfe dieser Technik werden Informationen, Situationen, Konstellationen und Zusammenhänge aus anderen Sachgebieten und Kulturen gesammelt, auch international. Dadurch wird der Blickwinkel erweitert, so dass sich ungeahnte Perspektiven eröffnen.

TrendScouting kann auch als Leistungsanreiz dienen, um einzelne Mitarbeiter für ihre gute Arbeit zu belohnen. Dies ist eine willkommene Abwechslung zum Arbeitsalltag, „denn mit motivierten Teammitgliedern, die ab und zu einen spannenden TrendScouting-Ausflug machen dürfen, können Sie garantiert gute Ergebnisse erwarten (allerdings nur, wenn Sie einen präzisen Auftrag mit klarem Zeitrahmen mit auf den Weg geben)" (Schnetzler, 2006, S. 123).

Nachteile:
Für das TrendScouting werden Spezialisten benötigt, am besten Personen, die ihren Kulturkreis und die Kultur des ausgewählten Landes kennen und in der Lage sind, außergewöhnliche Ideen zu entdecken. TrendScouts müssen offen für Neues und Ungewöhnliches sein. Sie sollten diese Eindrücke rasch und effizient verarbeiten, um daraus neue Ideen zu entwickeln, denn „sehr schnell kann man beim TrendScouting durch eine Vielzahl von Eindrücken und Ablenkungen den Fokus für das Ziel verlieren" (Schnetzler, 2006, S. 123).

„TrendScouting darf nicht mit Trendforschung verwechselt werden", denn dabei geht es nicht darum, Trends vorauszusehen, sondern aktuelle Trends zu erkennen und zu nutzen (Aerssen/Buchholz, 2018, S. 806).

Einsatzmöglichkeiten:
Diese Kreativitätstechnik dient dazu, aktuelle Trends aus anderen Kulturen zu ergründen, zu erforschen und als Inspiration für die eigene Ideenentwicklung zu nutzen. TrendScouting lenkt die Aufmerksamkeit auf branchenübergreifende Themen und bisher unbekannte Kombinationen. TrendScouting eignet sich für die Entwicklung eines neuen Produkts. Dafür kann weltweit nach Vorbildern oder Produktmustern gesucht werden, von der Herstellung bis zur Verpackung und zum Marketing. Auch bei der Suche nach neuen Geschäftsfeldern, z. B. Ideen für neue Dienstleistungen kann TrendScouting zum Einsatz kommen. Andere Sichtweisen, Ideen und Lösungsvorschläge sind weltweit vorhanden und müssen nur gefunden werden. (vgl. Aerssen/Buchholz, 2018, S. 806) Diese Kreativitätstechnik eignet sich für die Arbeit im Team.

Lit.: Aerssen, B. v./Buchholz, Ch. (Hrsg.): Das große Handbuch Innovation. 555 Methoden und Instrumente für mehr Kreativität und Innovation im Unternehmen. München 2018; Schnetzler, N.: Die Ideenmaschine. Methode statt Geistesblitz – Wie Ideen industriell produziert werden, 5. Aufl., Weinheim 2006.

Trial-and-error-Methode: Versuch-und-Irrtum-Methode; das Ausprobieren und Lernen durch Versuch und Irrtum (by trial and error). Eine heuristische Methode, die in unübersichtlichen Situationen den gewünschten Erfolg bringen soll. Der US-amerikanische Psychologe Edward Lee Thorndike (1874–1949) hat 1898 die elementaren Prinzipien des Lernens durch „Versuch und Irrtum" (Trial-and-error) bei der Deutung tierexperimenteller Untersuchungen festgestellt. Dies war der Ausgangspunkt assoziationstheoretischer Vorstellungen zum Problemlösen. Das anfangs wahllose Versuch-und-Irrtum-Verhalten geht dabei oft – wie beim Memoryspiel – in ein systematisches Ausprobieren über, bei dem gezielt bestimmte Kombinationen gesucht werden. Der im Verlauf des Problemlösungsprozesses gewonnene Zuwachs an Wissen über die Situation geht in das Versuch-Irrtum-Verhalten ein und reduziert damit die Anzahl möglicher Operationen. Dietmar Zobel (*1937): nennt diese Methode „die weitgehend unsystematische Suche nach Lösungen" (Zobel, 2009, S. 21). Aber selbst dabei ist man bemüht, eine gewisse Ordnung in die Reihenfolge der Suchvorgänge zu bringen, um die Zufälligkeit der Lösungsversuche zu reduzieren und die Wahrscheinlichkeit einer Lösungsfindung zu vergrößern. Man kann das Problem auch in Teilaufgaben zerlegen.

Ein besonders markantes Beispiel der „Versuch-und-Irrtum-Methode" ist die Suche des amerikanischen Erfinders Thomas Alva Edison (1847–1931) und seiner Mitarbeiter nach einem geeigneten Material für die Entwicklung seiner Glühbirne. Sie testeten etwa 6000 verschiedene Pflanzenfasern, bis sie endlich den geeigneten Glühfaden fanden. (Bryan, o.J.; ca. 1927, S. 121) Diese zeitraubende Lösungssuche lieferte Edison und seinen Mitarbeitern eine Fülle von wertvollen Informationen über das zu lösende Problem.

Auch der deutsche Bakteriologe Paul Ehrlich (1854–1915) entdeckte durch die Versuch-und-Irrtum-Methode das Salvarsan, ein Arzneimittel zur Behandlung der Syphilis. (vgl. Arbinger, 1997, S. 53) Es gibt zahlreiche Beispiele von Wissenschaftlern und Erfindern, deren kreative Leistungen davon abhängen, dass sie erst jede Hypothese in der Praxis aufwendig überprüfen, bevor sie für ihr Problem eine Lösung finden. Dabei erfolgt das Probieren und Suchen nicht wahllos, chaotisch oder zufällig, sondern auf der Grundlage eines umfangreichen Expertenwissens, d. h. mehr oder weniger bewusst und theoriegeleitet.

Durchführung:
Beim systematischen Probieren und Suchen werden alle für einen bestimmten Zustand in Frage kommenden Veränderungsmöglichkeiten in einer festen Abfolge einmal ausprobiert. Dabei werden zunächst die Merkmale eines Gegenstands, z. B. eines technischen Produkts, aufgelistet und beschrieben. Daraufhin wird die Beschaffenheit der einzelnen Aspekte systematisch auf ihre Variabilität geprüft. „Dadurch wird sichergestellt, dass keine Möglichkeit außer Acht bleibt. Wichtig ist außerdem, dass ein Protokoll‹ (real oder im Gedächtnis) angelegt wird, um zu verhindern, dass bestimmte Zustände mehrfach durchlaufen werden“ (Arbinger, 1997, S. 52).

Vorteile:
„Jeder Fehlversuch ist mit einem Lernprozess verknüpft, und so kann ein Teil der prinzipiell möglichen weiteren Versuche wegen vorhersehbarer Erfolglosigkeit ganz einfach weggelassen werden“ (Zobel, 2007, S. 26).

Nachteile:
„Eine auch nur ungefähre Vorbestimmung der Suchrichtung ist nach dieser Methode nicht möglich“ (Zobel, 2009, S. 21). Der Begründer von → TRIZ, der russische Wissenschaftler Genrich Soulovich Altschuller (1926–1998), hat dieses Verfahren als „Nicht-Methode“ eingestuft, denn Aufwand und Nutzen stehen „in keinem vernünftigen Verhältnis zueinander“ (Zobel, 2011, S. 5).

Einsatzmöglichkeiten:
Die Versuch-und-Irrtum-Methode wird z. B. häufig in der Kosmetik- und Pharmaindustrie verwendet, indem die Firmen Produktdifferenzierung betreiben, durch das Hinzufügen oder Verändern einzelner pharmazeutischer Substanzen bei Kombinationspräparaten. Die Durchführung erfolgt im Team oder individuell. → Edison-Prinzip

Lit.: Arbinger, R.: Psychologie des Problemlösens. Eine anwendungsorientierte Einführung (Die Psychologie. Einführungen in Gegenstand, Methoden und Ergebnisse ihrer Teildisziplinen und Hilfswissenschaften). Darmstadt 1997; Brander, S./Kompa. A./Peltzer, U.: Denken und Problemlösen. Einführung in die kognitive Psychologie (WV-Studium; Bd. 131). Opladen [2]1989; Bryan, G. S.: Edison. Der Mann und sein Werk. Leipzig o.J. (ca. 1927) – Originalausgabe: Edison. The man and his work. London/New York 1926; Meyer, J.-U.: Das Edison-Prinzip. Der genial einfache Weg zu erfolgreichen Ideen. Frankfurt am Main/New York 2008; Zobel, D.: Kreatives Arbeiten. Methoden – Erfahrungen – Beispiele. Renningen 2007; Zobel, D.: Systematisches Erfinden. Methoden und Beispiele für den

Praktiker. 5. Aufl., Renningen 2009; Zobel, D.: TRIZ für alle – Der systematische Weg zur Problemlösung. 4. Aufl., Renningen 2018; Zobel, D./Hartmann, R.: Erfindungsmuster TRIZ: Prinzipien, Analogien, Ordnungskriterien, Beispiele. Renningen [2]2016.

Trigger-Technik (trigger-technique); von trigger: Auslöser. Diese Kreativitätstechnik wurde 1968 von George Muller entwickelt. Sie stellt eine Kombination aus → Brainstorming- und → Brainwriting-Elementen dar. Um möglichst zahlreiche Ideen auf unterschiedlichen Wegen zu gewinnen, sollte diese Methode als Gruppentechnik zum Einsatz kommen.

Durchführung:

1. Zur gestellten Aufgabe notiert jeder Teilnehmer seine Lösungsstichworte, die ihm dazu einfallen, auf Kärtchen oder Post-its (nur ein Stichwort je Karte).
2. Die Stichworte werden vorgelesen und auf einer Flipchart oder Wandtafel sichtbar angeordnet.
3. Dadurch ausgelöste Assoziationen und Einfälle können von den Teilnehmern geäußert werden. Diese werden schriftlich festgehalten. Um Wiederholungen zu vermeiden, werden nur neue bzw. ergänzende Ideen vorgetragen und notiert.
4. Die neuen Lösungsvorschläge werden den Teilnehmern wiederum vorgestellt und zugeordnet. (vgl. Luther, 2013, S. 184)

Vorteile:
Bei der Trigger-Technik finden mehrere Runden statt, in denen die Lösungsvorschläge weiterentwickelt werden. Durch mehrfaches Wiederholen der Brainstorming- und Brainwriting-Phasen ergibt sich ein dynamischer Wechsel, wodurch eine größere Anzahl von Ideen generiert werden kann.

Nachteile:
Diese Kreativitätstechnik hat einen höheren Schwierigkeitsgrad und benötigt einen erfahrenen Moderator, der mit den Techniken vertraut ist, um den Wechsel zwischen den unterschiedlichen Phasen zu leiten.

Einsatzmöglichkeiten:
Die Trigger-Technik eignet sich für Such- und Analyseprobleme, um eine Vielzahl von Ideen und Lösungsvorschlägen zu erzeugen.

Lit.: Aerssen, B. v./Buchholz, Ch. (Hrsg.): Das große Handbuch Innovation. 555 Methoden und Instrumente für mehr Kreativität und Innovation im Unternehmen. München 2018; Luther, M./Gründonner, J.: Königsweg Kreativität. Powertraining für kreatives Denken. Paderborn 1998; Luther, M.: Das große Handbuch der Kreativitätsmethoden. Wie Sie in vier Schritten mit Pfiff und Methode Ihre Problemlösungskompetenz entwickeln und zum Ideen-Profi werden. Bonn 2013.

Trittstein-Methode (stepping stone method): Diese Kreativitätstechnik wurde von dem britischen Psychologen und Kreativitätsforscher Edward de Bono (*1933) entwickelt, um durch originelle, unwillkürliche mentale Provokationen kreative Denkprozesse anzuregen. Der Trittstein dient bei einem Spaziergang als Hilfsmittel, um bei fehlender Brücke über „einen breiten Graben ... ans andere Ufer zu gelangen." Indem wir große Steine ins Wasser werfen, können wir diese als geeignete Trittsteine benutzen. Diesen Trittsteinen entsprechen mental provozierende Reizaussagen. Dabei wird meist eine willkürliche Denkoperation ausgeführt, die sich auf bereits Gedachtes stützt. Es wird selektiert, denn mindestens 40 Prozent der Reizaussagen sind nicht verwertbar, aber andere dienen als Trittsteine, um ans andere Ufer zu gelangen, also um die Lücke des Problems zu überbrücken. „Der Zweck einer mentalen Provokation besteht darin, auf völlig neue Ideen zu kommen und nicht die bereits bestehenden zu bestätigen" (de Bono, 1996, S. 162).

Edward de Bono ist der Auffassung: „Wenn wir urteilen, lehnen wir eine falsche Idee ab. Wenn wir uns bewegen, benutzen wir die Idee um ihres ›Bewegungswertes‹ willen. Die Idee wird dann zum Trittstein, auf dem wir zu einem anderen Muster überwechseln" (de Bono, 2014, S. 89).

Durchführung:

1. Die Ist-Situation wird analysiert.
2. Die Situation wird umgekehrt und gedanklich durchgearbeitet, d. h., der Zusammenhang wird auf den Kopf gestellt.
3. Es erfolgt die konkrete Visualisierung bzw. Vorstellung der Situation.
4. Die Teilnehmer überlegen sich die Frage: „Welchen Vorteil könnte die entgegengesetzte Perspektive haben und welche Ideen würden daraus entstehen?"
5. Die Ideen werden gesammelt und notiert (z. B. auf einer Pinnwand, Flipchart, Tafel o. ä.).

Dazu entwickelte Edward de Bono „vier formale, planvoll, methodisch und systematisch anwendbare Trittstein-Provokationen“:

1. die Umkehr-Provokation;
2. die Übertreibung bzw. Untertreibung der bestehenden Situation;
3. die Zerrbild-Provokation. Die Teilnehmer sollen sich eine völlig unrealistische Situation vorstellen, die so kaum zu realisieren ist, denn es bringt uns keinen Schritt weiter, wenn wir „ganz normale Bestrebungen, Zielvorstellungen oder Aufgaben als Trittstein benutzen“ (de Bono, 1996, S. 166). Dadurch sollen zündende Ideen entstehen.
4. Wunschbild: Es darf geträumt werden. „Wäre es nicht schön, wenn ...“ – „Bei der Wunschbild-Provokation lassen wir unserer Phantasie freien Lauf“ (de Bono, 1996, S. 167). Diese Wunschvorstellungen werden gesammelt und notiert.

Vorteile:
Durch diese Methode soll Selbstverständliches hinterfragt werden, wodurch die Phantasie angeregt wird. Die Trittstein-Methode trainiert die Verbesserung unserer kreativen Kompetenz und kann zu innovativen Ideen führen. Es werden ungewöhnliche Möglichkeiten eröffnet, die uns sonst verborgen geblieben wären.

Diese Methode kann sowohl in der Gruppe als auch individuell durchgeführt werden.

Nachteile:
Die Methode ist ungewohnt und erfordert einige Übung. Man muss sich mitunter erst überwinden, um mentale Provokationen zu formulieren. Wenn man nur auf das Ziel zusteuert, kann dies den kreativen Prozess behindern. Die Trittstein-Methode kann aber zu weit von der Realität wegführen und damit die Problemlösung erschweren. Es können dadurch auch zu viele unbrauchbare Ideen hervorgebracht werden.

Einsatzmöglichkeiten:
Für alltägliche Situationen, bei gewohnten, traditionellen Abläufen; auch als allgemeines Training, um die kreative Kompetenz zu steigern.

Beispiel:
Die New Yorker Stadtverwaltung wandte sich an Edward de Bono mit einem Problem: Es gibt zu wenig Streifenpolizisten. Der Kreativitätsforscher entwickelte daraus eine Übertreibung und eine provokative Aussage: „Po,

die Polizei hat sechs Augen." Aus dieser Idee entstand der Vorschlag: Jeder Bürger sollte seine Augen und Ohren offen halten. Diese Anregung erschien 1971 als Titelgeschichte im „New York Magazine". Daraus entwickelte sich das Konzept »Neighbourhood watch«: Nachbarschaftswachdienst, bei der Freiwillige regelmäßig Patrouillengänge durchführen. (vgl. dazu: Brunner, 2008, S. 301) Auch in Deutschland hat sich diese Methode bereits zaghaft durchgesetzt und bewährt, um die Sicherheit zu erhöhen. Sie steht hier unter dem Motto: »Wachsamer Nachbar«.

Lit.: Brunner, A.: Kreativer denken. Konzepte und Methoden von A-Z. Lehr- und Studienbuchreihe Schlüsselkompetenzen. München 2008; De Bono, E.: Serious creativity. Using the power of lateral thinking to create new ideas. New York: HarperCollins 1992; dt. Ausg.: Serious creativity. Die Entwicklung neuer Ideen durch die Kraft lateralen Denkens. Stuttgart 1996; De Bono, E.: De Bonos neue Denkschule. Kreativer denken, effektiver arbeiten, mehr erreichen, 6. Aufl., München 2014.

TRIZ (russische Abk. von „Teorija reschenija isobretatelskich Zadach"): dt.: Theorie des erfinderischen Problemlösens; engl.: TIPS (Theory of Inventive Problem Solving); 1946 von dem russischen Wissenschaftler Genrich Soulovich Altschuller (1926–1998) entwickelt. Als Patentoffizier bei der russischen Marine half er den Erfindern beim Verfassen ihrer Patentschriften. Bei der Auswertung von etwa 2,5 Millionen Patenten erkannte er, dass selbst unterschiedliche Erfindungen auf ähnlichen oder gar identischen Lösungsprinzipien beruhen, d. h. sie folgen bestimmten Gesetzmäßigkeiten. Auf Grund dieser Beobachtung untersuchte er wiederkehrende Muster kreativer Problemlösungen, die für die unterschiedlichsten Technologien und Branchen Gültigkeit besitzen. Daraus leitete er 200 Strategeme (Kunstgriffe, eigtl. Kriegslist) ab, für die er die Bezeichnung „TRIZ" wählte. Hierbei ist die Suchrichtung genau vorgegeben, d. h. man orientiert sich an der Systematik vorhandener Erfindungen. Die TRIZ-Methode ist ein komplexes Verfahren, „eine Denkschule, Methodensammlung und Toolbox, die sich an Best-Practice-Lösungsprinzipien orientiert und eine Vielzahl von Methoden und Techniken zur erfinderischen Problemlösung integriert" (Luther, 2013, S. 391).

TRIZ ist ein widerspruchsorientiertes Problemlösen. Erfinderische Aufgaben werden durch einen Widerspruch charakterisiert, der mit konventionellen Mitteln nicht lösbar ist. Die Identifizierung eines Widerspruchs schärft den Blick fürs Wesentliche und hilft beim Aufspüren analoger

Problemlösungen. Ein komplexes Problem wird in Teilprobleme zerlegt. Der Widerspruch besteht darin, dass bei Innovationen die Teillösungen nicht einfach verändert werden, sondern ein komplett neues Funktionsmodell entwickelt wird. (vgl. Herstatt, 2010, S. 370)

Durchführung:
Diese Methode besteht aus vier Hauptbestandteilen:

1. Systematik
2. Wissen
3. Analogien
4. Vision

1. **Systematik:** Zunächst erfolgt die Situationsbeschreibung. Es wird eine systematische und detaillierte → Problemanalyse und Zieldefinition durchgeführt. Dazu dienen, eine Innovations-Checkliste, Problemformulierung, die Idealvorstellung, eine Ressourcen-Analyse, die Faktoren MKZ (Material – Kosten – Zeit) und die antizipierende Fehlererkennung. Mit Hilfe der Innovations-Checkliste kann der Sachverständige alle Informationen über das zu verbessernde Produkt, über die verfügbaren Ressourcen und den vorhandenen Wissensstand systematisch erfassen und dokumentieren. → Ishikawa-Diagramm (ein Ursache-Wirkungs-Diagramm).
2. **Wissen:** Um sich über den neuesten Kenntnisstand über das zu lösende Problem zu informieren, werden alle zur Verfügung stehenden Recherche-Möglichkeiten genutzt (Internet, Patentdatenbanken u. a.). Erfassung des Problemumfeldes, was die angestrebte Lösung im Unternehmen, für die Kunden, für den Wettbewerb u. a. bewirken wird. Außerdem sind fundierte Kenntnisse aus den Bereichen Mechanik, Physik, Thermodynamik und Chemie erforderlich, wenn es um Erfindungen bzw. kreative Problemlösungen für unterschiedliche Technologien und Branchen geht. Dazu dient ein sogenanntes „Effekte-Lexikon“, das über dieses spezielle Wissen informiert.
3. **Analogien:** Die grundsätzlichen Elemente und Parameter werden auf ihre Abhängigkeiten untereinander geprüft, ebenso die Tools, die das systematische Finden von Innovationen unterstützen. Ein zentrales Element ist die Widerspruchsmatrix. Damit können die wichtigsten Einflussfaktoren der technischen Parameter und innovativen Verfahrensprinzipien systematisch analysiert werden. Die Widerspruchs-

matrix hilft dabei, Fehler zu vermeiden, z. B. dass ein Produkt an einer Stelle verbessert wird, ohne dass an eine damit verbundene Verschlechterung an anderer Stelle gedacht wird. Zu Innovationen und Produktverbesserungen führen auch immer wieder zahlreiche Standardlösungen. Darin offenbart sich der Kern der TRIZ-Methode, d. h. konkrete Probleme werden verallgemeinert, also auf eine höhere Abstraktionsebene gebracht.
4. **Vision** über den Lebenszyklus eines Produktes. (vgl. Boos, 2007, S. 146–150)

Altschuller hatte zunächst 35 technische Erfindungsprinzipien aufgestellt und diese später auf 40 Verfahren (Prinzipien zum Lösen technischer Widersprüche) erweitert. Diese werden auch als „Innovative Prinzipien“ bezeichnet. Diese lauten in Kurzfassung:

1. Zerlegung, Segmentierung
2. Abtrennung
3. Schaffen optimaler Bedingungen; örtliche Qualität
4. Asymmetrie
5. Kombination, Kopplung
6. Mehrzwecknutzung, Universalität
7. Verschachtelung, (d. h. „Eins im Anderen“, wie die Steckpuppe Matrjoschka)
8. Gegengewicht durch aerodynamische, hydrodynamische und magnetische Kräfte; Gegenmasse
9. Vorspannen, eine vorgezogene Gegenaktion; vorherige Gegenwirkung
10. Vorher-Ausführung (vorgezogene Aktion); vorherige Wirkung
11. Vorbeugemaßnahme; vorher bereitgestellte schadensvorbeugend wirkende Mittel
12. Äquipotenzialprinzip. Die Arbeitsbedingungen sind so zu verändern, dass das Objekt weder angehoben noch abgesenkt werden muss.
13. Funktionsumkehr. Die umgekehrte Wirkung ist anzustreben.
14. Krümmung; Kugelähnlichkeit
15. Dynamisierung
16. Partielle oder überschüssige Wirkung
17. Übergang zu höheren Dimensionen
18. Ausnutzen mechanischer Schwingungen
19. Periodische Wirkung

20. Kontinuität der Wirkprozesse
21. Überspringen (Durcheilen); schnelle Passage. Der Prozess oder einzelne schädliche oder gefährliche Etappen sind mit hoher Geschwindigkeit zu durchlaufen.
22. Schädliches in Nützliches umwandeln. Schädliche Faktoren sind für die Erzielung eines positiven Effektes zu nutzen.
23. Rückkopplung
24. Mediator, Vermittler
25. Selbstversorgung, Selbstbedienung
26. Kopieren
27. Billige Kurzlebigkeit statt teurer Langlebigkeit
28. Mechanik ersetzen; Ersatz mechanischer Schaltbilder (Schaltungen)
29. Pneumatik und Hydraulik. An Stelle der massiven Teile des Objekts sind gasförmige oder flüssige zu verwenden: aufgeblasene oder mit Flüssigkeit gefüllte Teile, Luftkissen, hydrostatische und hydroreaktive Teile.
30. Flexible, elastische Umhüllungen und dünne Folien
31. Verwendung poröser Werkstoffe
32. Farbveränderung
33. Gleichartigkeit bzw. Homogenität
34. Beseitigung und Regenerierung von Teilen
35. Eigenschaftsänderung; Veränderung des Aggregatzustandes eines Objektes
36. Anwendung von Phasenübergängen. Die bei Phasenübergängen auftretenden Erscheinungen sind auszunutzen, z. B. Veränderung des Volumens, Wärmeentwicklung oder –absorption.
37. Anwendung der Wärmeausdehnung: a) Die Volumenveränderung von Werkstoffen unter Wärmeeinwirkung ist auszunutzen. b) Es sind Werkstoffe unterschiedlicher Wärmedehnung miteinander zu kombinieren.
38. Anwendung starker Oxydationsmittel
39. Anwendung eines trägen (inerten) Mediums
40. Anwendung zusammengesetzter Stoffe (vgl. Zobel, 2007, S. 49–54; Zobel, 2011, S. 131–137; vgl. Geschka/Zirm, 2011, S. 287)

Vorteile:

Die TRIZ-Methode ist zur Lösung einer Vielzahl von Entwicklungsproblemen einsetzbar.

Mit der TRIZ-Methode wird zielgerichtet nach einer effektiven Lösung gesucht. Die gesammelten Erfahrungen können an andere Kreativ- und Entwicklungsteams weitergegeben werden. Es ist ein Denken in Widersprüchen zwischen dem Problem, das vor der Erfindung noch nicht oder nur unbefriedigend gelöst war und seiner Erfindung. Das ist erkennbar durch die Gegenüberstellung zwischen der beabsichtigten Funktion und den schädlichen Faktoren, die auftreten. Die Offenlegung technischer Widersprüche gilt auch für neue erfinderische Probleme. (vgl. Möhrle, 2010, S. 348)

Das Denken in technischen Widersprüchen dient dazu, „das Problem zuzuspitzen und auf das Wesentliche zu fokussieren. Das daran anknüpfende Werkzeug der Erfindungsverfahren nebst Widerspruchsmatrix gibt gezielte Hinweise zur Überwindung des technischen Widerspruchs" (Möhrle, 2010, S. 350).

Nachteile:
Der Nachteil besteht darin, dass diese Technik sehr zeitaufwendig ist. Eine Gruppe von Fachleuten auf ihrem jeweiligen Gebiet benötigt mitunter mehrere Tage oder Wochen, um geeignete Lösungen zu finden. Der TRIZ-Werkzeugkasten ist unstrukturiert und teilweise unübersichtlich. Die Methode kann nur unter großem Aufwand erlernt werden. Man erfährt dadurch nicht, welche Wege der Erfinder beschritten hat und was ihn auf die Idee zu seiner Erfindung gebracht hat.

Einsatzmöglichkeiten:
Diese Methode eignet sich besonders für technische Probleme in der Produktion oder Konstruktion, für die Neuentwicklung von Produkten bzw. für ständige Produktverbesserungen. Hierfür ist ein erfahrener Moderator gefragt.

TRIZ ist von großer Bedeutung. Erst das Zusammenwirken der TRIZ-Werkzeuge liefert erfolgversprechende Entwicklungsergebnisse. TRIZ eignet sich zur Unternehmensführung, vor allem in der Entwicklungsabteilung und kann bei technischen Innovationen in bestimmten Abständen wiederholt oder auch fortlaufend eingesetzt werden, um die Produktentwicklung permanent zu verbessern.

TRIZ wird auch als eine Art „Synektik für Ingenieure" bezeichnet. Ein spezifisches Problem wird durch den Einsatz verschiedener Tools zuerst abstrahiert. Danach werden auf der abstrakten Ebene Lösungen entwickelt, die anschließend in konkrete Problemlösungen überführt werden. (vgl.

Luther, 2013, S. 391) Diese Kreativitätstechnik eignet sich für die Einzel- und Teamarbeit. → klassische Synektik → visuelle Synektik.

Lit.: Altschuller, G. S.: Erfinden – Wege zur Lösung technischer Probleme. Berlin 1984; Altshuller, G. S.: Creativity as an exact science. The theory of the solution of inventive problems. Gordon and Breeach Science Publishers. New York 1984; Altshuller, G. S.: Creativity as an exact science. Gordon and Breach Science Publishers. New York 1988; Altshuller, G. S./Shulyak, L.: And suddenly the inventor appeared. TRIZ, the theory of inventive problem solving. Worcester 2004; Boos, E.: Das große Buch der Kreativitätstechniken. München 2007; Geschka, H./Zirm, A.: Kreativitätstechniken. In: Albers, S./Gassmann, O. (Hrsg.): Handbuch Technologie- und Innovationsmanagement. Wiesbaden [2]2011, S. 279–302; Gimbel, B. et al.: Ideen finden, Produkte entwickeln mit TRIZ. München/Wien 2000; Harmeier, J.: Originelle Kreativitätstechniken. Kissing 2009; Hentschel, C./Gundlach, C./Nähler, H. Th.: TRIZ – Innovation mit System. München 2010; Herstatt, C.: Analogien für die Produktinnovation systematisch nutzen. In: Harland, P. E./Schwarz-Geschka, M. (Hrsg.): Immer eine Idee voraus. Wie innovative Unternehmen Kreativität systematisch nutzen. Lichtenberg (Odw.) 2010, S. 365–374; Luther, M.: Das große Handbuch der Kreativitätsmethoden. Wie Sie in vier Schritten mit Pfiff und Methode Ihre Problemlösungskompetenz entwickeln und zum Ideen-Profi werden. Bonn 2013; Mencke, M.: 99 Tipps für Kreativitätstechniken. Ideenschöpfung und Problemlösung bei Innovationsprozessen und Produktentwicklung. Berlin 2006; Möhrle, M. G.: What is TRIZ? From conceptual basics to a framework for research. In: Creativity and innovation management, vol. 14, 2005, no. 1, pp. 1–13; Möhrle, M. G.: Gelenkte Kreativität mit MorphoTRIZ – Verschmelzung von morphologischem und widerspruchsorientiertem Problemlösen (TRIZ). In: Harland, P. E./Schwarz-Geschka, M. (Hrsg.): Immer eine Idee voraus. Wie innovative Unternehmen Kreativität systematisch nutzen. Lichtenberg (Odw.) 2010, S. 343–364; Müller, S.: The TRIZ resource analysis tool for solving management tasks: Previous classifications and their modification. In: Creativity and innovation management, vol. 14, 2005, no. 1, pp. 43–58; Pannenbäcker, T.: Methodisches Erfinden in Unternehmen. Bedarf, Konzept, Perspektiven für TRIZ-basierte Erfolge. Wiesbaden 2007; Terminko, J./Zusman, A./Zlotin, B./Herb, R. (Hrsg.): TRIZ. Der Weg zum konkurrenzlosen Erfolgsprodukt. Landsberg 1998; Zobel, D.: Kreatives Arbeiten. Methoden – Erfahrungen – Beispiele. Renningen 2007; Zobel, D.: Systematisches Erfinden. Methoden und Beispiele für den Praktiker. 5. Aufl., Renningen 2009; Zobel, D.: TRIZ für alle – Der systematische Weg zur Problemlösung. 4. Aufl., Renningen

2018; Zobel, D./Hartmann, R.: Erfindungsmuster TRIZ: Prinzipien, Analogien, Ordnungskriterien, Beispiele. Renningen [2]2016.

TRIZ-Werkzeuge (TRIZ-tools): Dazu gehören Erfindungsebenen, Systemansatz 9-Felder-Denken, Stoff-Feld-Analyse, Innovations-Checkliste, Idealität, Problemformulierung, Objektmodellierung (Winckler-Ruß, 2010, S. 334).

TRIZ stellt entsprechende Werkzeuge zur Verfügung, um bereits bekannte Lösungen aus branchenfremden Gebieten für das eigene Problem zu nutzen. Indem man die eigenen fachlichen Grenzen überwindet und neue oder fachübergreifende Kenntnisse einbezieht, wird das interdisziplinäre Denken gefördert. Der Vorteil bzw. der Nutzen besteht darin, dass Erfinder, Forschungs- und Entwicklungsingenieure, Techniker, Konstrukteure, Designer u. a. von diesen TRIZ-Werkzeugen profitieren, und dies vor allem aus zwei Gründen:

1. Ein TRIZ-Werkzeug kann gerade bei schwierigen Problemen die kreative Ideenfindung fördern.
2. Die Mitarbeiter im Team konzentrieren sich auf die korrekte Anwendung des Werkzeugs. Dabei sollten hierarchische Strukturen keine Rolle spielen, weil die Problemlösung im Vordergrund steht.

Durchführung:

1. Analyse der komplexen Situation und des Problems, um Fehler möglichst zu vermeiden.
2. Vereinfachung der komplexen Problemsituation durch überschaubare Standardelemente.
3. Anwendung von Lösungsmechanismen, die für die einfacheren Elemente in anderen Branchen oder Fachbereichen funktioniert haben.
4. Übertragung dieser bekannten Lösungselemente auf das eigene Problem. (vgl. Hentschel/Gundlach/Nähler, 2010, S. 24)

Die TRIZ-Werkzeuge bestehen aus 40 innovativen Grundprinzipien (→ TRIZ). Die TRIZ-Werkzeuge zur Analogiebildung und Ideenfindung wurden inzwischen weiterentwickelt. Eine Matrix aus dem Jahr 2010 enthält 11 Zusatzparameter:

1. Informationsmenge
2. Effizienz der Funktion
3. Lärm/Geräuschentwicklung
4. schädliche Emissionen

5. Kompatibilität/Verbindbarkeit
6. Sicherheit
7. Verletzlichkeit
8. Ästhetik und Design
9. Komplexität der Kontrolle
10. positive immaterielle Faktoren
11. negative immaterielle Faktoren (vgl. Hentschel/Gundlach/Nähler, 2010, S. 86)

Trotzdem sind die Parameter, die der russische Wissenschaftler Genrich Soulovich Altschuller (1926–1998) entwickelt hat, bis heute aktuell und zielorientiert bei der Problembeschreibung.

Vorteile:
„TRIZ ist ein praktischer Baukasten an Methoden, die technisch-naturwissenschaftlich fundiert sind. ... Die Werkzeuge erzeugen systematisch Ideen-Kreativität durch kompromisslose, Widersprüche und Hürden überwindende sowie strukturierte Ansätze, die zunächst vorwiegend technische Probleme auf innovative Art zu lösen halfen“ (Hentschel/Gundlach/Nähler, 2010, S. 25). Aus den Patenten, die eine hohe erfinderische Qualität besitzen, leitete Genrich Soulovich Altschuller (1926–1998) drei Erkenntnisse ab:

1. Jeder erfinderischen Aufgabe liegt zunächst ein Hindernis zugrunde, der sogenannte Widerspruch. Erst die Beseitigung dieses Widerspruchs führt zu wirklich innovativen Lösungen. Kompromisslösungen oder Optimierungsanstrengungen zur Beseitigung dieser Schwierigkeiten führen nicht zum Erfolg. TRIZ unterscheidet zwei wesentliche Arten von Widersprüchen: den technischen und den physikalischen Widerspruch.
2. Eine große Anzahl von Erfindungen beruht auf einer vergleichsweise kleinen Anzahl innovativer Lösungsprinzipien. Viele Probleme sind ähnlich und haben übereinstimmende Merkmale. Deshalb sind für ähnliche Probleme auch die Lösungen wiederholt einsetzbar, unabhängig von ihrem Ressort, Geschäftsbereich oder ihrer Fachrichtung.
3. Die Evolution von technischen Systemen folgt bestimmten, immer wiederkehrenden Erfindungsmustern. Führen sie zur Entwicklung neuer Produktgenerationen, können technische Systeme sogar bedingt vorhersagbar sein. (vgl. Hentschel/Gundlach/Nähler, 2010, S. 27; vgl. Zobel/Hartmann, 2016)

Nachteile:
Die TRIZ-Werkzeuge, vor allem die Begriffe und die spezifische Problembeschreibung sowie ihre Übertragung in die technischen Parameter haben z. T. einen hohen Schwierigkeitsgrad und erfordern einige Übung.

Einsatzmöglichkeiten:
Altschuller erkannte, dass technische Systeme bestimmten wiederkehrenden Gesetzmäßigkeiten folgen. „Er entwickelte Werkzeuge, die als strukturierte Vorgehensmodelle zum systematischen Erzeugen innovativer Lösungen eingesetzt werden können." Der Nutzen dieser Werkzeuge besteht darin, dass sich die Herangehensweise an schwierige Probleme verändert. Dadurch werden oft Lösungsansätze und Lösungswege sichtbar, die zuvor nicht geplant waren. (vgl. Hentschel/Gundlach/Nähler, 2010, S. 27)

Die TRIZ-Werkzeuge sind heute weltweit anerkannt und werden in vielen Projekten und Entwicklungsprozessen unterschiedlicher Fachdisziplinen erfolgreich eingesetzt. Die Anwendung kann sowohl im Team als auch individuell erfolgen.

Lit.: Hentschel, C./Gundlach, C./Nähler, H. Th.: TRIZ – Innovation mit System. München 2010; Winckler-Ruß, B.: Kreativitätstechniken. In: Thomann, H. J. (Hrsg.): Der Qualitätssicherungs-Berater. Köln 1993, Kapitel 13200, S. 1–14; Winckler-Ruß, B.: Kreativitätstechniken – ein Wegweiser durch den Dschungel. In: Harland, P. E./Schwarz-Geschka, M. (Hrsg.): Immer eine Idee voraus. Wie innovative Unternehmen Kreativität systematisch nutzen. Lichtenberg (Odw.) 2010, S. 321–341; Zobel, D.: Kreatives Arbeiten. Methoden – Erfahrungen – Beispiele. Renningen 2007; Zobel, D.: Systematisches Erfinden. Methoden und Beispiele für den Praktiker. 5. Aufl., Renningen 2009; Zobel, D.: TRIZ für alle – Der systematische Weg zur Problemlösung. 4. Aufl., Renningen 2018; Zobel, D./Hartmann, R.: Erfindungsmuster TRIZ: Prinzipien, Analogien, Ordnungskriterien, Beispiele. Renningen ²2016.

Try to become the problem: Versuche, das Problem zu werden; auch als Identifikations-Methode bzw. Methode der Identifikation bezeichnet. (vgl. Mencke, 2006, S. 116) Diese Kreativitätstechnik wurde 1983 von dem US-amerikanischen Kommunikationswissenschaftler Arthur B. VanGundy (1946–2009) entwickelt. Hierbei handelt es sich um eine Imaginationstechnik. Dabei soll man sich in das Problem oder in eine andere Person hineinversetzen. Welche Assoziationen verbindet man damit? Der oder die Nutzer sollen sich fragen, was sie in dieser Problemsituation erleben. Es ist ein

Rollenspiel und dient dazu, die Perspektive zu wechseln und ein Problem von allen Seiten zu betrachten. Die Identifikation mit dem Problem, mit dem Objekt oder mit einer Person bedeutet eine persönliche Analogiebildung.

Durchführung:
Versetzen Sie sich z. B. in die Situation des Kunden oder des Unternehmers, eines Kindes oder eines Designers und betrachten bzw. beurteilen sie das Problem aus dieser Perspektive. Sie nehmen die Identität des Problems an und fragen sich, was sie in dieser Problemsituation erleben.

Die Durchführung erfolgt in vier Phasen:

1. Notieren Sie die am Problem beteiligten Personen oder Objekte.
2. Aus dieser Liste werden die wichtigsten Aspekte ausgewählt.
3. Jetzt beginnt die gedankliche Reise. Nacheinander versetzen Sie sich oder die Teammitglieder in die Rollen der betreffenden Personen oder Objekte. Sie konzentrieren sich mit allen Sinnen auf das innere Erleben und versuchen, die Identität des Problems anzunehmen, die jeweilige Perspektive nachzuempfinden und zu beschreiben.
4. Aus den Einzelperspektiven und Emotionen ergeben sich oft neue Ideen, aus denen anschließend Lösungsvorschläge entwickelt werden. (vgl. Mencke, 2006, S. 116)

Vorteile:
Diese Kreativitätstechnik fördert das Verständnis für das Problem und trägt dazu bei, eine Lösung zu finden. Der Perspektivwechsel, die zu lösende Aufgabe, das Problem oder die Situation aus einem anderen Blickwinkel zu beschreiben bzw. mit den Augen einer anderen Person zu betrachten, öffnet den Blick für neue Ideen und Lösungsansätze.

Das Einfühlungsvermögen in den Problembereich wird gefördert. Die intuitive Beschäftigung mit der zu lösenden Aufgabe begünstigt das Problemverständnis und soll zu neuen Lösungen anregen. (vgl. Geschka, 2011, S. 27)

Nachteile:
Diese Kreativitätstechnik ist ungewohnt und erfordert viel Empathie. Das Ergebnis dieser Methode hängt von der Auswahl der eingenommenen Perspektiven sowie von dem Wissen über diese Sichtweisen ab.

Einsatzmöglichkeiten:
Diese Methode eignet sich zur Produktentwicklung und dient der Nutzerorientierung, um sich in die Anforderungen, Bedürfnisse und Wünsche des Kunden zu versetzen. Diese Kreativitätstechnik eignet sich für die Einzel- und Teamarbeit.

Lit.: Geschka, H.: Auf einen Blick. So werden Sie kreativ. In: Harvard Business Manager. Edition 2/2011: Kreativität. Wie Sie Ideen entwickeln und umsetzen, S. 26–27; Luther, M.: Das große Handbuch der Kreativitätsmethoden. Wie Sie in vier Schritten mit Pfiff und Methode Ihre Problemlösungskompetenz entwickeln und zum Ideen-Profi werden. Bonn 2013; Mencke, M.: 99 Tipps für Kreativitätstechniken. Ideenschöpfung und Problemlösung bei Innovationsprozessen und Produktentwicklung. (Das professionelle 1 x 1). Berlin 2006; VanGundy, A. B.: 108 ways to get a bright idea. New Jersey 1983; VanGundy, A. B.: Creative problem solving. New York 1987.

U

Umkehrtechnik → Kopfstand-Technik

Umstrukturierung (redefinition): eine kreative Fähigkeit, um Informationen, Ideen oder Gegenstände in völlig neuer, ungewohnter Weise zu sehen und zu nutzen, ihre Funktion zu verändern, sie in andere Zusammenhänge zu stellen oder in neuartiger Gestalt anzuordnen. Umstrukturierung bedeutet die Änderung der Problemlösungsstrategie. Dadurch wird die gewohnte Sichtweise verlassen und das Problem unter einem völlig anderen Aspekt gesehen. Diese neue Art der Wahrnehmung kann zu einem neuen Problemlösungsansatz führen. Erst die Umstrukturierung des Problems bringt mitunter die gewünschte Lösung. Das Teilproblem wird z. B. in größere Zusammenhänge gestellt oder bestimmte Details werden ausgegliedert, wodurch das Neue, der schöpferische Einfall bzw. das Aha-Erlebnis entsteht.

Die Vertreter des Behaviorismus und der Assoziationstheorie, z. B. Gary A. Davis, erklären den Einfall als Neukombination bereits bekannter Lösungsvorschläge. Die Anhänger der gestaltpsychologischen Betrachtungsweise sehen die Umstrukturierung sogar als Hauptmerkmal des Problemlösungsprozesses an. Die entscheidenden Umstrukturierungen und Einfälle erklären sie an Hand relativ komplexer Probleme aus der inneren Widersprüchlichkeit der Situation, in der sich der Denkende befindet. Dies führen sie auf ein spontanes Umstrukturieren zurück, das derjenigen auf dem Gebiet der Wahrnehmung gleicht, d. h. eine Umkehrung von Mustern, die unabhängig von den Erfahrungen des Betrachters entsteht und damit im psychologischen Sinne spontan ist (z. B. der Neckersche Würfel, der bei längerer Betrachtung sein Inneres nach außen kehrt, d. h. die Kanten der Tiefendimension springen um). Wird eine Problemsituation spontan umstrukturiert, verändern sich alle Teile und alle ihre Beziehungen zueinander. Der Problemlöser gelangt plötzlich zu einem neuen Verständnis der einzelnen Problemelemente und ihres Verhältnisses zueinander. Deshalb entsteht die neue Lösung in einem flüssigen Ablauf und nicht abrupt. Der US-amerikanische Psychologe Frederic C. Bartlett (1886–1969) unterscheidet zwischen dem Denken in geschlossenen Systemen und einem Denken im „offenen Raum“, das solche Systeme durchbricht (systemtranszendierendes Denken). Es ist kein zielgerichtetes Denken, so dass ihm viele Möglichkeiten offenstehen, oder es hat ein bestimmtes Ziel, weiß aber noch nicht, welcher Weg weiterführt und welcher eine Sackgasse ist. Bartlett bezeichnet es als abenteuerliches Denken („adventurous thinking") und meint, dass es das Denken des Forschers und Experimentators ist.

Die Umstrukturierung erfolgt vor allem in der Illuminationsphase des kreativen Prozesses, in dessen Verlauf neuartige Assoziationen und Pläne zur Bewältigung der Problemsituation entworfen werden. „Anregungen und Informationen aus verschiedenen Bereichen werden gedanklich verknüpft" (Preiser/Buchholz, 1997, S. 135).

Lit.: Bartlett, F. C.: Remembering. A study in experimental and social psychology. Cambridge 1932; Bartlett, F. C.: Thinking. An experimental and social study. Unwin university books. 1958; Davis, G. A.: Current status of research and theory in human problem solving. In: Psychological Bulletin, 1966, pp. 36–54; Davis, G. A.: Teaching creative thinking. In: Colangelo, N./Davis, G. A. (Eds.): Handbook of gifted education. Boston 1991, pp. 236–244; Davis, G. A./Scott, J. A.: Training creative thinking. Huntington 1978; Oerter, R.: Psychologie des Denkens. Donauwörth, 6. Aufl. 1980; Preiser, S./Buchholz, N.: Kreativitätstraining. Das 7-Stufen-Programm für Alltag, Studium und Beruf. Augsburg 1997.

Ursache-Wirkungs-Diagramm → Ishikawa-Diagramm

UV-Checkliste (UV-check list): Umsetzen und Verändern. Das Umsetzen, also die Realisierung der gefundenen Ideen wird mit Hilfe einer Kontrollliste vorbereitet.

Durchführung:
Für die Umsetzung von kreativen und innovativen Ideen entwarf der Psychologe und Trainer Bernd Weidenmann (*1945) folgende UV-Checkliste:

1. Situationsanalyse. Welche Faktoren können die Umsetzung hemmen oder verhindern? (z. B. Bedenkenträger, Vorgesetzte, Projektleiter oder Abteilungsleiter); welche Umstände wirken sich negativ aus? (z. B. Kosten, Zeitaufwand, Vorschriften); welche Ereignisse behindern die Umsetzung (z. B. fehlende Investitionen).
2. Entwicklung von Strategien, um die hemmenden Einflüsse zurückzudrängen und die fördernden Einflüsse zu stärken. Welche Faktoren wirken sich positiv auf die Umsetzung aus? (z. B. wichtige Entscheidungsträger oder andere Betroffene, die als Verbündete zu gewinnen sind).

3. Vorbeugungsmaßnahmen, um sich gegen hemmende Einflüsse zu wappnen. Dabei wird die Umsetzung gedanklich durchgeführt, und bestimmte Verhaltensweisen werden trainiert.
4. Welche Szenarien von Worst-Case bis Best Case können eintreten? Wie schätzen Sie diese Möglichkeiten ein?
5. Mit welchen Strategien können wir negative Faktoren ausschalten? Denken Sie dabei an Best-Practice-Beispiele, an Vorbilder, Autoritäten und an eine Nutzenargumentation.
6. Mit welchen Strategien können wir die positiven Faktoren fördern?
7. Wie können wir die Strategien üben und trainieren? (z. B. durch Simulationstechniken, Rollenspiele, Hilfe durch Trainer oder Change-Experten).
8. Wie steuern wir die Implementierung, die Einführung unserer Lösungsideen? Die Implementierung von originellen, neuen bzw. ungewöhnlichen Ideen und Produkten erfordert Überzeugung und Akzeptanz, besonders wenn sie den Interessen anderer zuwiderläuft. Die praktische Umsetzung erfordert unternehmerisches Denken und Handeln, Realitätssinn und Überzeugungskraft. Die Akzeptanz neuer Ideen wird begünstigt durch die Aufgeschlossenheit der Betroffenen gegenüber Neuerungen und durch die erkennbare Nützlichkeit (Kosten-Nutzen-Relation), durch die Überzeugungskraft von Experten bzw. durch die Unterstützung einflussreicher Persönlichkeiten.
9. Gibt es einen Plan B, einen Krisenplan, falls es wirklich zum Worst-Case kommen sollte?
10. Wurde etwas vergessen? Sind Sie bzw. ist das Team für die Phase der Umsetzung bereit oder bestehen noch Zweifel?
11. Wie werden die Zuständigkeiten für die Umsetzung eingeteilt? (Projektplan und Terminplan). (vgl. Weidenmann, 2010, S. 119 f.)

Vorteile:
Durch die UV-Checkliste werden nahezu alle relevanten Faktoren berücksichtigt, um die Implementierung kreativer Ideen oder Produkte vorzubereiten.

Nachteile:
Die Umsetzung der Ideen und Lösungsvorschläge scheitert oft an äußeren Widerständen sowie an der eigenen Ungeduld. „Die Lösung liegt wie bei Infektionskrankheiten in der Prophylaxe und im Impfen“ (Weidenmann, 2010, S. 118). Es gilt also Gegenstrategien zu entwickeln.

Einsatzmöglichkeiten:
Die UV-Checkliste ist eine wirksame Methode, wenn es um die Einführung, Durchsetzung und Verbreitung kreativer Ideen oder Produkte geht, um die Überführung in eine technische Anwendungsform bzw. in die Produktion nach erfolgter Funktionsreife. Die Strategien aus dem Veränderungsmanagement des Unternehmens lassen sich auch auf kleinere Probleme und alltägliche Situationen übertragen, z. B. im Team oder im Privatbereich. (vgl. Weidenmann, 2010, S. 118) Die UV-Checkliste kann sowohl individuell als auch im Team durchgeführt werden.

Lit.: Weidenmann, B.: Handbuch Kreativität. Ein guter Einfall ist kein Zufall! Weinheim, Basel 2010.

V

Verbundmatrix (composite matrix): Bezeichnung für Kreativitätstechniken, mit deren Hilfe Informationen, Ideen bzw. die Teilaspekte eines Problems systematisch miteinander verknüpft werden, um dadurch neue Kombinationsmöglichkeiten zu entdecken und sich der Ideenfindung und Problemlösung systematisch zu nähern. Dazu gehören der → Morphologische Kasten und → Attribute Listing.

Durchführung:
„Die Verbundmatrix verknüpft in zwei Phasen die Möglichkeit des nicht eingeengten, divergenten Denkens mit der systematischen Analyse, konvergenten Synthese und Bewertung" (Preiser, 1986, S. 96).

In der Auswertungsphase werden alle Kombinationen auf ihre Realisierbarkeit und Nützlichkeit hin beurteilt.

Nachteile:
Die Nachteile liegen im Schematismus, der sich auch kreativitätshemmend auswirken kann sowie im hohen Aufwand dieser Methode.

Einsatzmöglichkeiten:
Die Verbundmatrix eignet sich vor allem für Probleme, die ein geordnetes und systematisches Vorgehen verlangen sowie für die Neukombination bewährter Lösungen, denn durch die übersichtliche, schematische Darstellungsform erleichtern sie die Orientierung. Diese Kreativitätstechnik kann sowohl individuell als auch im Team durchgeführt werden.

Lit.: Preiser, S.: Kreativitätsforschung (Erträge der Forschung, Bd. 61), Darmstadt [2]1986; Preiser, S./Buchholz, N.: Kreativitätstraining. Das 7-Stufen-Programm für Alltag, Studium und Beruf. Augsburg 1997.

Versuch-und-Irrtum-Methode → Trial-and-error-Methode

Virtual Prototyping: virtuelles Prototyping, die Entwicklung virtueller Prototypen. Das bedeutet, durch wiederholte Simulationen ein Modell zu entwickeln, bevor ein physischer Prototyp hergestellt wird.

Virtual Prototyping ist für die Produktentwicklung von zunehmender Bedeutung. Es dient der Qualitätssicherung, der ergonomischen Optimierung von Benutzerschnittstellen und der Einbeziehung des Anwenders.

Virtual Prototyping hat im Vergleich zum → Rapid Prototyping den Vorteil, dass sich in wesentlich kürzerer Zeit wesentlich mehr Alternativen testen lassen. Außerdem ermöglicht Virtual Prototyping die Duchführung von Testverfahren, die in physischen Umgebungen nur sehr aufwendig zu realisieren wären.

Beispiel:
Die Boeing 777 war das erste Flugzeug, das hundertprozentig am Computer konzipiert wurde. „Ziel der Boeing-Ingenieure war ein Flugzeug, das bei geringeren Betriebskosten schneller und weiterfliegen kann als die Wettbewerber. Um dieses Ziel zu erreichen, setzt Boeing konsequent CAD/CAM-Systeme ein, die innerhalb der gesamten Produktlinie eines Flugzeugtyps digitale Produktdefinitionen erlauben. Die digitale Systemintegration von 3 Millionen Einzelteilen der Boeing 777 gestattete es, die Anzahl der Design-Wechsel, Konstruktionsfehler und die Nachbesserungszeiten erheblich zu reduzieren“ (Schmidt, 1999, S. 223).

Einsatzmöglichkeiten:
Virtual Prototyping wird in komplexen Systemen eingesetzt und ermöglicht eine schnelle Modifikation der Prozesse und Strukturen. Die Entwicklungszeit zwischen Analyse und Design sowie zwischen Design und Implementierung wird dadurch verkürzt. Störungen und andere Risiken können verringert oder beseitigt werden.

Mit Hilfe dieser Technik „lassen sich virtuelle Prototypen bis hin zu selbstorganisierenden Systemen evolutionär weiterentwickeln“ (Schmidt, 1999, S. 224). Virtual Prototyping ist ein Bestandteil und eine Vorstufe für das Virtual Engineering. Darunter werden alle Technologien der Informations-, Kommunikations- und Visualisierungstechnik subsumiert, die dazu dienen, den Entwicklungsprozess zu optimieren. Die Anwendung umfasst drei Aufgabengebiete:

„1. Digitalisierung neuer Prozesse unter Einsatz virtueller Prototypen (Informationstechnologie, Simulation und Visualisierungstechnik);
2. Integration von Informations- und Kommunikationstechnologie, Prozesse und Organisationsstrukturen;
3. Gestaltung kooperativer, verteilter IT- und Arbeitsumgebungen“ (Spath/Renz/Seidenstricker, 2011, S. 227 f.).

Diese Technik eignet sich für die Teamarbeit. → Rapid Prototyping

Lit.: Schmidt, A. P.: Der Wissensnavigator. Das Lexikon der Zukunft. Stuttgart 1999; Spath, D./Renz, K.-Ch./Seidenstricker, S.: Technologiemanagement. In: Albers, S./Gassmann, O. (Hrsg.): Handbuch Technologie- und Innovationsmanagement. Wiesbaden [2]2011, S. 219–235; Warschat, J.: Virtual Engineering. In: Bullinger, H.-J./Spath, D./Warnecke, H.-J./Westkämper, E. (Hrsg.): Handbuch Unternehmensorganisation. Berlin, Heidelberg 2009, S. 530–543.

Visualisierungstechniken (techniques of visualization): Man unterscheidet:

1. speziell entwickelte Methoden und Verfahren, mit deren Unterstützung die Aufmerksamkeit der Teilnehmer durch optische Reize angeregt wird, um daraus bei ihnen Gedanken und Einfälle für die Ideenfindung und Lösungssuche zu stimulieren und auszulösen.
2. Visualisierungstechniken sind auch Lern- und Präsentationstechniken, um Inhalte durch Schaubilder und Grafiken darzustellen und mit technischen Hilfsmitteln zu demonstrieren.

Während es beim Visualisieren meist darum geht, Ideen in ein Bild umzusetzen, wird bei diesen Kreativitätstechniken die umgekehrte Strategie verfolgt. Visualisierung ist ein anschauliches Denken, die Aufbereitung von Informationen mit bildlichen Mitteln. Durch visuelle Anreize soll die Ideenfindung und Lösungssuche erleichtert werden, auch wenn diese Stimuli mit dem zu lösenden Problem nicht in direktem Zusammenhang stehen. Diese Technik führt zu einer großen Auswahl, um Ideen aus problemfremden Bereichen zu entwickeln, so dass originelle Anregungen entstehen können. Beim Visualisieren geht es nicht darum, sich von vornherein festzulegen, sondern bei den Gruppenteilnehmern wird das Verändern und Umstrukturieren von Ideen und Lösungsansätzen angestrebt.

Bildhafte Vergleiche sind jedem Menschen aus Märchen, Geschichten, Fabeln, Sagen und Mythen oder Sprichwörtern vertraut. Diese können oft zu überraschenden Gedanken, Ideen und Lösungsmöglichkeiten führen. Solche Beispiele dienen der „Schulung intuitiven Handelns. Die Beachtung von Phantasien und ›unpassenden Einfällen‹, das Zulassen des inneren Dialogs mit sich selbst und bedeutenden Bezugspersonen, die Visualisierung von Personen und Arbeitssitzungen, all dies sind Techniken, die zu mehr Entspannung und Kreativität führen können“ (Holm-Hadulla, 2010, S. 116).

Durchführung:

1. Wählen Sie unterschiedliche Bilder aus verschiedenen Themenbereichen und Quellen aus. Die optische Stimulierung soll bei den Teilnehmern Gedanken und Ideen auslösen.
2. Während der Phase der Bildbetrachtung sollten sich die Gruppenteilnehmer nicht unterhalten, damit jeder Teilnehmer unbeeinflusst vom Nachbarn das Bild und seine auslösenden Betrachtungen auf sich wirken lässt. Die Teilnehmer fertigen dazu eine kurze Bildbeschreibung an.
3. Versuchen Sie aus den Bildinhalten Anregungen, Gedanken, Ideen und Vorschläge für die Lösungsfindung des Problems bzw. für die Aufgabenstellung zu entwickeln. Auch Details können Ideen auslösen. Notieren Sie Ihre Lösungsansätze. (vgl. dazu Higgins/Wiese, 1996, S. 109 f.)

Vorteile:
Durch visuelle Anreize werden die Teilnehmer zu Assoziationen angeregt, so dass sich mögliche Lösungsansätze erschließen. Die Ideenfindung soll dadurch erleichtert werden, auch wenn diese Stimuli mit dem zu lösenden Problem nicht in direktem Zusammenhang stehen.

Diese Technik führt zu einer großen Auswahl, um Ideen aus problemfremden Bereichen zu entwickeln, so dass originelle Anregungen entstehen können. Bei dieser individuellen Arbeitsweise entfallen auch eventuelle Störungen, wie sie beim → Brainstorming möglich sind.

Die Visualisierung weckt das Interesse der Gruppenteilnehmer und fördert die Konzentration.

Sie erleichtert den Überblick über die Vielzahl der präsentierten Informationen. Komplizierte Aufgabenstellungen und Probleme lassen sich durch Visualisierungstechniken leichter vermitteln.

Bildliche Darstellungen in Verbindung mit akustischen Wahrnehmungen werden im Unterbewusstsein besser gespeichert. „Zuhörer, die eine Präsentation mit Visualisierung gesehen haben, erinnern sich nach einigen Stunden an mehr als doppelt so viele Informationen als solche, die nur zugehört haben“ (Pionczyk et al., 2011, S. 165).

Nachteile:
Die Visualisierungstechniken bieten keine Garantie für die Ideenfindung und für die kreative Gruppenarbeit.

Einsatzmöglichkeiten:
Der Einsatz von Visualisierungstechniken empfiehlt sich besonders bei der Lösungssuche im Design-Bereich oder bei technischen Innovationen. Durch optische Reize und durch die Übertragung der Bildmotive auf das Ausgangsproblem werden oft ungewöhnliche Lösungsansätze gefunden. Visualisierungen dienen auch dazu, die Ideen, Anregungen und Lösungsvorschläge optisch zu veranschaulichen. Dazu zählen Diagramme, Organigramme, Zeitpläne, Projektstrukturpläne, Zeichnungen, Skizzen o. ä. Carmen Thomas prägte den Begriff „Vistem". Dieser bedeutet Visualisieren mit System und stellt eine Denk-, Kommunikations- und Handlungsmethodik dar. (vgl. Thomas, 1996; Klein, 2010, S. 170 f., 193) Die Durchführung erfolgt im Team.

Zu den Visualisierungstechniken gehören: → Battelle-Bildmappen-Brainwriting, → Visuelles Brainstorming, → Clustering, → Ishikawa-Diagramm, → Mind Mapping, → Reizbildanalyse, → Storyboarding, →Visuelle Synektik.

Lit.: Higgins, J. M./Wiese, G. G.: Innovationsmanagement. Kreativitätstechniken für den unternehmerischen Erfolg. Berlin, Heidelberg, New York 1996; Holm-Hadulla, R. M.: Kreativität. Konzept und Lebensstil. Göttingen [3]2010; Klein, Z. M.: Kreative Seminarmethoden. 100 kreative Methoden für erfolgreiche Seminare. Offenbach 2009; Pionczyk, A. in Zusammenarbeit mit der Dudenredaktion: Projektmanagement. Mannheim, Zürich 2011; Thomas, C.: Vistem – der klare schnelle Weg zu Sache. Weinheim, Basel 1996; Thomas, C.: Erfolgreich Ideen finden. München 2000.

Visuelle Bildkarten-Stimulation (VIBIS) → Reizbildanalyse

Visuelles Brainstorming (visual brainstorming): eine Variante des klassischen → Brainstormings, um mit Hilfe von Skizzen oder Zeichnungen Ideen zu konzeptualisieren und zu erfassen, d. h. eine Skizze möglicher Problemlösungen anzufertigen. Die Skizzen können abstrakt, symbolisch oder realistisch sein.

Der US-amerikanische Kreativitätsforscher Michael Michalko (*1940) empfiehlt folgende Durchführung:

Zeichnen Sie die Lösung Ihres Problems. Danach erfolgen die Überprüfung und Überarbeitung der Zeichnung, indem sie abgewandelt wird, oder es wird eine neue Skizze angefertigt. Dieser Prozess des Modifizierens bzw. der Neuanfertigung von Skizzen soll möglichst lange fortgesetzt werden. Anschließend entwickeln Sie aus einer der Skizzen oder aus Elementen verschiedener Skizzen die endgültige Lösung. (vgl. Michalko, 2001, S. 66 f.) Die Durchführung erfolgt im Team. → Brainstorming

Lit.: Michalko, M.: Erfolgsgeheimnis Kreativität. Was wir von Michelangelo, Einstein & Co. lernen können. Landsberg am Lech 2001.

Visuelle Konfrontation → Reizbildanalyse

Visuelle Synektik (visual synectics): auch bildhafte Synektik; eine Kreativitätstechnik, die optische Wahrnehmungen bewusst in kreative Problemlösungsprozesse einbezieht. Sie ist eine Art „→ Reizwortanalyse mit Bildern" (Schaude, 1995, S. 51). Diese Technik wurde etwa 1971/72 am Battelle-Institut in Frankfurt am Main von Horst Geschka, Götz R. Schaude und Helmut Schlicksupp entwickelt.

Durchführung:
Bei dieser Methode wird gezielt die Bildbetrachtung eingesetzt, um dadurch Analogien, Assoziationen und Gedanken hervorzurufen, aus denen Lösungsmöglichkeiten abgeleitet werden können. Dazu können Flipchart, Pinnwand oder Präsentationssoftware verwendet werden (Beamer, Powerpoint-Präsentation, Snapshot, digitale Folien, Animationen, Fotoshow u. ä.).

1. Problemanalyse und Problemdefinition: Danach werden Fotos, Poster, Collagen, Kalenderbilder, Gemälde, Landschaftsbilder oder eine umfangreiche Bildsammelmappe gezeigt, die von den Teilnehmern beschrieben und analysiert werden sollen. Die Motive werden aufmerksam betrachtet, auch von Zeit zu Zeit ausgetauscht, in der Absicht, die wahrgenommenen Bildelemente als mögliche Ideenauslöser für das gestellte Problem zu interpretieren. Diese Vorgehensweise entspricht der → Reizbildanalyse und dem → Force-Fit.
2. Aus einer Vielzahl von Motiven werden drei bis fünf Bilder nach dem Zufallsprinzip ausgewählt und für alle Teilnehmer gut sichtbar gezeigt. Jeder Teilnehmer beschreibt und interpretiert das gerade im Zentrum der Betrachtung stehende Bild. Dabei sind besonders die Empfindungen, spontanen Ideen und freien Assoziationen zu den Bildinhalten wichtig. Diese werden vom Moderator festgehalten.
3. Aus den vorgenommenen Bildbeschreibungen (Bildanalyse) wird versucht, Lösungsansätze und Strukturähnlichkeiten zum Ausgangsproblem herzustellen oder abzuleiten.

4. Die gefundenen Analogien werden auf ihre Verwertbarkeit überprüft. Dabei können einzelne Bildmotive noch einmal zur Inspiration herangezogen werden.
5. Nach einer Phase der freien Assoziation müssen wieder das Ausgangsproblem und seine Lösung im Vordergrund stehen. Die entstandenen Lösungsideen werden entweder sofort oder mit zeitlichem Abstand bewertet und weiterentwickelt. (vgl. Blumenschein/Ehlers, 2002, S. 116–121)

Vorteile:
Durch optische Reize und durch die Übertragung der Bildmotive auf das Ausgangsproblem werden oft ungewöhnliche Lösungsansätze gefunden. Diese Methode ist einfacher durchzuführen und anregender als die → klassische Synektik.

Durch die Visuelle Synektik können Denkblockaden und Hemmungen abgebaut werden. Außerdem kann diese Technik unterhaltsam und entspannend sein, weil die Ideenfindung durch visuelle Reize erfolgt.

Nachteile:
Diese Technik ist gewöhnungsbedürftig, da zahlreiche Bildmotive auf den ersten Blick nichts mit dem Ausgangsproblem zu tun haben. Passen die Bilder nicht zur Fragestellung, kann auch keine sinnvolle Lösung gefunden werden.

Einsatzmöglichkeiten:
Die visuelle Synektik kann für zukünftige Lösungen, für Projektthemen und Organisationsstrukturen eingesetzt werden. Neben unterschiedlichen Bildmotiven sind auch Natur- und Landschaftseindrücke eine Quelle der Inspiration und vermitteln optische Anregungen. Die Durchführung erfolgt im Team. → klassische Synektik → Synektische Konferenz

Lit.: Blumenschein, A./Ehlers, I. U.: Ideen-Management. Wege zur strukturierten Kreativität. München 2002; Geschka, H./ Schaude, G. R./Schlicksupp, H.: Modern techniques for solving problems. In: International studies of management & organization, 1976/77, pp. 45–63; Schaude, G.: Kreativitäts-, Problemlösungs- und Präsentationstechniken. Eschborn [3]1995.

Vulkantechnik (volcanic technique): 1974 von Tudor Rickards entwickelt; sie basiert auf wildesten Vorstellungen („wildest ideas“). Bei der Ideensuche wird grotesk übertrieben. Bei den Teilnehmern werden bewusst gedankliche

Grenzen überschritten, um ungewöhnliche Lösungsvorschläge zu erzeugen. Diese Technik wird für Fortgeschrittene empfohlen und eignet sich für die Einzel- und Gruppenarbeit. Die Dauer sollte etwa 10–20 Minuten betragen. (Luther, 2013, S. 253)

Lit.: Luther, M.: Das große Handbuch der Kreativitätsmethoden. Wie Sie in vier Schritten mit Pfiff und Methode Ihre Problemlösungskompetenz entwickeln und zum Ideen-Profi werden. Bonn 2013.

W

W-Fragen (W-questions): Fragen, die mit dem Buchstaben W beginnen; auch W-Raster oder »action words technique« genannt. Eine Sammlung von problemrelevanten W-Fragewörtern, die auf eine vorliegende Situation oder Aufgabe bezogen werden. Meist sind es sechs W-Fragen, an denen man sich wie an einer Checkliste orientiert.

Die Fragen lauten:

Was?
Wo?
Wann?
Wie?
Warum?
Wer?

Dietmar Zobel nennt 7 W-Fragen:

Wann (fand das Ereignis statt?)
Wo (fand das Ereignis statt?)
Was (ist geschehen?)
Wer (war beteiligt?)
Warum (welche Gründe oder Hintergründe waren entscheidend?)
Weshalb (haben die Akteure gehandelt?)
Wem (nützt oder schadet es?) – (Zobel, 2009, S. 39)

Diese Fragetechnik ist für die exakte Formulierung der Aufgabe entscheidend, um den Kern des Problems zu erkennen. Die Problemlösung soll durch die Beantwortung dieser entscheidenden W-Fragen herbeigeführt werden. Diese Fragetechnik kann auch bei Recherchen angewandt werden, um nützliche Informationen zu sammeln. Diese Technik kann sowohl individuell als auch im Team durchgeführt werden. → Kipling-Fragen

Lit.: Zobel, D.: Systematisches Erfinden. Methoden und Beispiele für den Praktiker. 5. Aufl., Renningen 2009.

Wachstumsspirale© (cycle of growth): Sie ist eine Orientierungshilfe und Navigation für den gesamten → kreativen Problemlösungsprozess vom ersten Aufkeimen einer Idee bis zur Realisierung und dient dazu, Ideen systematisch zu managen. Die Wachstumsspirale© wurde von den Unternehmensberaterinnen Annette Blumenschein und Ingrid Ute Ehlers entwickelt.

Durchführung:
Die Wachstumsspirale© umfasst sieben Phasen des kreativen Problemlösungsprozesses:

1. kreative Unzufriedenheit. Das erste Aufkeimen einer Idee ist meist die Folge kreativer Unzufriedenheit mit dem Ist-Zustand.
2. → Problemanalyse und Aufgabenformulierung
3. Ideenfindung
4. Ideen-Auslese
5. Ideen-Realisierung
6. Ideen-Überprüfung
7. erneute kreative Unzufriedenheit (vgl. Blumenschein/Ehlers, 2007, S. 47–53)

Im Verlauf der sieben Phasen vollzieht sich ein mehrfacher Wechsel von konvergentem zu divergentem Denken und umgekehrt.

Vorteile:
Die Wachstumsspirale© zeigt die jeweilige Entwicklungsstufe, in der man sich innerhalb des kreativen Problemlösungsprozesses befindet, ob der derzeit gewählte Denkstil der richtige ist, ob man in mehreren Phasen gleichzeitig agiert (z. B. durch Termindruck). Zur Unterstützung der Lösungsfindung kann in jeder Phase auch eine weitere Kreativitätstechnik hinzugezogen werden. Aber die Erreichung des Ziels führt zu einer erneuten kreativen Unzufriedenheit, die als Antriebskraft für weiteres kreatives Wachstum dient. (vgl. Blumenschein/Ehlers, 2007, S. 49)

Nachteile:
Der kreative Problemlösungsprozess erfolgt nicht reibungslos, so dass in jeder Phase der Wachstumsspirale© auch Höhen und Tiefen durchlaufen werden. Die Lösungsfindung kann auch in einer Phase stecken bleiben und die nächsthöhere Ebene nicht erreichen. Auch Rückkopplungsschleifen sind möglich, oder eine Phase muss mehrfach durchlaufen werden, bis die nächst-

höhere Stufe erreicht wird. Es kann auch vorkommen, dass einzelne Phasen übersprungen werden oder dass man sich in mehreren Phasen gleichzeitig aufhält. Dadurch kann sich die eher divergente Ideen-Entwicklung mit der eher konvergenten Ideen-Bewertung vermischen. Das führt zu Verzögerungen und Denkblockaden. (vgl. Blumenschein/Ehlers, 2007, S. 49 f.)

Einsatzmöglichkeiten:
Die Wachstumsspirale© dient dazu, Ideen systematisch zu managen. Diese Kreativitätstechnik eignet sich für die Teamarbeit, kann aber auch individuell durchgeführt werden.

Lit.: Blumenschein, A./Ehlers, I. U.: Ideen managen. Eine verlässliche Navigation im Kreativprozess. Leonberg 2007.

Walt-Disney-Strategie (Walt-Disney-strategy): auch Walt-Disney-Methode oder Denkstühle genannt. Der US-amerikanische Autor, Filmproduzent und Begründer des Zeichentrickfilms in den USA, Walt Disney (1901–1966) formulierte vier Prinzipien erfolgreichen Unternehmertums: Neugier, Mut, Zuversicht und Beharrlichkeit.

Durchführung:
Das Walt-Disney-Kreativitätsmodell wurde 1991 von Robert B. Dilts entwickelt und umfasst drei Strategien, basierend auf einem Rollenspiel: Träumer, Realist und Kritiker. Er ließ in den Disney-Filmstudios drei Räume völlig unterschiedlich einrichten:

Der 1. Raum war ein ziemlich luxuriöses Büro mit komfortablem Besprechungstisch; es erklang leise Musik, ein angenehmer Duft verbreitete sich; es gab ein Brunchbuffet für die Zeichner, Getränke etc. In dieser Wohlfühl-Atmosphäre wurden die neuen Filmideen erdacht, ein Raum zum Träumen. Die Sitzungen in diesem Zimmer unterlagen auch keiner Zeitvorgabe. Walt Disney nannte diesen Raum „Blue Heaven" (Blauer Himmel, i. S. v. schöner Aufenthaltsort)

Der 2. Raum war zwar ein großes Büro, aber unpersönlich und sachlich eingerichtet. An den Plätzen des leeren Besprechungstisches standen Rechenmaschinen, die damals noch riesige Ausmaße hatten. Es gab keine Musik, kein Brunch. Die Besprechungen in diesem Raum unterlagen einer straffen Zeitvorgabe, und bei diesen Meetings ging es um Etats, Budgetierung, Zeit- und Projektplanung, Kostenrechnung; nur um die harten Fakten, nie um die Filme selbst. Walt Disney nannte diesen Raum „Black Digit" (schwarze Ziffer). Dies sollte bedeuten: Schreib schwarze Zahlen! Hier gab es keine Ablenkung, so dass sich die Teilnehmer auf die Fakten konzentrieren konnten.

Der 3. Raum war mit dunklem Holz eingerichtet. An den Wänden hingen zahlreiche Waffen. Es gab keinen Besprechungstisch, sondern nur zwölf Stehpulte, die in zwei gegenüberliegenden Sechserreihen angeordnet waren. In diesem Raum wurden heftig Kritik und Destruktivität geübt. Walt Disney nannte diesen Raum „Destroying Corner" (zerstörende Ecke; böse Meckerecke). In solch einem kargen Raum können also Krisensitzungen abgehalten werden (vgl. Busch, 1999, S. 70–72).

Falls nicht drei Räume zur Verfügung stehen, können auch vereinfachte Varianten gewählt werden, z. B. ein Tagungsraum wird in drei unterschiedlich gestaltete Bereiche eingeteilt, oder es werden drei verschiedene Stühle (Denkstühle) verwendet: ein sehr bequemer Polsterstuhl für die Rolle des Träumers, ein einfacher Stuhl für die Rolle des Realisten, auf dem man das Problem realistisch betrachtet, und ein möglichst unbequemer Stuhl oder ein Stehpult für den Kritiker.

Vorteile:
Mit Hilfe dieser Methode werden unterschiedliche Sichtweisen auf ein Problem eingenommen, um die Denkweise zu wechseln und verschiedene Perspektiven bei der Ideenfindung und Lösungssuche einzunehmen:

1. Der Träumer: Er entwirft Ideen, hat Phantasien und Visionen und fragt nicht, ob sie realistisch sind.
2. Der Realist ist der Handelnde, der Macher. Er konzentriert sich auf das Wesentliche, denkt zielorientiert, informiert sich und generiert praktische Lösungsideen. Er überprüft die Einfälle, Gedanken und Vorschläge des Träumers, bevor sie beim Kritiker landen.
3. Der Kritiker prüft und beurteilt die Qualität der Vorschläge auf ihre Realisierbarkeit, auf mögliche Verbesserungen sowie auf Chancen und Risiken.

Die Walt-Disney-Strategie ist eine gute Anregung, um Kreativ-Workshops abzuhalten. Dazu wird zu jedem Anlass die passende Umgebung gewählt. Um Träume, Visionen und Phantasien in die Ideenfindung einzubeziehen, kann das Meeting der Mitarbeiter z. B. in einem Luxushotel mit schöner Aussicht und zahlreichen Freizeitmöglichkeiten stattfinden. Um realistische und kritische Lösungen und Ergebnisse zu erhalten, werden die Workshops an entsprechend schlichten bzw. kargen Plätzen oder Orten abgehalten.

Einsatzmöglichkeiten:
Die Walt-Disney-Strategie ist direkt aus der unternehmerischen Praxis entstanden und hat sich bewährt. Sie eignet sich zur Überprüfung und Weiterentwicklung bereits gefundener Lösungen, vor allem hinsichtlich der Realisierbarkeit und Praxistauglichkeit. Die Teilnehmer nehmen im Laufe dieser Methode drei unterschiedliche Rollen ein, die des Träumers, des Realisten und des Kritikers. Die Walt-Disney-Strategie kann auch dazu dienen, Visionen zu entwickeln und das kreative Potenzial der Mitarbeiter zu nutzen, ohne dabei die Durchführbarkeit und Verantwortlichkeit aus dem Auge zu verlieren.

Diese Kreativitätstechnik eignet sich vor allem für die Arbeit im Team.

Lit.: Busch, B. G.: Erfolg durch neue Ideen. (Das professionelle 1 x 1). Berlin 1999; Dilts, R. B.: Walt Disney the Dreamer, the Realist, and the Critic. New York 1990; Dilts, R. B. et al.: Know how für Träumer – Strategien der Kreativität. Paderborn 1994; Schröder, M.: Heureka, ich hab's gefunden! Kreativitätstechniken, Problemlösung und Ideenfindung. Herdecke/Bochum 2005.

Warenhaus-Methode → Reizwort-Analyse

Webbasierte Kreativitätstechniken → Internetbasierte Kreativitätstechniken

WEPT-Methode: auch WEPT-Prinzip; ein Akronym, gebildet aus den Anfangsbuchstaben der Begriffe:

Wollen
Entscheiden
Planen
Tun

Die WEPT-Methode ist eine Motivationstechnik nach Zamyat M. Klein. Sie soll die Kreativitätsblockaden, negativen Voraussagen, Ängste und Zweifel beseitigen, die uns oft plagen, ob eine Idee, ein Plan überhaupt realisiert werden kann. Vorhaben und Projekte scheitern meist daran, dass sie bloße Absichtserklärungen bleiben. Auch die Teilnehmer eines Kreativitätsseminars wollen im Anschluss oft versuchen, die neuen Erkenntnisse umzusetzen. Allein in dem Begriff „versuchen" steckt die Möglichkeit des

Versagens. Mit Hilfe der einfachen, aber wirkungsvollen WEPT-Methode soll die Motivation in uns geweckt werden, unsere Ideen und Pläne auch tatsächlich umzusetzen.

Durchführung:
Die Teilnehmer sollen auf einem Arbeitsblatt oder auf dem Flipchart folgende Kernaussagen notieren:

1. **Wollen:** Du musst es wirklich wollen!
2. **Entscheiden:** Du triffst eine verbindliche Entscheidung! (Du fasst einen Entschluss und gehst einen Vertrag ein mit dir selbst oder mit einem Partner.).
3. **Planen:** Du planst die Umsetzung konkret wie folgt: Was? Wie? Wann? Mit wem?
4. **Tun:** Dann tust du es! (vgl. Klein, 2010, S. 179)

Diese Kreativitätstechnik eignet sich für die Teamarbeit, kann aber auch individuell durchgeführt werden.

Lit.: Klein, Z. M.: Kreative Seminarmethoden. 100 kreative Methoden für erfolgreiche Seminare. 6. Aufl., Offenbach 2010.

Werkzeuge: → Creative Tool Kit → Entwicklungswerkzeuge

Wertanalyse (value analysis; auch unter den Bezeichnungen: value engineering, value management, value method, value planning bekannt): eine systematische Methode, um die Kosten eines Produkts oder einer Dienstleistung zu ermitteln und zu beeinflussen. Sie umfasst ein systematisches Suchen nach bestehenden Fakten und möglichen Alternativen, um in allen Unternehmensbereichen die Kosten zu minimieren.

Die Grundlagen der Wertanalyse wurden 1947 von dem US-amerikanischen Ingenieur Lawrence D. Miles (1904–1985) bei »General Electric« entwickelt, der auch die → Funktionsanalyse entwarf. Er definierte die Wertanalyse als „eine organisierte Anstrengung, um die Funktionen eines Produktes oder einer Dienstleistung zu den niedrigsten Kosten zu erstellen, ohne dass die erforderliche Qualität, Zuverlässigkeit und Marktfähigkeit dieser Leistungen negativ beeinflusst werden“ (Hoffmann, 1996, S. 301).

Durchführung:
Für die Wertanalyse wird folgender Ablauf empfohlen:

1. Alle Kostenverursacher (Material, Produkte, Unternehmensprozesse u. a.) werden einer A-, B- oder C-Werte-Skala zugeordnet. Die Produkte oder Verfahren der Kategorie A verursachen die höchsten Kosten und erwirtschaften zu wenig Gewinn. Die Kategorie C ist am wenigsten kostenintensiv.
2. Alle Faktoren der Kategorie A werden bezüglich ihrer Kosten geprüft und bewertet (z. B. für einzelne Teilprozesse oder Produktteile). Daraus wird ermittelt, bei welchen Faktoren es sich besonders lohnt, die Kosten zu senken.
3. In dieser Phase geht es um das Finden innovativer Lösungsansätze. Dabei kann das → Brainstorming-Verfahren angewandt werden, um Ideen für mögliche Kostensenkungen zu entwickeln. (vgl. Nagel, 2009, S. 93)

Der Maßnahmeplan kann auch in fünf Stufen erfolgen:

1. Informationsphase
2. kreative Phase
3. Bewertung
4. Planungsphase
5. Vorschlagsphase (vgl. Hoffmann, 1996, S. 309)

Alle Kosten, die nichts zum Wert eines Produktes, zur Verbesserung der Qualität und Gebrauchsfähigkeit, zur Funktionsweise des Erzeugnisses und zur Verbesserung der Marktchancen beitragen, sollen aufgespürt werden. Jeder Schritt im Produktionsablauf wird auf seinen Wert hin überprüft. Der Wert wird bestimmt durch den Quotienten von Nutzen und Aufwand. Der Arbeitsplan der Wertanalyse nach VDI 2803 lautet:

1. Vorbereitung des Projekts: das Objekt auswählen, den Untersuchungsrahmen abgrenzen; die Projektorganisation festlegen; Planung des Projektablaufs;
2. Analyse des Ist-Zustands. Dazu sind alle notwendigen Informationen zu besorgen, wie technische Informationen, Informationen zum Marktumfeld, zu den Kosten, zum Fertigungsprozess und aus dem Beschaffungsbereich.
3. Beschreibung des Soll-Zustands: Informationen auswerten; Sollfunktionen festlegen; lösungsbedingte Vorgaben ermitteln und die Kostenziele den Sollfunktionen zuordnen;
4. Entwicklung von Lösungsideen;

5. Entscheidung über die beste Lösung. Bewertungskriterien vereinbaren; Lösungsideen ausarbeiten, komprimieren und bewerten.
6. Umsetzung der Lösung: Die Realisierung planen, einleiten, überwachen und das Projekt abschließen. (vgl. Boos, 2007, S. 126; Harmeier, 2009, S. 136 f.)

Vorteile:
Die Wertanalyse ist eine praxiserprobte Methode zur Verbesserung der Rentabilität und Produktivität auf allen Unternehmensebenen. Sie kann bei der Kosteneinsparung von hoher Effizienz sein und auch Lernprozesse im Unternehmen fördern. Eine Voraussetzung für den Erfolg bildet dabei die Teamarbeit, wobei die einzelnen Mitglieder aus verschiedenen Arbeits- und Fachgebieten kommen sollten, um ihr Wissen und ihre Erfahrungen einzubringen. Durch die Teamarbeit entsteht oft ein besseres Arbeitsverhältnis zwischen einzelnen Abteilungen, so dass sich dadurch auch das Betriebsklima positiv verändert. Die Wertanalyse bewirkt bei den Beschäftigten mehr Kostenverantwortung und Ideenreichtum, was wiederum Kreativität verlangt.

Einsatzmöglichkeiten:
Die Wertanalyse wird bei komplexen, ressortübergreifenden Aufgaben angewandt, z. B. bei der Einführung von Produkten, zur Analyse von Fertigungsabläufen, bei der Einsparung von Kosten in der Verwaltung, im Marketingbereich u. a.

1959 wurde in den USA die „Society of American Value Engineers“ (SAVE) gegründet, mit dem Ziel, diese Methode zu verbreiten und weiterzuentwickeln, sowie dazu den Erfahrungsaustausch zu organisieren. Für den deutschsprachigen Raum entstand 1975 der VDI-Gemeinschaftsausschuss „Wertanalyse“. In Deutschland gibt es seit 1984 das VDI ZENTRUM WERTANALYSE (ZWA). Die Durchführung der Wertanalyse erfolgt im Team. → Funktionsanalyse

Lit.: Boos, E.: Das große Buch der Kreativitätstechniken. München 2007; Bronner, A./Herr, S.: Vereinfachte Wertanalyse mit Formularen und CD-Rom, 4. Aufl., Berlin/Heidelberg 2006; Götz, K.: Integrierte Produktentwicklung durch Value Management. (Diss., Universität Dortmund. Berichte aus der Betriebswirtschaft). Aachen 2007; Harmeier, J.: Originelle Kreativitätstechniken. Kissing 2009; Hoffmann, H.: Kreativitätstechniken für Manager. Zürich 1980; Hoffmann, H.: Kreativität. Die Herausforderung an Geist und Kompetenz. Damit Sie auch in Zukunft

Spitze bleiben. München 1996; Klein, B.: Wertanalyse-Praxis für Konstrukteure. Ein effizientes Werkzeug in der Produktentwicklung. Renningen 2010; Lingohr, T./Kruschel, M. (Hrsg.): Best Practices im Value Management. Wie Sie durch Einkauf und Technik einen nachhaltigen Wertbeitrag leisten können. Wiesbaden 2011; Miles, L. D.: Value Engineering. Wertanalyse, die praktische Methode zur Kostensenkung. München 1964; Nagel, K.: Kreativitätstechniken in Unternehmen. Das Radar-System. Oldenbourg Verlag München 2009.

Wettbewerbsanalyse (competitor analysis): auch Konkurrenzanalyse. (Witt, 2010, S. 38) Diese Methode wurde von dem US-amerikanischen Managementtheoretiker Michael E. Porter (*1947) entwickelt. Er unterscheidet fünf Einflussfaktoren, die den Wettbewerb in einer Branche bestimmen:

1. Rivalität unter den bestehenden Unternehmen
2. Verhandlungsmacht der Abnehmer
3. Verhandlungsstärke der Lieferanten
4. Bedrohung durch neue Konkurrenten
5. Bedrohung durch Ersatzprodukte und -dienste (vgl. Nagel, 2009, S. 95).

Das Ziel der Wettbewerbsanalyse besteht darin, diese fünf Faktoren abzuwehren, eine günstige Position für die eigene Unternehmensstrategie zu schaffen und sich einen Wettbewerbsvorsprung zu sichern. Dazu benötigt man nicht nur Fachwissen, Branchen- und Marktkenntnisse, technisches Know-how, Kenntnisse über die ökonomischen Prozesse, sondern vor allem auch Kreativität und innovative Lösungen. Der Wettbewerb der Wirtschaft auf den regionalen, nationalen und globalen Märkten verlangt von den Führungskräften eine kontinuierliche Innovationsfähigkeit und neuartige Strategien, um die kreativen Potenziale ihrer Mitarbeiterinnen und Mitarbeiter optimal zu entwickeln. Innovative Unternehmen können ihre Marktanteile und Zukunftschancen erweitern. Kreativität ist dabei ein wesentlicher Wettbewerbsfaktor.

Durchführung:
Für die Wettbewerbsanalyse wird folgender Ablauf empfohlen:

1. Analyse des Ist-Zustandes
2. Festlegung der strategischen Orientierung
3. Entwicklung von Strategie-, Prozess- und Produktinnovationen
4. Bewertung der vorgeschlagenen Innovationen
5. Realisierung und Kontrolle der Vorschläge (vgl. Nagel, 2009, S. 95)

Vorteile:
Diese Kreativitätstechnik bietet Chancen für langfristige und nachhaltige Wettbewerbsvorteile. Das hängt davon ab, inwieweit es dem Unternehmen gelingt, den Wettbewerbsvorsprung zu sichern. Neben den frühzeitigen Markteintrittsvorteilen gilt es, die Fähigkeiten und Ressourcen auszunutzen und konsequent weiterzuentwickeln. Ein Vorteil besteht auch darin, dass der Anwender wirksame Wettbewerbsbarrieren errichten kann, um potenzielle Konkurrenten vom Markteintritt abzuhalten. Die Ergebnisse der Wettbewerbsanalyse sind nachprüfbar.

Nachteile:
Die Schwierigkeiten liegen in der Beschaffung der Informationen (Fakten, Unterlagen, Zahlen) über die fünf Einflussfaktoren, die den Wettbewerb in einer Branche bestimmen. (vgl. Nagel, 2009, S. 95) Die Beschaffung dieser Informationen kann sehr zeitaufwendig sein.

Einsatzmöglichkeiten:
Diese Technik dient der Gewinnung von Marktanteilen und bietet Chancen für langfristige und nachhaltige Wettbewerbsvorteile. Sie eignet sich zur Kundenorientierung und für Strategie-Innovationen. Die Durchführung erfolgt im Team. → Benchmarking

Lit.: Bea, F. X./Haas, J.: Strategisches Management, 4. Aufl., Stuttgart 2005; Grant, R. M.: Contemporary strategy analysis. Concepts, techniques, applications. 7th ed., Oxford 2010; Nagel, K.: Kreativitätstechniken in Unternehmen. Das Radar-System. Oldenbourg Verlag München 2009; Porter, M. E.: Competitive Strategy. New York 1980; Porter, M. E.: Competitive Advantage. New York 1985; Porter, M. E.: Wettbewerbs-Strategie. 2002; Porter, M. E.: The five competitive forces that shape strategy. Harvard Business Review 57, January 2008, pp. 57–71; Porter, M. E.: Wettbewerbsvorteile: Spitzenleistungen erreichen und behaupten. Frankfurt am Main, New York 2014; Porter, M. E./Brandt, V./Schwoerer, T. C.: Wettbewerbsstrategie: Methoden zur Analyse von Branchen und Konkurrenten. Frankfurt am Main/New York 2013; Porter, M. E./Kramer, M. R.: Created shared value. In: Harvard Business Review. Jan./Feb. 2011, Vol. 89, 1/2, pp. 62–77; Witt, J.: Kreativität und Innovation. (Arbeitshefte Führungspsychologie, Bd. 61, hg. von Ekkehard Crisand und Gerhard Raab). Hamburg 2010.

Widerspruchsanalyse → Widerspruchsorientierte Innovationsstrategie

Widerspruchsorientierte Innovationsstrategie – WOIS (contradiction-oriented innovation strategy): Diese Methode wurde von dem russischen Wissenschaftler Genrich Soulovich Altschuller (1926–1998) entwickelt, der 1946 auch die Theorie des erfinderischen Problemlösens → TRIZ entworfen hat. Die Widerspruchsorientierte Innovationsstrategie (WOIS) wurde von Hans-Jürgen Linde weiterentwickelt.

Entwicklungswidersprüche werden als einander widersprechende Forderungen aufgefasst. Linde bezeichnet diese Phase als „Paradoxe Forderung" bzw. als „Konstruktiv-Paradoxe Entwicklungsforderung". Dadurch werden inaktive Kompromisse bei der Lösungsfindung von vornherein ausgeschlossen. (vgl. Zobel/Hartmann, 2016, S. 181) Die Widerspruchsorientierte Innovationsstrategie (WOIS) dient der zielorientierten Erzeugung technischer Innovationen. Der Strategieansatz beruht auf der Basis der Widerspruchsmatrix.

Durchführung:
Der widerspruchsorientierte Innovationsprozess besteht aus drei Hauptphasen:

1. Richtungsfindung
2. Entscheidungsfindung
3. Innovationsfindung

Durch die Orientierung an Gesetzmäßigkeiten und zukunftsweisenden Entwicklungstrends werden in mehreren Arbeitsschritten erfolgversprechende Faktoren erarbeitet. Abgeleitet aus der Dialektik nutzt WOIS die drei Grundgesetze:

1. Einheit und Kampf der Gegensätze
2. Umschlagen von quantitativen Veränderungen in qualitative und umgekehrt
3. Negation der Negation als Basismodell für eine Innovationsspirale. Darin lassen sich die Wiederholung bereits abgelehnter Lösungen, die Entwicklungsstaus als Widersprüche und das Umschlagen und Verschieben von Leistungsgrenzen für kurz-, mittel- und langfristige Innovationen zusammenhängend darstellen.

Vorteile:
Durch die Gegenüberstellung von einer angestrebten Funktion und den negativen Faktoren, die bei der herkömmlichen Umsetzung auftreten, er-

kennt man den Widerspruch, der vor der Erfindung noch nicht oder nur unzureichend gelöst werden konnte. „Wenn man also für neue erfinderische Probleme die Erfahrung aus bereits bekannten Lösungen anwenden möchte, dann sollte man auch beim neuen Problem den technischen Widerspruch herausarbeiten“ (Möhrle, 2010, S. 348).

Nachteile:
Das Denken in technischen Widersprüchen und die praktische Anwendung, um daraus Lösungsansätze für Innovationen zu entwickeln, stellen hohe Anforderungen an den Moderator und an das Team. Bei der Auswertung von Patentschriften erfährt man wenig über die Erfindungssituation. „Man erfährt beispielsweise nicht, welche Wege der Erfinder erfolglos beschritten hat und was genau ihn auf die Idee zu der Erfindung gebracht hat“ (Möhrle, 2010, S. 348).

Einsatzmöglichkeiten:
Diese Technik eignet sich zur methodischen Produktentwicklung und nutzt die Entwicklungswidersprüche für die gezielte Hervorbringung technischer Innovationen. Diese Kreativitätstechnik kann sowohl individuell als auch im Team durchgeführt werden.

Lit.: Herr, G. A.: Improved Effectiveness, Efficiency and Manageability of the Structured Innovation Strategy WOIS in Large Scale Industry Environment. Huddersfield (GB), University, School of Engineering: Dissertation Thesis, 2001 [classified]; Linde, H.-J.: Einführung zum 4. WOIS-Symposium „The hidden pattern of innovation“, 11. Juni 1999, FH Coburg 1999; Ders.: Taschen-WOIS 2002. WOIS Institute for Innovation Research, Coburg 2002; Linde, H.-J./Herr, G. A./Rehklau, A.: Professional Strategic Innovation: WOIS – Widerspruchsorientierte Innovationsstrategie. In: Linde, H.-J. (Hrsg.): 6. WOIS Innovations- Symposium „Professional Strategic Innovation“. Coburg, WOIS-Institut (2003). S. 17–54; Linde, H.-J./Hill, B.: Erfolgreich erfinden. Widerspruchsorientierte Innovationsstrategie für Entwickler und Konstrukteure. Hoppenstedt, Darmstadt 1993; Linde, H.-J./Mohr, K.-H./Neumann, U.: Widerspruchsorientierte Innovationsstrategie (WOIS). Ein Beitrag zur methodischen Produktentwicklung. In: Konstruktion 46, 1994, S. 77–83; Möhrle, M. G.: Gelenkte Kreativität mit MorphoTRIZ – Verschmelzung von morphologischem und widerspruchsorientiertem Problemlösen (TRIZ). In: Harland, P. E./Schwarz-Geschka, M. (Hrsg.): Immer eine Idee voraus. Wie innovative Unternehmen Kreativität systematisch nutzen. Lichtenberg (Odw.) 2010, S. 343–364; Möhrle, M. G.: Werkzeuge für Entwicklungsmethodiken. In:

Albers, S./Gassmann, O. (Hrsg.): Handbuch Technologie- und Innovationsmanagement. Wiesbaden [2]2011, S. 303–320; Müller-Prothmann, T./Dörr, N.: Innovationsmanagement. Strategien, Methoden und Werkzeuge für systematische Innovationsprozesse. München [3]2014; Zobel, D.: Kreatives Arbeiten. Methoden – Erfahrungen – Beispiele. Renningen 2007; Zobel, D.: Systematisches Erfinden. Methoden und Beispiele für den Praktiker. 5. Aufl., Renningen 2009; Zobel, D.: TRIZ für alle – Der systematische Weg zur Problemlösung. 4. Aufl., Renningen 2018; Zobel, D./Hartmann, R.: Erfindungsmuster TRIZ: Prinzipien, Analogien, Ordnungskriterien, Beispiele. Renningen [2]2016.

WOIS → Widerspruchsorientierte Innovationsstrategie

WOOP: eine Imaginationstechnik und eine effektive Selbstregulationsstrategie, die dazu beiträgt, kurz- oder langfristige Anliegen und Probleme in unterschiedlichen Lebensbereichen zu lösen. Das Akronym steht für **W**ish, **O**utcome, **O**bstacle, **P**lan:

Wish: Wunsch
Outcome: Ergebnis
Obstacle: Hindernis in der Realität
Plan.

Die Motivationspsychologin Gabriele Oettingen (*1953) hat in zahlreichen Studien untersucht, welche Imaginationstechniken zum Erfolg führen. Wer nur positiv denkt, ist nicht auf Hindernisse vorbereitet und strengt sich weniger an. Positives Denken allein reicht nicht und ist kein allgemeines Rezept für Glück und Erfolg. Wer nur negativ denkt, was auf dem Weg zum Ziel alles schief gehen kann, sollte es gar nicht erst versuchen. Der dritte Weg ist das mentale Kontrastieren, d. h. die positive Zukunft sollte mit einer Visualisierung möglicher Hindernisse verknüpft werden. Die Imaginationstechnik WOOP ist ein neuer Ansatz der Selbstmotivation und eignet sich für die individuelle Durchführung.

Lit.: Oettingen, G.: Die Psychologie des Gelingens. München 2017; Titel der amerikanischen Originalausgabe: Rethinking positive thinking: Inside the new science of motivation. New York 2014.

Worst-Case-Methode → Kopfstand-Technik

Wunderfrage (wonder question): wird auch als »Nur mal angenommen«-Technik bezeichnet; eine Denktechnik, die um 1980 von dem US-amerikanischen Psychotherapeuten Steve de Shazer (1940–2005) entwickelt wurde. Er hat die „Wunderfrage" beim Coaching sowie in der Therapie eingesetzt. Dabei stützt er sich auf Erfahrungen des US-amerikanischen Hypnotherapeuten Milton H. Erickson (1901–1980). Es geht darum, „den Blickwinkel zu verändern und von einem Problembewusstsein in ein Lösungsbewusstsein zu wechseln. ..." Stellen Sie sich die Frage: „Nur mal angenommen, Sie können das Problem wie im Traum lösen: Wie stellt sich die Situation dann dar?" (Hagmaier, 2012, S. 59 f.). Diese Wunderfrage führt dazu, dass Sie die Lösung Ihres Problems gedanklich vorwegnehmen und so tun, als ob das Problem bereits gelöst sei. Diese in die Zukunft gerichtete Vorstellung, das Problem bereits als gelöst zu betrachten, kann dazu führen, dass Sie frei von Denk- und Kreativitätsblockaden Lösungsideen hervorbringen. Anschließend übertragen Sie die gedanklich erzeugten Lösungsideen in die Realität und auf Ihre konkrete Problemsituation. „Zukunftsgerichtete Fragen schaffen ein Lösungsbewusstsein" (Hagmaier, 2012, S. 49, 89).

Der US-amerikanische Kreativitätsforscher Michael Michalko (*1940) ist der Auffassung, dass „eine eindeutige Verbindung zwischen Wunschdenken und Kreativität" besteht, denn „es ist wahrscheinlicher, dass Sie einen kreativen Einfall haben, wenn Sie sich etwas wünschen, als wenn sie extrem logisch denken" (Michalko, 2001, S. 140). „Bei der Formulierung der Lösungswünsche darf es ruhig visionär zugehen!" (Hagmaier, 2012, S. 89). Aus einer Vielzahl an denkbaren Lösungsmöglichkeiten gilt es, die realistischen herauszufiltern.

Durchführung:

1. Der Moderator notiert die Aufgabenstellung bzw. das Thema auf einem Flipchart oder einer Pinnwand.
2. Die Teilnehmer sollen sich vorstellen, sie hätten einen Zauberstab, der ihnen jeden beliebigen Wunsch erfüllt. Welche Wünsche – insbesondere solche, die normalerweise unerfüllbar sind – haben die Gruppenmitglieder in Bezug auf das Thema. Sie notieren ihre Wünsche auf Karten oder Post-its. Die dafür vorgesehene Zeit beträgt nur zwei bis drei Minuten.
3. Die Teilnehmer wählen einen Wunsch aus und halten ihn schriftlich fest.
4. Die Karten oder Post-its mit den Wünschen werden eingesammelt und an die Pinnwand geheftet. Die angesteckten Karten lassen sich leicht

umgruppieren. Der Moderator ordnet die Karten und stellt ähnliche Wunschvorstellungen oder Wunderfragen zusammen.

5. Der interessanteste Wunsch wird vom Team ausgewählt.
6. Die Teilnehmer denken über die Frage nach, wie könnte dieser Wunsch in die Praxis umgesetzt werden?
7. Das Team entwickelt dazu Ideen, notiert und bearbeitet sie.
8. Anschließend können die Teilnehmer einen anderen Wunsch auswählen, z. B. denjenigen, den die Gruppe am originellsten findet. Suchen Sie nach einer Lösungsidee für dessen Realisierung.
9. Die Wunschliste wird so lange bearbeitet, bis das Team eine ausreichende Anzahl von Ideen entwickelt hat. (vgl. Michalko, 2001, S. 140 f.)

Je interessanter und ausgefallener der Wunsch ist, desto größer ist die Wahrscheinlichkeit, eine originelle oder innovative Idee zu finden. Die Lösungsfindung kann auch visualisiert werden, denn das Unterbewusstsein kann bildliche Informationen sehr gut verarbeiten. „Wünsche und Bedürfnisse sind eigentlich ›Mangelsituationen‹. Sie signalisieren einen Abstand zwischen Ist- und Soll-Zustand, also zwischen der momentanen Situation und einer erstrebenswerten besseren." Zwischen Wunsch und Erfüllung besteht gewissermaßen „ein Vakuum, das Ideen ansaugt, die der Zustandsverbesserung dienen könnten. Die kreative Arbeit beginnt damit – sie endet aber erst, wenn die Idee oder gefundene Problemlösung realisiert ist" (Scheitlin, 1993, S. 129).

Vorteile:
Die Wunderfrage setzt Denkgrenzen außer Kraft. Dadurch können Denkblockaden, wie „Das kann ich nicht" oder „Das haben wir noch nie gemacht" – überwunden werden und Lösungsmöglichkeiten anvisiert werden, die sonst für undurchführbar gehalten werden, aber durchaus die Möglichkeit des Erreichbaren beinhalten, wenn auch in abgewandelter Form.

Nachteile:
Der Erfolgstrainer Ardeschyr Hagmaier warnt vor Fragen, die die Vergangenheit betreffen, wie etwa: „Nur mal angenommen, das wäre nicht passiert ..." – oder „Nur mal angenommen, Sie hätten nicht das Problem ... " Solche Fragen sind kontraproduktiv und führen nicht zu einer Lösungsvision.

Einsatzmöglichkeiten:
Diese Denktechnik eignet sich für das Change-Management und zur Mitarbeitermotivation. Aus der Analyse des Ist-Zustandes können die vorhandenen Potenziale und Ressourcen ermittelt werden, um daraus den Soll-Zustand zu planen. Ardeschyr Hagmaier ist der Auffassung: „Eine Lösungsvision hilft, die Black Box des Alltagsgeschäftes zu verlassen, sie befreit von den Fesseln des operativen Geschäfts, sie weitet den Blick und eröffnet das Panorama auf die Situation, die sich ergibt, wenn Sie Ihr Problem gelöst haben. Trauen Sie sich also, die ›unmögliche‹ Problemlösung zu denken – dann erreichen Sie das Mögliche!“ (Hagmaier, 2012, S. 49). Die Wunderfrage eignet sich als „Partner- und Gruppentechnik“ (Luther, 2013, S. 252).

Lit.: Hagmaier, A.: 30 Minuten Problemlösungen. In 30 Minuten wissen Sie mehr! Offenbach [2]2012; Luther, M.: Das große Handbuch der Kreativitätsmethoden. Wie Sie in vier Schritten mit Pfiff und Methode Ihre Problemlösungskompetenz entwickeln und zum Ideen-Profi werden. Bonn 2013; Michalko, M.: Erfolgsgeheimnis Kreativität. Was wir von Michelangelo, Einstein & Co. lernen können. Landsberg am Lech 2001; Noack, K.: Kreativitätstechniken. Schöpferisches Potenzial entwickeln und nutzen. Berlin 2005; Scheitlin, V.: Kreativität. Das Handbuch für die Praxis. Zürich 1993; Shazer, St. de/Dolan, Y.: Mehr als ein Wunder. Die Kunst der lösungsorientierten Kurzzeittherapie. Heidelberg 2015.

Z

Zielanalyse → Situations- und Zielanalyse

Zielgruppen-Analyse (analysis of target group): eine bewährte Methode der Unternehmensführung, um bei der Entwicklung von Produkten oder Dienstleistungen potenzielle Kunden genau zu identifizieren, ihre Bedürfnisse und Wünsche zu kennen und darauf gezielt zu reagieren. Erfolgreiche Innovationen entstehen häufig aus eindeutig identifizierten Kundenbedürfnissen, die wiederum zu einem Großteil von den fundamentalen Werten und bisherigem Konsumverhalten geprägt sind. Um die Kaufentscheidungen der Verbraucher positiv zu beeinflussen, müssen die Werte einer Marke oder einer Innovation mit den Kundenwünschen übereinstimmen. Das grundlegende Wertesystem der Konsumenten ist ein entscheidender Parameter für die Abgrenzung der Zielgruppensegmente.

Der Wertewandel „von Pflicht- und Akzeptanzwerten hin zu Selbstentfaltungswerten“ beeinflusst auch das Konsumverhalten der Verbraucher. „Es besteht das Bedürfnis, immer auch Optionen zu haben, gekennzeichnet durch den Konsum ständig neuer oder neu erfundener Produkte und Dienstleistungen.“ Dies betrifft vor allem gestiegene Ausgaben im Bereich der Telekommunikation, „die den verstärkten Wunsch des Konsumenten nach Information und Entertainment in einer sich immer schneller wandelnden Umgebung widerspiegeln.“ Die Ausgaben für Bildung, Freizeit und Unterhaltung „haben zugenommen und kennzeichnen das verstärkte Bedürfnis der wertebasierten Gesellschaft nach Lebensqualität“ (Morath/Balensiefer, 2009, S. 86 f.). Die Zielgruppen-Analyse ist für die Untersuchung des Konsumverhaltens und für die Ermittlung der Kaufentscheidung der Verbraucher von großer Bedeutung. Der Ausgangspunkt für ein erfolgreiches Markenmanagement sind der Konsument und seine Werte und nicht das Produkt. Um erfolgreich zu sein, müssen die Innovationen den Wertesystemen der Zielkunden angepasst werden.

Die Entscheidung für oder gegen eine bestimmte Automarke ist abhängig von den individuellen Werteprofilen des Konsumenten und der Markenwerte. Stimmen diese überein, kommt es zum Kauf. Mit dem Kauf einer bestimmten Automarke trifft „der Fahrer auch eine Aussage über sich und seine Einstellungen und Werte. Daher wird ein bestimmter Wagen nur gekauft, wenn die vermittelten Werte den Kunden ansprechen und zu den eigenen Werten passen. Ziel eines erfolgreichen Markenmanagements muss es folglich sein, Veränderungen der Konsumentenwerte zu antizipieren und die Markenpositionierung danach auszurichten“ (Morath/Balensiefer, 2009, S. 91).

Starke Marken stehen für Identität und Kontinuität und besitzen meist ein Alleinstellungsmerkmal, ein einmaliges und einzigartiges Verkaufsargument bzw. Verkaufsangebot (unique selling proposition). Daher sollte es nicht das Ziel sein, „jedem Trend in der Markenpositionierung zu folgen. Vielmehr gilt es, auf die bestehende Identität aufzubauen und die Markenwerte evolutionär stringent weiterzuentwickeln“ (Morath/Balensiefer, 2009, S. 91).

Die moderne Konsumgesellschaft verlangt „das dauererfüllte Leben“. Die wichtigste Zielgruppe sind „spaßorientierte, kostensensible Konsumenten“ (Morath/Balensiefer, 2009, S. 86 u. 88). Um zuverlässige Vorhersagen des Konsumverhaltens treffen zu können, muss eine Segmentierung der Konsumenten vor allem auch wertebasierend erfolgen. Dies ist eine wichtige Voraussetzung für künftige Innovationen. Die Erfinder, Entwickler, Designer sowie alle Kreativen müssen die Werte und Wünsche der Konsumenten kennen und im richtigen Zeitpunkt erfüllen, um erfolgreich zu sein.

Durchführung:
Die einzelnen Zielgruppen werden nach folgenden Kriterien bewertet, um Richtlinien für Innovationsansätze zu finden:

- Der gegenwärtige Umsatz- bzw. Gewinnanteil und die zu erwartenden Aussichten;
- Die Bedeutung für das Unternehmen
- Entscheidungskriterien der Zielgruppen
- Prioritäten innerhalb der Entscheidungskriterien
- Risiken bei den einzelnen Zielgruppen

Für die Durchführung empfiehlt der Management-Trainer Kurt Nagel folgendes Ablaufschema:

1. Abgrenzung einzelner Zielgruppen
2. Bewertung der Zielgruppen nach Kriterien
3. Entwickeln von Innovationsthemen
4. Bearbeitung, Auswertung und Realisierung der Innovationen (Nagel, 2009, S. 100)

Bei neuen Zielgruppen stellen sich folgende Fragen nach deren speziellen Bedürfnissen im Hinblick auf Produkte und Dienstleistungen in der Gegenwart und in Zukunft:

- Werden sie sich ähnlich wie bereits vorhandene Zielgruppen verhalten?
- Werden sie dauerhaft oder nur vorübergehend andere Erwartungen haben?
- Wie groß wird die Zielgruppe sein?
- Wie steht es um deren Kaufkraft?
- Wer von den Wettbewerbern wird sich vermutlich auch um sie bemühen?
- Was ist mit Personen, die erst noch in eine Zielgruppe hineinwachsen und mit solchen, die wieder herauswachsen?
- Welches Image hat die Zielgruppe innerhalb der Gesellschaft?
- Welches Image strebt sie an? (vgl. Kellner, 2002, S. 183)

Wenn ein neues Produkt oder eine neue Dienstleistung für eine bestimmte Zielgruppe entwickelt wird, sollte bereits in einem frühen Stadium kritisch geprüft werden, ob sich die Investition in dieses Projekt lohnt. Die wichtigsten Fragen dazu lauten:

1. Welche Testpersonen sind dazu geeignet?
2. Welche Parameter sind zu testen, um Aussagen über die Qualität und die Leistungsfähigkeit des neuen Produkts oder über die entwickelte Dienstleistung zu erhalten? Wie soll getestet werden, ob das Projekt bei der Zielgruppe den erhofften Erfolg haben wird?
3. Wie kann verhindert werden, dass der Test zur unerwünschten Hilfe für mögliche Konkurrenten wird?
4. Welche Fragen müssen wir der Zielgruppe stellen, um die richtigen Auskünfte zu erhalten?

Mögliche Fragen an die Zielgruppe sind:

- Wie ist Ihr erster Eindruck von dem Produkt?
- Wie werden Sie das Produkt benutzen?
- Wie beurteilen Sie die Brauchbarkeit des Produktes?
- Kennen Sie ähnliche Produkte?
- Was gefällt Ihnen an anderen Produkten?
- Worin sehen Sie die wichtigsten Unterschiede zu unserem Produkt?

- Welche Erweiterungen oder Änderungen würden Sie sich wünschen?
- Wie sehen Sie das Preis-Leistungs-Verhältnis?
- Wären Sie bereit, für zusätzliche Funktionen auch mehr zu bezahlen?
- Würden Sie dieses Produkt empfehlen? Warum oder warum nicht?
- Werden Sie das fertige Produkt kaufen? Warum oder warum nicht? (nach Kellner, 2002, S. 114).

Vorteile:
Solche Testfragen an der Zielgruppe führen in den meisten Fällen zu neuen Ideen oder Verbesserungsvorschlägen. Für die Auswertung und Umsetzung der Vorschläge und Anregungen eignet sich die → Osborn-Checkliste.

Die Zielgruppen-Analyse dient der Stärkung der Marktposition, also der Verbesserung der Positionierung einer Marke bzw. eines neuen Produkts, und der Gewinnung von zielgruppenorientierten Innovationen. Trendbeobachter erhalten mit der wertebasierten Zielgruppen-Analyse zahlreiche Anzeichen und Merkmale für künftige Kundenbedürfnisse.

Nachteile:
Die Kunden lassen sich nicht so leicht in die gewünschten Zielgruppen einteilen.

Einsatzmöglichkeiten:
Die Zielgruppen-Analyse dient der Anregung von Ideen für die Erfindung völlig neuer Produkte oder Dienstleistungen, oder für die Weiterentwicklung bestehender Produkte. Auch dabei ist von den zu erwartenden Bedürfnissen der Zielgruppe auszugehen. Im Konsumgüterbereich sowie bei Investitionen kommt es darauf an, Zielgruppen anzusprechen, die an der Bildung von Entscheidungen, Initiativen und Meinungen beteiligt sind. Es ist auch zu fragen, ob es völlig neue Zielgruppen geben wird, „die heute noch gar nicht zu Ihren Kunden gehören oder heute noch gar nicht existieren“ (Kellner, 2002, S. 182). Diese Kreativitätstechnik eignet sich für die Teamarbeit.

Lit.: Kellner, H.: Kreativität im Projekt. (Projektmanagement kompakt). München/Wien 2002; Morath, B./Balensiefer, R.: Innovation und Marke: Ein wertebasierter Ansatz. In: Gassmann, O. (Hrsg.): Innovation – keine Frage des Zufalls. Zürich 2009. S. 85–95; Nagel, K.: Kreativitätstechniken in Unternehmen. Das Radar-System. München 2009.

Zielsetzung: (target, objective): Sie gibt der Ideenfindung die Richtung vor, wonach gesucht werden soll und dient als Wegweiser durch den gesamten kreativen Prozess von der Idee bis zur Lösung eines Problems oder einer Aufgabe. „Die Zielbestimmung ist die wichtigste Phase des Umsetzungsprozesses" (Gomez/Probst, 1999, S. 229). Das Setzen hoher und spezifischer Ziele hat sich als generell leistungsfördernd erwiesen. (Kleinbeck, 2006; Schuler/Görlich, 2007, S. 90)

Ziele müssen präzise und klar formuliert werden. Die Aufteilung in einzelne Teilziele erfordert die Einordnung in das Hauptziel. „Die Lenkung der Zielbestimmungsprozesse zur Umsetzung von Problemlösungen ist die Hauptaufgabe der Führungskräfte" (Gomez/Probst, 1999, S. 229). Ob und wie stark die Anstrengung mobilisiert wird, hängt von zwei Komponenten ab: dem Wert des Leistungsziels und dem Erreichbarkeitsgrad (Erwartungs-Nutzen-Theorie). Die Schwierigkeit der Aufgabe bzw. des zu lösenden Problems entscheidet auch über Erfolg oder Misserfolg. Mit zunehmenden Schwierigkeiten der Aufgaben nehmen die Erfolgsaussichten ab.

In der Theorie der Leistungsmotivation hat bereits 1957 der US-amerikanische Psychologe John William Atkinson (1923–2003) in seinem Modell der Risikowahl zwei Motivgruppen unterschieden, die Erfolgsmotivierten und die Misserfolgsmotivierten. Das „Risikowahl-Modell" besagt, dass unser Verhalten von der subjektiven Erfolgswahrscheinlichkeit beeinflusst wird. Atkinson untersuchte, wie man sich verhält, wenn man die Möglichkeit hat, verschiedene Schwierigkeitsgrade zu wählen. Die meisten Menschen wählen Aufgaben mit einem mittleren Schwierigkeitsgrad. Hoch leistungsmotivierte Personen wählen ein realistisches Leistungsziel, während niedrig leistungsmotivierte Personen auch Aufgaben wählen, die auf einem unrealistischen Anspruchsniveau beruhen, also zu leicht oder zu schwierig für sie sind. Atkinson sieht in der Leistungsmotivation den Ausgleich von Annäherungs- und Vermeidungstendenzen (ein Modell, das auf „Erwartung mal Wert" beruht). Ob man eine Leistung in Angriff nimmt oder nicht, hängt davon ab, ob die Hoffnung auf Erfolg besteht oder ob die Furcht vor Misserfolg überwiegt. Das Folgegefühl ist entweder Stolz oder Scham. (Atkinson, 1964)

Für die Motivation des Individuums, um seine Leistungen zu steigern und das Ziel zu erreichen, werden drei Gründe genannt:

1. Leistungsmotivierte versuchen, ihre eigenen bisherigen Leistungen zu übertreffen;
2. Sie streben nach Erfolg, sie versuchen, ein Ziel zu erreichen, eine Aufgabe zu bewältigen;
3. Sie versuchen, andere zu übertreffen (einen bestimmten Konkurrenten oder generell besser zu sein als die anderen). (vgl. Schmidt-Atzert, 2006, S. 224)

Das zielorientierte Verhalten (goaldirected behavior; purposive behavior) ist im Wesentlichen durch die Zielerwartung motiviert und auf die Verwirklichung einer Zielvorstellung gerichtet. Das ist der Fall, wenn die kreative Person ein Problem zielstrebig löst, ohne sich ablenken zu lassen oder sich erst durch langwierige Umwege dem Problem nähert. Im Verlauf der Problemlösung kann es zur Änderung oder zum Wechsel der Zielstellung kommen bzw. zur Ausgliederung oder Umwandlung von Teilzielen. Dann ist eine Neuorientierung erforderlich. Ein wesentliches Merkmal kreativen Handelns besteht im Planen und Verfolgen neuer Ziele auf der Grundlage einer differenzierten Analyse des Ist-Zustandes, der darin enthaltenen und zu erwartenden Möglichkeiten.

Durch altruistische Ziele, d. h. der Gesellschaft nützlich zu sein, versucht das Individuum, sich selbst zu vervollkommnen. Diese kreative Kraft gibt dem Individuum den eigentlichen Sinn des Lebens. Sie setzt das Ziel und gibt zugleich auch die Mittel, dieses Ziel zu erreichen. Aus seinen kreativen Kräften kann das Individuum sein Leben gestalten.

Es gibt aber auch Aufgaben und Probleme, bei denen die Zielsetzung nur undeutlich formuliert werden kann, besonders bei Erfindungen und Entdeckungen steht sie noch gar nicht fest. Bei der Entwicklung neuer Produkte ist oft am Beginn der Entwicklung nicht bekannt, wie das neue Produkt konkret aussehen soll. In diesem Fall gibt es nur einen Zielrahmen. (vgl. Harmeier, 2009, S. 19)

Durchführung:
Für die Zielsetzung gilt:

1. Ziele sollen erreichbar sein.
2. Ziele sind positiv zu formulieren.
3. Ziele sollten möglichst konkret bezeichnet werden.
4. Ziele sind schriftlich festzuhalten, denn das erleichtert später die Erfolgskontrolle. (vgl. Schröder, 2005, S. 70 f.)

Checkliste zur Zielbestimmung:

- Ist das Ziel der endgültig angestrebte Zustand?
- Welcher Art ist das Ziel und wie wichtig ist dessen Realisierung?
- Ist das Ziel unverzichtbar? In diesem Fall muss das Ziel unbedingt erreicht werden, um wettbewerbsfähig zu bleiben!
- Ist das Ziel nur bedingt erforderlich oder ist es lediglich wünschenswert?
- Wurden bei der Zielformulierung alle Aspekte berücksichtigt?
- Ist das Ziel mit der Unternehmensphilosophie und der Corporate Identity vereinbar?
- Steht es im Widerspruch zu anderen Zielsetzungen?
- Gibt es ein Instrument zur Erfassung der Zielerreichung?
- Ist das Ziel realisierbar?
- Welche Teilziele gibt es?
- Welche Termine sind bis zur Erreichung der Ziele bzw. der einzelnen Teilziele einzuhalten?
- Fällt das Ziel in den Aufgabenbereich der betroffenen Abteilung?
- Wer ist davon betroffen?
- Wurden die nötigen Mittel bewilligt, um das Ziel zu erreichen?
- Wurden alle Betroffenen ausreichend informiert? (vgl. Gomez/Probst, 1999, S. 230)

Das Ziel soll von allen Beteiligten erstrebenswert sein. Dafür sind auch Anreize für die Realisierung zu schaffen. Ziele wirken vor allem dann motivierend, wenn die Mehrheit der Mitarbeiter dahinter steht und wenn sie dabei von den Führungskräften unterstützt werden. Alle Beteiligten sind auch kontinuierlich über den Erfüllungsstand des Ziels zu informieren.

Vorteile:
Hohe und klar formulierte Ziele führen zu besseren Leistungen als unklare, verschwommene Vorgaben. (vgl. Schuler/Görlich, 2007, S. 94)

Nachteile:
Die Festlegung des Ziels und der Teilziele, deren konkrete Terminplanung und Einhaltung sind nicht immer im Voraus festzulegen und einzuhalten. Die Zielsetzung muss von allen Beteiligten richtig kommuniziert und akzeptiert werden. Die Realisierung der Zielsetzung erfordert ein kontinuierliches Feedback, um die notwendigen Ressourcen den veränderten Rahmenbedingungen anzupassen und gegebenenfalls zu korrigieren.

Einsatzmöglichkeiten:
Die Zielsetzung ist für die Lösung aller Probleme unverzichtbar und kommt in allen Bereichen des menschlichen Lebens zum Einsatz. Ohne konkrete Zielvorgaben bleiben alle Aufgaben, Vorhaben und Projekte bloße Wunschvorstellungen. Die Zielsetzung mobilisiert alle Ressourcen des Unternehmens.

Der US-amerikanische Ökonom und Managementexperte Peter F. Drucker (1909–2005) erklärt: „In jedem Bereich, in dem die Leistung und Ergebnisse das Überleben und Florieren des Unternehmens direkt und maßgeblich beeinflussen, müssen Zielvorgaben formuliert werden. Es gibt acht Bereiche, in denen Leistungs- und Zielvorgaben definiert werden müssen:

1. Marktposition
2. Innovation
3. Produktivität
4. physische und finanzielle Mittel
5. Rentabilität
6. Leistung und Weiterentwicklung der Manager
7. Leistung und Einstellung der Mitarbeiter
8. Verantwortung gegenüber der Öffentlichkeit" (Drucker, 2008, S. 84).

Gewinnorientierte Unternehmen sehen ihre strategische Zielsetzung z. B. in der „Marktdurchdringung, Neuproduktentwicklung und Kundenzufriedenheit" (Drucker, 2009, S. 128). Um kreative Spitzenleistungen zu erreichen, sind auch klare Zielsetzungen erforderlich. Die Durchführung erfolgt im Team.

Lit.: Atkinson, J. W.: Motivational determinants of risk-taking behavior. In: Psychological Review, 1957, 64, pp. 359–372; Atkinson, J. W.: An introduction to motivation. Princeton, N. J. 1964; Atkinson, J. W./Feather, N. T. (Eds): A theory of achievement motivation. New York 1966; Drucker, P. F. mit Joseph A. Maciariello: Daily Drucker. Wirtschaftswissen zum täglichen Gebrauch. Mit Beiträgen von Herrmann Simon und Jim Collins, hg. von Katharina Neuser-von Oettingen. Berlin, Heidelberg 2008; Drucker, P. F. mit Jim Collins, Philip Kotler u. a.: Die fünf entscheidenden Fragen des Managements. Weinheim 2009; Gomez, P./Probst, G.: Die Praxis des ganzheitlichen Problemlösens. Vernetzt denken, unternehmerisch handeln, persönlich überzeugen. Bern/Stuttgart/Wien [3]1999; Harmeier, J.: Originelle Kreativitätstechniken. Kissing 2009; Kleinbeck, U.: Das Management von Arbeitsgruppen. In: Schuler, H. (Hrsg.): Lehrbuch der Personalpsychologie. Göttingen [2]2006, S. 651–698; Schmidt-Atzert, L.: Leistungsrelevante

Rahmenbedingungen/Leistungsmotivation. In: Schweizer, K. (Hrsg.): Leistung und Leistungsdiagnostik. Heidelberg 2006, S. 223–267; Schröder, M.: Heureka, ich hab's gefunden! Kreativitätstechniken, Problemlösung und Ideenfindung. Herdecke, Bochum 2005; Schuler, H./Görlich, Y.: Kreativität. Ursachen, Messung, Förderung und Umsetzung in Innovation. (Praxis der Personalpsychologie. Human Resource Management kompakt, hg. von Heinz Schuler, Rüdiger Hossiep, Martin Kleinmann und Werner Sarges, Bd. 13). Göttingen et al. 2007; Wegge, J./Haslam, S. A.: Improving work motivation and performance in brainstorming groups: The effects of three group goal-setting strategies. In: European Journal of Work and Organizational Psychology, 14, 2005, pp. 400–430.

Zufallstechnik → Random Input-Technik

Zukunftslabor → Zukunftswerkstatt → Szenario-Technik

Zukunftswerkstatt (future workshop): ein Labor oder eine Werkstatt für Innovationen. Diese Methode wurde von dem österreichischen Publizisten und Zukunftsforscher Robert Jungk (1913–1994) entwickelt. Die Idee zu dieser Methode kam ihm, als er einen Sizilianer, der sich aus Protest gegen die Mafia im Hungerstreik befand, interviewen sollte. Er bekam mit, wie der Streikende die Bauern aufforderte: „Sagt doch endlich, was euch stört und wie ihr euch das ideale Leben hier vorstellt." Robert Jungk entwickelte diese Idee zu einer wirkungsvollen Methode weiter, bei der auch Teilnehmer, die bisher keine Erfahrung mit der Kreativarbeit haben, im Zusammenspiel mit einem erfahrenen Moderator gute Ergebnisse erzielen können. (vgl. Boos, 2007, S. 153) Gemeinsam mit Norbert R. Müllert wurde das Konzept „Zukunftswerkstatt" weiterentwickelt, erprobt und verfeinert.

Diese Methode soll die Phantasie anregen, um ganzheitlich neue Ideen und Lösungen für komplexe Aufgaben und Probleme zu finden, die zukünftig zu erwarten sind. Die Trendforscher erfassen aufmerksam aktuelle Marktentwicklungen und leiten daraus mögliche Zukunftsbilder (pictures of the future), Veränderungen und Szenarien für die Zukunft ab.

Durchführung:
Es geht um drei Kernfragen:

1. Wie wird sich die Zukunft entwickeln?
2. Welche Chancen haben wir, diese Entwicklungen zu beeinflussen?
3. Was müssen wir tun, um in Zukunft auch noch erfolgreich zu sein? (nach Kellner, 2002, S. 181 f.)

Die Durchführung einer Zukunftswerkstatt erfolgt meist in drei Stufen:

1. Kritikphase: kritische Auseinandersetzung mit dem Ist-Zustand (Problembeschreibung); Raum für alternative Möglichkeiten. Erfolgshemmende Faktoren werden benannt und den alternativen Handlungsmöglichkeiten gegenübergestellt.
2. Phantasiephase: In diesem Stadium wird der Sprung in die Zukunft gewagt. Es erfolgt die Umformulierung in positive Handlungssätze, d. h. der zuvor kritisierte Zustand wird ins Gegenteil verkehrt. Es werden Wünsche, Vorschläge, Ideen, Geistesblitze und Lösungsansätze entwickelt, eine positive, wünschenswerte Perspektive und ein klares Bild von der gewünschten Zukunft. Dieses Bild wird detailliert beschrieben. Es können auch realitätsferne, originelle und innovative Ideen und Wunschvorstellungen formuliert werden. In der Werkstattarbeit können dazu verschiedene Ausdrucksmöglichkeiten zum Einsatz kommen, z. B. bildkünstlerische Gestaltungsmittel.
3. Verwirklichungsphase: Das Zukunftsbild soll in die Gegenwart transferiert werden. In dieser Phase werden die konkreten Handlungsfelder und das aktuell Machbare genannt. Durch Rückkopplung an die realen Gegebenheiten werden Forderungen, Lösungsansätze und Projektvorschläge erarbeitet, die in einem klar definierten Zeitraum umgesetzt werden sollen. Alle Umsetzungsphasen werden in einem Aktionsplan erfasst.

Daneben gibt es auch ein Fünf-Phasen-Modell. Dabei wird die 1. Stufe vorgeschaltet als positive emotionale Basis. Sie dient der Vorbereitung oder Wertschätzung gegenüber der eigenen Leistung und den Leistungen des Teams. Es werden positive Erlebnisse und Erfolgsfaktoren benannt. Die Abschnitte 2–4 entsprechen dem Drei-Phasen-Modell, und die abschließende 5. Phase dient der Nachbereitung. (vgl. Boos, 2007, S. 154–156)

Vorteile:
Die Zukunftswerkstätten nehmen die Probleme der Menschen ernst und wecken deren Eigeninitiative und Engagement. Die Beteiligten können selbst aktiv an ihrer eigenen Zukunft mitwirken und überwinden damit Resignation und Gleichgültigkeit.

Die Zukunftswerkstatt ermöglicht klar definierte Projekte und konkrete Handlungsperspektiven. Die Planung in die Zukunft kann zu einer starken Motivationskraft werden. Um dieses Ziel zu erreichen, bedarf es intrinsischer Motivation, Durchhaltevermögen und Durchsetzungskraft sowie Risikobereitschaft, um Rückschläge in Kauf zu nehmen und diese zu besiegen. In der Zukunftswerkstatt können Experten und Laien zusammenarbeiten, und beide können ihre Kompetenzen einbringen.

Nachteile:
Diese Methode bedarf einer intensiven Vorbereitung. Sie erfordert eine präzise Ausschreibung im Vorfeld und geeignete Teilnehmer, die nicht nur Kritik üben, sondern auch konstruktiv die Zukunft gestalten wollen. Ein erfahrener Moderator bzw. mehrere Moderatoren sind erforderlich. Die Durchführung dauert 2–3 Tage.

Einsatzmöglichkeiten:
„Technologien mit hohem Wachstumspotenzial zu identifizieren, technologische Durchbrüche zu erkennen, künftige Kundenbedürfnisse und neue Geschäftsmöglichkeiten aufzuspüren – dies ist das Ziel für ein systematisches Verfahren, um das Unternehmen zum Trendsetter in möglichst vielen Geschäftsfeldern zu machen" (Stuckenschneider/Schwair, 2011, S. 768).

Die Zukunftswerkstatt ist eine bewährte Methode, um sich zukünftige Ziele zu setzen und deren Umsetzung zu planen. Dadurch werden neue Möglichkeiten erschlossen, die vorher noch nicht realisierbar erschienen. Die Suche nach kreativen Lösungen für zukünftige Probleme aktiviert die in jedem Menschen schlummernden Visionen und Perspektiven. Diese Methode eignet sich auch zur Kreativarbeit mit Kindern und Jugendlichen sowie für heterogene Gruppen, für Personen mit unterschiedlichsten Lebenserfahrungen. Die Zukunftswerkstatt wird häufig von Bürgerinitiativen oder im Zusammenspiel von Behörden und Bürgern eingesetzt. Je nach Themenstellung werden unterschiedliche Ergebnisse erzielt. Dabei geht es sowohl um die Entwicklung langfristiger Perspektiven als auch um die Lösung aktueller und vordringlicher Probleme, z. B. Verkehrs- und Umweltprobleme, Stadtplanung u. a. Es werden Zukunftskongresse und Zukunftsgipfel veranstaltet. Für die innovativsten Projekte und Ideen wird der Zukunftsaward verliehen. Eine Variante dazu ist die Zukunftskonferenz. Diese Kreativitätstechnik eignet sich besonders für Großgruppen. → Szenario-Technik

Lit.: Boos, E.: Das große Buch der Kreativitätstechniken. München 2007; Horx, M.: Wie wir leben werden. Frankfurt/Main 2005; Horx, M.: Wacht auf, Verkannte dieser Erde! In: Lotter, W.: Die kreative Revolution. Was kommt nach dem Industriekapitalismus? Mit Beiträgen von Lutz Engelke et al., Hamburg 2009, S. 27–42; Keicher, I./Brühl, K.: Sie bewegt sich doch! Neue Chancen und Spielregeln für die Arbeitswelt von morgen. Zürich 2008; Kellner, H.: Kreativität im Projekt. (Projektmanagement kompakt). München/Wien 2002; Kuhnt, B./Müllert, N. R.: Moderationsfibel – Zukunftswerkstätten – verstehen – anleiten – einsetzen. Das Praxisbuch zur sozialen Problemlösungsmethode Zukunftswerkstatt. Neu-Ulm 2006; Lotter, W.: Die Gestörten. In: brand eins. Wirtschaftsmagazin, 9. Jg., H. 5/Mai 2007: Achtung! Sie betreten den kreativen Sektor. Schwerpunkt Ideenwirtschaft, S. 52–62; Lotter, W.: Die kreative Revolution. Was kommt nach dem Industriekapitalismus? Mit Beiträgen von Lutz Engelke et al., Hamburg 2009; Mauer, H./Müllert, N. R.: Moderationsfibel – Soziale Kreativitätsmethoden von A bis Z: nachschlagen – verstehen – einsetzen. Das Praxisbuch zu Problemlösungsverfahren mit Gruppen. Neu-Ulm 2007; Opaschowski, H. W.: Kathedralen des 21. Jahrhunderts. Erlebniswelten im Zeitalter der Eventkultur. Hrsg.: B.A.T. Freizeit-Forschungsinstitut GmbH. Hamburg 2000; Pink, D. H.: The a whole new mind, Riverhead Books, New York 2005; dt. Ausg.: Unsere kreative Zukunft. Warum und wie wir unser Rechtshirnpotenzial entwickeln müssen. München 2008; Stuckenschneider, H./Schwair, Th.: Strategisches Innovations-Management bei Siemens. In: Albers, S./Gassmann, O. (Hrsg.): Handbuch Technologie- und Innovationsmanagement. Wiesbaden ²2011, S. 757–774.